After Effects
影视特效与后期合成案例解析

董明秀 / 主编

清華大学出版社
北 京

内容简介

本书是一本专为影视特效与后期合成人员编写的全实例型图书，所有的案例都是作者多年设计工作的积累。本书的最大特点是实用性强，理论与实践结合紧密，通过精选最常用、最实用的案例进行技术剖析和操作详解。

本书按照由浅入深的写作方法，从基础内容开始，以全实例为主，详细讲解了在影视制作中应用最为普遍的基础动画实例入门、内置特效进阶提高、精彩文字特效、蒙版动画操作、键控抠图、常用插件应用、奇幻光线特效、自然景观特效、电影特效及宣传片制作等，全面详细地讲解了影视后期动画的制作技法。

本书在编写过程中除系统化的知识整合之外还附加了诸多技巧、提示等实用知识点，附赠高清多媒体教学视频，搭配学习可以真正做到双管齐下。本书双向训练效果奇佳，超强学习技法传授直击学习核心，充分解读所有要点，可以真正让读者做到学有所用，学有所得。

本书内容全面、实例丰富、讲解透彻，既可以作为影视后期与动画制作人员的参考手册，还可以作为高等院校和动画专业以及相关培训班的教学实训用书。

图书在版编目（CIP）数据

After Effects影视特效与后期合成案例解析 / 董明秀主编. —北京： 清华大学出版社，2023.1（2025.1 重印）
ISBN 978-7-302-62066-2

Ⅰ. ①A… Ⅱ. ①董… Ⅲ. ①图像处理软件—教材 Ⅳ. ①TP391.413

中国版本图书馆CIP数据核字（2022）第195105号

责任编辑：贾旭龙 贾小红
封面设计：长沙鑫途文化传媒
版式设计：文森时代
责任校对：马军令
责任印制：杨 艳

出版发行：清华大学出版社
网 址：https://www.tup.com.cn, https://www.wqxuetang.com
地 址：北京清华大学学研大厦A座 **邮 编：**100084
社 总 机：010-83470000 **邮 购：**010-62786544
投稿与读者服务：010-62776969，c-service@tup.tsinghua.edu.cn
质 量 反 馈：010-62772015，zhiliang@tup.tsinghua.edu.cn
印 装 者：三河市龙大印装有限公司
经 销：全国新华书店
开 本：203mm×260mm **印 张：**17 **字 数：**475千字
版 次：2023年3月第1版 **印 次：**2025年1月第4次印刷
定 价：89.80元

产品编号：094061-01

前言
PREFACE

1. 软件简介

After Effects 是非常高端的视频特效处理软件，像《钢铁侠》《幽灵骑士》《加勒比海盗》《绿灯侠》等影片都使用 After Effects 制作各种特效。掌握 After Effects 的使用似乎也成为影视后期编辑人员必备的技能之一。

现在，After Effects 已经被广泛应用于数字和电影的后期制作中，而新兴的多媒体和互联网也为 After Effects 软件提供了宽广的发展空间。Adobe After Effects 使用业界的动画和构图标准呈现电影般的视觉效果和细腻动态图形，可以让用户掌控自己的创意。

2. 本书主要特色

由一线作者团队倾力打造。本书由高级讲师为入门级用户量身定制，以深入浅出的教学方式，简洁明快的语言风格，将 After Effects 化繁为简，让读者轻松学习并彻底掌握。

完备的基础功能及商业案例详解。从基础案例到商业案例，全盘解析 After Effects，从入门到入行，从新手到高手。

丰富的特色段落。作者根据多年的教学经验，将 After Effects 中常见的问题及解决方法以提示和技巧的形式展现出来，让读者轻松掌握核心技法。

完善的配套资源。本书附赠高清多媒体教学视频、同步的素材和效果源文件，涵盖所有案例，另外部分章节还配有课后练习，扫码即可随时观看、阅读、下载。真正做到多媒体教学与图书互动，使读者从零起飞，快速跨入高手行列。

3. 本书内容介绍

本书首先对 After Effects 软件的基础动画进行了讲解，然后按照由浅入深的写作方法，从基础内容开始，以全实例为主，详细讲解了在影视制作中应用最为普遍的文字特效、蒙版动画、键控抠图、奇幻光线、自然景观、电影镜头特效、流行短视频动画效果设计、电视频道宣传片及栏目包装的制作等。对读者迅速掌握 After Effects 的使用方法、迅速掌握影视特效的专业制作技术非常有益。

本书各章内容具体如下。

第 1 章主要讲解非线性编辑。本章主要对影视后期制作的基础知识进行讲解，其中先对帧、场、电视制式及视频编码进行介绍，然后对色彩模式的种类和含义、色彩深度与图像分辨率、视频编辑的镜头表现手法、电影蒙太奇的表现手法等分别进行介绍。

第 2 章为基础动画实例入门。本章主要讲解利用 After Effects 基础属性制作基础动画的入门知识，包括位置、旋转、不透明度、缩放等，掌握本章内容，可以为以后复杂动画的制作打下坚实的基础。

第 3 章主要讲解内置特效进阶提高。After Effects 包含了几百种内置特效，这些强大的内置特效是动画制作的根本，本章挑选了比较实用的一些内置特效，结合实例详细讲解了它们的应用方法，希望读者举一反三，在学习这些特效的同时掌握更多特效的使用方法。

第 4 章主要讲解精彩文字特效。文字是一个动画的灵魂，一段动画中文字的出现能够使动画的主题更为突出，对文字进行编辑、为文字添加特效制作绚丽的动画能够给整体动画添加点睛的一笔。

第 5 章为蒙版动画及键控抠图。本章主要讲解蒙版动画的操作，包括矩形、椭圆形和自由形状蒙版的创建，蒙版形状的修改，节点的选择、调整、转换操作，蒙版属性的设置及修改。

第 6 章主要讲解常用插件应用。除了非常丰富的内置特效，After Effects 还支持相当多的第三方特效插件。第三方插件的应用可以使动画的制作更为简便，效果更为绚丽。通过对本章的学习，读者可以掌握常见插件的动画运用技巧。

第 7 章主要讲解奇幻光线特效。在栏目包装级影视特效中经常可以看到运用炫目的光效对整体动画的点缀，光效不仅可以作用在动画的背景上，使动画整体更加绚丽，还可以运用到动画的主体上，使主题更加突出。

第 8 章为自然景观特效表现。本章主要讲解利用 CC 细雨滴、CC 燃烧效果和高级闪电等特效在影视动画中模拟现实生活中的下雨、下雪、闪电和打雷等效果，使场景更加逼真生动。

第 9 章为流行短视频动画效果设计。本章通过对各个实例的讲解，可以使读者掌握大部分流行短视频动画效果设计的知识。

第 10 章主要讲解电影特效表现。在越来越多的电影加入了特效元素，这使得 After Effects 在影视制作中占有越来越重的地位，本章详细讲解了几种常见的电影特效的表现方法。

第 11 章主要讲解商业主题宣传片设计。本章列举了可爱小花主题动画设计、典礼开幕动画设计等。通过对这些案例的学习，读者可以掌握大多数商业主题宣传片的设计。

第 12 章为影视后期合成视频设计。本章通过详细分析各个案例的制作手法和制作步骤，将影视特效视频过程再现，以更好地让读者掌握影视特效视频的制作技巧，吸取精华，快速掌握，并步入高手之列。

对于初学者来说，本书是一本图文并茂、通俗易懂、详细全面的学习操作手册。对计算机动画制作、影视动画设计和专业创作人士来说，本书是绝佳的参考资料。

本书由董明秀主编，同时参与编写的还有崔鹏、郭庆改、王世迪、吕保成、王红启、王翠花、夏红军、王巧伶、王香、石珍珍等同志，在此感谢所有创作人员对本书付出的艰辛和汗水。当然，在创作的过程中，由于时间仓促，不足之处在所难免，希望广大读者批评指正。如果在学习过程中发现问题，或有更好的建议，可扫描封底的文泉云盘二维码获取作者联系方式，与我们交流沟通。

编者

2023 年 3 月

目录

CATALOG

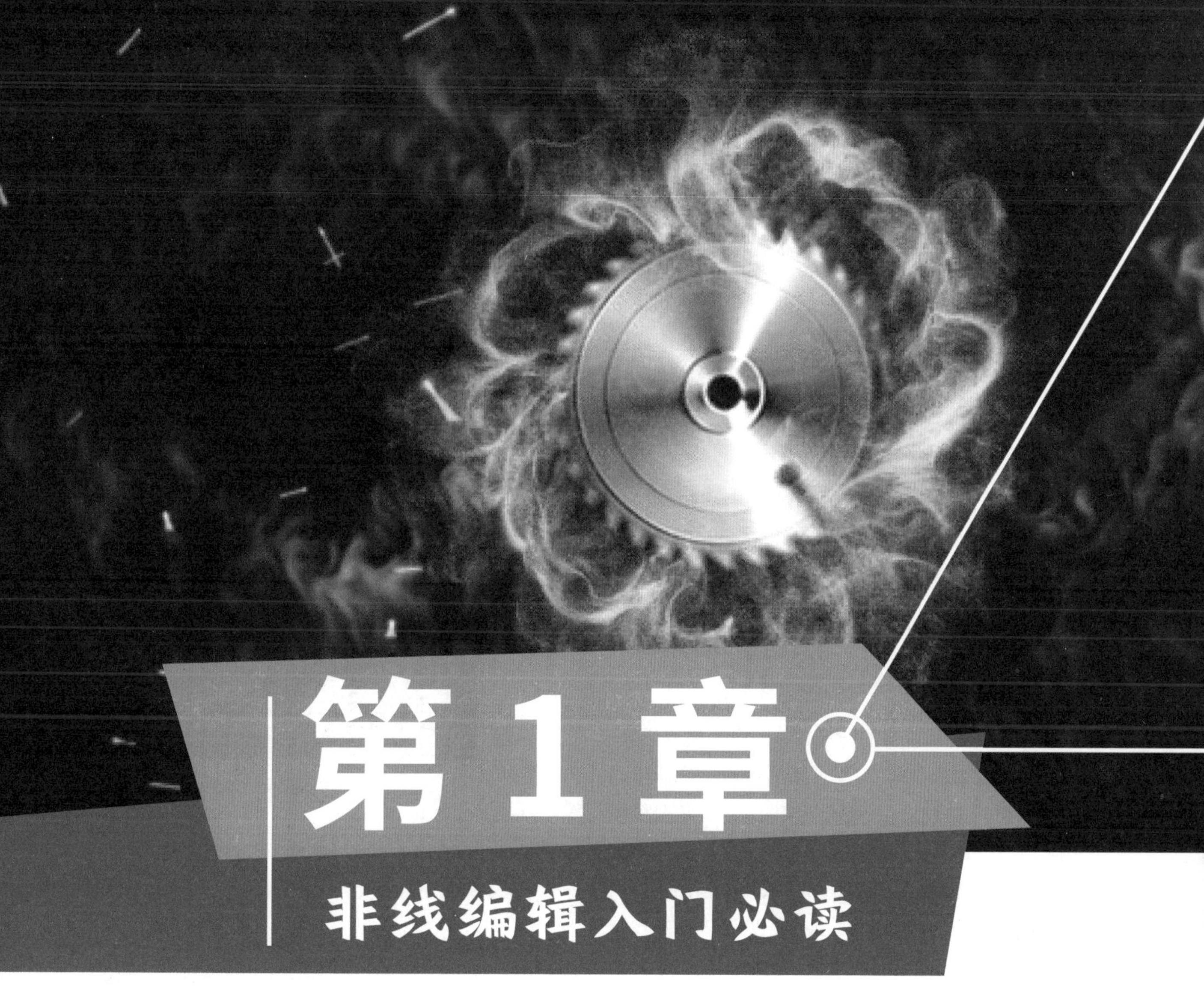

第 1 章 非线编辑入门必读

内容摘要

本章主要对影视后期制作的基础知识进行讲解，首先对帧、场、电视制式及视频编码进行介绍，然后对色彩模式的种类和含义、色彩深度与图像分辨率、视频编辑的镜头表现手法、电影蒙太奇的表现手法、非线性编辑操作流程以及视频采集基础进行介绍。

教学目标

- 了解帧、频率和场的概念
- 了解色彩模式的种类和含义
- 了解色彩深度与图像分辨率
- 掌握影视镜头的表现手法
- 了解电影蒙太奇表现手法
- 掌握非线性编辑操作流程

1.1 数码影视视频基础

1.1.1 帧的概念

视频是由一系列单独的静止图像组成的，如图 1.1 所示。每秒钟连续播放一定数量的静止图像，利用视觉残留现象，在观者眼中就产生了平滑而连续活动的影像。

图 1.1 单帧静止画面效果

一帧是扫描获得的一幅完整图像的模拟信号，是视频图像的最小单位。在日常的电视或电影中，视频画面其实就是一系列的单帧图片，将这些单帧图片以合适的速度连续播放，就产生了动态画面效果。而将这些连续播放的图片中的每一帧图片，就称为一帧，比如一个影片的播放速度为 25 帧 / 秒，就表示该影片每秒钟播放 25 个单帧静态画面。

1.1.2 帧率和帧长度比

帧率有时也叫帧速或帧速率，表示在影片播放中，每秒钟所扫描的帧数。比如对于 PAL 制式电视系统，帧率为 25 帧 / 秒；而对于 NTSC 制式电视系统，帧率为 30 帧 / 秒。

帧长度比是指图像的长度和宽度的比例，平时我们常说的 4 ∶ 3 和 16 ∶ 9，其实就是指图像的长宽比例。4 ∶ 3 画面显示效果如图 1.2 所示；16 ∶ 9 画面显示效果如图 1.3 所示。

图 1.2 4∶3 画面显示效果

图 1.3 16∶9 画面显示效果

1.1.3 像素长宽比

像素长宽比就是组合图像的小正方形像素在水平与垂直方向的比例。通常以电视机的长宽比为依据，即 640/160 和 480/160 之比为 4 ∶ 3。因此，对于 4 ∶ 3 长宽比来讲，480/640×4/3=1.067。所以，PAL 制式的像素长宽比为 1.067。

1.1.4 场的概念

场是视频的一个扫描过程。有逐行扫描和隔行扫描，对于逐行扫描，一帧即一个垂直扫描场；对于隔行扫描，一帧由两行构成——奇数场和偶数场，即用两个隔行扫描场表示一帧。

电视机由于受到信号带宽的限制，采用的就

是隔行扫描。隔行扫描是目前很多电视系统的电子束采用的一种技术，它将一幅完整的图像按照水平方向分成很多细小的行，用两次扫描来交错显示，即先扫描视频图像的偶数行，再扫描奇数行，从而完成一帧的扫描。每扫描一次，叫作一场。对于摄像机和显示器屏幕，获得或显示一幅图像都要扫描两遍才行。隔行扫描对于分辨率要求不高的系统比较适合。

在电视播放中，由于扫描场的作用，其实我们所看到的电视屏幕出现的画面不是完整的画面，而是一个“半帧”画面，如图 1.4 所示。但因为 25 Hz 的帧频率能以最少的信号容量有效地利用人眼的视觉残留特性，所以看到的图像是完整图像，如图 1.5 所示，但闪烁的现象还是可以感觉出来的。我国电视画面传输率是每秒 25 帧、50 场。50 Hz 的场频率隔行扫描，把一帧分为奇、偶两场，奇、偶的交错扫描相当于遮挡板的作用。

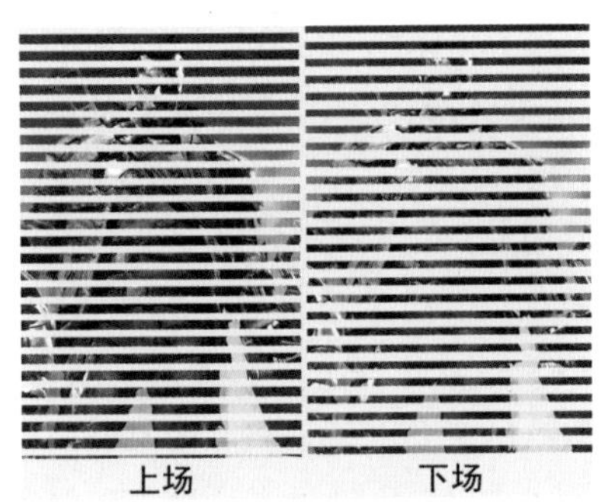

图 1.4 “半帧”画面

图 1.5 完整图像

1.1.5 电视的制式

电视的制式就是电视信号的标准。它的区分主要在帧频、分辨率、信号带宽以及载频、色彩空间的转换关系上。不同制式的电视机只能接收和处理相应制式的电视信号。但现在也出现了多制式或全制式的电视机，为处理不同制式的电视信号提供了极大的方便。全制式电视机可以在各个国家的不同地区使用。目前各个国家的电视制式并不统一，全世界目前有 3 种彩色制式。

1. PAL 制式

PAL 是 phase alteration line 的英文缩写，其含义为逐行倒相。PAL 制式即逐行倒相正交平衡调幅制。它是西德在 1962 年制定的彩色电视广播标准，克服了 NTSC 制式相对相位失真敏感而引起色彩失真的缺点。中国、新加坡、澳大利亚、新西兰、英国等国家使用 PAL 制式。根据不同的参数细节，PAL 制式又可以分为 G、I、D 等制式，其中 PAL-D 是我国大陆地区采用的制式。PAL 制式电视的帧频为每秒 25 帧，场频为每秒 50 场。

2. NTSC 制式（N 制）

NTSC 是 national television system committee 的英文缩写。NTSC 制式是由美国国家电视标准委员会于 1952 年制定的彩色广播标准，采用正交平衡调幅技术（正交平衡调幅制）；NTSC 制式有色彩失真的缺陷。NTSC 制式电视的帧频为每秒 29.97 帧，场频为每秒 60 场。美国、加拿大等大多西半球国家以及日本、韩国等采用这种制式。

3. SECAM 制式

SECAM 是法文 sequentiel couleur à mémoire 的缩写，含义为“顺序传送彩色信号与存储恢复彩色信号制”，是法国于 1956 年提出、1966 年制定的一种新的彩色电视制式。它也克服了 NTSC 制式相位失真的缺点，采用时间分隔法来逐行依次传送两个色差信号，不怕干扰，色彩保真度高，但是兼容性较差。

1.1.6 视频时间码

一段视频片段的持续时间以及它的开始帧和结束帧通常用时间单位和地址来计算，这些时间和地址被称为时间码（简称时码）。时码用来识别和记录视频数据流中的每一帧，从一段视频的起始帧到终止帧，每一帧都有一个唯一的时间码地址，这样在编辑的时候利用它可以准确地在素材上定位出某一帧的位置，方便地安排编辑，实现视频和音频的同步，这种同步方式叫作帧同步。“动画和电视工程师协会”采用的时码标准为SMPTE，其格式为“小时：分钟：秒：帧”，比如一个PAL制式的素材片段表示为00:01:30:13，那么意思是它持续1分钟30秒零13帧，换算成帧单位就是2263帧，如果播放的帧速率为25帧 / 秒，那么这段素材可以播放约1分钟30.5秒。

电影、电视行业中使用的帧率各不相同，但它们都有各自对应的SMPTE标准。如PAL制式采用25 fps或24 fps，NTSC制式采用30 fps或29.97 fps。早期的黑白电视采用29.97 fps而非30 fps，这样就会产生一个问题，即在时码与实际播放之间产生0.1%的误差。为了解决这个问题，于是设计出帧同步技术，这样可以保证时码与实际播放时间一致。与帧同步格式对应的是帧不同步格式，它会忽略时码与实际播放帧之间的误差。

1.2 色彩模式

1.2.1 RGB模式

RGB是光的色彩模型，俗称三原色（也就是3个颜色通道）：红、绿、蓝。每种颜色都有256个亮度级（0～255）。RGB模型也被称为加色模型，因为当增加红、绿、蓝色光的亮度级时，色彩变得更亮。所有显示器、投影仪和其他传递与滤光的设备，包括电视、电影放映机都依赖于加色模型。

任何一种色光都可以由RGB三原色混合得到，RGB 3个值中任何一个发生变化都会导致合成出来的色彩发生变化。电视彩色显像管就是根据这个原理得来的，但是这种表示方法并不适合人的视觉特点，所以产生了其他的色彩模式。

1.2.2 CMYK模式

CMYK由青色（C）、品红（M）、黄色（Y）和黑色（K）4种颜色组成。这种色彩模式主要应用于图像的打印输出，所有商业打印机使用的都是减色模式。CMYK色彩模型中色彩的混合正好和RGB色彩模式相反。

当使用CMYK模式编辑图像时，应当十分小心，因为人们通常都习惯于编辑RGB图像，而在CMYK模式下进行编辑需要一些新的方法，尤其是编辑单个色彩通道时。在RGB模式中查看单色通道时，白色表示高亮度色，黑色表示低亮度色；在CMYK模式中正好相反，当查看单色通道时，黑色表示高亮度色，白色表示低亮度色。

1.2.3 HSB模式

HSB色彩空间是根据人的视觉特点，用色调（hue）、饱和度（saturation）和亮度（brightness）来表达色彩。我们常把色调和饱和度统称为色度，用它来表示颜色的类别与深浅程度。由于人的视觉对亮度比对色彩浓淡更加敏感，为了便于色彩处理和识别，常采用HSB色彩空间。它能把色调、色饱和度和亮度的变化情形表现得很清楚，比RGB空间更加适合人的视觉特点。在图像处理和计算机视觉中，大量的算法都可以在HSB色彩空间中使用，它们可以分开处理而且相互独立。因此HSB空间可以大大减少图像分析和处理的工作量。

1.2.4 YUV（Lab）模式

YUV的重要性在于它的亮度信号Y和色度信号UV是分离的，彩色电视采用YUV空间正是为了用亮度信号Y解决彩色电视机与黑白电视机的兼容问题。如果只有Y分量而没有UV分量，则表示的图像为黑白灰度图。

RGB并不是快速响应且提供丰富色彩范围的唯一模式。Photoshop的Lab色彩模式包含来自RGB和CMYK下的所有色彩，并且和RGB一样快。许多高级用户更喜欢在这种模式下工作。

Lab模型与设备无关，有3个色彩通道，一个用于照度（luminosity），另外两个用于色彩范围，简单地用字母a和b表示。a通道包括的色彩从深绿色（低亮度值）到灰色（中亮度值），再到粉红色（高亮度值）；b通道包括的色彩从天蓝色（低亮度值）到灰色，再到深黄色（高亮度值）；Lab模型和RGB模型一样，这些色彩混在一起产生更鲜亮的色彩，只有照度的亮度值使色彩黯淡。所以，可以把Lab看作带有亮度的两个通道的RGB模式。

1.2.5 灰度模式

灰度模式属于非色彩模式。它只包含256级不同的亮度级别，并且仅有一个Black通道。在图像中看到的各种色调都是由256种不同强度的黑色表示的。

1.3 色彩深度与图像分辨率

1.3.1 色彩深度

色彩深度是指存储每个像素色彩所需要的位数，它决定了色彩的丰富程度，常见的色彩深度有以下几种。

1. 真彩色

组成一幅彩色图像的每个像素值中，有R、G、B 3个基色分量，每个基色分量直接决定其基色的强度。这样合成产生的色彩就是真实的原始图像的色彩。平常所说的32位彩色，就是在24位之外还有一个8位的Alpha通道，表示每个像素的256种透明度等级。

2. 增强色

用16位来表示一种颜色，它所包含的色彩远多于人眼所能分辨的数量，共能表示65 536种不同的颜色。因此大多数操作系统都采用16位增强色。这种色彩空间的建立依据人眼对绿色最敏感的特性，所以其中红色分量占4位，蓝色分量占4位，绿色分量占8位。

3. 索引色

用8位来表示一种颜色。一些较老的计算机硬件或文档格式只能处理8位的像素，8位的显示设备通常会使用索引色来表现色彩。其图像的每个像素值不分R、G、B分量，而是把它作为索引进行色彩变幻，系统会根据每个像素的 8 位数值查找颜色。8 位索引色能表示 256 种颜色。

1.3.2 图像分辨率

分辨率是指在单位长度内含有的点（即像素）的多少。像素（pixel）是图形单元（picture element）的简称，是位图图像中最小的完整单位。像素有两个属性，其一是位图图像中的每个像素都具有特定的位置，其二是可以利用位进行度量的颜色深度。

除某些特殊标准外，像素都是正方形的，而且各个像素的尺寸也是完全相同的。在 Photoshop 中像素是最小的度量单位。位图图像由大量像素以行和列的方式排列而成，因此位图图像通常表现为矩形外貌。需要注意的是分辨率并不单指图像的分辨率，它可以分为以下几种类型。

1. 图像的分辨率

图像的分辨率就是每英寸图像含有多少个点或者像素，分辨率的单位为 dpi，例如，72dpi 就表示该图像每英寸含有 72 个点或者像素。因此，当知道图像的尺寸和图像分辨率的情况下，可以精确地计算出该图像中全部像素的数目。

在 Photoshop 中也可以以厘米为单位来计算分辨率，不同的单位计算出来的分辨率是不同的。一般情况下，图像分辨率的大小以英寸为单位。

在数字化图像中，分辨率的大小直接影响图像的质量，分辨率越高，图像就越清晰，所产生的文件就越大，CPU 处理时间就越长。所以在创作图像时，应对不同品质、不同用途的图像设置不同的图像分辨率，这样才能最合理地制作生成图像作品。例如，若要打印输出，图像分辨率就需要设置得高一些，若仅在屏幕上显示就可以设置得低一些。

另外，图像文件的大小与图像的尺寸和分辨率息息相关。当图像的分辨率相同时，图像的尺寸越大，图像文件的大小也就越大；当图像的尺寸相同时，图像的分辨率越大，图像文件的大小也就越大。

技巧

利用 Photoshop 处理图像时，按住 Alt 键的同时单击状态栏中的“文档”区域，可以获取图像的分辨率及像素数目。

2. 图像的位分辨率

图像的位分辨率又被称作位深，用于衡量每个像素储存信息的位数。该分辨率决定可以标记多少种色彩等级的可能性，通常有 8 位、16 位、24 位或 32 位色彩。有时，也会将位分辨率称为颜色深度。所谓“位”实际上就是指 2 的次方数，8 位就是 2 的 8 次方，也就是 8 个 2 的乘积，即 256。因此，8 位颜色深度的图像所能表现的色彩等级只有 256 级。

3. 设备分辨率

设备分辨率是指每单位输出长度所代表的点数和像素。它和图像分辨率的不同之处在于图像分辨率可以被更改，而设备分辨率不可以被更改。比如显示器、扫描仪和数码相机这些硬件设备，各自都有一个固定的分辨率。

设备分辨率的单位是 ppi，即每英寸上所包含的像素数。图像的分辨率越高，图像上每英寸包含的像素点就越多，图像就越细腻，颜色过渡就越平滑。例如，72 ppi 分辨率的 1×1 平方英寸的图像总共包含（72 像素宽 ×72 像素高）5184 个像素。如果用较低的分辨率扫描或创建图像，只能单纯地扩大图像的分辨率，不会提高图像的品质。

显示器、打印机、扫描仪等硬件设备的分辨率，用每英寸上可产生的点数 dpi 来表示。显示器的分辨率就是显示器上每单位长度显示的像素或点的数目，以点 / 英寸（dpi）为度量单位。打印机分辨率是激光照排机或打印机每英寸产生的油墨点数（dpi）。打印机的 dpi 是指每平方英寸上所印刷的网点数。网频是打印灰度图像或分色时，每英寸打印机点数或半调单元数。网频也称网线，即在半调网屏中每英寸的单元线数，单位是线 / 英寸（lpi）。

4. 扫描分辨率

扫描分辨率指在扫描图像前所设置的分辨率，它会直接影响最终扫描得到的图像质量。如果扫描图像用于 640×480 的屏幕显示，那么扫描分辨率通常不必大于显示器屏幕的设备分辨率，即不超过 120 dpi 。

通常，扫描图像是为了在高分辨率的设备中输出。如果图像扫描分辨率过低，将会导致输出效果非常粗糙。反之，如果扫描分辨率过高，则数字图像中会产生超过打印所需要的信息，不但减慢打印速度，而且在打印输出时会使图像色调的细微过渡丢失。

5. 网屏分辨率

专业印刷的分辨率也称为线屏或网屏，决定分辨率的主要因素是每英寸内网版点的数量。在商业印刷领域，分辨率以每英寸上等距离排列多少条网线表示，也就是常说的 lpi（lines per inch，每英寸线数）。

在传统商业印刷制版过程中，制版时要在原始图像前加一个网屏，该网屏由呈方格状透明与不透明部分相等的网线构成。这些网线就是光栅，其作用是切割光线、解剖图像。网线越多，表现图像的层次越多，图像质量也就越好。因此，商业印刷行业采用 lpi 表示分辨率。

1.4 镜头一般表现手法

镜头是影视创作的基本单位。一个完整的影视作品是由一个一个的镜头组成的，离开独立的镜头，也就没有了影视作品。因此镜头的应用技巧将直接影响影视作品的最终效果。那么在影视拍摄中，常用镜头是如何表现的呢？下面来详细讲解常用镜头的使用技巧。

1.4.1 推镜头

推镜头是比较常用的一种拍摄手法，它主要利用摄像机前移或变焦来完成，逐渐靠近要表现的主体对象，使人感觉一步一步走进要观察的事物，从而近距离观看某个事物。它可以表现同一个对象从远到近的变化，也可以表现从一个对象到另一个对象的变化，这种镜头的运用，主要突出要拍摄的对象或对象的某个部位，从而更清楚地看到细节的变化。比如观察一个古董，从整体通过变焦看到局部特征，也是应用了推镜头拍摄手法。

图 1.6 所示为推镜头的应用效果。

图 1.6 推镜头的应用效果

1.4.2 移镜头

移镜头也叫移动拍摄，它是将摄像机固定在移动的物体上来拍摄不动的物体，使不动的物体产生运动效果。摄像时将拍摄画面逐步呈现，形成巡视或展示的视觉感受，它将一些对象连贯起来加以表现，形成动态效果，从而以影视动画展现出来，可以表现出逐渐认识的效果，并能使主题逐渐明了。比如我们坐在奔驰的车上，看窗外的景物，景物本来是不动的，但我们却感觉到景物在动，这与移镜头是同一个道理。

图 1.7 所示为移镜头的应用效果。

图 1.7 移镜头的应用效果

1.4.3 跟镜头

跟镜头也称为跟拍，在拍摄过程中找到兴趣点，然后跟随目标进行拍摄。跟镜头要表现的对象在画面中的位置通常是不变的，只是跟随它所走过的画面有所变化，就如同一个人跟着另一个人穿过大街小巷一样，周围的事物在变化，而本身的跟随是没有变化的，跟镜头也是影视拍摄中比较常见的一种方法，它可以很好地突出主体，表现主体的运动速度、方向及体态等信息，给人一种身临其境的感觉。

图 1.8 所示为跟镜头的应用效果。

图 1.8 跟镜头的应用效果

1.4.4 摇镜头

摇镜头也称为摇拍，拍摄时相机不动，只摇动镜头做左右、上下移动或旋转等运动，使人感觉从对象的一个部位逐渐看向另一个部位，比如一个人站立不动，只转动脖子来观看事物，我们常说的环视四周其实就是这个道理。

摇镜头也是影视拍摄中经常用到的手法，主要用来表现事物的逐渐呈现过程，一个又一个的画面从渐入镜头到渐出镜头来呈现整个事物的发展。

图 1.9 所示为摇镜头的应用效果。

图 1.9 摇镜头的应用效果

1.4.5 旋转镜头

旋转镜头是指使被拍摄对象呈旋转的画面效果，镜头沿镜头光轴或接近镜头光轴的角度旋转拍摄，这种拍摄手法多用于表现人物的晕眩感觉，是影视拍摄中常用的一种拍摄手法。

图 1.10 所示是旋转镜头的应用效果。

图 1.10 旋转镜头的应用效果

1.4.6 拉镜头

拉镜头与推镜头正好相反，它主要是利用摄像机后移或变焦来完成，逐渐远离要表现的主体对象，使人感觉正一步一步远离要观察的事物，从而从远距离观看某个事物的整体效果。拉镜头可以表现同一个对象从近到远的变化，也可以表现从一个对象到另一个对象的变化。应用这种镜头，可突出要拍摄的对象与整体的关系，从而把握全局。

图 1.11 所示为拉镜头的应用效果。

图 1.11　拉镜头的应用效果

1.4.7　甩镜头

甩镜头是指快速地摇动镜头，极快地将镜头转移到另一个景物，从而将画面切换到另一个内容，而中间过程则产生模糊一片的效果。这种拍摄手法可以表现画面内容的突然过渡。

例如，《冰河世纪》结尾部分松鼠撞到门上的一个镜头，通过应用甩镜头，表现出人物撞到门而产生的眩晕效果。

图 1.12 所示为甩镜头的应用效果。

1.4.8　晃镜头

相对于前面的几种方式来说，晃镜头应用得要少一些。它主要应用在特定的环境中，让画面产生上下、左右或前后等的摇摆效果，主要用于表现精神恍惚、头晕目眩等摇晃效果。比如表现一个喝醉酒的人物时，就要用到晃镜头。

图 1.12　甩镜头的应用效果

图 1.13 所示为晃镜头的应用效果。

  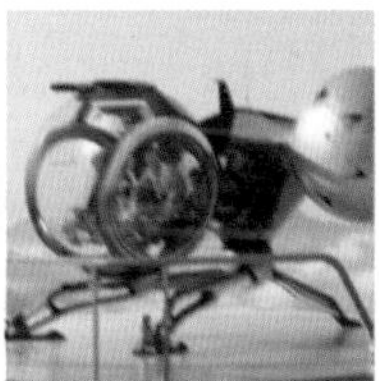

图 1.13　晃镜头的应用效果

1.5　电影蒙太奇表现手法

蒙太奇是法语 Montage 的译音，原为建筑学用语，意为构成、装配。在 20 世纪中期，电影艺术家将蒙太奇引入电影艺术领域，意思转变为组合剪接。在无声电影时代，蒙太奇表现技巧和理论的内容只局限于画面之间的剪接，后来出现有声电影之后，影片的蒙太奇表现技巧和理论又包括了声画蒙太奇和声音蒙太奇，含义更加广泛。“蒙太奇”的含义有广狭义之分。狭义的蒙太奇专指对镜头画面、声音、色彩诸元素编排组合的手段，其中最基本的意义是画面的组合；而广义的蒙太奇不仅指镜头画面的组接，也指影视剧作从开始到完成的整个过程中艺术家的一种独特艺术思维方式。

1.5.1　蒙太奇技巧的作用

蒙太奇组接镜头与音效的技巧是决定一个影片成功与否的重要因素。在影片中，蒙太奇技巧的作用如下。

1. 表达寓意，创造意境

镜头的分割与组合，声画的有机结合、相互作用，可以让观众在心理上产生新的含义。单个的镜头、单独的画面或者声音只能表达其本身的具体含义，而如果我们使用蒙太奇技巧和表现手法，就可以使一系列没有任何关联的镜头或者画面产生特殊的含义，表达出创作者的寓意，甚至还可以产生特定的含义。

2. 选择和取舍，概括与集中

一部几十分钟的影片，是从许多素材镜头中挑选出来的。这些素材镜头不仅在内容、构图、场面调度等方面均不相同，甚至连摄像机的运动速度都有很大的差异，有些时候还存在一些重复的情况。因此编导必须根据影片所要表现的主题和内容，认真对素材进行分析和研究，慎重且大胆地进行取舍和筛选，重新进行镜头的组合，尽量增强画面的可视性。

3. 吸引观众注意力，激发联想

由于每一个单独的镜头都只能表现一定的具体内容，但组接后就有了一定的顺序，可以引导、影响观众的情绪和心理，启迪观众进行思考。

4. 创造银幕（屏幕）上的时间概念

运用蒙太奇技巧可以给影视的时空转换带来极大的自由，可以延伸银幕（屏幕）的空间，达到跨越时空的作用。

5. 使影片的画面形成不同的节奏

蒙太奇可以对客观因素（人物和镜头的运动速度、色彩效果、音频效果以及特技处理等）和主观因素（观众的心理感受）进行综合研究，通过镜头之间的剪接，将内部节奏和外部节奏、视觉节奏和听觉节奏有机地结合在一起，使影片丰富多彩、生动自然而又和谐统一，产生强烈的艺术感染力。

1.5.2 镜头组接蒙太奇

这种镜头的组接不考虑音频效果和其他因素，根据其表现形式，我们将这种蒙太奇分为两大类：叙述蒙太奇和表现蒙太奇。

1. 叙述蒙太奇

叙述蒙太奇在影视艺术中又被称为叙述性蒙太奇，它按照情节的发展时间、空间、逻辑顺序以及因果关系来组接镜头、场景和段落。表现了事件的连贯性，推动情节的发展，引导观众理解内容，是影视节目中最基本、最常用的叙述方法。其优点是脉络清晰、逻辑连贯。叙述蒙太奇的叙述方法在具体的操作中还分为连续蒙太奇、平行蒙太奇、交叉蒙太奇以及重复蒙太奇等。

- 连续蒙太奇。

这种影视叙述方法类似于小说叙述手法中的顺序方式。一般来讲它有一个明朗的主线，按照事件发展的逻辑顺序，有节奏地连续叙述。这种叙述方法比较简单，在线索上也比较明朗，能使所要叙述的事件通俗易懂。但同时也有自己的不足，一个影片中过多地使用连续蒙太奇手法会给人拖沓冗长的感觉。因此我们在进行非线性编辑的时候，需要考虑到这一点，最好与其他的叙述方式有机结合，互相配合使用。

- 平行蒙太奇。

这是一种分叙式表达方法。将两个或者两个以上的情节线索分头叙述，但仍统一在一个完整的情节之中。这种方法有利于概括集中、节省篇幅、扩大影片的容量，由于平行表现、相互衬托，可以形成对比、呼应，产生多种艺术效果。

- 交叉蒙太奇。

这种叙述手法与平行蒙太奇一样，平行蒙太奇手法只重视情节的统一和主题的一致，以及事件的内在联系和主线的明朗。而交叉蒙太奇强调的是并列的多个线索之间的交叉关系和事件的统一性和对比性，以及这些事件之间的相互影响和相互促进，最后将几条线索汇合为一。这种叙述手法能产生强烈的对比和热烈的气氛，加强矛盾冲突，引起悬念，是控制观众情绪的一个重要手段。

- 重复蒙太奇。

这种叙述手法是让代表一定寓意的镜头或者场面在关键时刻反复出现，造成强调、对比、呼应、渲染等艺术效果，以达到加深寓意之效。

2. 表现蒙太奇

表现蒙太奇在影视艺术中也被称作对称蒙太奇，它是以镜头序列为基础，通过相连或相叠镜头在形式或者内容上的相互对照、冲击，从而产生单独一个镜头本身不具有的或者更为丰富的含义，以表达创作者的某种情感，也给观众在视觉上和心理上造成强烈的印象，增加感染力。激发观众的联想，启迪观众思考。这种蒙太奇技巧的目的不是叙述情节，而是表达情绪、表现寓意和揭示内在的含义。这种蒙太奇表现形式又分为以下几种。

- 隐喻蒙太奇。

这种叙述手法通过镜头（或者场面）的队列或交叉，含蓄而形象地表达创作者的某种寓意或者对某个事件的主观情绪。它往往是将不同事物之间所具有的某种相似的特征表现出来，目的是引起观众的联想，让观众领会创作者的寓意，这种表现手法具有强烈的感染力和形象表现力。在我们要制作的节目中，必须将要隐喻的因素与所要叙述的线索相结合，这样才能达到我们想要表达的艺术效果。用来隐喻的要素必须与所要表达的主题一致，并且能够在表现手法上补充说明主题，而不能脱离情节生硬插入，因而要求这一手法必须运用得贴切、自然、含蓄和新颖。

- 对比蒙太奇。

这种蒙太奇表现手法就是在镜头的内容上或者形式上造成一种对比，给人一种反差感。通过内容的相互协调和对比冲突，表达作者的某种寓意、情绪和思想。

- 心理蒙太奇。

这种表现技巧是通过镜头组接，直接而生动地表现人物的心理活动、精神状态，如人物的回忆、梦境、幻觉以及想象等，甚至是潜意识的活动，这种手法往往用在表现追忆的镜头中。

心理蒙太奇表现手法的特点是：形象的片断性、叙述的不连贯性。多用于交叉、队列以及穿插的手法表现，带有强烈的主观色彩。

1.5.3 声画组接蒙太奇

1927年以前，电影都是无声的，主要以演员的表情和动作来引起观众的联想。后来通过幕后语言配合或者人工声响，如钢琴、留声机、乐队的伴奏等与屏幕结合，才有了声画融合的艺术效果。为了真正达到声画一致，人们利用声电光感应胶片技术和磁带录音技术，从而声音也被作为影视艺术的一个有机组成部分合并到影视节目之中。

1. 影视语言

影视艺术是声、画艺术的结合物，二者缺一不可。声音元素包含了影视的语言元素。在影视艺术中，对语言的要求是不同于其他艺术形式的，它有着自己特殊的要求和规则。

我们将它归纳为以下几个方面。

- 语言的连贯性，声画和谐。

在影视节目中，如果把语言分离出来，会发现它不像一篇完整的文章，段落之间也不一定有严密的逻辑性。但如果我们将语言与画面相配合，就可以看出节目整体的不可分割性和严密的逻辑性。这种逻辑性，表现在语言和画面上是互相渗透、有机结合的。在声画组合中，有些时候是以画面为主，声音只用于说明画面的抽象内涵；有些时候是以声音为主，画面只是作为形象的提示。根据以上分析，影视语言有以下特点和作用：深化和升华主题，将形象的画面用语言表达出来；抽象概括画面，将具体的画面表现为抽象的概念；作为旁白，表现不同人物的性格和心态；衔接画面，使镜头过渡流畅；代替画面，省略一些不必要的画面。

- 语言的口语化、通俗化。

影视节目面对的观众是多层次的，除特定的一些影片外，都应该使用通俗语言。所谓的通俗语言，就是影片中使用的口头语、大白话。如果语言不通俗、费解、难懂，会让观众在观看时分心，这种听觉上的障碍会影响视觉功能，也就会影响观众对画面的感受和理解，当然也就不会有良好的视听效果。

- 语言简明扼要。

影视艺术是以画面为基础的，所以，影视语言必须简明扼要，点明则止。剩下的时间和空间都要用画面来表达，让观众在有限的时空里自由想象。

解说词对画面也不能亦步亦趋，如果充满节目，会使观众的听觉和视觉都处于紧张状态，顾此失彼。

- 语言准确、贴切。

由于影视画面是展示在观众眼前的，任何细节对观众来说都是一览无余的，因此对影视语言的要求是相当高的。每句台词，都必须经得起观众的推敲。另外在影视节目前，观众既能看清画面，又能听见声音效果，将二者互相对照，若稍有差错，都能够被观众轻易地发现。

2. 语言录音

影视节目中的语言录音包括对白、解说、旁白、独白等。为了得到好的录音效果，必须提高解说员的声音素质，掌握录音的技巧以及方式。

- 解说员的素质。

一名合格的解说员必须充分理解剧本，对剧本内容的重点做到心中有数，对一些比较专业的词语必须理解，读的时候还要抓住主题，确定语音的基调，即总的气氛和情调。在台词对白上必须符合人物形象的性格，解说时语言要流利，不能含混不清，多听电台好的广播节目可以提高我们这方面的鉴赏力。

- 录音。

录音在技术上要求尽量创造有利的物质条件，保证良好的音质音量，尽量在专业的录音棚进行录制。在进行解说录音的时候，需要先对画面进行编辑，然后让配音员观看后配音。

- 解说的形式。

在影视节目中，解说的形式多种多样，需要根据影片的内容而定，大致可以分为3类，第一人称解说、第三人称解说以及第一人称解说与第三人称解说交替的自由形式等。

3. 影视音乐

在电影史上，默片电影一出现就与音乐有着密切的关系。早在1896年，卢米埃尔兄弟的影片就使用了钢琴伴奏的形式。后来逐渐完善，将音乐渗透到影片中，而不再使用外部的伴奏形式。有声电影出现后，影视音乐更是发展到了一个更加丰富多彩的阶段。

- 影视音乐的特点和作用。

一般音乐都是作为一种独特的听觉艺术形式来满足人们的艺术欣赏要求。而一旦成为影视音乐，它将丧失自己的独立性，成为某一个节目的组成部分，服从影视节目的总要求，以影视的形式表现。

- 影视音乐的目的性。

影视节目的内容、观看形式的不同，决定了各种影视节目音乐的表现形式各有特点，即使同一首歌或者同一段乐曲，在不同的影视节目中也会产生不同的作用和目的。

- 影视音乐的融合性。

融合性就是指影视音乐必须和其他影视因素相结合，因为音乐本身在表达感情的程度上往往不够准确，但如果与语言、音响和画面相融合，就可以突破这种局限性。

- 音乐的分类。

按照影视节目的内容可将影视音乐划分为故事片音乐、新闻片音乐、科教片音乐、美术片音乐以及广告片音乐。

按照音乐的性质可将其划分为抒情音乐、描绘性音乐、说明性音乐、色彩性音乐、戏剧性音乐、幻想性音乐、气氛性音乐以及效果性音乐。

按照影视节目的段落可将其划分为片头主体音乐、片尾音乐、片中插曲以及情节性音乐。

- 音乐与画面的结合形式。

音乐与画面同步：表现为音乐与画面紧密结

合，音乐情绪与画面情绪基本一致，音乐节奏与画面节奏完全吻合。音乐强调画面提供的视觉内容，起到解释画面、烘托气氛的作用。

音乐与画面平行：音乐不是直接地追随或者解释画面内容，也不是与画面处于对立状态，而是以自身独特的表现方式从整体上揭示影片的内容。

音乐与画面的对立：指音乐与画面之间在情绪、气氛、节奏乃至内容上的互相对立，使音乐具有寓意性，从而深化影片的主题。

- 音乐设计与制作。

专门谱曲：这是音乐创作者和导演充分交换对影片的构思后设计的。其中包括音乐的风格、主题音乐的特征、主体音乐的特征、主题音乐的性格特征、音乐的布局以及高潮的分布等要素。

音乐资料改编：根据需要将现有的音乐进行改编，但所配的音乐要与画面的时间保持一致，有头有尾。改编的方法有很多，如将曲子中间一些不需要的段落舍去、去掉重复的段落，还可以将音乐的节奏进行调整，这在非线性编辑系统中是相当容易实现的。

影视音乐的转换技巧：在非线性编辑中，画面需要转换技巧，音乐也需要转换技巧，并且很多画面转换技巧对于音乐同样是适用的。

切：音乐的切入点和切出点最好是选择在解说和音响之间，这样不容易引起观众的注意，音乐的开始也最好选择在这个时候，这样会切得不露痕迹。

淡：在配乐的时候，如果找不到合适长度的音乐，可以截取其中的一段，如头部或者尾部。在录音的时候，可以对其进行淡入处理或者淡出处理。

1.6 非线性编辑操作流程

一般可以将非线性编辑的操作流程简单地分为导入、编辑处理和输出影片三大部分。由于非线性编辑软件的不同，又可以将其操作流程细分为更多的操作步骤。拿 After Effects 来说，可以简单地将其分为 5 个步骤，具体说明如下。

1. 总体规划和准备

在制作影视节目前，首先要清楚自己的创作意图和表达的主题，应该有一个分镜头脚本，由此确定作品的风格。其主要内容包括素材的取舍、各个片段持续的时间、片段之间的连接顺序和转换效果，以及片段需要的视频特效、抠像处理和运动处理等。

确定了自己创作的意图和表达的主题手法后，还要着手准备需要的各种素材，包括静态图片、动态视频、序列素材、音频文件等，并可以利用相关的软件对素材进行处理，达到需要的尺寸和效果，还要注意格式的转换，注意制作符合 After Effects 所支持的格式，比如使用 DV 拍摄的素材可以通过 1394 卡进行采集，将其转换到计算机中，并按照类别放置在不同的文件夹目录下，以便于素材的查找和导入。

2. 创建项目并导入素材

前期的工作做完以后，接下来制作影片。首先要创建新项目，并根据需要设置符合影片的参数，比如编辑模式是使用 PAL 制或 NTSC 制的 DV、VCD 或 DVD；设置影片的帧速率，比如编辑电影，设置时基数为 24，如果使用 PAL 制式来编辑视频，则应设置时基数为 25；设置视频画面的大小，比如 PAL 制式的标准默认尺寸是 720×576 像素，NTSC 制式为 720×480 像素；还要指定音频的采样频率等，从而创建一个新项目。

新项目创建完成后，可以根据需要创建不同的文件夹，并根据文件夹的属性导入不同的素材，如静态素材、动态视频、序列素材、音频素材等，并进行前期的编辑，如设置素材入点和出点、持续时间等。

3. 影片的特效制作

创建项目并导入素材后，就开始了最精彩的制作部分。根据分镜脚本将素材添加到时间线并进行剪辑编辑，添加相关的特效，如视频特效、运动特效、抠像特效、视频转场等，制作完美的影片效果，然后添加字幕和音频文件，完成整个影片的制作。

4. 保存和预演

保存影片是将影片的源文件保存起来，默认的保存格式为 .aep。保存影片的同时也保存了 After Effects 当时所有窗口的状态，比如窗口的位置、大小和参数，便于以后修改。

保存影片源文件后，可以对影片的效果进行预演，以此检查影片的各种实际效果是否达到设计的目的，以防在输出最终影片时出现错误。

5. 输出影片

预演只是查看效果，并不生成最后的文件，要想得到最终的影片效果，就需要将影片输出，生成一个可以单独播放的最终作品。After Effects 可以生成的影片格式有很多种，比如可以输出像 bmp、tif、tga 等静态图片格式的文件，也可以输出像 Animated GIF、avi、QuickTime 等视频格式的文件，还可以输出像 Windows Waveform 等音频格式的文件。常用的是 .avi 文件，它可以在许多多媒体软件中播放。

内容摘要

本章主要讲解利用 After Effects 基础属性制作基础动画的方法，After Effects 基础属性主要包括“位置”“旋转”“不透明度”“缩放”等。掌握本章内容，可以为以后复杂动画的制作打下坚实的基础。

教学案例

- 花瓣飘落
- 画中画
- 缩放动画
- 文字滚动

2.1 花瓣飘落

特效解析

本例主要讲解通过修改素材的位置制作位置动画，从而了解关键帧的作用，如图 2.1 所示。

图 2.1　动画效果

知识点

1. “位置”属性
2. “旋转”属性

操作步骤

1 执行菜单栏中的“合成”|“新建合成”命令，打开“合成设置”对话框，设置“合成名称”为“花瓣飘落”，“宽度”为 720，“高度”为 480，“帧速率”为 25，并设置“持续时间”为 0:00:04:00，如图 2.2 所示。

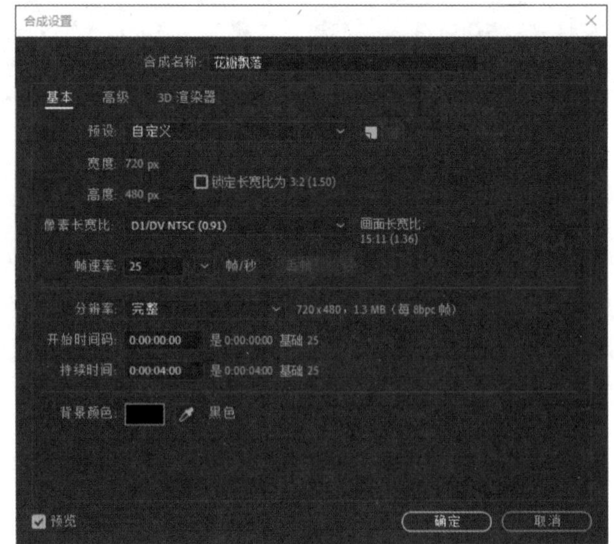

图 2.2　合成设置

2 执行菜单栏中的“文件”|“导入”|“文件”命令，打开“导入文件”对话框，选择“工程文件\第 2 章\花瓣飘落\背景.jpg 和花瓣.png”素材，单击“导入”按钮，将其导入“项目”面板中，如图 2.3 所示。

3 在“项目”面板中，选择“背景.jpg”和“花瓣.png”素材，将其拖动到“花瓣飘落”合成的时间线面板中，如图 2.4 所示。

4 选中“花瓣”层，按 R 键打开“旋转”属性，设置“旋转”的值为 0x-15.0°，如图 2.5 所示。

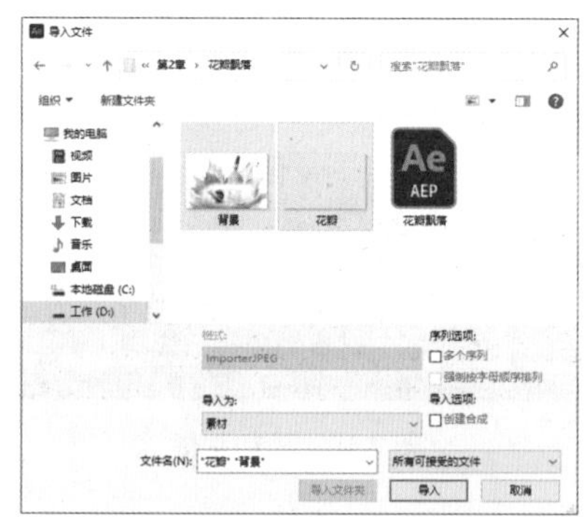

图 2.3 “导入文件”对话框

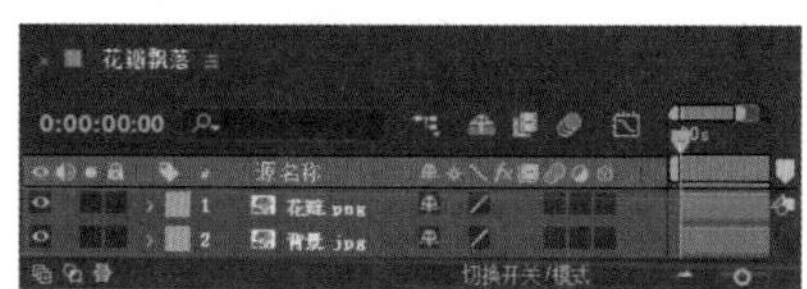

图 2.4 添加素材

5 将时间调整到 0:00:00:00 的位置，选中“花瓣”层，按 P 键打开“位置”属性，设置“位置”的值为（-180.0,-100.0），单击“位置”左侧的码表，在当前位置设置关键帧；将时间调整到 0:00:01:06 的位置，设置“位置”的值为（190.0, 100.0）；将时间调整到 0:00:02:00 的位置，设置“位置”的值为（275.0,275.0）；将时间调整到 0:00:03:00 的位置，设置“位置”的值为（355.0,345.0），系统会自动添加关键帧，如图 2.6 所示。

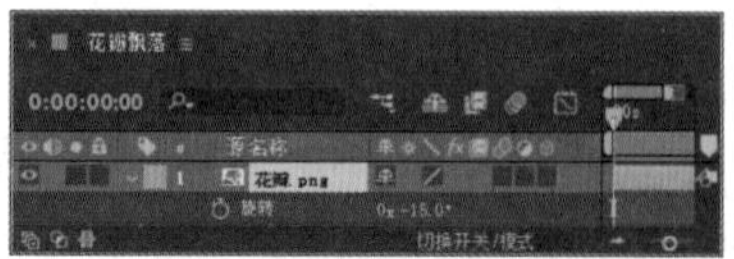

图 2.5 旋转参数设置

图 2.6 位置的参数设置

6 这样就完成了“花瓣飘落”动画的制作，按小键盘上的 0 键，可在合成窗口中预览动画效果。

2.2 画中画

特效解析

本例主要讲解通过设置“不透明度”属性，制作画中画动画，如图 2.7 所示。

图 2.7 动画效果

知识点

“不透明度”属性

视频文件

操作步骤

1 执行菜单栏中的“合成”|“新建合成”命令，打开“合成设置”对话框，设置“合成名称”为“画中画”，“宽度”为720，“高度”为480，“帧速率”为25，并设置“持续时间”为0:00:04:00，如图2.8所示。

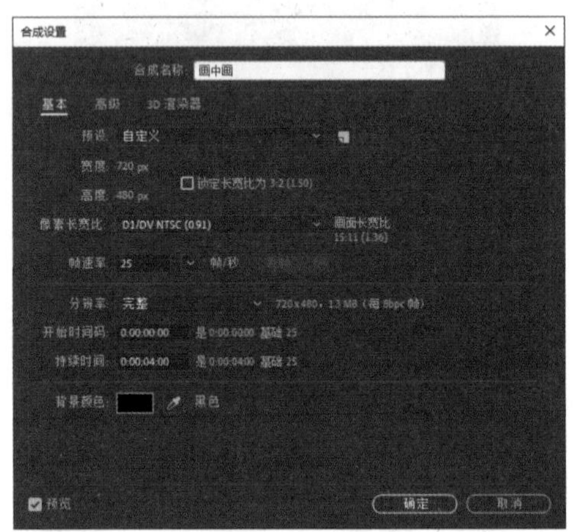

图 2.8 合成设置

2 执行菜单栏中的“文件”|“导入”|“文件”命令，打开“导入文件”对话框，选择“工程文件\第2章\画中画\背景1.jpg、背景2.jpg和背景3.jpg”素材，单击“导入”按钮，将素材导入“项目”面板中，如图2.9所示。

图 2.9 “导入文件”对话框

3 在“项目”面板中，选择“背景1.jpg”“背景2.jpg”和“背景3.jpg”素材，将其拖动到“画中画”合成的时间线面板中，如图2.10所示。

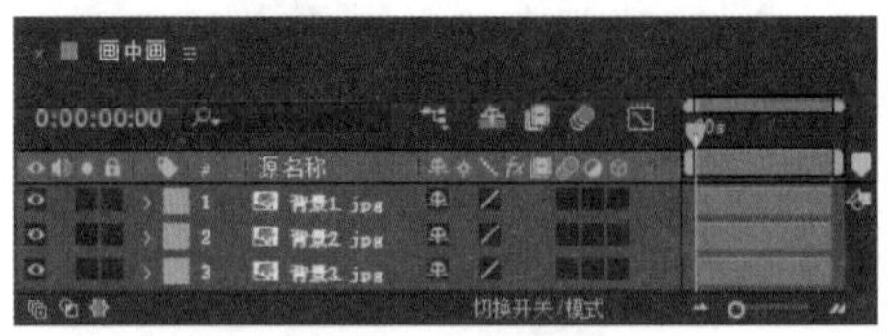

图 2.10 添加素材

4 将时间调整到0:00:00:00的位置，选中“背景3”层，按T键打开“不透明度”属性，单击“不透明度”左侧的码表，在当前位置设置关键帧；将时间调整到0:00:02:15的位置，设置“不透明度”的值为0，系统会自动添加关键帧，如图2.11所示。

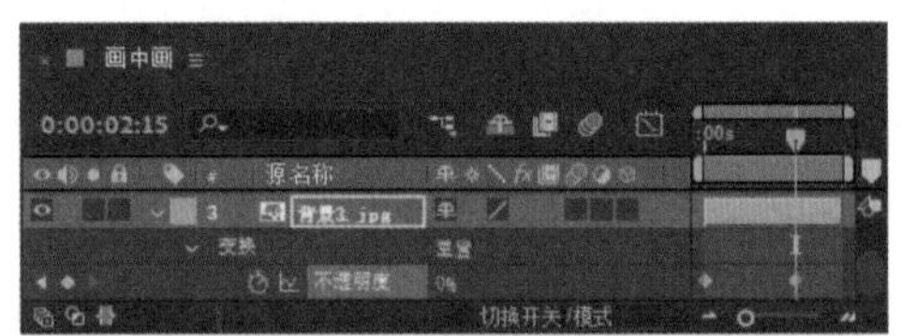

图 2.11 设置“不透明度”关键帧 1

5 将时间调整到0:00:01:00的位置，选中“背景2”层，按T键打开“不透明度”属性，设置“不透明度”的值为0，单击“不透明度”左侧的码表，在当前位置设置关键帧；将时间调整到0:00:02:15的位置，设置“不透明度”的值为100%，系统会自动添加关键帧，如图2.12所示。

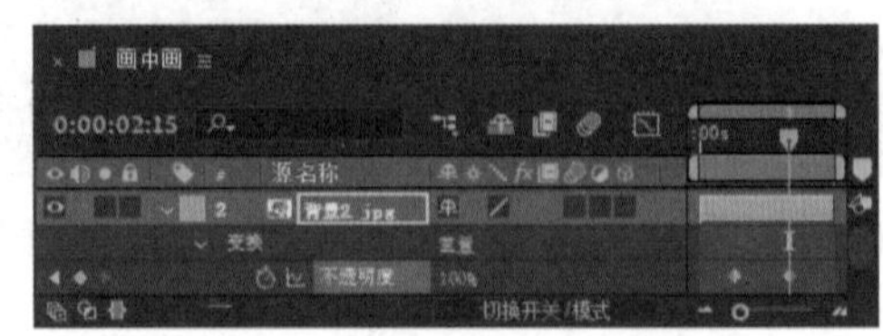

图 2.12 设置“不透明度”关键帧 2

6 将时间调整到0:00:02:15的位置，选中“背景1”层，按T键打开“不透明度”属性，设置“不透明度”的值为0，单击“不透明度”左侧的码表，在当前位置设置关键帧；将时间调整到 0:00:03:24 的位置，设置“不透明度”的值为 100%，系统会自动添加关键帧，如图 2.13 所示。

7 这样就完成了“画中画”动画的制作，按小键盘上的 0 键，可在合成窗口中预览动画效果。

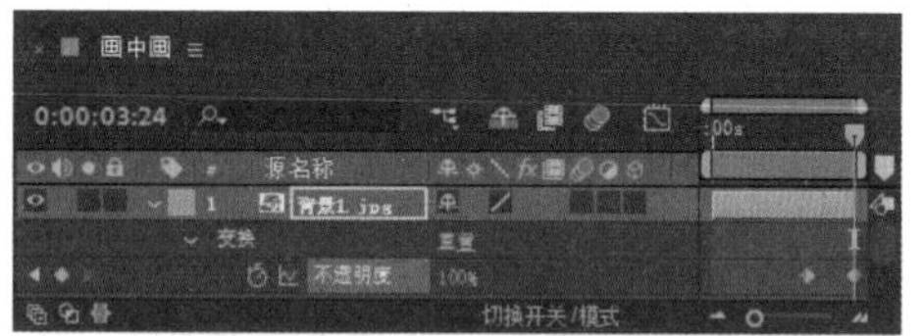

图 2.13 设置“不透明度”关键帧 3

2.3 缩放动画

特效解析

本例主要讲解通过设置“缩放”属性，制作缩放动画，如图 2.14 所示。

图 2.14 动画效果

知识点

1. “缩放”属性
2. “不透明度”属性

视频文件

操作步骤

1 执行菜单栏中的“合成”|“新建合成”命令，打开“合成设置”对话框，设置“合成名称”为“缩放动画”，“宽度”为 720，“高度”为 480，“帧速率”为 25，并设置“持续时间”为 0:00:03:00，如图 2.15 所示。

2 执行菜单栏中的“文件”|“导入”|“文件”命令，打开“导入文件”对话框，选择“工程文件\第 2 章\缩放动画\背景.jpg、文字 1.png 和文字 2.png”素材，单击“导入”按钮，如图 2.16 所示，“背景.jpg”、“文字 1.png”和“文字 2.png”素材将被导入“项目”面板中。

3 在“项目”面板中，选择“背景.jpg”“文字 1.png”和“文字 2.png”素材，将其拖动到“缩放动画”合成的时间线面板中，如图 2.17 所示。

4 选中“文字 1”层和“文字 2”层，在“合成”窗口中调整“文字 1”层和“文字 2”层的位置，如图 2.18 所示。

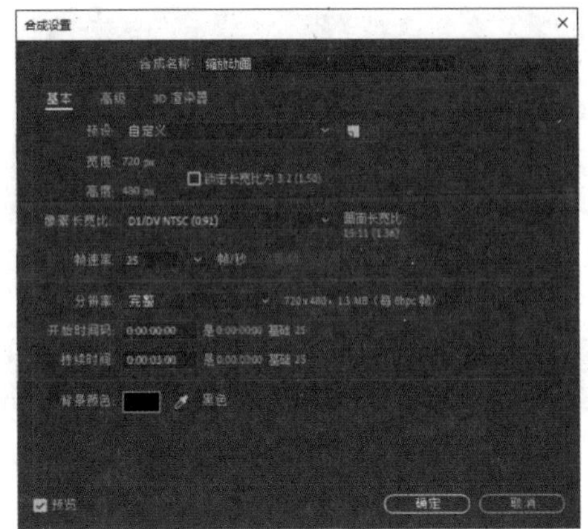
图 2.15　合成设置

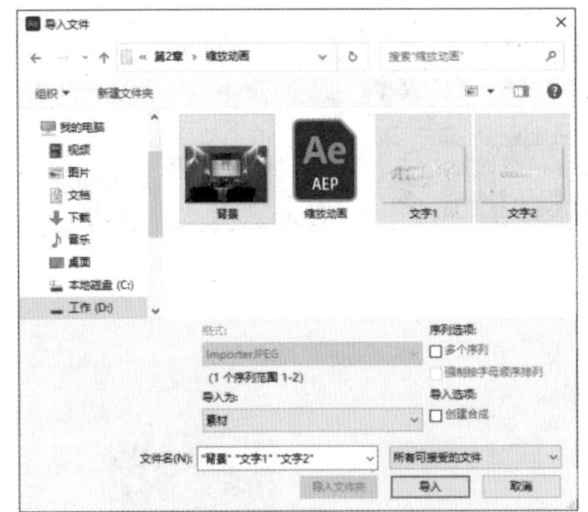
图 2.16　“导入文件”对话框

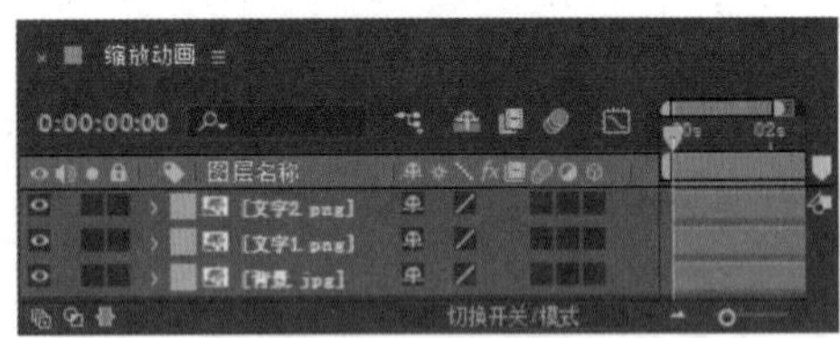
图 2.17　添加素材

图 2.18　调整位置

5 将时间调整到 0:00:00:00 的位置，选中“文字 1”层，按 S 键打开“缩放”属性，设置“缩放”的值为（0.0,0.0%），单击“缩放”左侧的码表，在当前位置设置关键帧；将时间调整到 0:00:01:20 的位置，设置“缩放”的值为（100.0,100.0%），系统会自动添加关键帧，如图 2.19 所示。

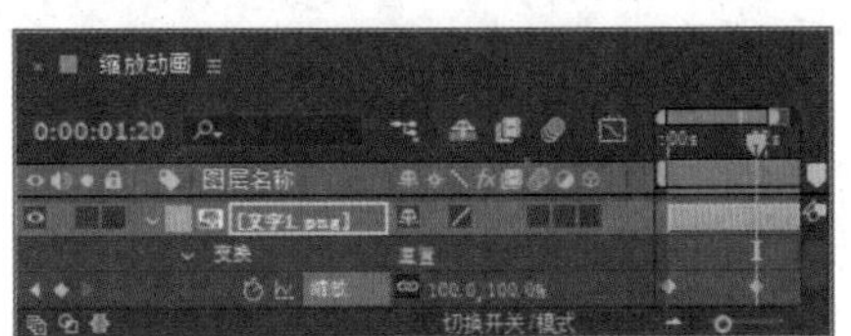
图 2.19　设置“缩放”关键帧

6 将时间调整到 0:00:01:20 的位置，选中“文字 2”层，按 S 键打开“缩放”属性，设置“缩放”的值为（800.0,800.0%），单击“缩放”左侧的码表，在当前位置设置关键帧，按 T 键打开“不透明度”属性，设置“不透明度”的值为 0，并为其设置关键帧，如图 2.20 所示。

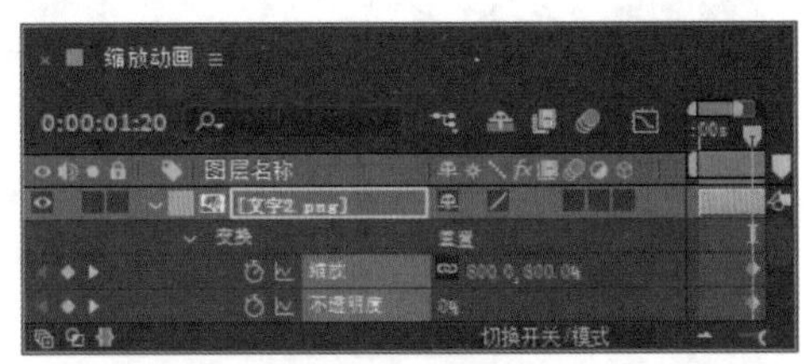
图 2.20　设置关键帧 1

7 将时间调整到 0:00:02:15 的位置，设置“缩放”的值为（100.0,100.0%），设置“不透明度”的值为 100%，系统会自动添加关键帧，如图 2.21 所示。

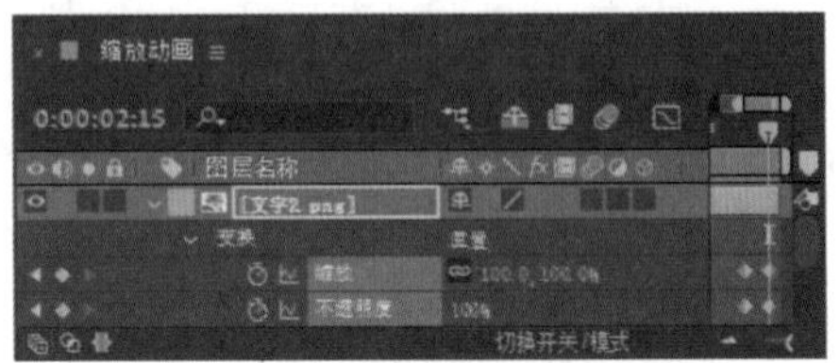
图 2.21　设置关键帧 2

8 这样就完成了“缩放动画”的制作，按小键盘上的 0 键，可在合成窗口中预览动画效果。

2.4 文字滚动

特效解析

本例主要讲解利用“位置”属性制作文字滚动效果，利用“投影”特效制作阴影效果，如图 2.22 所示。

图 2.22 动画效果

知识点

1. “横排文字工具”
2. “矩形工具”
3. “投影”特效

操作步骤

1 执行菜单栏中的“合成”|“新建合成”命令，打开“合成设置”对话框，设置“合成名称”为“数字”，“宽度”为 720，“高度”为 480，“帧速率”为 25，并设置“持续时间”为 0:00:06:00，如图 2.23 所示。

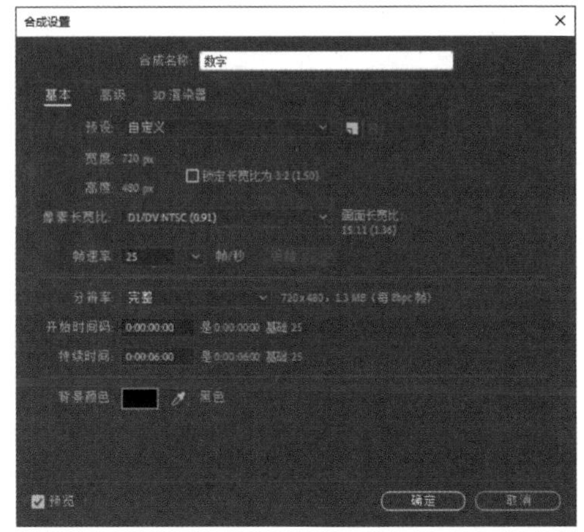

图 2.23 合成设置

2 单击工具栏中的“横排文字工具”按钮，选择文字工具，在“合成”窗口中输入文字“01 02 03 04 05 06 07 08 09 10 11 12”，在“字符”面板中设置文字的字体为 Hobo Std，字符的大小为 120 像素，行距为 130 像素，字体的填充颜色为浅蓝色（R:179; G:194; B:221），如图 2.24 所示。

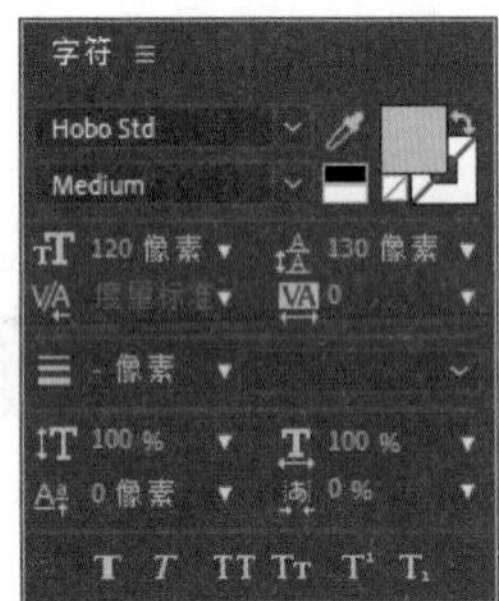

图 2.24　文字设置

3 选中“01 02 03 04 05 06 07 08 09 10 11 12”层，按键盘上的Enter键，将该图层重命名为“数字”，如图 2.25 所示。

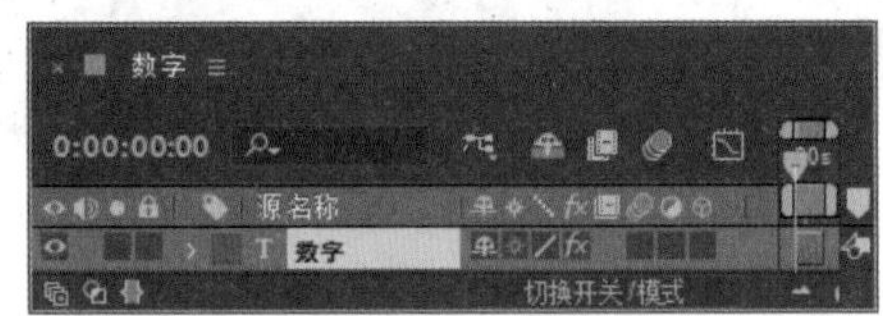

图 2.25　重命名图层

4 选中“数字”层，在“效果和预设”特效面板中展开“透视”特效组，双击“投影”特效，如图 2.26 所示。

图 2.26　添加“投影”特效

5 在“效果控件”面板中，设置“不透明度”的值为 70%，“距离”的值为 6.0，“柔和度”的值为 3.0，如图 2.27 所示。

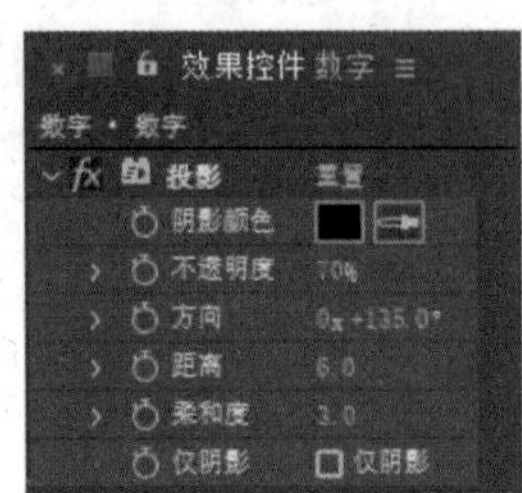

图 2.27　参数设置

6 将时间调整到 0:00:00:00 的位置，在时间线面板中选择“数字”层，按 P 键打开“位置”属性，设置“位置”的值为（100.0,574.0），单击“位置”左侧的码表，设置关键帧，如图 2.28 所示。

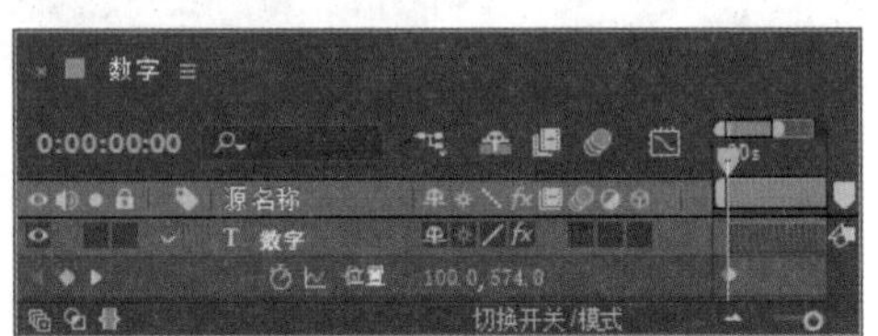

图 2.28　关键帧设置 1

7 将时间调整到 0:00:05:00 的位置，设置“位置”的值为（100.0,-1515.0），系统会自动添加关键帧，如图 2.29 所示。

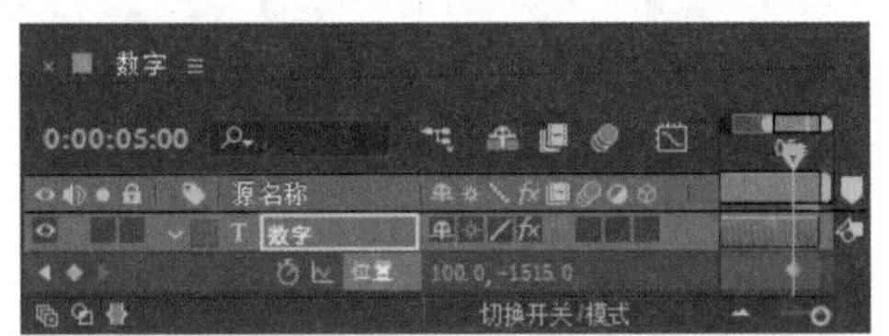

图 2.29　关键帧设置 2

8 执行菜单栏中的“合成”|“新建合成”命令，打开“合成设置”对话框，设置“合成名称”为“文字滚动”，“宽度”为 720，“高度”为 480，“帧速率”为 25，并设置“持续时间”为 0:00:06:00，如图 2.30 所示。

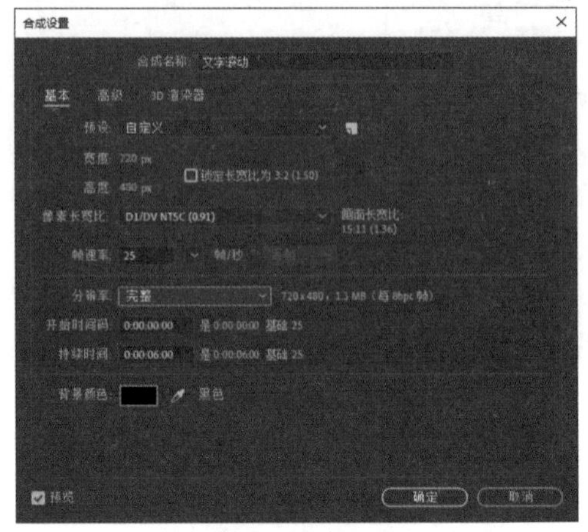

图 2.30　合成设置

9 执行菜单栏中的“文件”|“导入”|“文件”命令，打开“导入文件”对话框，选择“工程文件\第2章\文字滚动\背景.jpg”素材，单击“导入”按钮，如图 2.31 所示，“背景.jpg”素材将被导入“项目”面板中。

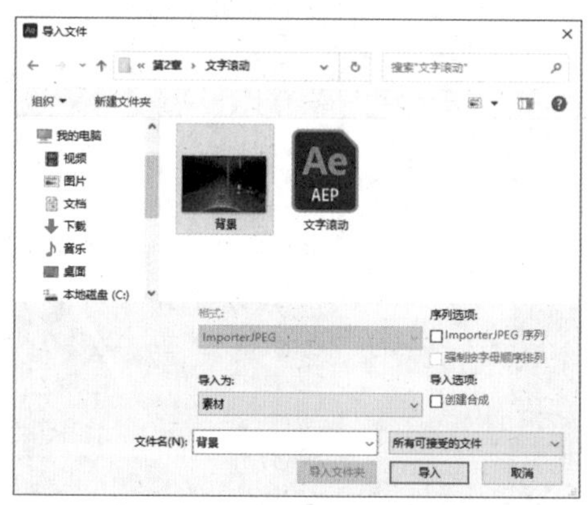

图 2.31 “导入文件”对话框

10 在“项目”面板中选择“数字”合成和“背景.jpg”素材，将其拖动到“文字滚动”合成的时间线面板中，如图 2.32 所示。

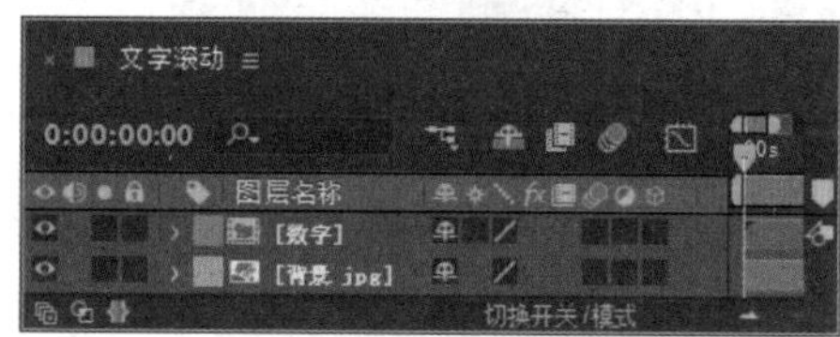

图 2.32 添加素材

11 选择“数字”层，单击工具栏中的“矩形工具”按钮■，选择矩形工具，在“合成”窗口中绘制一个矩形蒙版区域，如图 2.33 所示。

12 选择“数字”层，按 Ctrl + D 组合键，复制出一个“数字”层，按键盘上的 Enter 键，将该图层重命名为“数字倒影”，如图 2.34 所示。

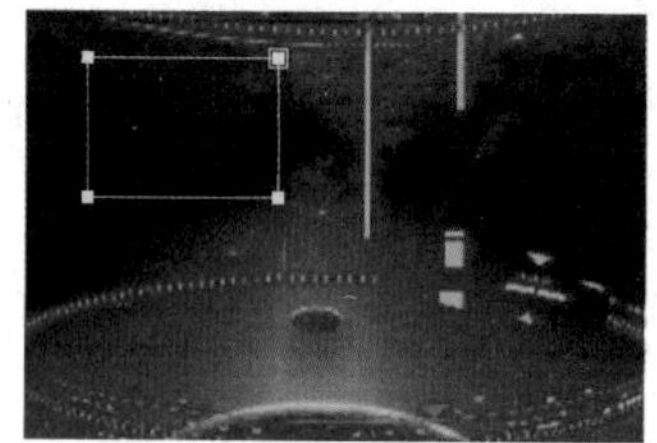

图 2.33 创建矩形蒙版

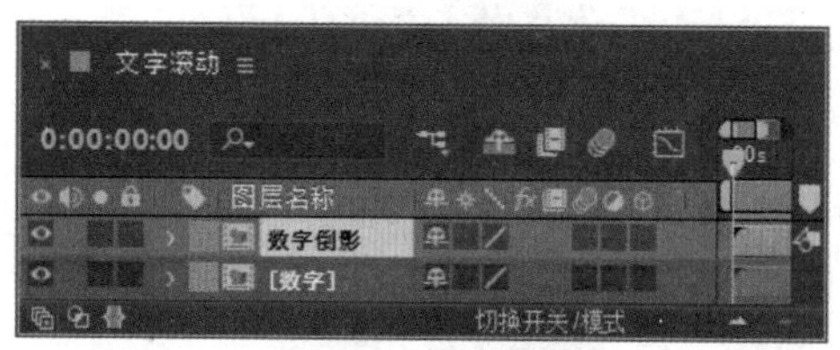

图 2.34 复制图层

13 选择“数字倒影”层，按 S 键打开“缩放”属性，单击“缩放”左侧约束比例按钮■，取消约束，设置“缩放”的值为（100.0,-100.0%），按 T 键打开“不透明度”属性，设置“不透明度”的值为 10%，如图 2.35 所示。

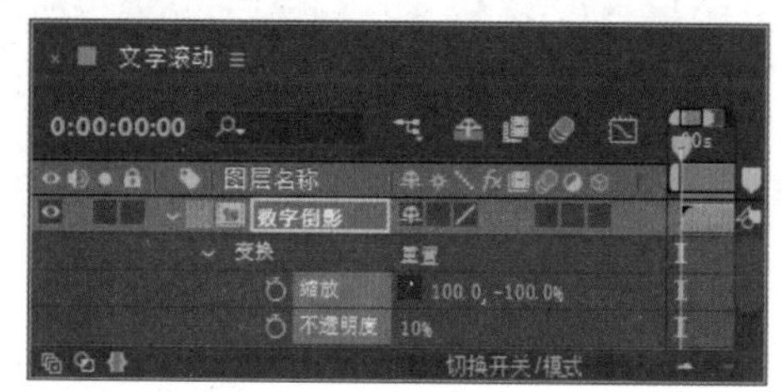

图 2.35 参数设置

14 这样就完成了“文字滚动”的制作，按小键盘上的 0 键，可在合成窗口中预览当前动画效果。

课后练习

1. 制作一个时钟走动动画。
2. 制作一个音频舞动动画。

（制作过程可参考资源包中的“课后练习”文件夹。）

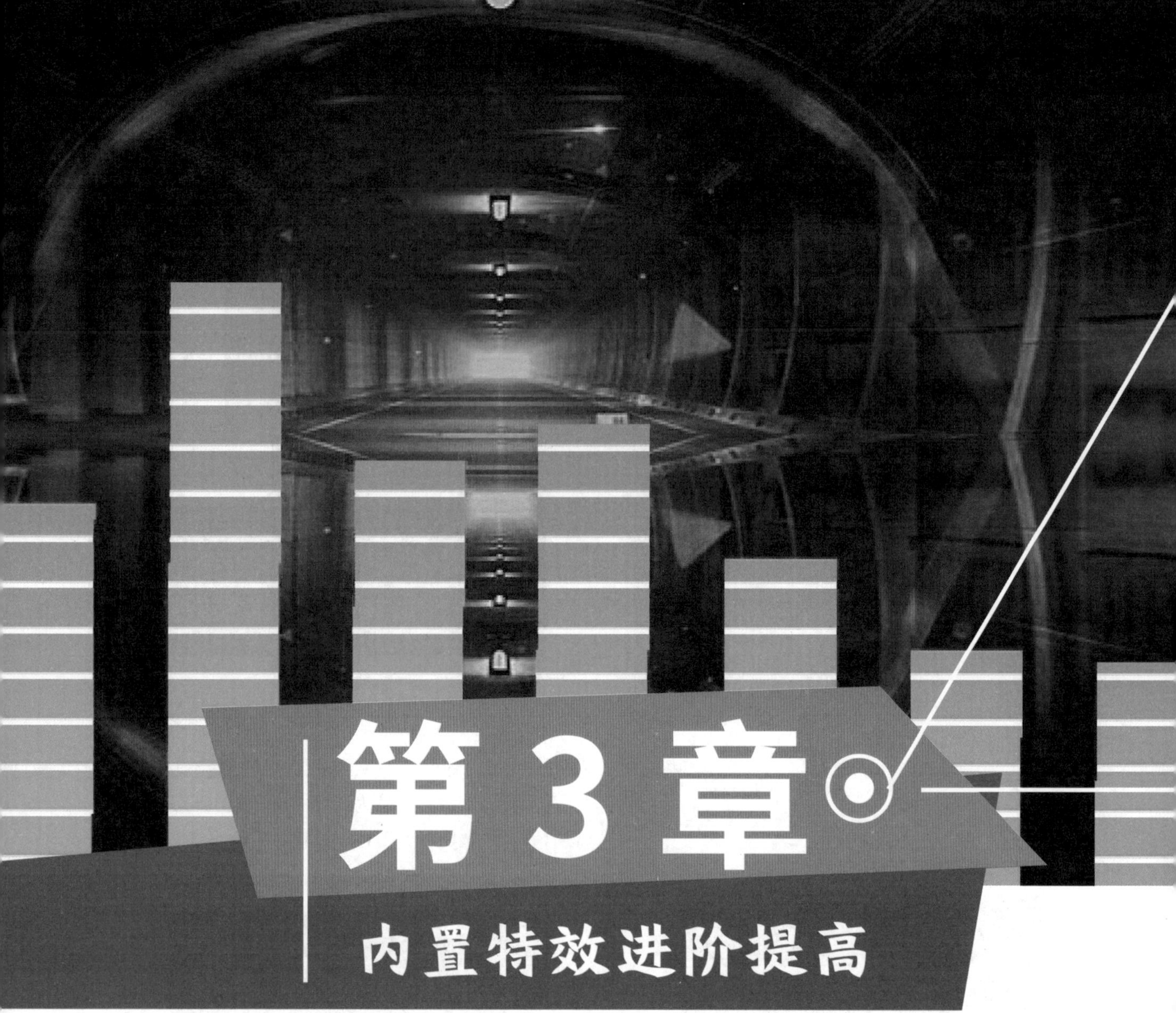

第3章 内置特效进阶提高

内容摘要

After Effects 包含了几百种内置特效，这些强大的内置特效是动画制作的根本，本章挑选了比较实用的一些内置特效，结合实例详细讲解了它们的应用方法，希望读者能够举一反三，在学习这些特效的同时掌握更多特效的使用方法。

教学案例

- 滚珠成像
- 万花筒
- 跳动小球
- 雷达声波
- 动感节奏
- 文字渐现
- 玻璃球
- 动感声波
- 空间文字
- 卡片图贴
- 灵动紫精灵

3.1 滚珠成像

特效解析

本例主要讲解利用 CC Ball Action（CC 滚珠操作）特效制作滚珠成像效果，如图 3.1 所示。

 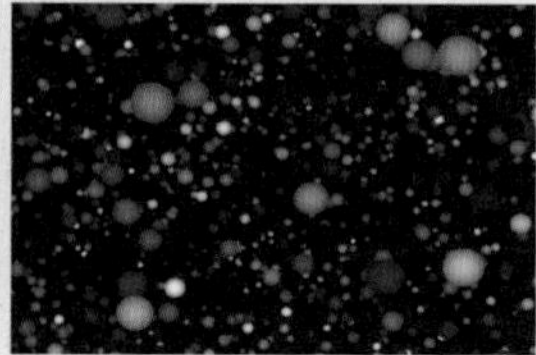 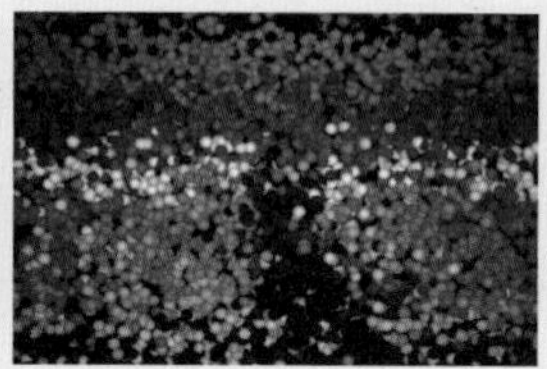 

图 3.1 动画效果

知识点

CC Ball Action（CC 滚珠操作）特效

视频文件

操作步骤

1 执行菜单栏中的“合成”|“新建合成”命令，打开“合成设置”对话框，设置“合成名称”为“滚珠成像”，“宽度”为 720，“高度”为 480，“帧速率”为 25，并设置“持续时间”为 0:00:03:00，如图 3.2 所示。

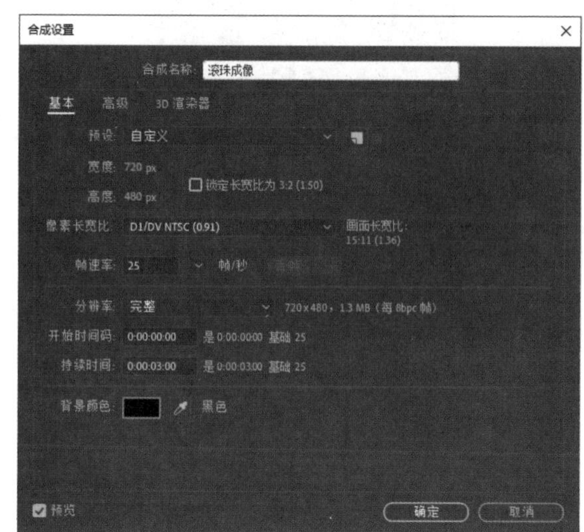

图 3.2 合成设置

2 执行菜单栏中的“文件”|“导入”|“文件”命令，打开“导入文件”对话框，选择“工程文件\第 3 章\滚珠成像\背景.jpg”素材，单击“导入”按钮，如图 3.3 所示。

3 在“项目”面板中，选择“背景.jpg”素材，将其拖动到“滚珠成像”合成的时间线面板中，如图 3.4 所示。

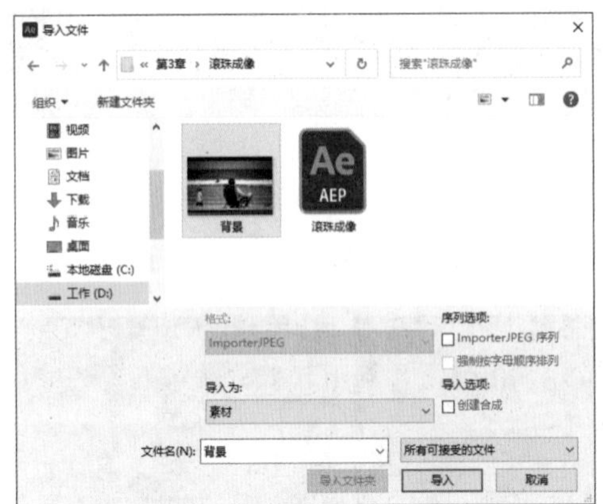
图 3.3 “导入文件”对话框

图 3.4 添加素材

4 选中“背景”层，在“效果和预设”特效面板中展开“模拟”特效组，双击 CC Ball Action（CC 滚珠操作）特效，如图 3.5 所示。

图 3.5 添加 CC 滚珠操作特效

5 将时间调整到 0:00:00:00 的位置，在“效果控件”面板中，设置 Scatter（分散）的值为 1020.0，单击 Scatter（分散）左侧的码表，在当前位置添加关键帧，同时设置 Grid Spacing（网格间距）的值为 3，如图 3.6 所示。

6 将时间调整到 0:00:01:00 的位置，设置 Scatter（分散）的值为 35.0；将时间调整到 0:00:01:20 的位置，设置 Scatter（分散）的值为 0，系统会自动添加关键帧，按 T 键打开“不透明度”属性，单击“不透明度”左侧的码表，在当前位置添加关键帧，如图 3.7 所示。

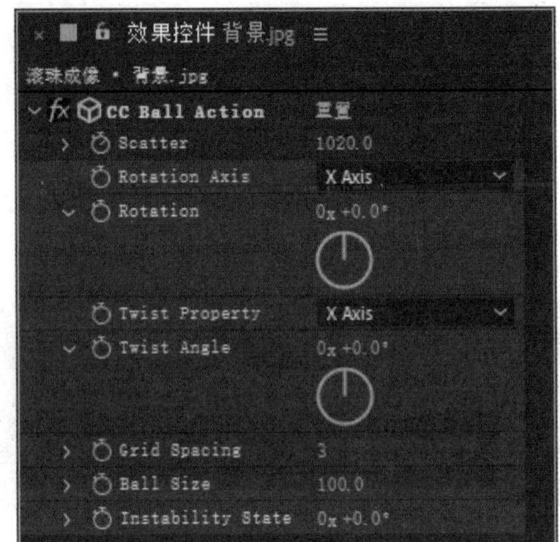

图 3.6 参数设置

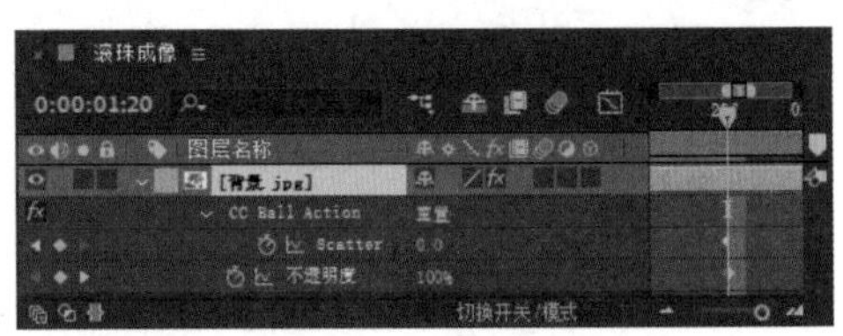
图 3.7 设置参数值

7 将时间调整到 0:00:02:06 的位置，设置“不透明度”的值为 0，系统会自动添加关键帧，如图 3.8 所示。

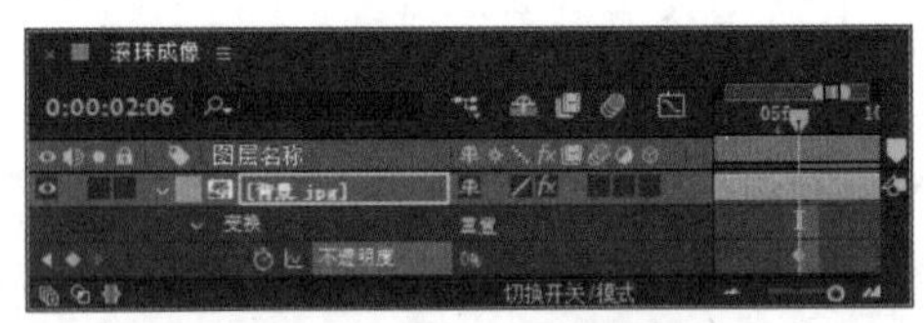
图 3.8 设置“不透明度”关键帧

8 在“项目”面板中，选择“背景 .jpg”素材，再次将其拖动到“滚珠成像”合成的时间线面板中，并按键盘上的 Enter 键，重命名该图层为“背景 1”，如图 3.9 所示。

图 3.9 添加素材

9 将时间调整到 0:00:01:20 的位置，选中“背景 1”层，按 Alt +[组合键，将“背景 1”层的位置打断，如图 3.10 所示。

10 这样就完成了“滚珠成像”动画的制作，按小键盘上的 0 键，可在合成窗口中预览动画效果。

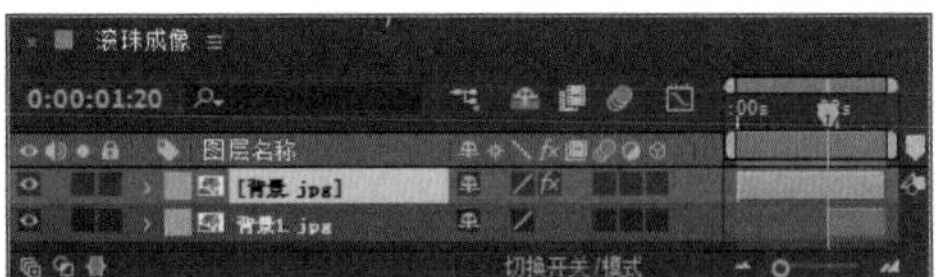

图 3.10　图层设置

3.2　万花筒

特效解析

本例主要讲解通过修改“CC 液化流动”特效的位置制作万花筒动画效果，如图 3.11 所示。

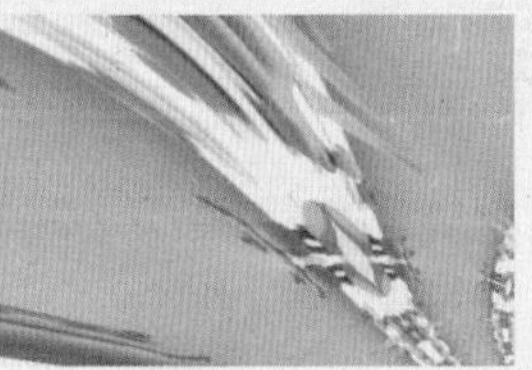

图 3.11　动画效果

知识点

CC Flo Motion（CC 液化流动）特效

视频文件

操作步骤

1 执行菜单栏中的“合成”|“新建合成”命令，打开“合成设置”对话框，设置“合成名称”为“万花筒”，“宽度”为 720，“高度”为 480，“帧速率”为 25，并设置“持续时间”为 0:00:05:00，如图 3.12 所示。

2 执行菜单栏中的“文件”|“导入”|“文件”命令，打开“导入文件”对话框，选择“工程文件 \ 第 3 章 \ 万花筒 \ 万花筒素材 .jpg”素材，如图 3.13 所示。单击“导入”按钮，“万花筒素材 .jpg”素材将被导入“项目”面板中。

3 在“项目”面板中，选择“万花筒素材 .jpg”素材，将其拖动到“万花筒”合成的时间线面板中，如图 3.14 所示。

4 选择“万花筒素材”层，在“效果和预设”中展开“扭曲”特效组，双击 CC Flo Motion（CC

液化流动）特效，如图 3.15 所示。

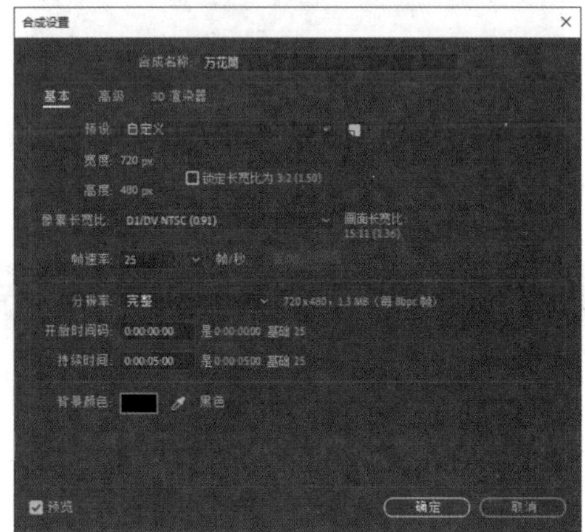
图 3.12　合成设置

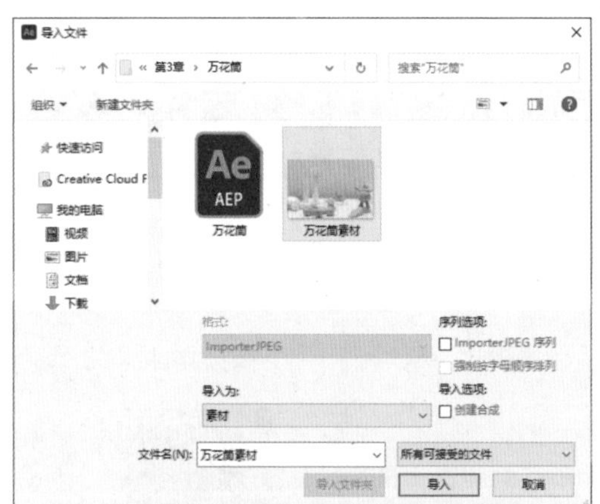
图 3.13　“导入文件”对话框

图 3.14　添加素材

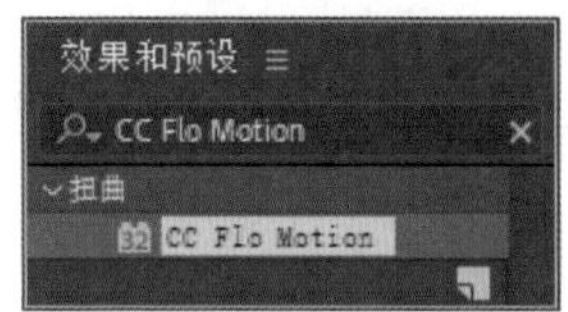

图 3.15　添加 CC 液化流动特效

5 在“效果控件”面板中，设置 Knot 1（打结 1）的值为（240.0,200.0），Knot 2（打结 2）的值为（866.0,576.0），如图 3.16 所示。

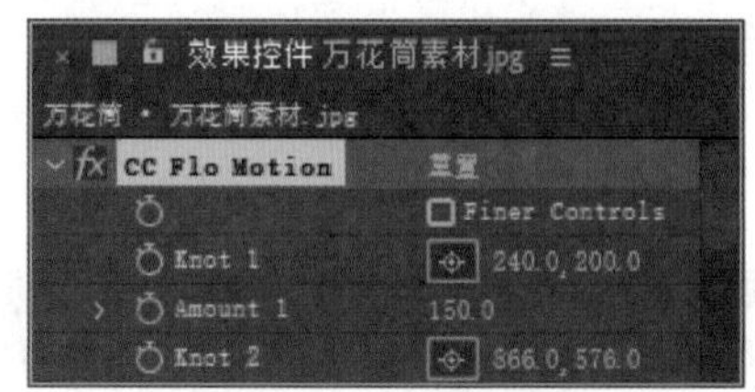

图 3.16　设置参数

6 将时间调整到 0:00:00:00 的位置，在“效果控件”面板中单击 Amount 1（数量 1）左侧的码表，在此位置设置关键帧，设置 Amount 1（数量 1）的值为 150.0，单击 Amount 2（数量 2）左侧的码表，在此位置设置关键帧，设置 Amount 2（数量 2）的值为 300.0，如图 3.17 所示。

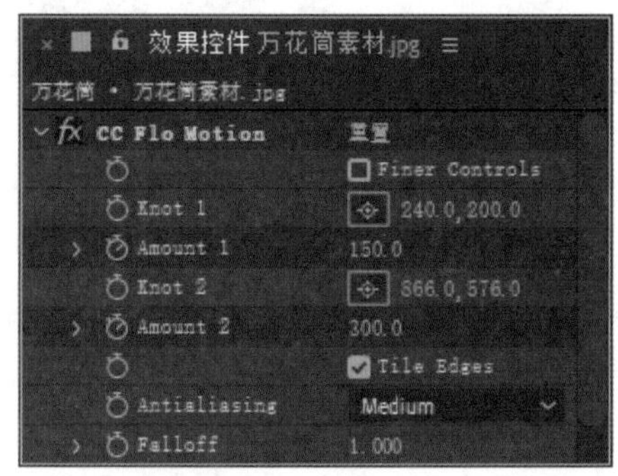

图 3.17　关键帧设置 1

7 将时间调整到 0:00:02:00 的位置，设置 Amount 1（数量 1）的值为 247.0，Amount 2（数量 2）的值为 450.0，如图 3.18 所示。

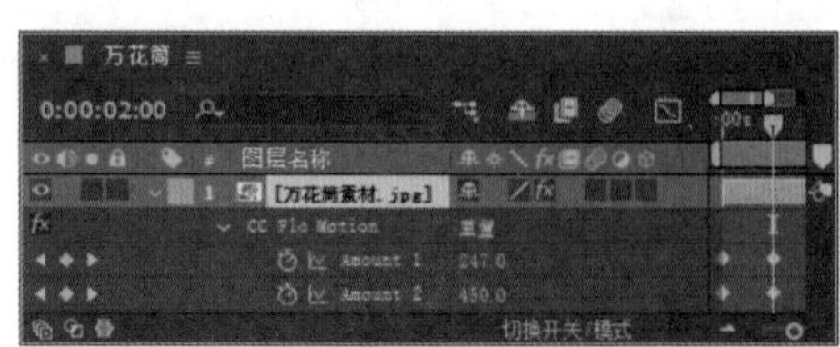
图 3.18　关键帧设置 2

8 将时间调整到 0:00:04:00 的位置，设置

Amount 1（数量 1）的值为 0，Amount 2（数量 2）的值为 580.0，如图 3.19 所示。

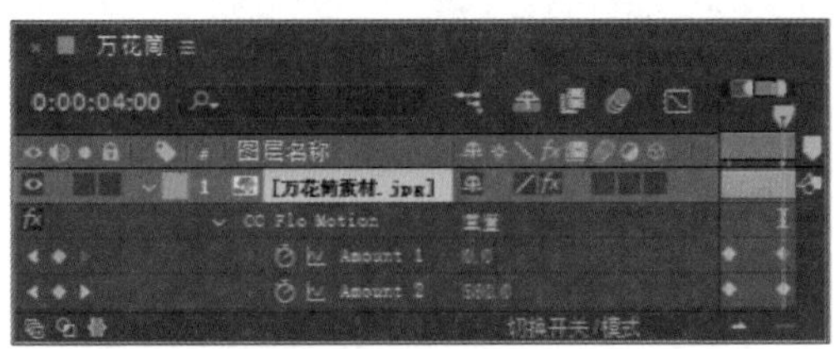

图 3.19 关键帧设置 3

9 将时间调整到 0:00:04:24 的位置，设置 Amount 2（数量 2）的值为 600.0，如图 3.20 所示。

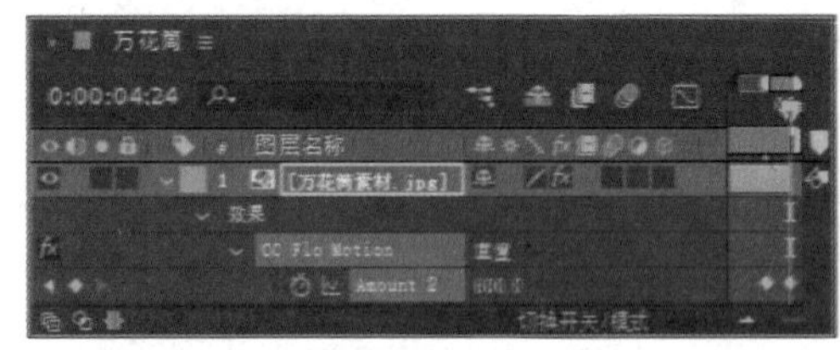

图 3.20 关键帧设置 4

10 这样“万花筒”效果就制作完成了，按小键盘上的 0 键即可预览效果。

3.3 跳动小球

特效解析

本例主要使用“CC 球体”特效和“位置”关键帧制作跳动小球动画，如图 3.21 所示。

图 3.21 动画效果

知识点

1. “CC 球体”特效
2. “位置”属性

视频文件

操作步骤

1 执行菜单栏中的“合成”|“新建合成”命令，打开“合成设置”对话框，设置“合成名称”为“跳动小球”，“宽度”为 720，“高度”为 480，“帧速率”为 25，并设置“持续时间”为 0:00:05:00，如图 3.22 所示。

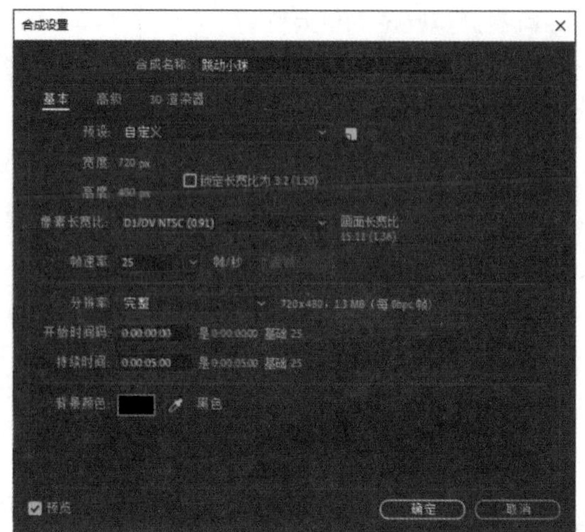
图 3.22　合成设置

2 执行菜单栏中的“文件”|“导入”|“文件”命令，打开“导入文件”对话框，选择“工程文件\第 3 章\跳动小球\背景图片 .jpg”素材，单击“导入”按钮，如图 3.23 所示，“背景图片 .jpg”素材将被导入“项目”面板中。

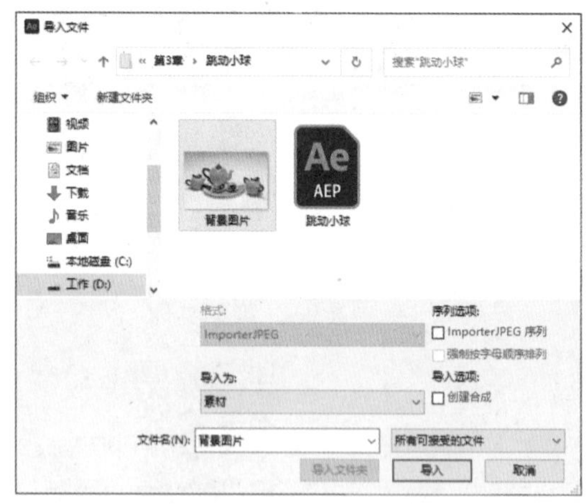
图 3.23　“导入文件”对话框

3 在“项目”面板中，选择“背景图片 .jpg”素材，将其拖动到“跳动小球”合成的时间线面板中，如图 3.24 所示。

4 执行菜单栏中的“图层”|“新建”|“纯色”命令，打开“纯色设置”对话框，设置“名称”为“球体”，“颜色”为蓝色（R:22;G:218;B:253），如图 3.25 所示。

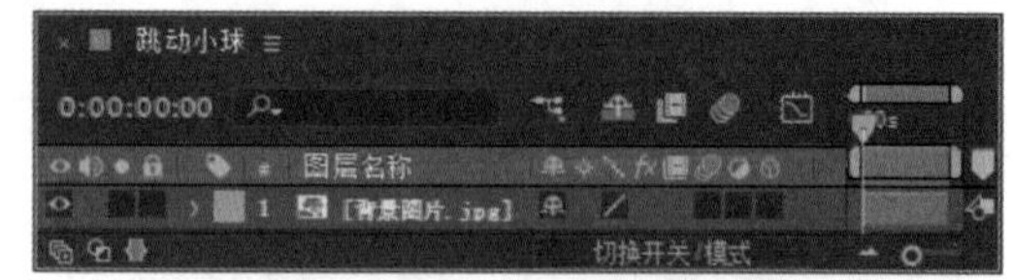
图 3.24　添加素材

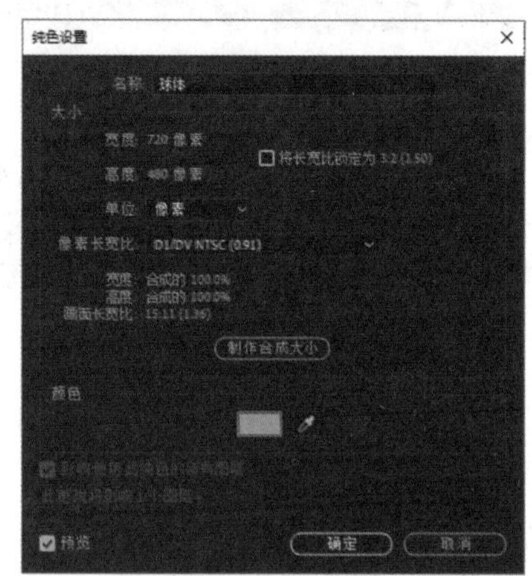
图 3.25　纯色设置

5 选中“球体”层，在“效果和预设”特效面板中展开“透视”特效组，双击 CC Sphere（CC 球体）特效，如图 3.26 所示。

图 3.26　添加 CC 球体特效

6 在“效果控件”面板中，设置 Radius（半径）的值为 60.0，Offset（偏移）的值为（573.8,410.0），如图 3.27 所示，此时的图像效果如图 3.28 所示。

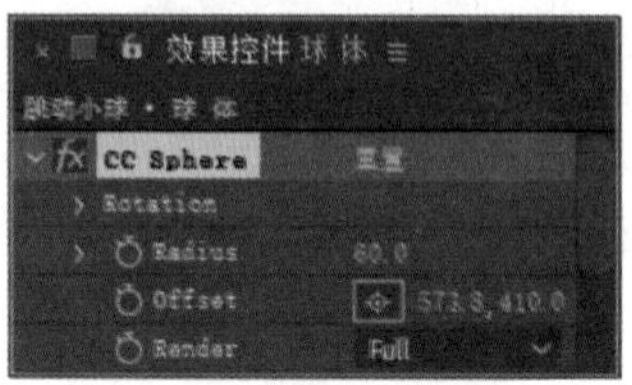
图 3.27　参数设置

图 3.28　效果图

7 选中“球体”层，将时间调整到0:00:00:00的位置，按P键展开“位置”，设置“位置”的值为（335.0,0.0），单击左侧码表，在当前位置添加关键帧；将时间调整到0:00:01:01的位置，设置“位置”的值为（335.0,180.0）；将时间调整到0:00:02:00的位置，设置“位置”的值为（335.0,20.0），按下键盘上的F9键，将该关键帧转化为平滑关键帧；将时间调整到0:00:03:01的位置，设置“位置”的值为（335.0,180.0）；将时间调整到0:00:04:00的位置，设置“位置”的值为（335.0,80.0），按下键盘上的F9键，将该关键帧转化为平滑关键帧；将时间调整到0:00:04:24的位置，设置“位置”的值为（335.0,180.0），如图3.29所示。

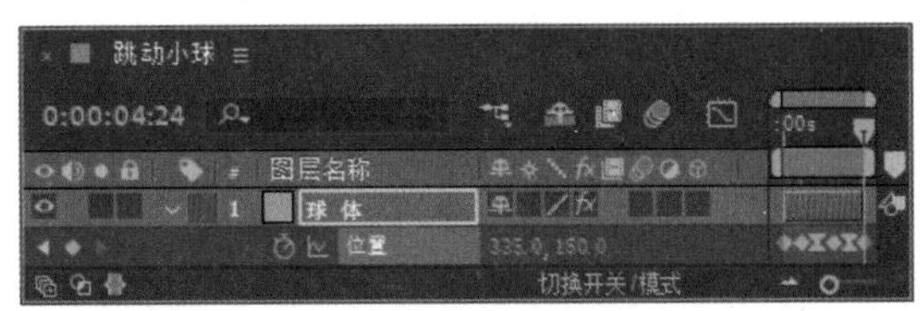

图 3.29　关键帧设置

8 这样“跳动小球”就制作完成了，按小键盘上的0键即可预览效果。

3.4 雷达声波

特效解析

本例主要讲解利用“音频波形”特效制作雷达声波效果，如图3.30所示。

图 3.30　动画效果

知识点

1. “音频波形”特效
2. “发光”特效

视频文件

操作步骤

1 执行菜单栏中的“文件”|“打开项目”命令，选择“工程文件\第3章\雷达声波\雷达声波练习.aep”文件，将“雷达声波练习.aep”文件打开。

2 执行菜单栏中的“图层”|“新建”|“纯色”命令，打开“纯色设置”对话框，设置“名称”为“雷达声波”，“颜色”为黑色。

3 为“雷达声波”层添加“音频波形”特效。在“效果和预设”面板中展开“生成”特效组，然后双击“音频波形”特效。

4 在“效果控件”面板中修改“音频波形”特效的参数，在“音频层”菜单中选择“音频.mp3”选项，设置“起始点”的值为（293,230），“结束点”的值为（567.0,-12.0），“显示的范例”的值为80，“最大高度”的值为300.0，“音频持续时间（毫秒）”的值为900.00，“厚度”的值为3.00，“内部颜色”为蓝色（R:138；G:234；B:255），“外部颜色”为白色，如图3.31所示，合成窗口效果如图3.32所示。

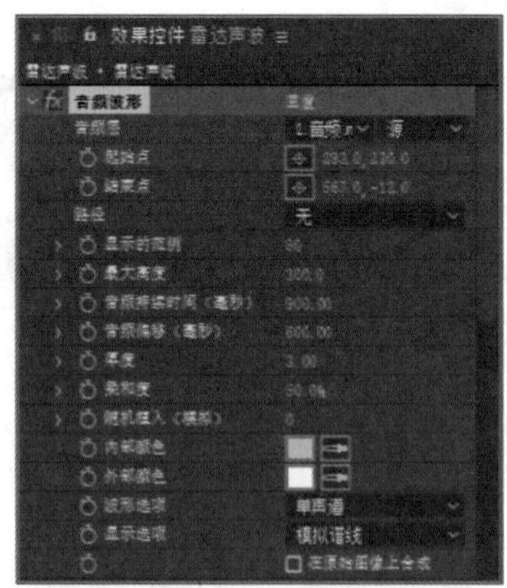

图3.31 设置“音频波形”的参数

5 为“雷达声波”层添加“发光”特效。在“效果和预设”中展开“风格化”特效组，然后双击“发光”特效。

6 在“效果控件”面板中修改“发光”特效的参数，设置“发光阈值”的值为49.8%，“发光半径”的值为28.0，“发光颜色”为“A和B颜色”，“颜色A”为蓝色（R:138；G:234；B:255），如图3.33所示，合成窗口效果3.34所示。

图3.32 设置参数后的效果

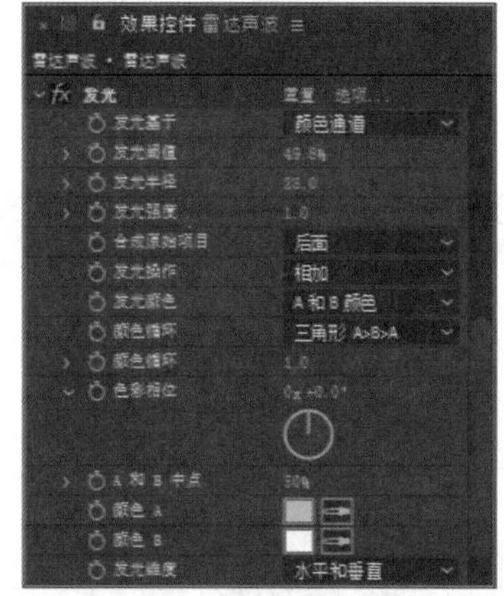

图3.33 设置发光参数

图3.34 设置发光参数后的效果

7 这样就完成了“雷达声波”动画的制作，按小键盘上的0键，即可在合成窗口中预览动画。

3.5 动感节奏

特效解析

本例主要讲解利用“音频频谱”特效制作动感节奏效果，如图 3.35 所示。

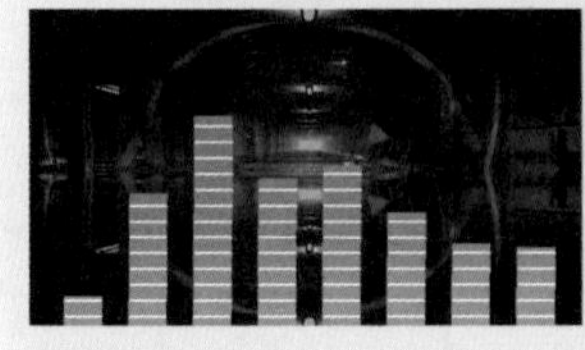 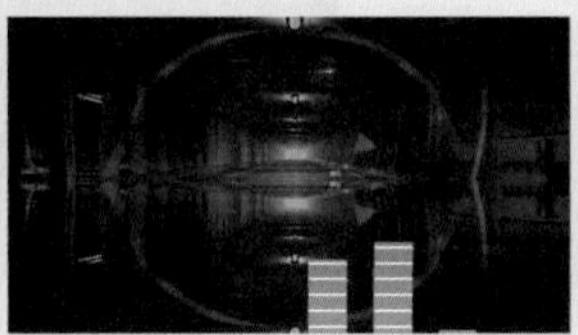 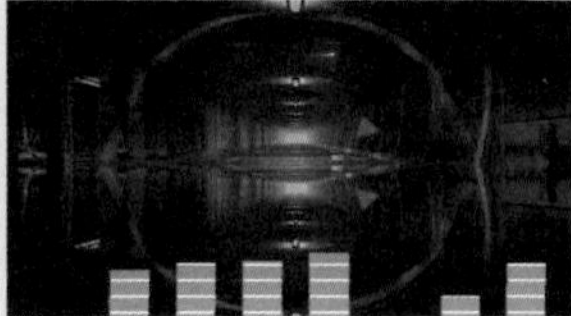 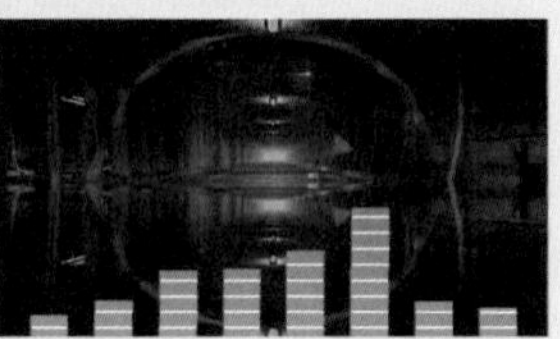

图 3.35 动画效果

知识点

1. “音频频谱”特效
2. “渐变”特效
3. “网格”特效

视频文件

操作步骤

1 执行菜单栏中的“文件”|“打开项目”命令，选择“工程文件\第 3 章\动感节奏\动感节奏练习 .aep”文件，将“动感节奏练习 .aep”文件打开。

2 执行菜单栏中的“图层”|“新建”|“纯色”命令，打开“纯色设置”对话框，设置“名称”为“声谱”，“颜色”为黑色。

3 为“声谱”层添加“音频频谱”特效。在“效果和预设”中展开“生成”特效组，然后双击“音频频谱”特效。

4 在“效果控件”面板中，修改“音频频谱”特效的参数，从“音频层”右侧的下拉菜单中选择“音频”图层，设置“起始点”的值为（72.0,416.0），“结束点”的值为（654,420.5），“起始频率”的值为 10.0，“结束频率”的值为 100.0，“频段”的值为 8，“最大高度”的值为 4500.0，“厚度”的值为 50.00，如图 3.36 所示，合成窗口如图 3.37 所示。

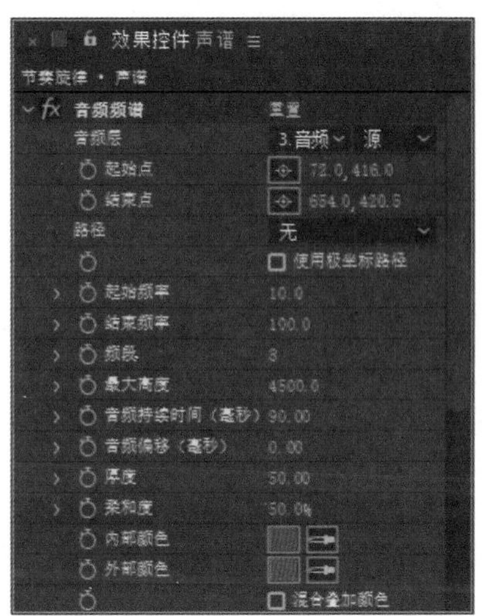

图 3.36 设置音频频谱的参数

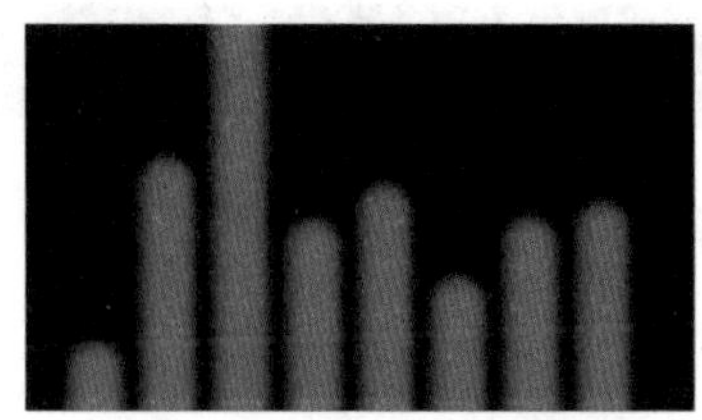

图 3.37　设置参数后的效果

5 在时间线面板中，在“声谱”层右侧的属性栏中单击“品质”按钮，“品质”按钮将变为，如图 3.38 所示，合成窗口效果如图 3.39 所示。

图 3.38　单击“品质”按钮

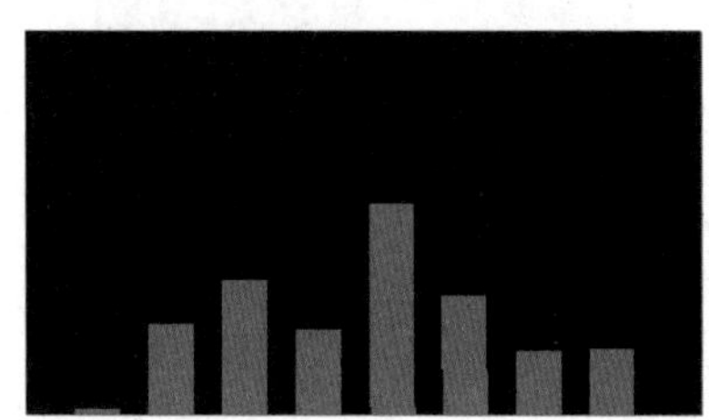

图 3.39　单击“品质”按钮后的效果

6 执行菜单栏中的“图层”|“新建”|“纯色”命令，打开“纯色设置”对话框，设置“名称”为“渐变”，“颜色”为黑色，将其拖动到“声谱”层下边。

7 为“渐变”层添加“梯度渐变”特效。在“效果和预设”中展开“生成”特效组，然后双击“梯度渐变”特效。

8 在“效果控件”面板中，修改“梯度渐变”特效的参数，设置“渐变起点”的值为（364.0,228.0），“起始颜色”为绿色（R:1;G:227;B:61），“渐变终点”的值为（372.0,376.0），“结束颜色”为蓝色（R:5;G:214;B:220），如图 3.40 所示，合成窗口效果如图 3.41 所示。

9 为“渐变”层添加“网格”特效。在“效果和预置”中展开“生成”特效组，然后双击“网格”特效。

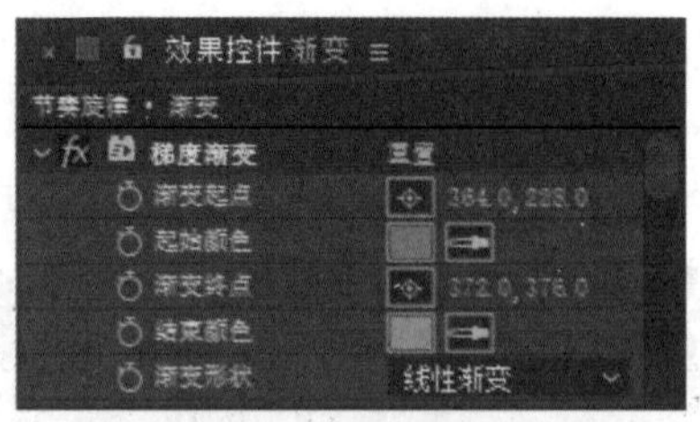

图 3.40　设置渐变参数

图 3.41　设置渐变后的效果

10 在“效果控件”面板中修改“网格”特效的参数，设置“锚点”的值为（-10.0,0.0），“边角”的值为（720.0,20.0），“边界”的值为 18.0，单击“反转网格”复选框，设置“颜色”为白色，从“混合模式”右侧的下拉菜单中选择“正常”选项，如图 3.42 所示，合成窗口效果如图 3.43 所示。

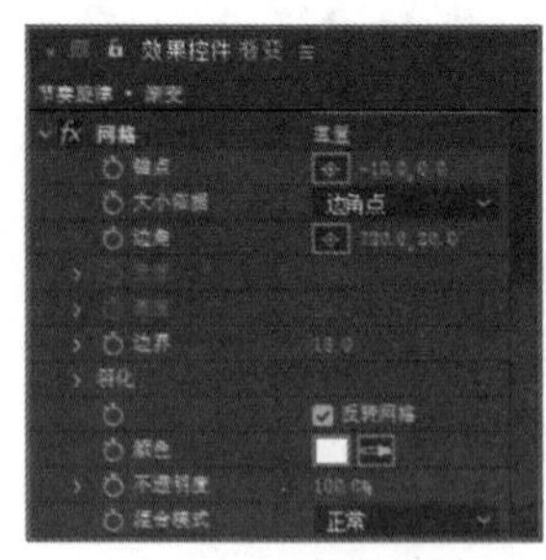

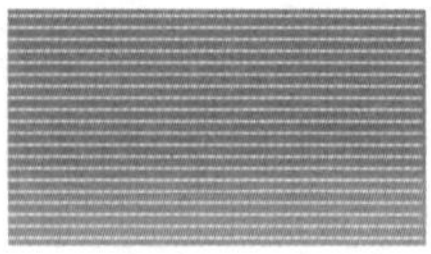

图 3.42　设置网格参数　图 3.43　设置网格参数后的效果

11 在时间线面板中，设置“渐变”层的“轨道遮罩”为“Alpha 遮罩‘[声谱]’”，如图 3.44 所示，合成窗口效果如图 3.45 所示。

12 这样就完成了“动感节奏”案例的制作，按小键盘上的 0 键，即可在合成窗口中预览动画。

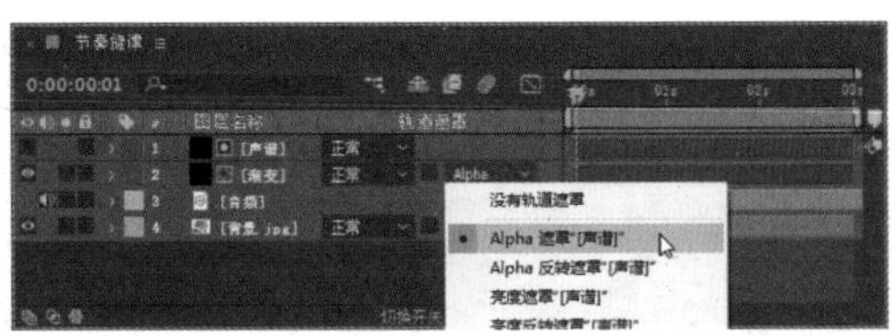

图 3.44 遮罩设置

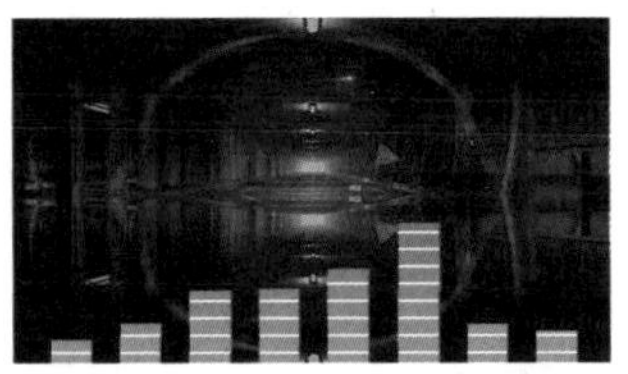

图 3.45 遮罩设置后的效果

3.6 文字渐现

特效解析

本例主要讲解利用“照明”特效制作文字渐现效果，如图 3.46 所示。

图 3.46 动画效果

知识点

1. “照明”属性
2. “位置”属性

视频文件

操作步骤

1 执行菜单栏中的“文件”|“打开项目”命令，选择“工程文件 \ 第 3 章 \ 文字渐现 \ 文字渐现练习 .aep”文件，将“文字渐现练习 .aep”文件打开。

2 执行菜单栏中的“图层”|“新建”|“文本”命令，新建文字层，此时，“合成”窗口中将出现一个光标，输入 BEOWULF，在时间线面板中将出现一个文字层。在“字符”面板中，设置文字字体为 Arial，字号为 72 像素，字体颜色为咖啡色（R:218;G:143;B:0）。

3 执行菜单栏中的“图层”|“新建”|“灯光”命令，打开“灯光设置”对话框，设置“名称”为“照明 1”，“灯光类型”为“聚光”，“颜色”为白色，“强度”的值为 100，“锥形角度”的值为 90%，“锥形羽化”的值为 50。

4 打开 BEOWULF 三维图层查看效果，选中“照明 1”层，按 A 键打开“目标点”，设置其值为（516,156,0），将时间调整到 0:00:00:00 的位置，按 P 键打开“位置”属性，设置“位置”的值为（524.0,163.0,12.0），单击“位置”左侧的码表 ⏱，在当前位置设置关键帧。

5 将时间调整到 0:00:02:00 的位置，设置“位置”的值为（524.0,163.0,-341.0），系统会自动设置关键帧，如图 3.47 所示。

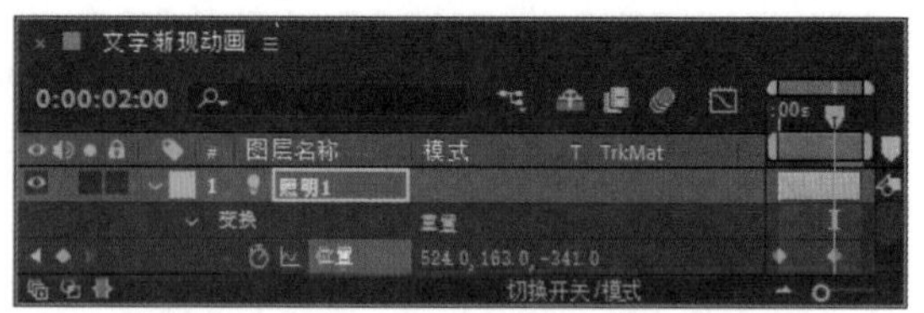

图 3.47 设置位置关键帧

6 这样就完成了“文字渐现”动画的制作，按小键盘上的 0 键，即可在合成窗口中预览动画。

3.7 玻璃球

特效解析

本例主要讲解利用“CC 放射状缩放擦除”特效和“发光”特效制作玻璃球效果，如图 3.48 所示。

图 3.48 动画效果

知识点

1. CC Radial ScaleWipe（CC 放射状缩放擦除）特效
2. “发光”

视频文件

操作步骤

1 执行菜单栏中的“合成”|“新建合成”命令，打开“合成设置”对话框，设置“合成名称”为“背景”，“宽度”为 720，“高度”为 480，“帧速率”为 25，并设置“持续时间”为 0:00:03:00，如图 3.49 所示。

2 执行菜单栏中的“文件”|“导入”|“文件”命令，打开“导入文件”对话框，选择“工程文件\第 3 章\玻璃球\背景 .jpg”素材，如图 3.50 所示。单击“导入”按钮，“背景 .jpg”素材将被导入“项目”面板中。

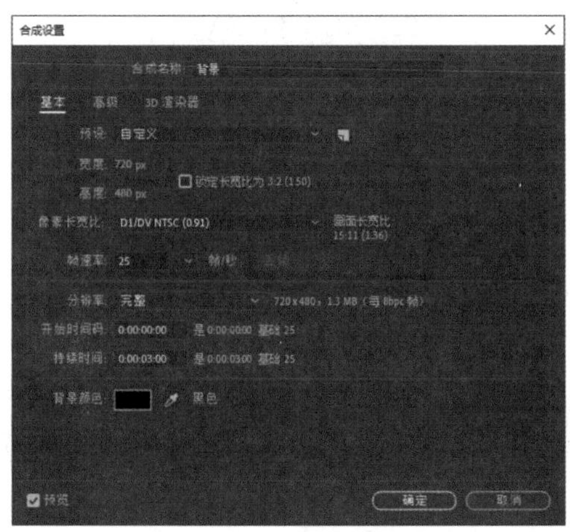
图 3.49 合成设置

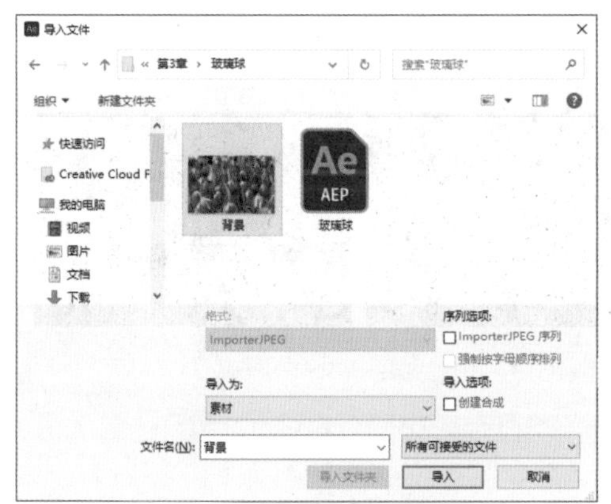
图 3.50 “导入文件”对话框

3 将“背景.jpg”拖动到时间线面板中，选中“背景.jpg”层，按Ctrl+D组合键将其复制，然后将复制出的层重命名为“玻璃球”，如图3.51所示。

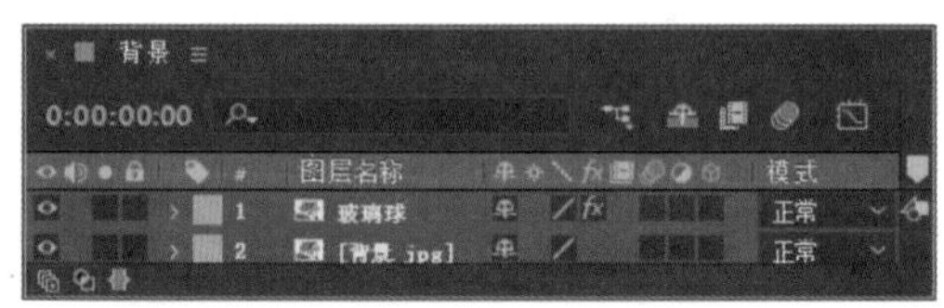
图 3.51 复制层

4 在“效果和预设”特效面板中展开“过渡”特效组，双击CC Radial ScaleWipe（CC放射状缩放擦除）特效，如图3.52所示。

图 3.52 添加“CC放射状缩放擦除”特效

5 将时间调整到0:00:00:00的位置，在“效果控件”面板中，设置Completion（完成）的值为90%，设置Center（中心）的值为（-70.0,74.0），单击Center（中心）左侧的码表，设置一个关键帧，如图3.53所示，并勾选Reverse Transition（反转变换）复选框。

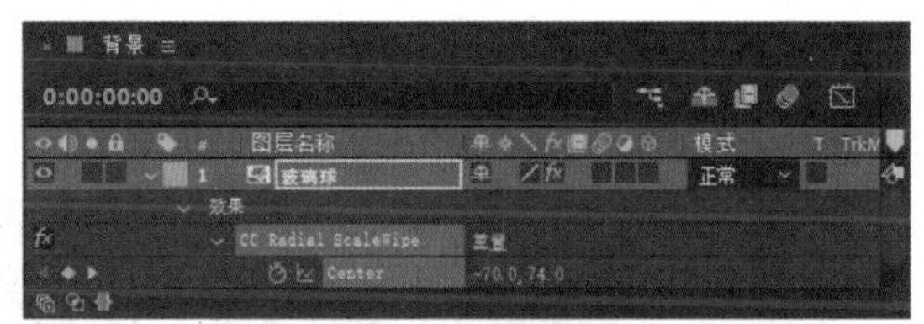
图 3.53 参数设置1

6 将时间调整到0:00:01:00的位置，修改Center（中心）的值为（192.0,466.0）；将时间调整到0:00:02:00的位置，修改Center（中心）的值为（494.0,46.0）；将时间调整到0:00:02:24的位置，修改Center（中心）的值为（814.0,556.0），系统会自动设置关键帧，如图3.54所示。

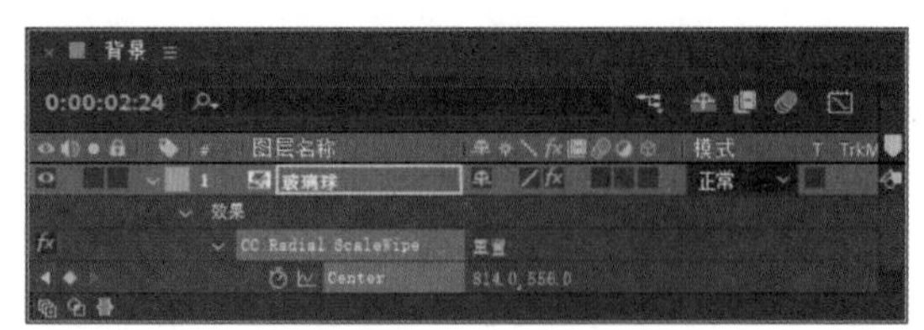
图 3.54 参数设置2

7 在“效果和预设”特效面板中展开“风格化”特效组，双击“发光”特效，如图3.55所示。

8 在“效果控件”面板中设置“发光阈值”的值为50.0%，“发光半径”的值为30.0，如图3.56所示。

图 3.55 添加“发光”特效

9 这样就完成了“玻璃球”效果的制作，按小键盘上的 0 键，即可在合成窗口中预览动画。

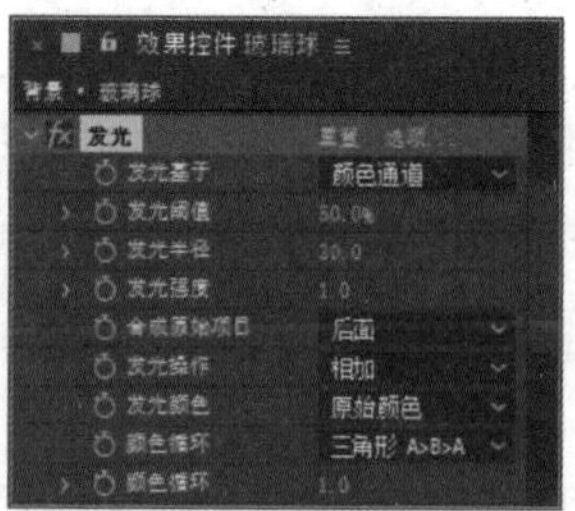

图 3.56 参数设置 3

3.8 动感声波

特效解析

本例主要讲解利用“梯度渐变”特效和“网格”特效制作绚丽的背景，利用“勾画”特效制作动感声波，如图 3.57 所示。

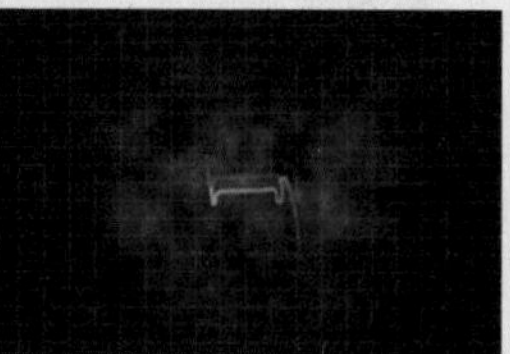
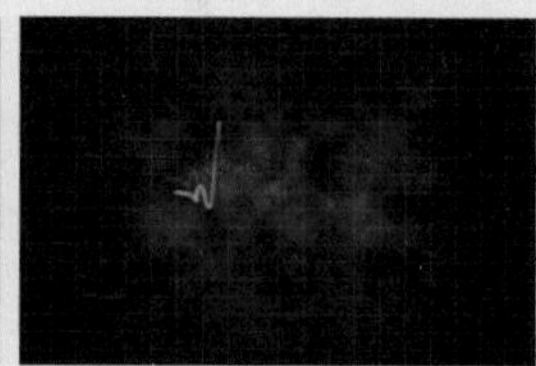
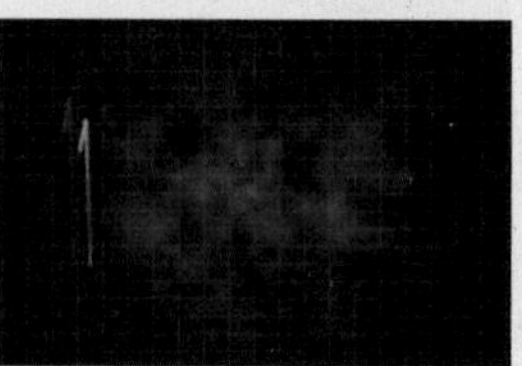

图 3.57 动画效果

知识点

1. “梯度渐变”特效
2. “分行杂色”特效
3. “网格”特效
4. “勾画”特效

操作步骤

3.8.1 新建合成

1 执行菜单栏中的“合成”|“新建合成”命令，打开“合成设置”对话框，设置“合成名称”为“声波”，“宽度”为 720，“高度”为 480，“帧速率”为 25，并设置“持续时间”为 0:00:06:00，如图 3.58 所示。

2 执行菜单栏中的“图层”|“新建”|“纯色”命令，打开“纯色设置”对话框，设置“名称”为“渐变”，“颜色”为黑色，如图 3.59 所示。

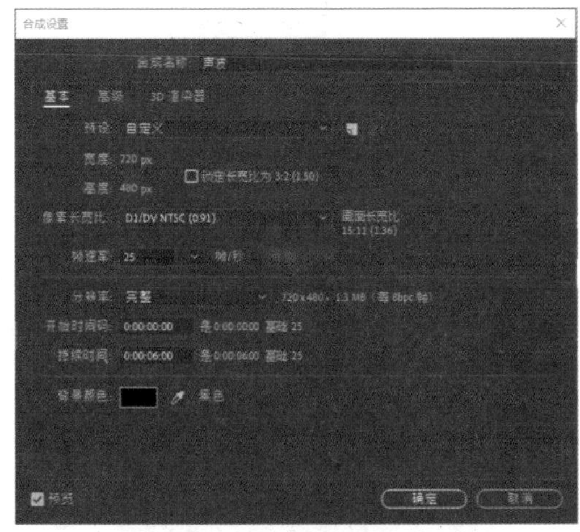

图 3.58 合成设置

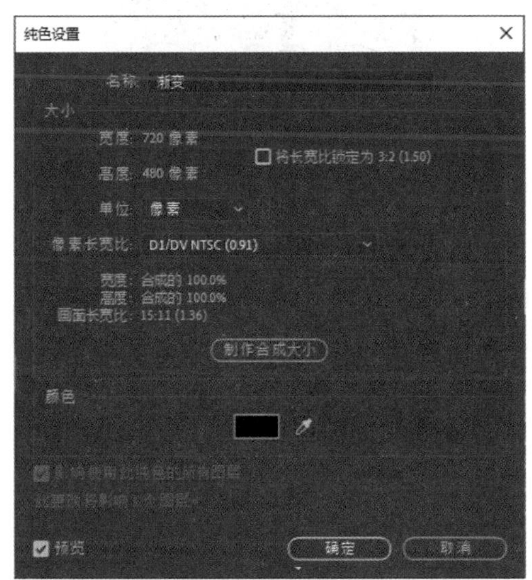

图 3.59 纯色设置

3 选中“渐变”层，在“效果和预设”特效面板中展开“生成”特效组，双击“梯度渐变”特效，如图 3.60 所示。

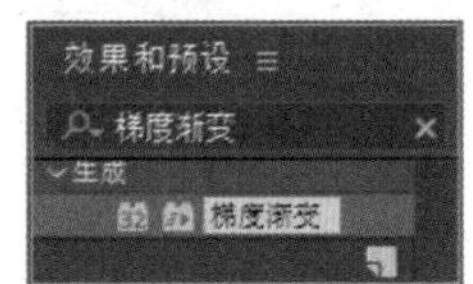

图 3.60 添加“梯度渐变”特效

4 在“效果控件”面板中，设置“渐变起点”的值为（360.0,240.0），“起始颜色”为绿色（R:0;G:153;B:32），“渐变终点”的值为（600.0,490.0），“结束颜色”为黑色，从“渐变形状”右侧的下拉菜单中选择“径向渐变”，如图 3.61 所示。

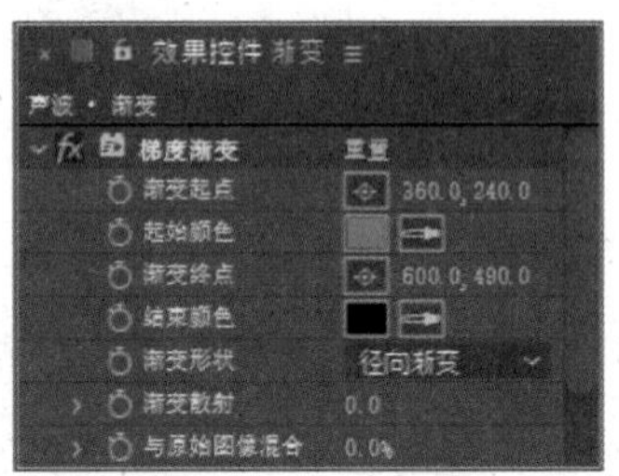

图 3.61 参数设置

5 选中“渐变”层，按 Ctrl + D 组合键，复制出“渐变 2”层，如图 3.62 所示。

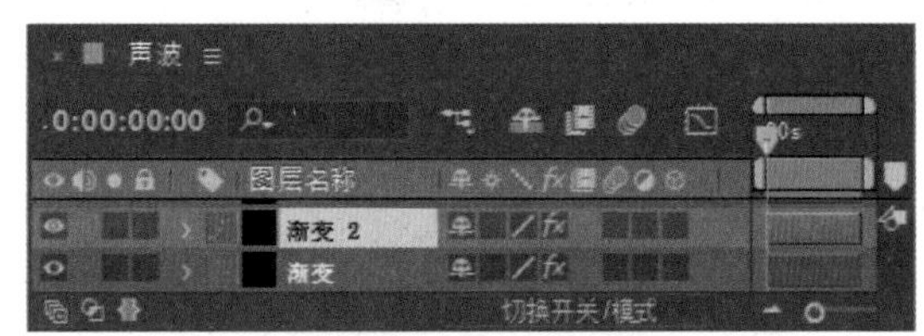

图 3.62 复制图层

6 选中“渐变 2”层，在“效果和预设”特效面板中展开“杂色和颗粒”特效组，双击“分形杂色”特效，如图 3.63 所示。

图 3.63 添加“分形杂色”特效

7 在“效果控件”面板中设置“对比度”的值为 144.0，“演化”的值为 0x+100.0°，如图 3.64 所示。

8 设置“渐变 2”层的“模式”为“相乘”，如图 3.65 所示。

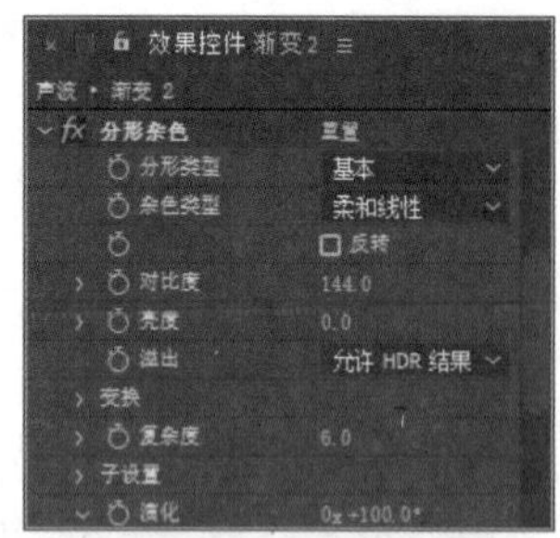

图 3.64 参数设置

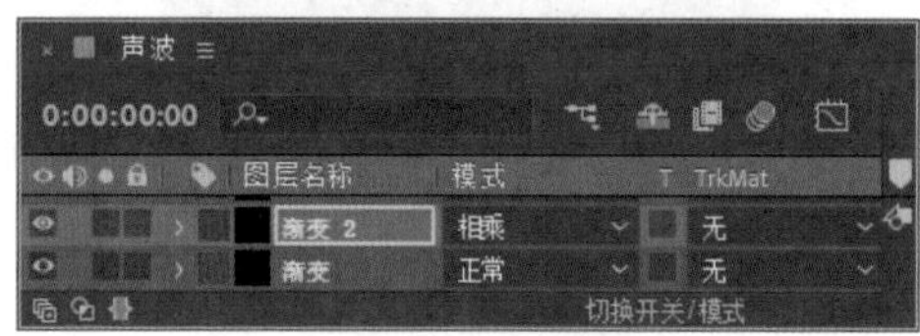

图 3.65 图层设置

3.8.2 制作网格效果

1 执行菜单栏中的“图层”|“新建”|“纯色”命令，打开“纯色设置”对话框，设置“名称”为“网格”，“颜色”为黑色，如图 3.66 所示。

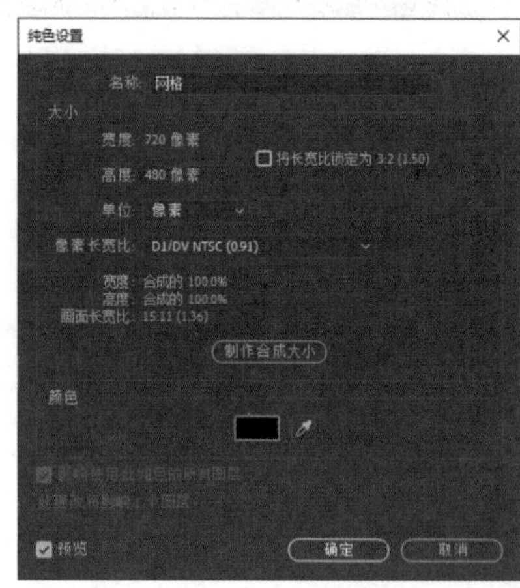

图 3.66 纯色设置

2 选中“网格”层，在“效果和预设”特效面板中展开“生成”特效组，双击“网格”特效，如图 3.67 所示。

图 3.67 添加“网格”特效

3 在“效果控件”面板中，从“大小依据”右侧的下拉菜单中选择“宽度和高度滑块”，设置“边界”的值为 3.0，“颜色”为绿色（R:78;G:158;B:12），“不透明度”的值为 30.0%，如图 3.68 所示。

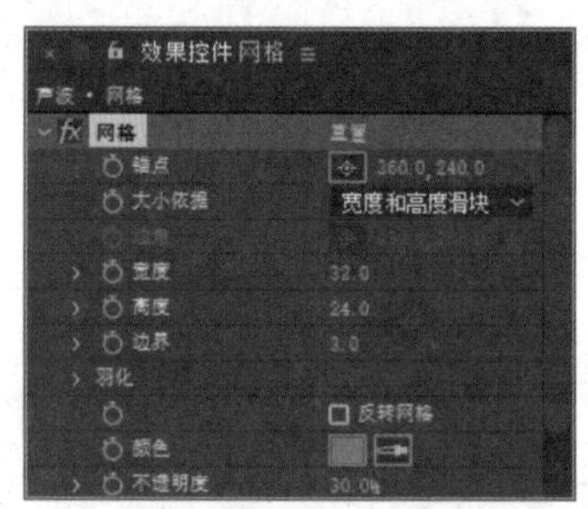

图 3.68 参数设置

3.8.3 制作描边动画

1 执行菜单栏中的“图层”|“新建”|“纯色”命令，打开“纯色设置”对话框，设置“名称”为“描边”，“颜色”为黑色，如图 3.69 所示。

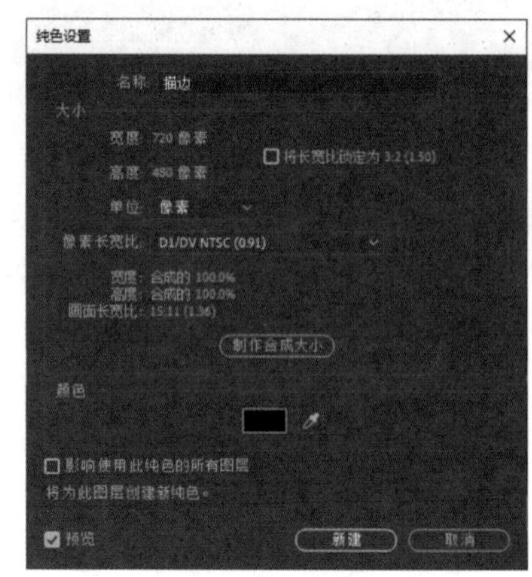

图 3.69 纯色设置

2 单击工具栏中的“钢笔工具”按钮，选择钢笔工具，在“合成”窗口中绘制一个路径，如图 3.70 所示。

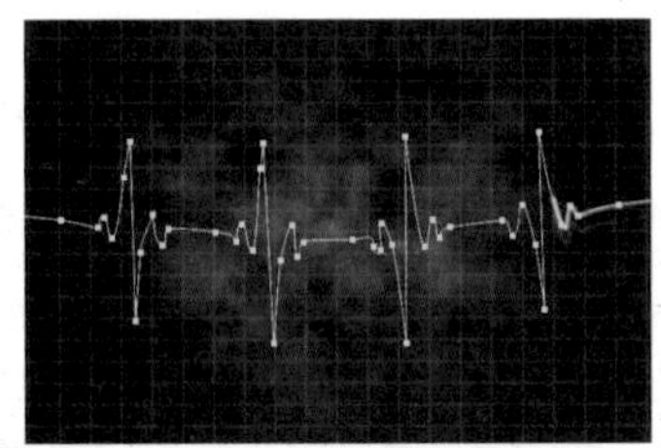

图 3.70 绘制路径

3 选中“描边”层，在“效果和预设”特效面板中展开“生成”特效组，双击“勾画”特效，如图 3.71 所示。

图 3.71 添加“勾画”特效

4 在“效果控件”面板中，从“描边”右侧的下拉菜单中选择“蒙版 / 路径”，展开“片段”选项栏，设置“片段”的值为 1，“长度”的值为 0.500，勾选“随机相位”复选框，如图 3.72 所示。

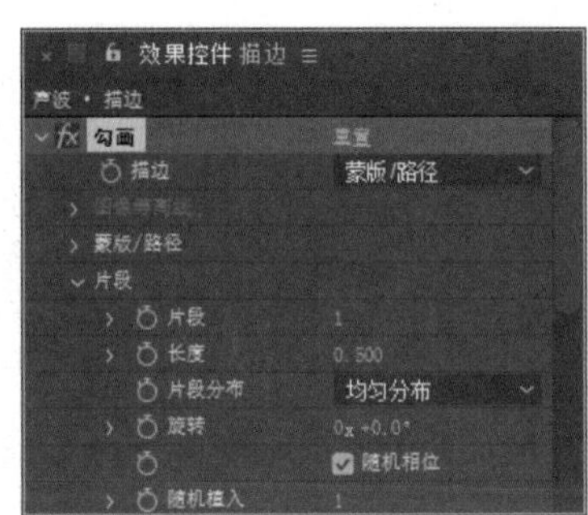

图 3.72 参数设置

5 展开“正在渲染”选项栏，从“混合模式”右侧的下拉菜单中选择“透明”，设置“颜色”为绿色（R:161;G:238;B:18），“宽度”的值为 4.00，“起始点不透明度”的值为 0，“中间点不透明度”的值为 -1.000，“结束点不透明度”的值为 1.000，如图 3.73 所示。

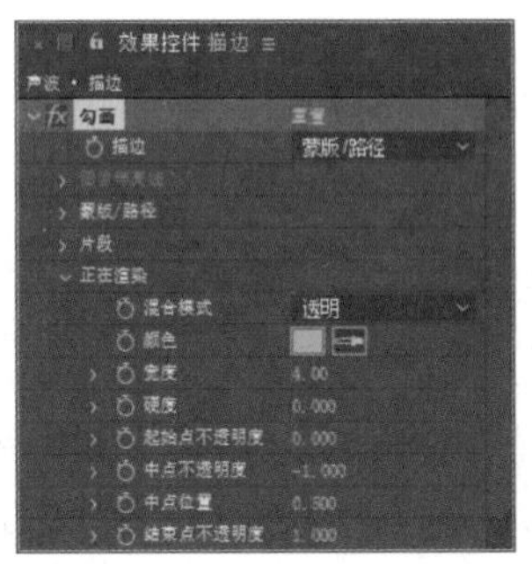

图 3.73 “正在渲染”参数设置

6 将时间调整到 0:00:00:00 的位置，单击“旋转”左侧码表，在当前位置添加关键帧；将时间调整到 0:00:05:24 的位置，设置“旋转”的值为 1x+0.0°，如图 3.74 所示。

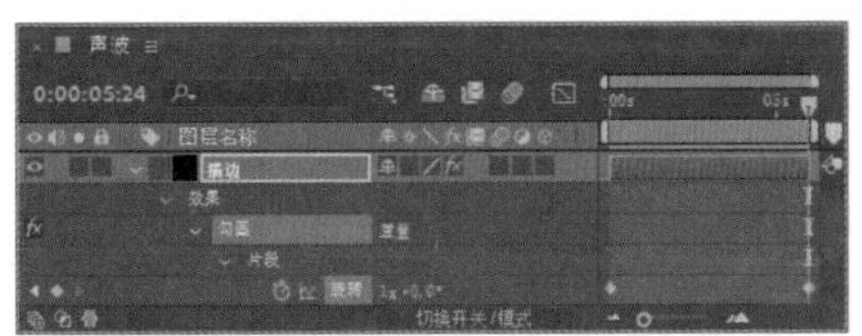

图 3.74 设置“旋转”关键帧

7 在时间线面板中选择“描边”层，按 Ctrl + D 组合键，将“描边”层复制，并将复制后的层重命名为“描边倒影”，然后按 P 键打开“位置”属性，设置“位置”的值为（360.0,220.0），按 T 键打开“不透明度”属性，设置“不透明度”的值为 30%，如图 3.75 所示。

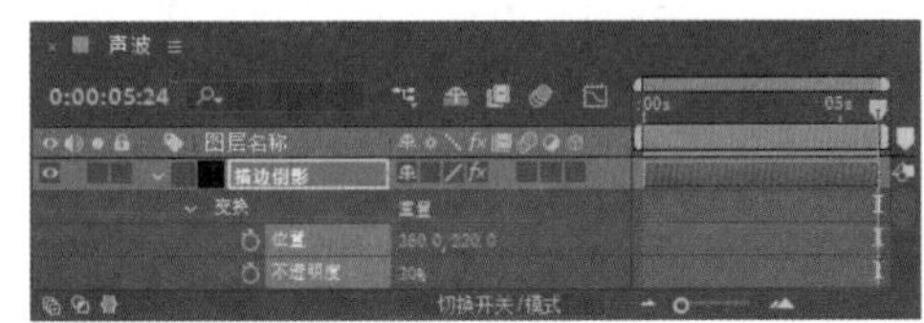

图 3.75 参数设置

8 这样就完成了“动感声波”的整体制作，按小键盘上的 0 键，可在合成窗口中预览动画效果。

3.9 空间文字

特效解析

本例主要讲解通过“网格”特效制作网格，利用“空对象”属性制作动态效果，如图 3.76 所示。

图 3.76 动画效果

知识点

1. “网格”特效
2. “父级”属性
3. “空对象”属性

视频文件

操作步骤

3.9.1 制作网格

1 执行菜单栏中的“合成” | “新建合成”命令，打开“合成设置”对话框，设置“合成名称”为“网格”，“宽度”为 1900，“高度”为 480，“帧速率”为 25，并设置“持续时间”为 0:00:08:00，如图 3.77 所示。

2 执行菜单栏中的“图层” | “新建” | “纯色”命令，打开“纯色设置”对话框，设置“名称”为“网格”，“颜色”为黑色，如图 3.78 所示。

3 选中“网格”层，在“效果和预设”特效面板中展开“生成”特效组，双击“网格”特效，如图 3.79 所示。

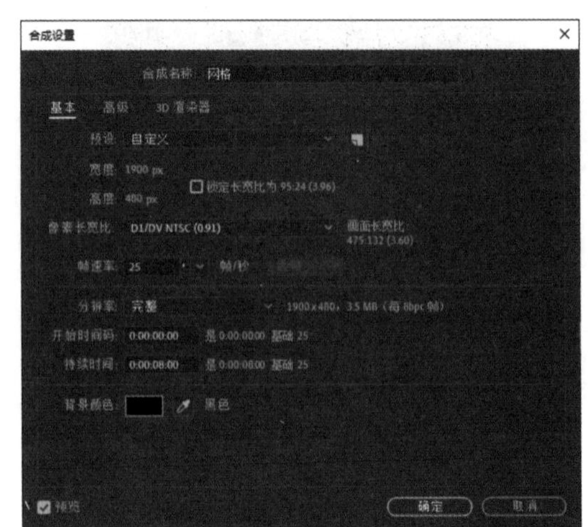

图 3.77 合成设置

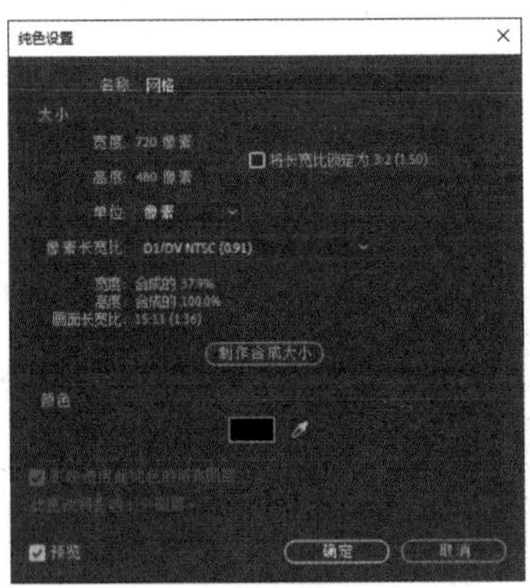

图 3.78 纯色设置

图 3.79 添加“网格”特效

4 在“效果控件”面板中设置“锚点”的值为（0.0,160.0），“边角”的值为（1600.0,195.0），“边界”的值为 3.0，“不透明度”的值为 50.0%，如图 3.80 所示。

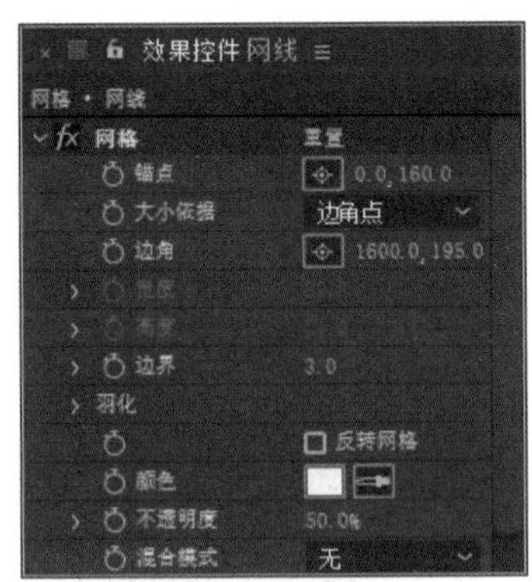

图 3.80 参数设置

3.9.2 制作空间文字

1 执行菜单栏中的“合成”|“新建合成”命令，打开“合成设置”对话框，设置“合成名称”为“空间网格”，“宽度”为 720，“高度”为 480，“帧速率”为 25，并设置“持续时间”为 0:00:08:00，如图 3.81 所示。

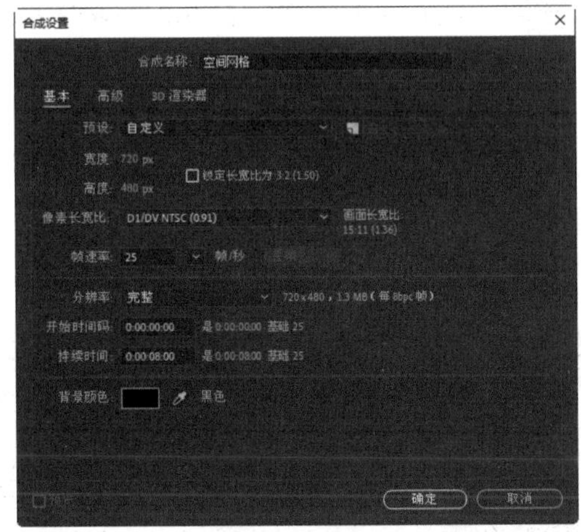

图 3.81 合成设置

2 执行菜单栏中的“文件”|“导入”|“文件”命令，打开“导入文件”对话框，选择“工程文件\第 3 章\空间文字\背景.jpg”素材，单击“导入”按钮，如图 3.82 所示，“背景.jpg”素材将被导入“项目”面板中。

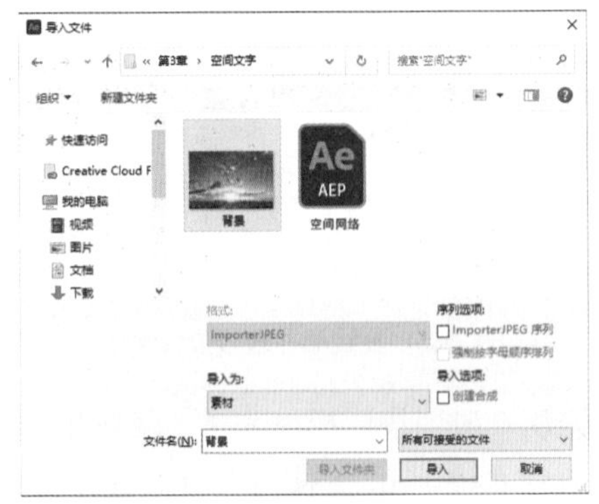

图 3.82 “导入文件”对话框

3 在“项目”面板中选择“网格”合成和“背景.jpg”素材，将其拖动到“空间网格”合成的时间线面板中，单击“网格”层右侧的三维图层按钮，打开三维图层开关，如图 3.83 所示。

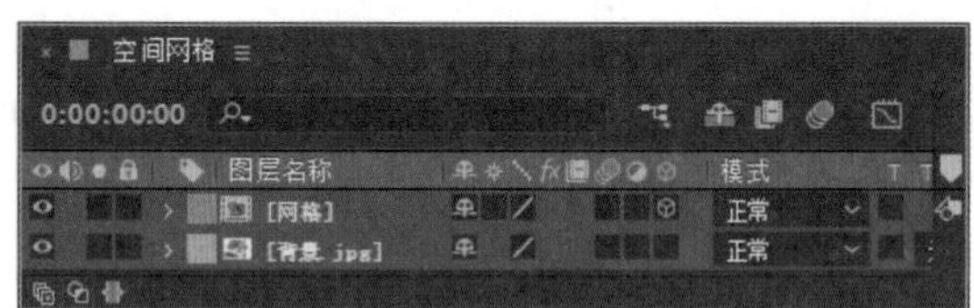

图 3.83 添加素材

4 选中“网格”层，按P键打开“位置”属性，设置“位置”的值为（265.0,90.0,0.0），按R键打开旋转属性，设置“Y轴旋转”的值为0x+90°，如图3.84所示。

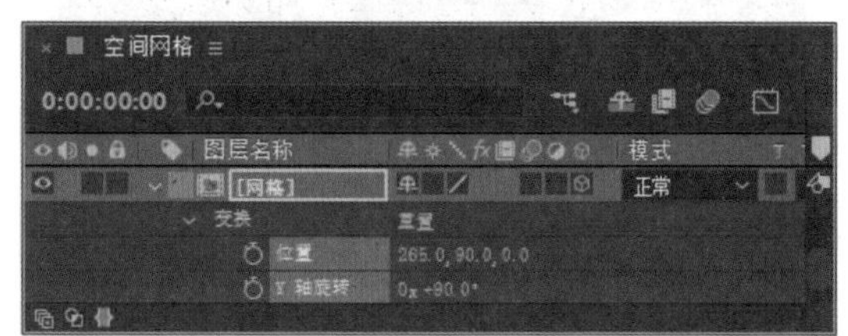

图 3.84 修改层位置和旋转参数

5 在时间线面板中选择“网格”层，按Ctrl + D组合键复制“网格”，并将复制后的图层重命名为“网格2”，按P键打开“位置”属性，修改“位置”的值为（73.0,90.0,0.0），如图3.85所示。

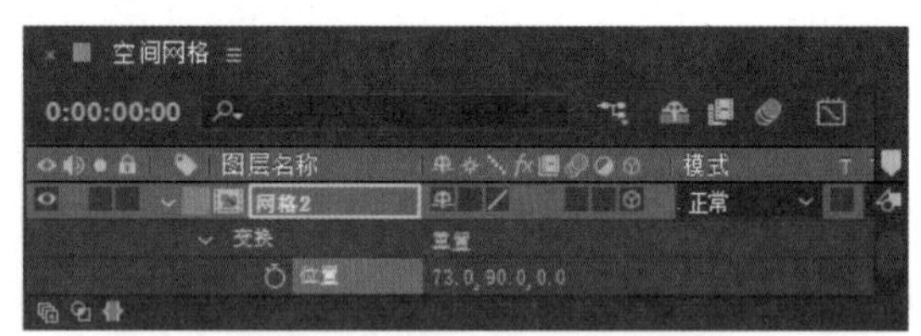

图 3.85 复制层并修改位置参数

6 在时间线面板中选择“网格2”层，按Ctrl + D组合键，将“网格2”层复制，系统会自动重命名为“网格3”层，按P键打开“位置”属性，修改“位置”的值为（162.0,90.0,-115.0），按R键打开旋转属性，设置“Y轴旋转”的值为0x+0.0°，如图3.86所示。

7 在时间线面板中选择“网格3”层，按Ctrl + D组合键复制“网格3”层，系统会自动将新层重命名为“网格4”，按P键打开“位置”属性，修改“位置”的值为（73.0,90.0,170.0），如图3.87所示。

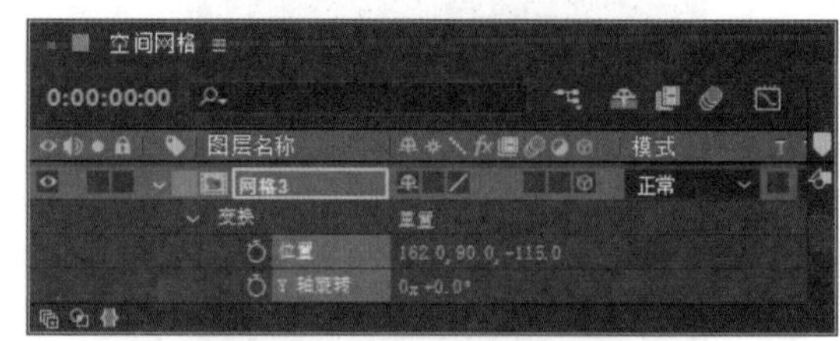

图 3.86 修改位置和旋转参数

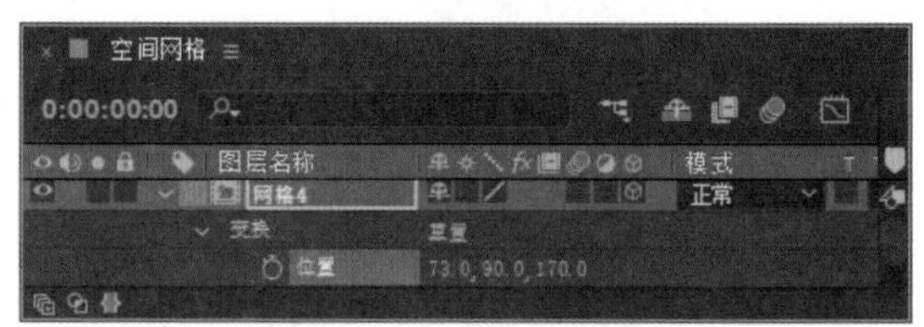

图 3.87 修改位置参数

3.9.3 制作动态效果

1 单击工具栏中的“横排文字工具”按钮，选择文字工具，在“合成”窗口中输入文字Machine，在“字符”面板中设置文字的字体为Franklin Gothic Demi Cond，字符的大小为118像素，字体的填充颜色为蓝色（R:138;G:206;B:248），如图3.88所示。

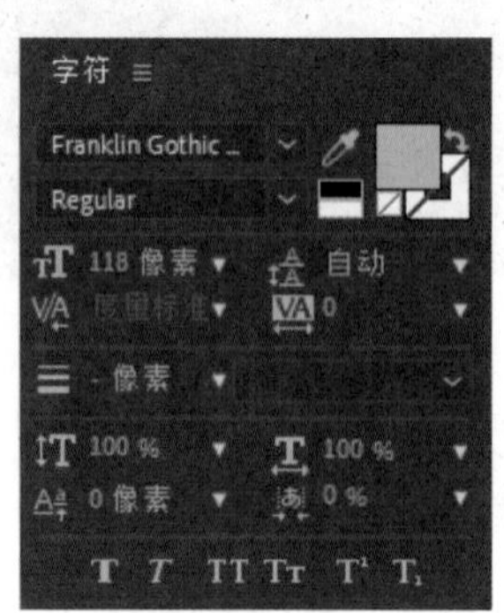

图 3.88 文字设置

2 选中Machine层，在“合成”窗口中调整文字的位置，如图 3.89 所示。

图 3.89　调整文字位置

3 执行菜单栏中的“图层”|“新建”|“空对象”命令，单击“空 1”层右侧的三维图层按钮，打开三维图层开关，如图 3.90 所示。

图 3.90　新建空对象并打开三维空间

4 选中“网格”层、“网格 2”层、“网格 3”层、“网格 4”层和 Machine 层，在右侧的“父级”属性栏中选择“空 1”，如图 3.91 所示。

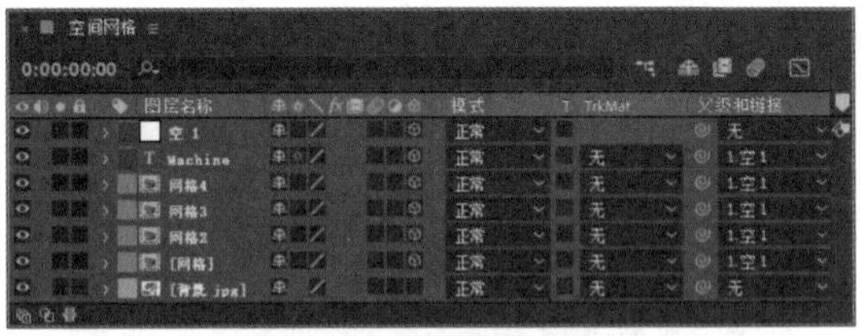

图 3.91　设置父子关系

5 将时间调整到 0:00:00:00 的位置，选中“空 1”层，按 P 键打开“位置”属性，设置“位置”的值为（187.0,150.0,-903.0），单击“位置”左侧的码表，在当前位置添加关键帧。按 R 键打开旋转属性，单击“Y 轴旋转”左侧的码表，在当前位置添加关键帧，如图 3.92 所示。

6 将时间调整到 0:00:01:21 的位置，设置“位置”的值为（187.0,150.0,195.0），系统会自动添加关键帧，如图 3.93 所示。

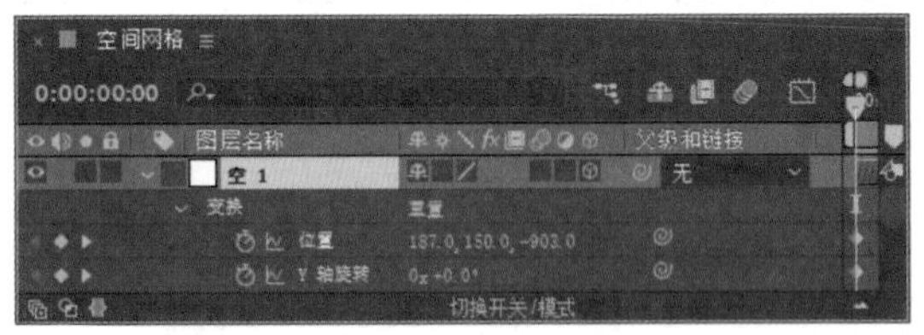

图 3.92　设置位置和旋转关键帧

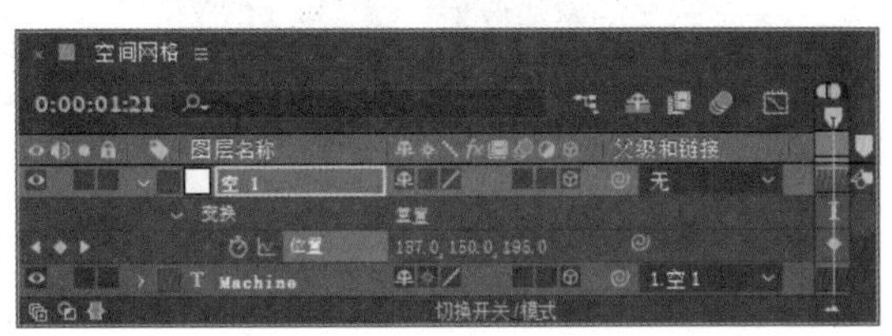

图 3.93　设置位置关键帧

7 将时间调整到 00:00:05:24 的位置，设置“位置”的值为（220.0,150.0,0.0），设置“Y 轴旋转”的值为 1x+0.0°，系统会自动添加关键帧，如图 3.94 所示。

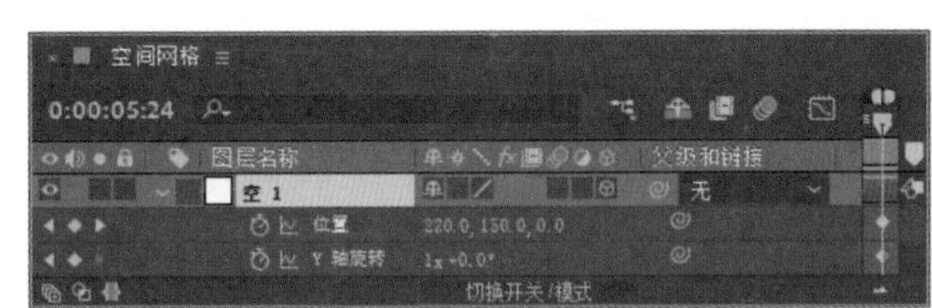

图 3.94　设置位置和旋转关键帧

8 将时间调整到 00:00:07:20 的位置，设置“位置”的值为（220.0,150.0,98.0），单击“空 1”左侧的眼睛按钮，隐藏“空 1”层，如图 3.95 所示。

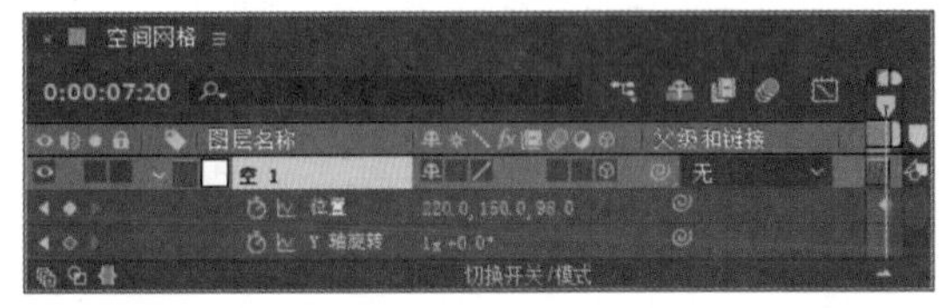

图 3.95　隐藏“空 1”层

9 这样就完成了“空间文字”的整体制作，按小键盘上的 0 键，可在合成窗口中预览当前动画效果。

3.10 卡片图贴

特效解析

本例主要讲解利用“卡片动画”特效制作卡片图贴效果，并通过“摄像机”完成卡片飞舞的动画，如图3.96所示。

图3.96 动画效果

知识点

1. “卡片动画”特效
2. “分形杂色”特效
3. “梯度渐变”特效

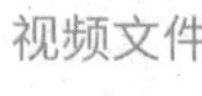

操作步骤

3.10.1 创建噪波

1 执行菜单栏中的“合成”|“新建合成”命令，打开“合成设置”对话框，设置“合成名称”为“噪波”，“宽度”为720，“高度”为480，“帧速率”为25，并设置“持续时间”为0:00:06:00，如图3.97所示。

2 执行菜单栏中的“图层”|“新建”|“纯色”命令，打开“纯色设置”对话框，设置“名称”为“噪波”，“颜色”为黑色，如图3.98所示。

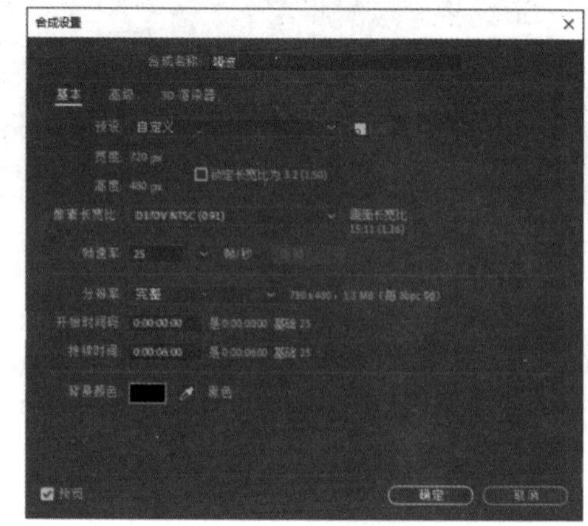

图3.97 合成设置

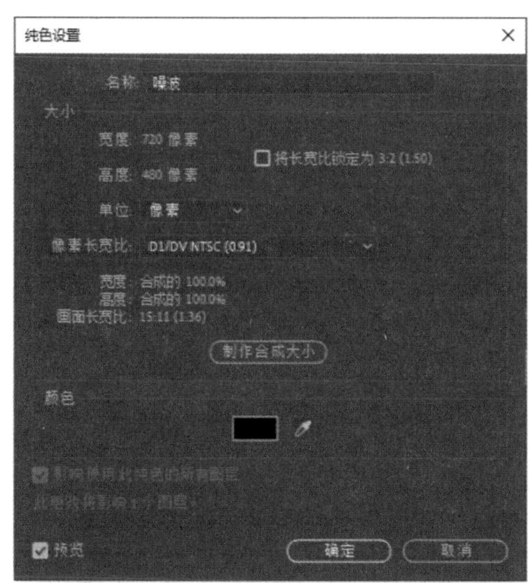

图 3.98 纯色设置

3 选中“噪波”层，在“效果和预设”特效面板中展开“杂色和颗粒”特效组，双击“分形杂色”特效，如图 3.99 所示。

图 3.99 添加“分形杂色”特效

4 在“效果控件”面板中，设置“对比度”的值为 200.0，“亮度”的值为 -10.0，展开“变换”选项栏，设置“缩放”的值为 20.0，如图 3.100 所示。

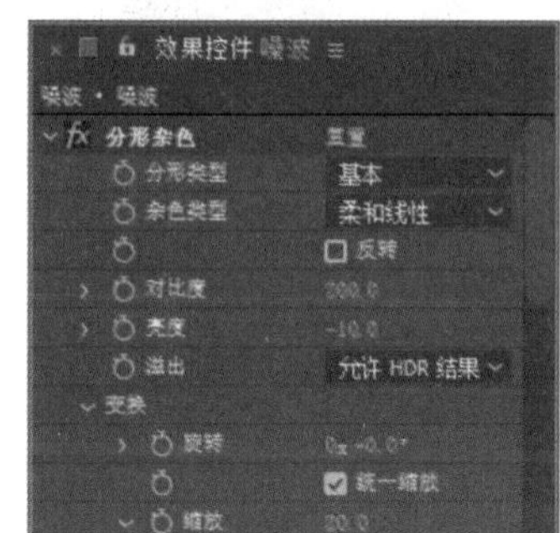

图 3.100 参数设置

5 执行菜单栏中的“图层”|“新建”|“纯色”命令，打开“纯色设置”对话框，设置“名称”为“渐变”，“颜色”为黑色，如图 3.101 所示。

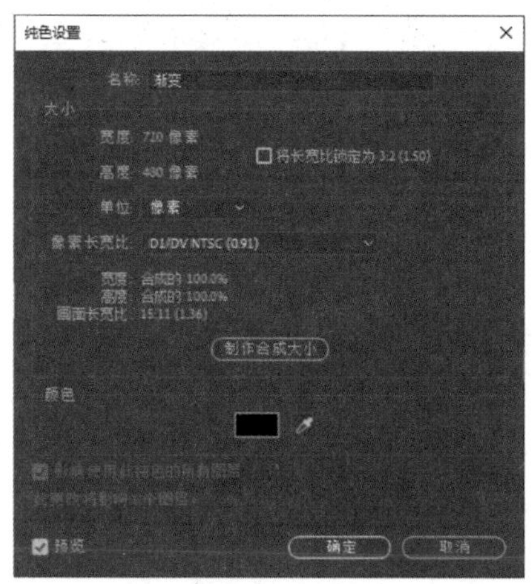

图 3.101 纯色设置

6 选中“渐变”层，在“效果和预设”特效面板中展开“生成”特效组，双击“梯度渐变”特效，如图 3.102 所示。

图 3.102 添加“梯度渐变”特效

7 在“效果控件”面板中，设置“渐变起点”的值为（360.0,240.0），“渐变终点”的值为（850.0,570.0），从“渐变形状”右侧的下拉菜单中选择“径向渐变”，如图 3.103 所示。

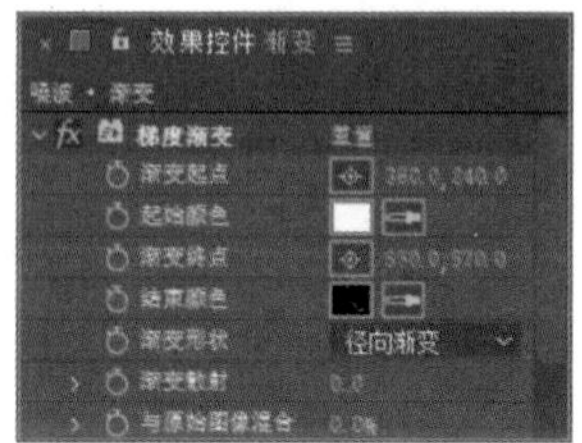

图 3.103 参数设置

8 选中“渐变”层，设置“渐变”层的“模式”为“叠加”，如图 3.104 所示。

图 3.104　图层设置

3.10.2　制作拼图效果

1 执行菜单栏中的“合成”|“新建合成”命令，打开“合成设置”对话框，设置“合成名称”为“卡片图贴”，“宽度”为720，“高度”为480，“帧速率”为25，并设置“持续时间”为0:00:06:00，如图3.105所示。

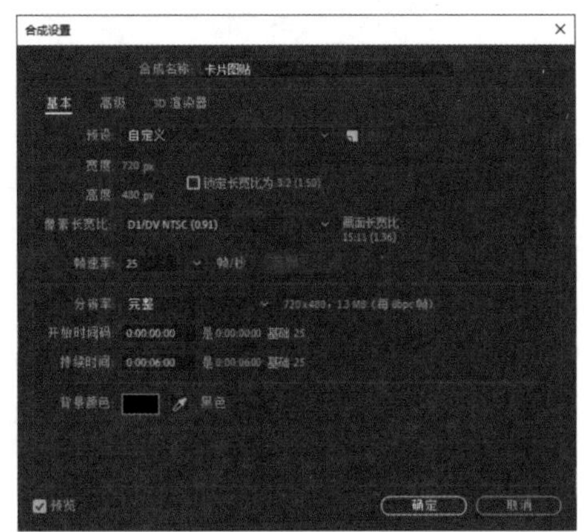
图 3.105　合成设置

2 执行菜单栏中的“文件”|“导入”|“文件”命令，打开“导入文件”对话框，选择“工程文件\第3章\卡片图贴\背景.jpg”素材，单击“导入”按钮，如图3.106所示，“背景.jpg”素材将被导入“项目”面板中。

3 执行菜单栏中的“图层”|“新建”|“纯色”命令，打开“纯色设置”对话框，设置“名称”为“渐变”，“颜色”为黑色，如图3.107所示。

4 选中“渐变”层，在“效果和预设”特效面板中展开“生成”特效组，双击“梯度渐变”特效，如图3.108所示。

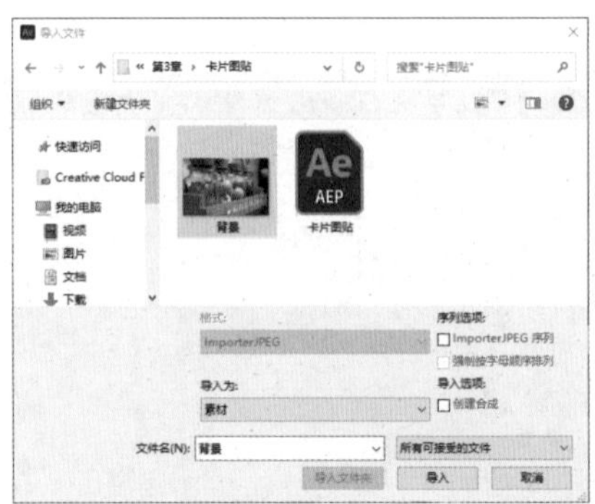
图 3.106　“导入文件”对话框

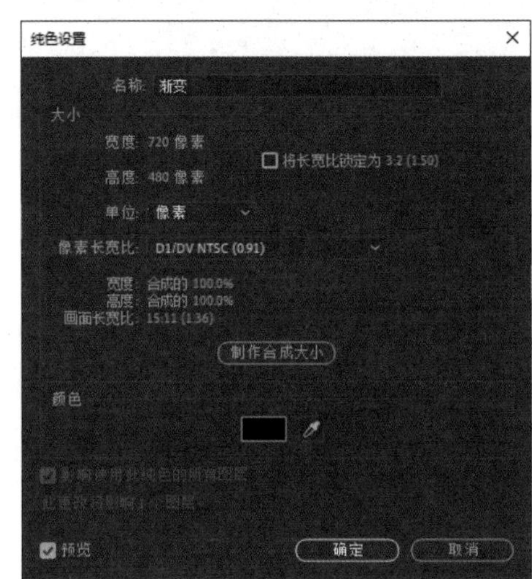
图 3.107　纯色设置

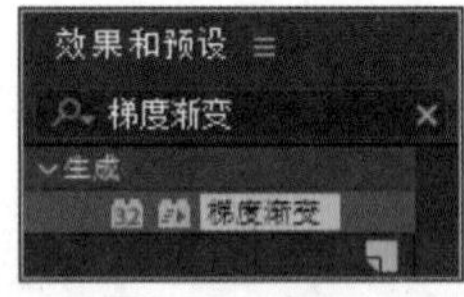
图 3.108　添加“梯度渐变”特效

5 在“效果控件”面板中，设置“渐变起点”的值为（724.0,97.0），“起始颜色”为深红色（R:109;G:0;B:0），“渐变终点”的值为（43.0,534.0），“结束颜色”为黑色，从“渐变形状”右侧的下拉菜单中选择“径向渐变”，如图3.109所示。

6 在“项目”面板中选择“背景.jpg”素材和“噪波”合成，将其拖动到“卡片图贴”合成的时间线面板中，如图 3.110 所示。

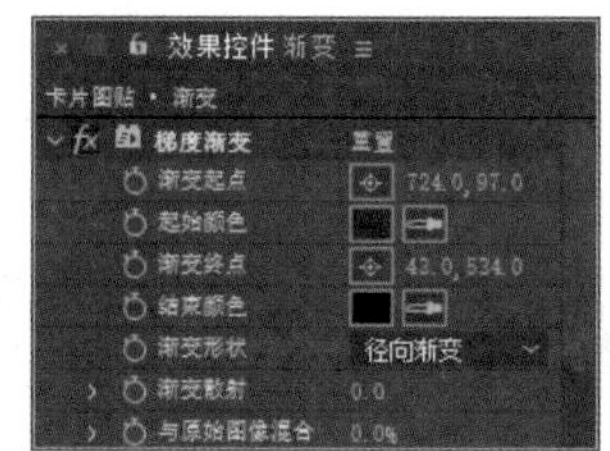

图 3.109　参数设置

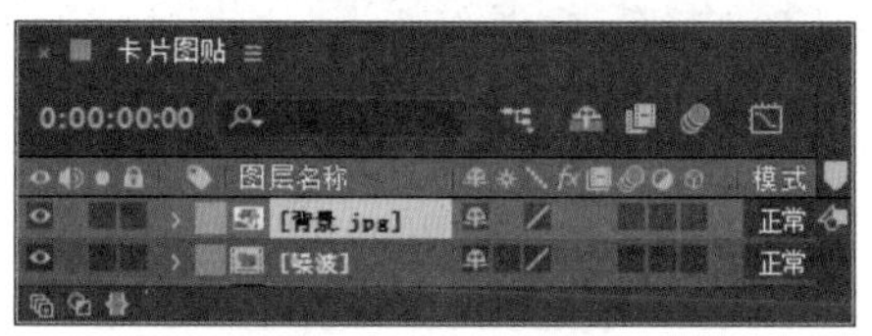

图 3.110　添加素材

7 选中“背景”层，执行菜单栏中的“图层”|“预合成”命令，设置“新合成名称”为“背景”，如图 3.111 所示。

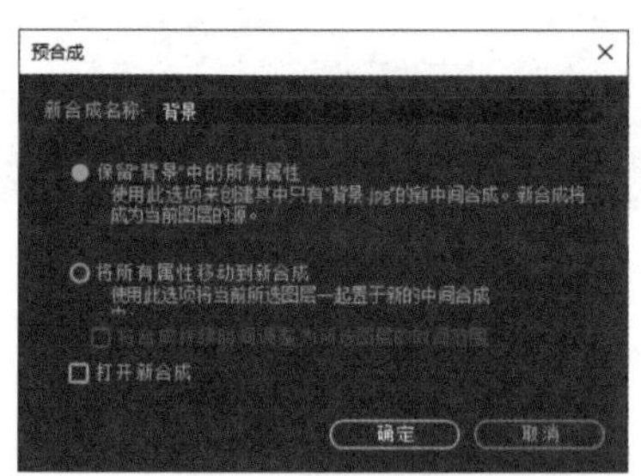

图 3.111　预合成设置

8 选中“背景”层，在“效果和预设”特效面板中展开“模拟”特效组，双击“卡片动画”特效，如图 3.112 所示。

图 3.112　添加“卡片动画”特效

9 在“效果控件”面板中设置“行数”的值为 80，“列数”的值为 100，从“渐变图层 1”右侧的下拉菜单中选择“3. 噪波”，从“摄像机系统”右侧的下拉菜单中选择“合成摄像机”，如图 3.113 所示。

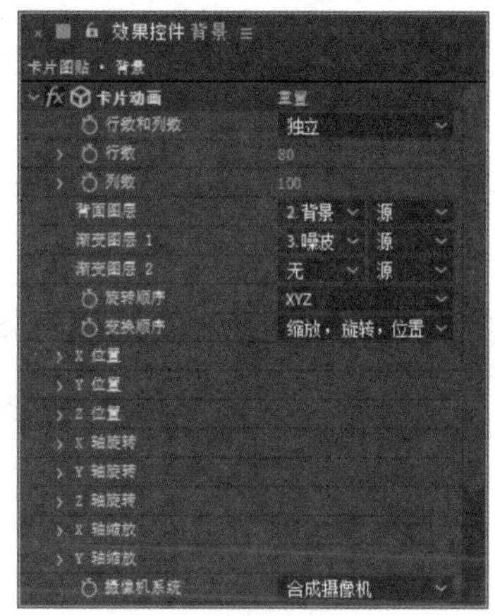

图 3.113　参数设置

10 将时间调整到 0:00:00:00 的位置，展开“X 轴位置”选项栏，单击“乘数”左侧的码表，在当前位置添加关键帧，展开“Y 轴位置”选项栏，单击“乘数”左侧的码表，在当前位置添加关键帧，展开“Z 轴位置”选项栏，单击“乘数”左侧的码表，在当前位置添加关键帧，展开“X 轴缩放”选项栏，单击“乘数”左侧的码表，在当前位置添加关键帧，展开“Y 轴缩放”选项栏，单击“乘数”左侧的码表，在当前位置添加关键帧，如图 3.114 所示。同时设置这些选项中的“源”为“强度 1”。

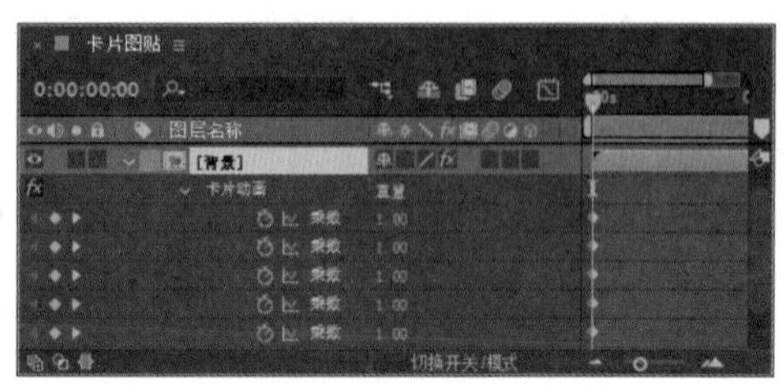

图 3.114　关键帧设置

11 将时间调整到 0:00:05:00 的位置，设置所有关键帧的“乘数”的值为 0，系统会自动添加关键帧，如图 3.115 所示。

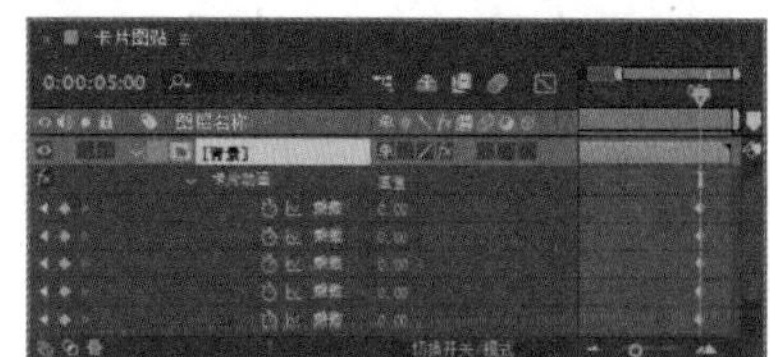

图 3.115　设置“乘数”值

12 单击“噪波”层左侧开关按钮，将“噪波”层隐藏，如图 3.116 所示。

图 3.116　图层设置

13 执行菜单栏中的“图层”|“新建”|“摄像机”命令，打开“摄像机设置”对话框，设置“预设”为“24 毫米”，如图 3.117 所示。

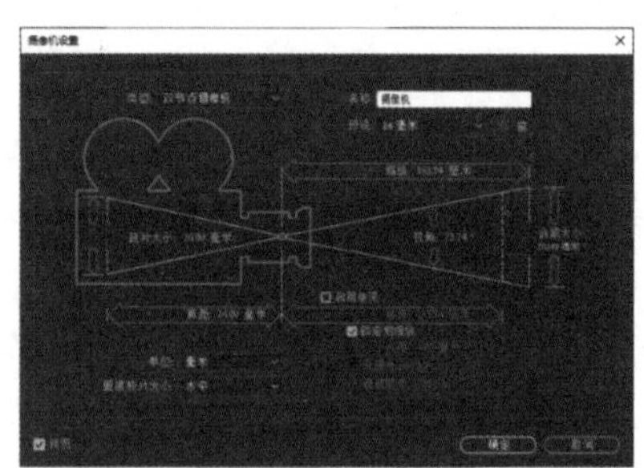

图 3.117　“摄像机设置”对话框

14 将时间调整到 0:00:00:00 的位置，选中“摄像机”层，按 A 键打开“目标点”属性，设置“目标点”的值为（360.0,240.0,540.0），单击“目标点”左侧的码表，在当前位置添加关键帧。按 P 键打开“位置”属性，设置“位置”的值为(150.0,400.0,0.0)，单击“位置”左侧的码表，在当前位置添加关键帧，如图 3.118 所示。

图 3.118　设置目标点和位置关键帧

15 将时间调整到 0:00:03:00 的位置，设置“目标点”的值为（360.0,240.0,540.0），“位置”的值为（630.0,330.0,-40.0），系统会自动添加关键帧，如图 3.119 所示。

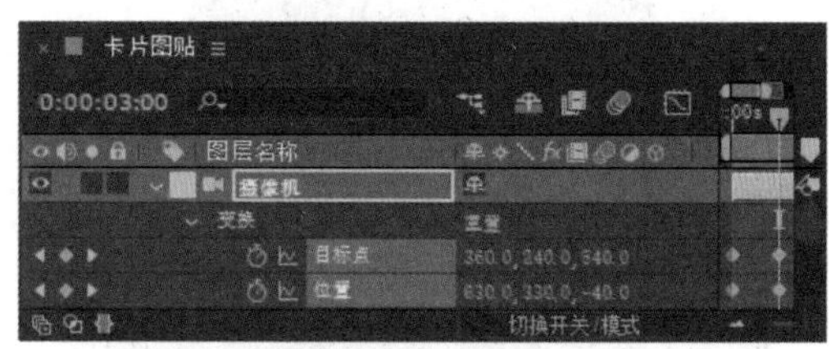

图 3.119　关键帧设置 1

16 将时间调整到 0:00:04:10 的位置，设置“目标点”的值为（360.0,240.0,-150.0），“位置”的值为（360.0,240.0,-700.0），系统会自动添加关键帧，如图 3.120 所示。

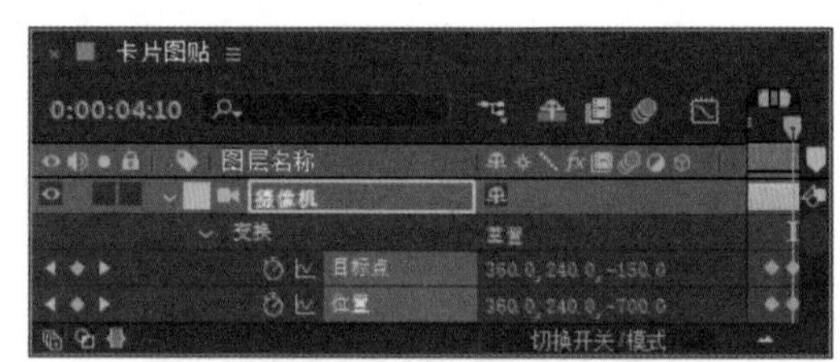

图 3.120　关键帧设置 2

17 将时间调整到 0:00:05:00 的位置，设置“目标点”的值为（360.0,240.0,-150.0），“位置”的值为（360.0,240.0,-430.0），系统会自动添加关键帧，如图 3.121 所示。

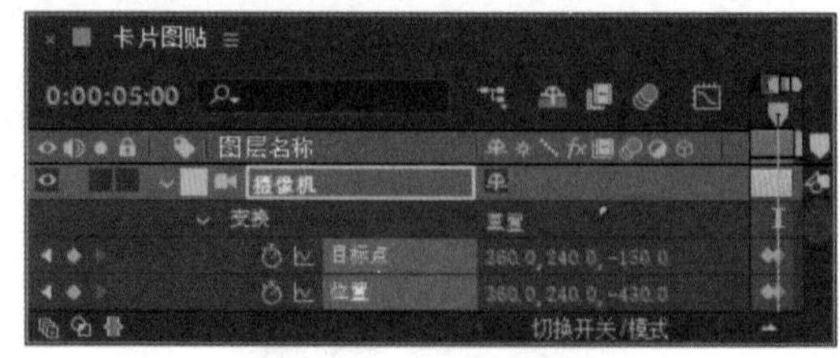

图 3.121　关键帧设置 3

18 这样就完成了“卡片图贴”动画的制作，按小键盘上的 0 键，可在合成窗口中预览动画效果。

3.11 灵动紫精灵

特效解析

本例主要讲解利用 CC Particle World（CC 粒子世界）特效制作灵动紫精灵效果，如图 3.122 所示。

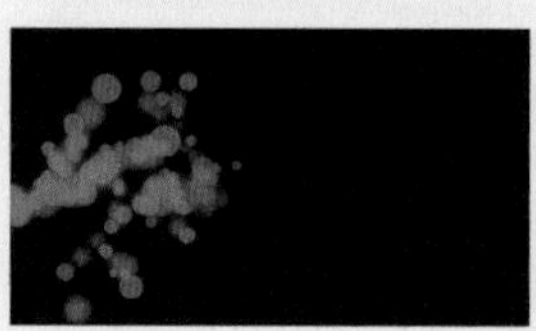
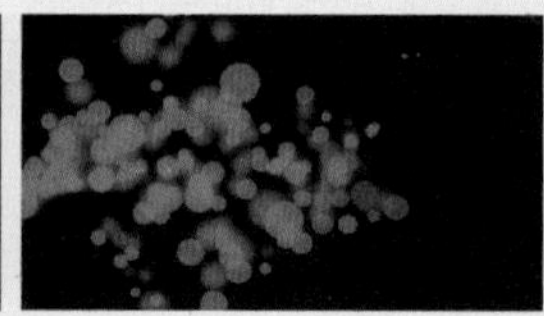
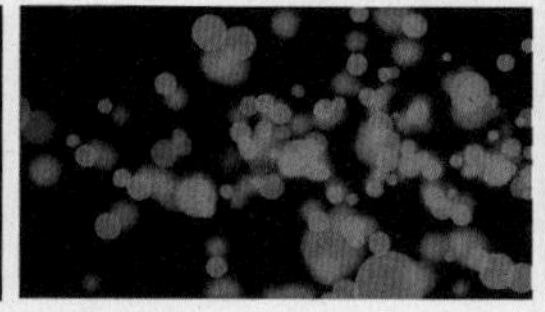
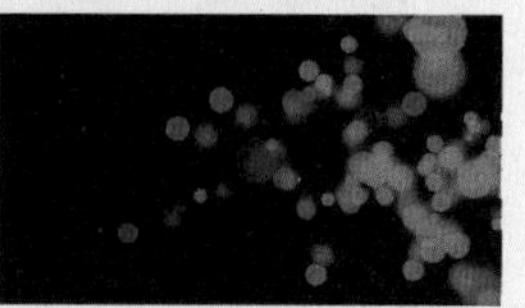

图 3.122　动画效果

知识点

1. CC Particle World（CC 粒子世界）特效
2. “快速模糊”特效

视频文件

操作步骤

3.11.1　制作粒子

1 执行菜单栏中的“合成”|“新建合成”命令，打开“合成设置”对话框，设置“合成名称”为“灵动紫精灵”，“宽度”为 720，“高度”为 405，“帧速率”为 25，并设置“持续时间”为 0:00:05:00。

2 执行菜单栏中的“图层”|“新建”|“纯色”命令，打开“纯色设置”对话框，设置“名称”为“粒子”，“颜色”为紫色（R:253;G:86;B:255）。

3 在“效果和预设”中展开“模拟”特效组，然后双击 CC Particle World（CC 粒子世界）特效。为“粒子”层添加“CC 粒子世界”特效。

4 在“效果控件”面板中，修改 CC Particle World（CC 粒子世界）特效的参数，设置 Birth Rate（生长速率）的值为 0.6，Longevity(sec)（寿命）的值为 2.09，展开 Producer（生产者）选项组，设置 Radius Z（Z 轴半径）的值为 0.435；将时间调整到 0:00:00:00 的位置，设置 Position X（X 轴位置）的值为 -0.53，Position Y（Y 轴位置）的值为 0.03，同时单击 Position X（X 轴位置）和 Position Y（Y 轴位置）左侧的码表，在当前位置设置关键帧。

5 将时间调整到 0:00:03:00 的位置，设置 Position X（X 轴位置）的值为 0.78，Position Y（Y 轴位置）的值为 0.01，系统会自动设置关键帧，如图 3.123 所示，合成窗口效果如图 3.124 所示。

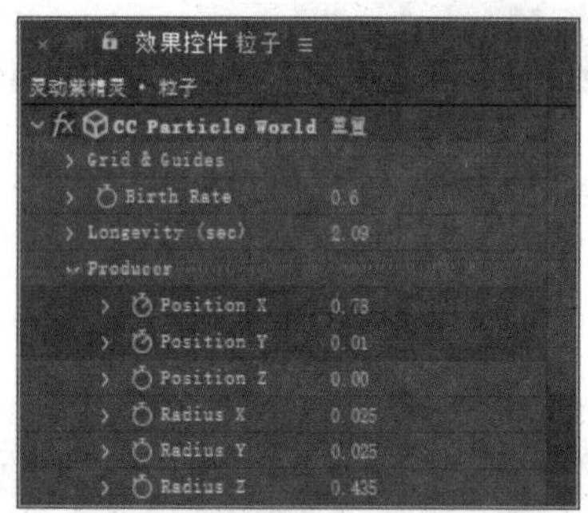

图 3.123　设置“产生点”参数

图 3.124　设置“产生点”参数后的效果

6 展开 Physics（物理学）选项组，从 Animation（动画）下拉菜单中选择 Viscouse（黏性）选项，设置 Velocity（速率）的值为 1.06，Gravity（重力）的值为 0，展开 Particle（粒子）选项组，从 Particle Type（粒子类型）下拉菜单中选择 Lens Convex（凸透镜）选项，设置 Birth Size（出生大小）的值为 0.357，Death Size（死亡大小）的值为 0.587，如图 3.125 所示，合成窗口效果如图 3.126 所示。

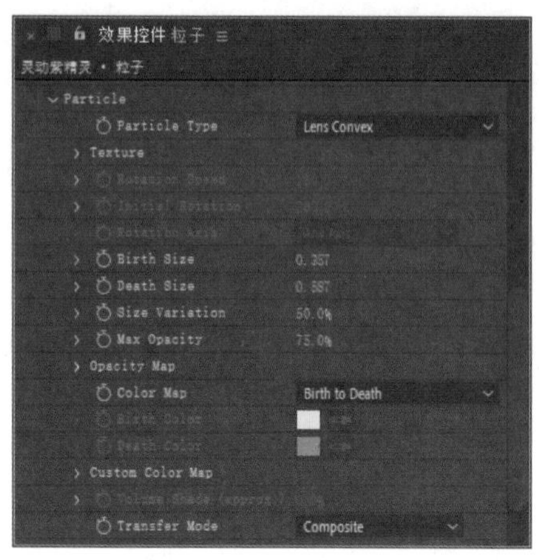

图 3.125　设置参数

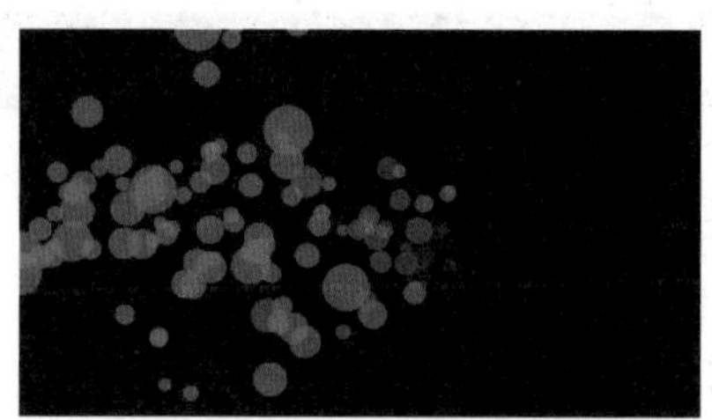

图 3.126　设置粒子世界后的效果

3.11.2　调整细节

1 选中“粒子”层，按 Ctrl+D 组合键复制出另一个图层，将该图层名称更改为“粒子 2”，为“粒子 2”文字层添加“快速方框模糊”特效。在“效果和预设”中展开“模糊和锐化”特效组，然后双击“快速方框模糊”特效。

2 在“效果控件”面板中，修改“快速方框模糊”特效的参数，设置“模糊半径”的值为 7.0，如图 3.127 所示，合成窗口效果如图 3.128 所示。

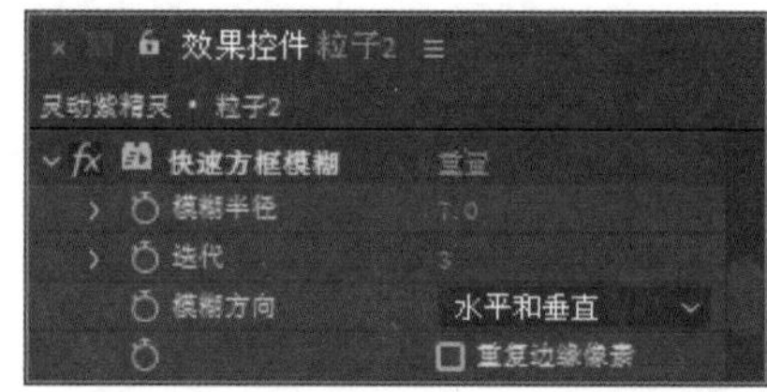

图 3.127　设置“快速方框模糊”参数

图 3.128　设置“快速方框模糊”后的效果

3 展开 Physics（物理学）选项组，设置 Velocity（速率）的值为 0.84，Gravity（重力）的值为 0，如图 3.129 所示，合成窗口效果如图 3.130 所示。

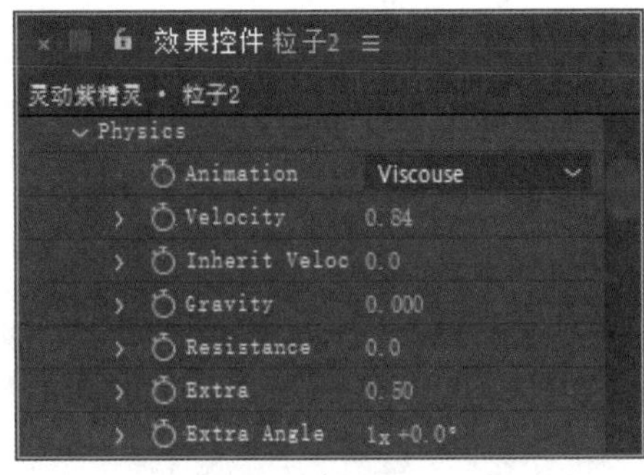

图 3.129 设置“物理学”参数

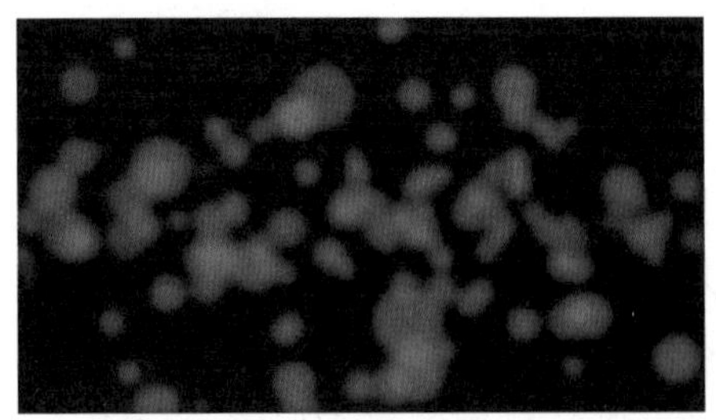

图 3.130 设置“粒子 2”参数后的效果

4 这样就完成了“灵动紫精灵”效果的制作，按小键盘上的 0 键，即可在合成窗口中预览动画。

第4章 精彩文字特效

内容摘要

本章主要讲解精彩文字特效表现。文字是一个动画的灵魂，一段动画中文字的出现能够使动画的主题更加突出。对文字进行编辑，为文字添加特效能够给整体动画添加点睛的一笔。通过对本章的学习，读者可以在了解文字基本设置的同时，掌握更高级的文字动画制作方法。

教学案例

- 文字输入
- 路径文字动画
- 文字动画
- 纷飞散落文字
- 弹簧字
- 站立文字
- 水波文字
- 舞动文字
- 光效闪字
- 破碎文字

4.1 文字输入

特效解析

本例主要讲解利用“不透明度”属性制作文字输入效果，如图 4.1 所示。

图 4.1 动画效果

知识点

1. “不透明度”属性
2. “偏移”属性

操作步骤

1 执行菜单栏中的“合成”|“新建合成”命令，打开“合成设置”对话框，设置“合成名称”为“文字输入”，“宽度”为 720，“高度”为 480，“帧速率”为 25，并设置“持续时间”为 0:00:05:00，如图 4.2 所示。

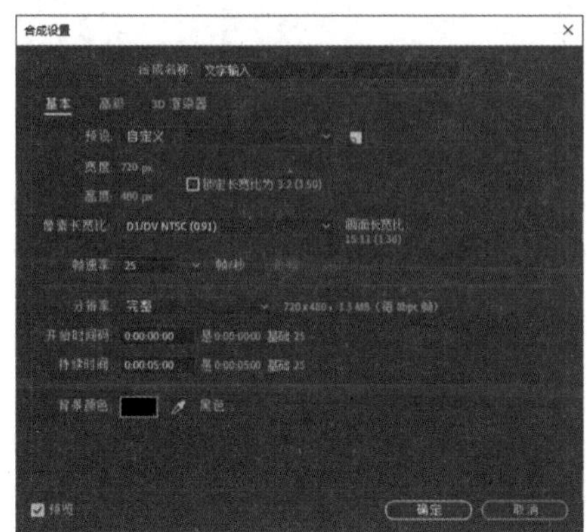

图 4.2 合成设置

2 执行菜单栏中的“文件”|“导入”|“文件”命令，打开“导入文件”对话框，选择“工程文件\第 4 章\文字输入\背景.jpg”素材，单击“导入”按钮，如图 4.3 所示。

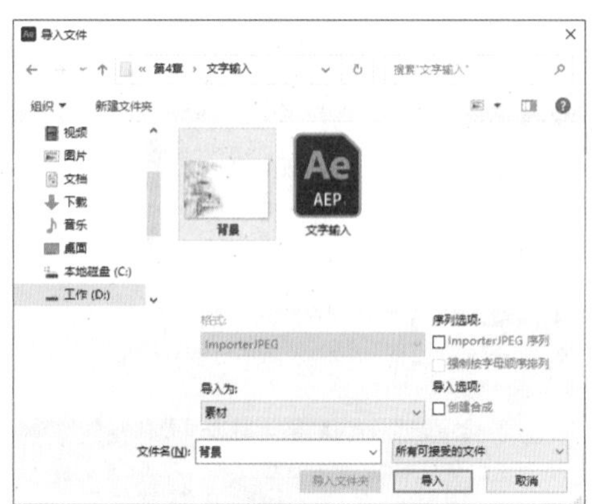

图 4.3 “导入文件”对话框

3 在“项目”面板中，选择“背景.jpg”素材，将其拖动到合成的时间线面板中，如图 4.4 所示。

图 4.4　添加素材

4 单击工具栏中的“直排文字工具”按钮，选择文字工具，在“合成”窗口中单击并输入文字“那是因为歌中没有你的渴望而我们总是要一唱再唱像那草原千里闪着金光像那风沙呼啸过大漠像那黄河岸阴山旁英雄骑马壮骑马荣归故乡”，在“字符”面板中设置文字的字体为“方正姚体”，字符的大小为 36 像素，字体的填充颜色为紫色（R:158;G:109;B:227），如图 4.5 所示。

5 在时间线面板中，选择“那是因为歌中没有你的渴望而我们总是要一唱再唱像那草原千里闪着金光像那风沙呼啸过大漠像那黄河岸阴山旁英雄骑马壮骑马荣归故乡”层，按键盘上 Enter 键，为该图层重命名为“文字”，如图 4.6 所示。

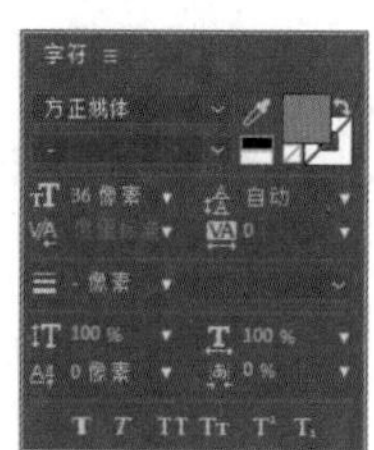

图 4.5　参数设置

图 4.6　重命名图层

6 将时间调整到 0:00:00:00 的位置，展开“文字”层，单击“文本”右侧的三角形按钮，从菜单中选择“不透明度”选项，设置“不透明度”的值为 0，单击“偏移”左侧的码表，设置关键帧，如图 4.7 所示。

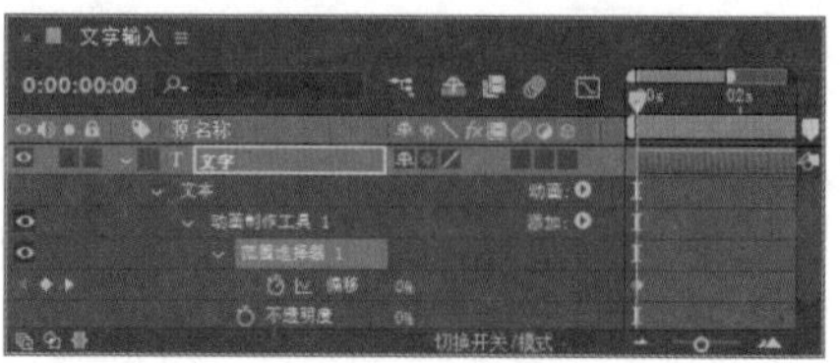

图 4.7　参数设置

7 将时间调整到 0:00:04:00 的位置，设置“偏移”的值为 100，系统会自动设置关键帧，如图 4.8 所示。

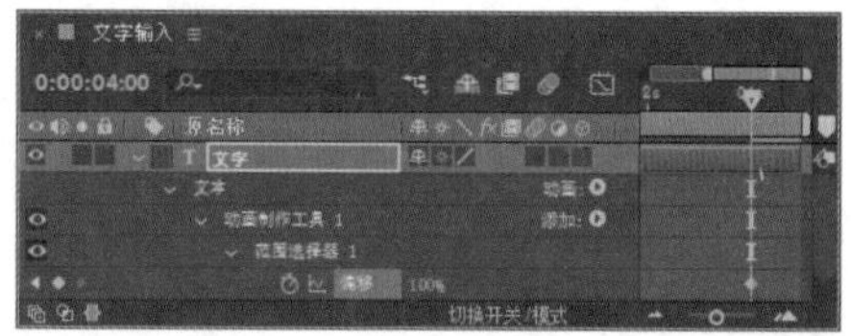

图 4.8　设置“偏移”参数

8 这样就完成了“文字输入”动画的制作，按小键盘上的 0 键即可在合成窗口中预览动画效果。

4.2 路径文字动画

特效解析

本例主要使用“钢笔工具”和“路径选项”制作路径文字动画，如图 4.9 所示。

图 4.9　动画效果

知识点

1. “钢笔工具”
2. 路径选项

操作步骤

1 执行菜单栏中的“合成”|“新建合成”命令，打开“合成设置”对话框，设置“合成名称”为“路径动画”，“宽度”为 720，“高度”为 480，“帧速率”为 25，并设置“持续时间”为 0:00:02:00，如图 4.10 所示。

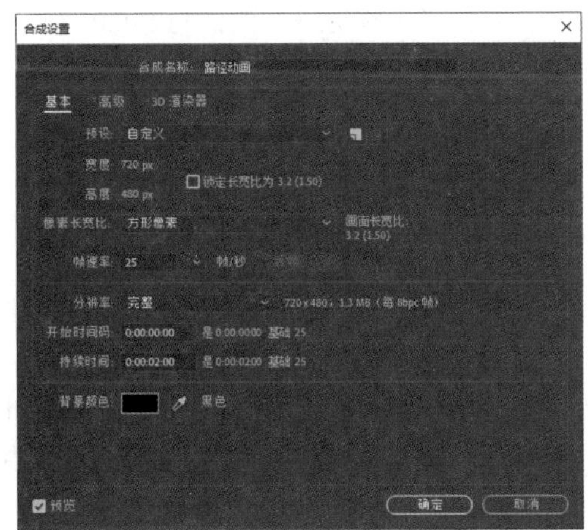

图 4.10 合成设置

2 执行菜单栏中的“文件”|“导入”|“文件”命令，打开“导入文件”对话框，选择“工程文件\第 4 章\路径动画\背景.png”素材，单击“导入”按钮，如图 4.11 所示，素材将被导入“项目”面板中。

3 在“项目”面板中选择所有素材，将其拖动到时间线面板中，如图 4.12 所示。

4 执行菜单栏中的“图层”|“新建”|“文本”命令，或者单击工具栏中的“横排文字工具”按钮，输入文字“路径文字动画”，设置文字的字体为“Adobe 黑体 Std”，字号为 20 像素，填充的颜色为白色，如图 4.13 所示。

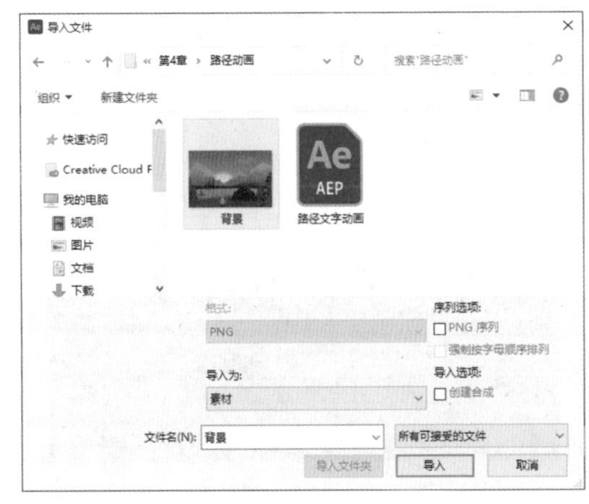

图 4.11 导入素材

图 4.12 添加素材

图 4.13 在合成窗口中输入文字

5 选择“文字”层，单击工具栏中的“钢笔工具”按钮，在“合成”窗口中绘制一条曲线，如图 4.14 所示。

图 4.14　绘制曲线路径

6 绘制曲线后，在“文字”层列表中将出现一个“蒙版”选项；在“文字”层中展开“路径选项”列表，单击“路径”右侧的按钮 无 ，在弹出的菜单中选择“蒙版 1”，将文字与路径相关联，如图 4.15 所示。

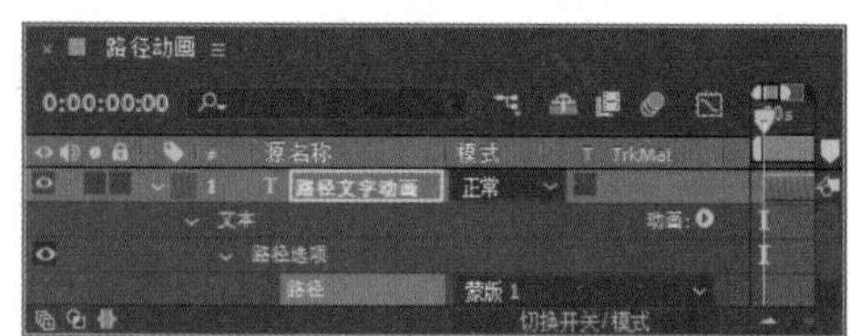

图 4.15　选择“蒙版 1”

7 确认时间在 0:00:00:00 处，展开“路径选项”列表，单击“末字边距”左侧的码表，建立关键帧，并修改“末字边距”的值为 -620.0，如图 4.16 所示，此时合成窗口中的效果如图 4.17 所示。

图 4.16　设置“末字位置”的值

图 4.17　设置末字位置后的效果

8 在时间线面板中调整时间到 0:00:01:05 的位置，设置“末字边距”的值为 570.0，系统将自动在该处创建一个关键帧，如图 4.18 所示。

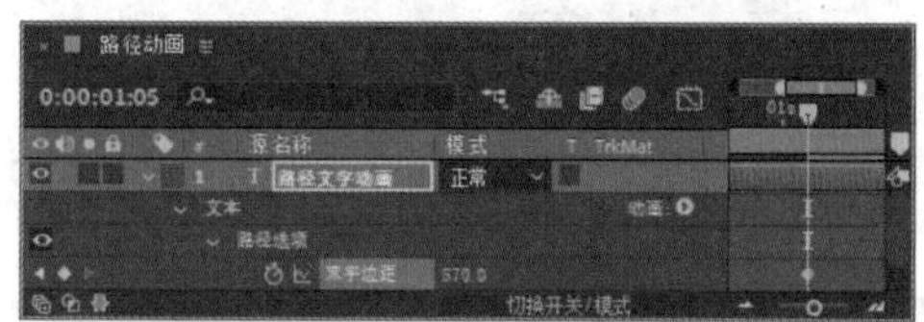

图 4.18　修改参数

9 这样，就完成了“路径文字动画”的制作。按空格键或小键盘上的 0 键，可以在合成窗口中预览动画的效果。

4.3　文字动画

特效解析

本例主要讲解利用“偏移”属性制作文字动画效果，如图 4.19 所示。

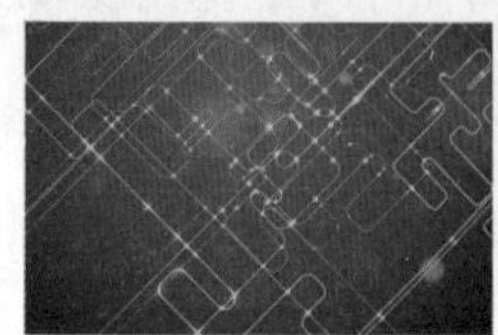

图 4.19　动画效果

知识点

1. “启用逐字 3D 化”命令
2. “偏移”属性

操作步骤

1 执行菜单栏中的“合成”|“新建合成”命令，打开“合成设置”对话框，设置“合成名称”为“文字动画”，“宽度”为 720，“高度”为 480，“帧速率”为 25，并设置“持续时间”为 0:00:04:00，如图 4.20 所示。

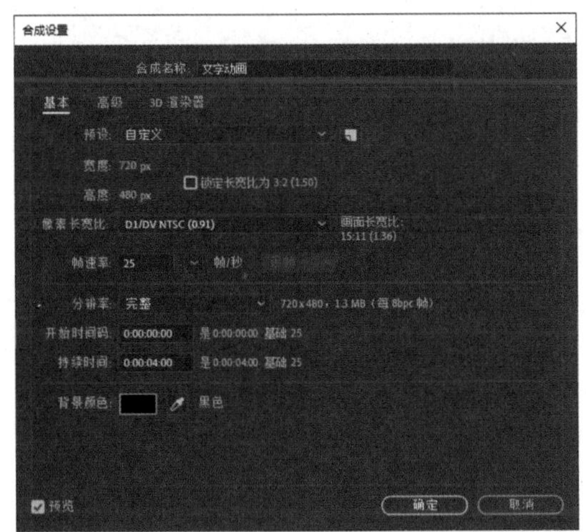

图 4.20 合成设置

2 执行菜单栏中的“文件”|“导入”|“文件”命令，打开“导入文件”对话框，选择“工程文件 \ 第 4 章 \ 文字动画 \ 背景 .jpg”素材，单击“导入”按钮，如图 4.21 所示。

3 在“项目”面板中，选择“背景 .jpg”素材，将其拖动到“文字动画”合成的时间线面板中，如图 4.22 所示。

4 单击工具栏中的“横排文字工具”按钮，在“合成”窗口中输入文字“创新无极限”，在“字符”面板中，设置文字的字体为“华文琥珀”，字符的大小为 80 像素，字体的填充颜色为青色（R:81;G:232;B:255），如图 4.23 所示。

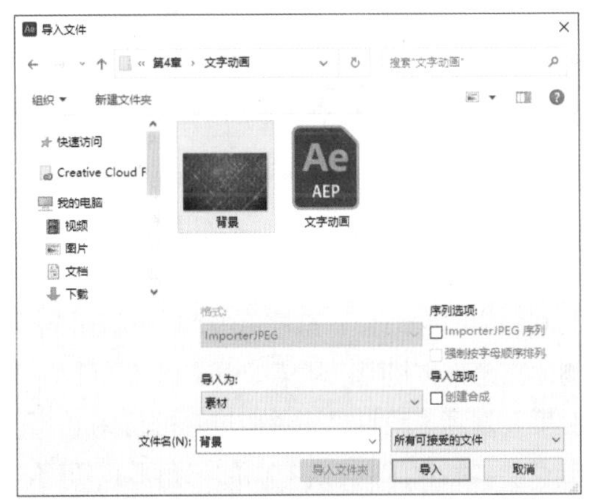

图 4.21 “导入文件”对话框

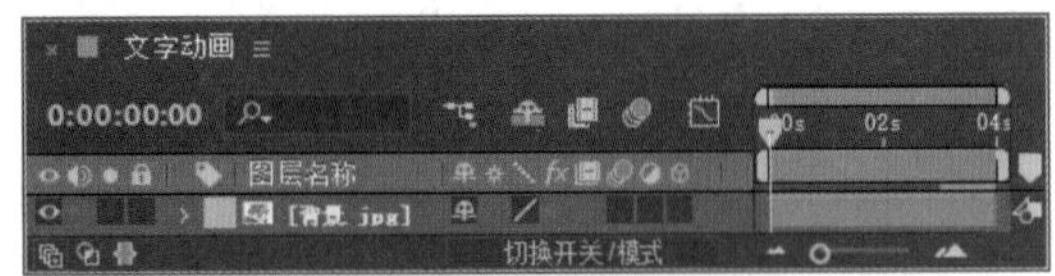

图 4.22 添加素材

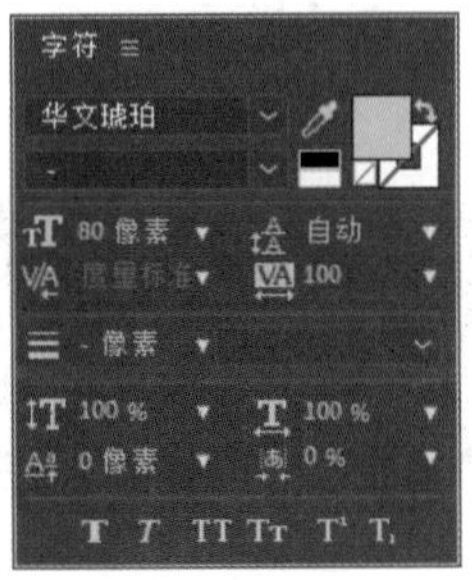

图 4.23 文字参数设置

5 在时间线面板中，选择“创新无极限”层，按键盘上的 Enter 键，将该图层重命名为“文字”，如图 4.24 所示。

图 4.24　重命名图层

6 展开“文字”层，单击“文本”右侧的三角形按钮，从菜单中选择“启用逐字 3D 化”选项，再次单击“文本”右侧的三角形按钮，从菜单中选择“锚点”选项，设置“锚点”的值为（0.0,-24.0,0.0）。单击“动画制作工具 1”右侧的三角形按钮，从菜单中选择“属性”|“位置”选项，设置“位置”的值为（0.0,0.0,-1000.0）；再次单击“动画制作工具 1”右侧的三角形按钮，从菜单中选择“属性”|“缩放”选项，设置“缩放”的值为（500.0,500.0,500.0%）；再次单击“动画制作工具 1”右侧的三角形按钮，从菜单中选择“属性”|“不透明度”选项，设置“不透明度”的值为 0；再次单击“动画制作工具 1”右侧的三角形按钮，从菜单中选择“属性”|“模糊”选项，设置“模糊”的值为（5.0,5.0），如图 4.25 所示。

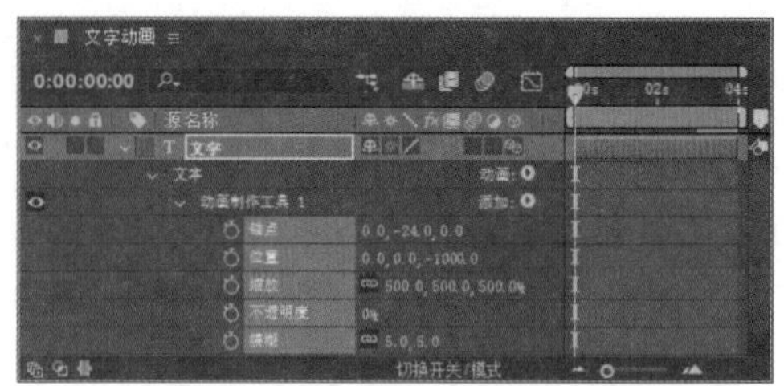

图 4.25　参数设置

7 将时间调整到 0:00:00:00 的位置，展开“范围选择器 1”选项栏，设置“偏移”的值为 0，单击“偏移”左侧的码表，在当前位置添加关键帧；将时间调整到 0:00:03:00 的位置，设置“偏移”的值为 100%，系统会自动添加关键帧，如图 4.26 所示。

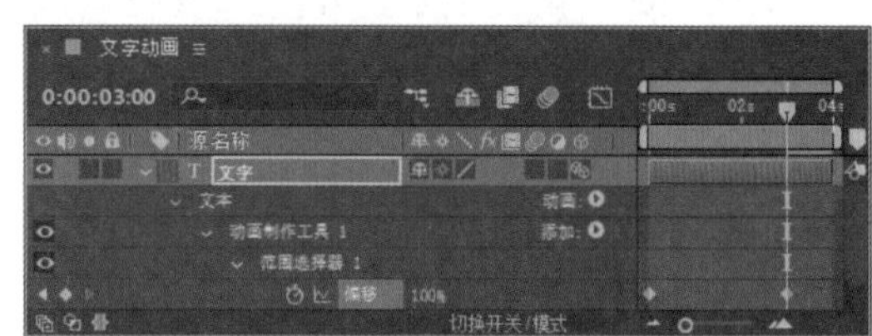

图 4.26　关键帧设置

8 这样就完成了“文字动画”效果的制作，按小键盘上的 0 键，可在合成窗口中预览动画效果。

4.4　纷飞散落文字

特效解析

本例主要讲解利用“粒子仿真世界”特效制作飘洒纷飞文字效果，如图 4.27 所示。

图 4.27　动画效果

知识点

1.“粒子仿真世界”特效

2.“摄像机”命令

视频文件

操作步骤

1 执行菜单栏中的“合成”|“新建合成”命令，打开“合成设置”对话框，设置“合成名称”为“纷飞散落文字”，“宽度”为 720，“高度”为 405，“帧速率”为 25，并设置“持续时间”为 0:00:05:00。

2 执行菜单栏中的“图层”|“新建”|“文本”命令，新建文字层，此时“合成”窗口中将出现一个光标效果，输入“Struggle”，在时间线面板中将出现一个文字层。在“字符”面板中设置文字字体为 Impact，字号为 43 像素，字体颜色为浅蓝色（R:0;G:255;B:252），如图 4.28 所示，打开文字层的三维开关。

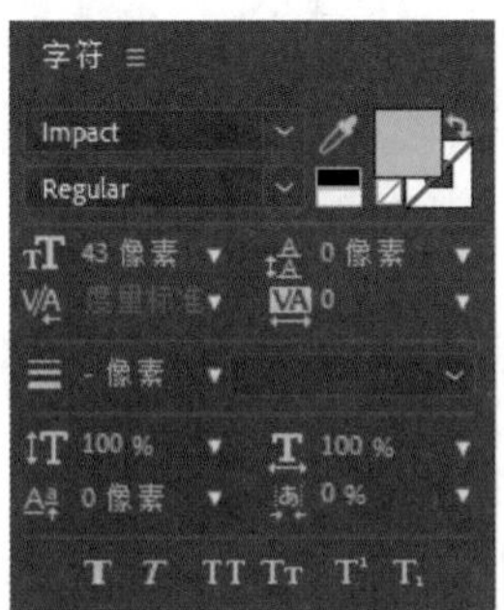

图 4.28　设置字体

3 执行菜单栏中的“图层”|“新建”|“纯色”命令，打开“纯色设置”对话框，设置“名称”为“粒子”，“颜色”为黑色。

4 为“粒子”层添加 CC Particle World（CC 粒子世界）特效。在“效果和预设”面板中展开“模拟”特效组，然后双击 CC Particle World（CC 粒子世界）特效，如图 4.29 所示。

图 4.29　添加特效

5 在“效果控件”面板中，修改特效的参数，设置 Longevity(sec)（寿命）的值为 1.29，将时间调整到 0:00:00:00 的位置，设置 Birth Rate（生长速率）的值为 3.9，单击 Birth Rate（生长速率）左侧的码表，在当前位置设置关键帧。

6 将时间调整到 0:00:04:24 的位置，设置 Birth Rate（生长速率）的值为 0，系统会自动设置关键帧，如图 4.30 所示。

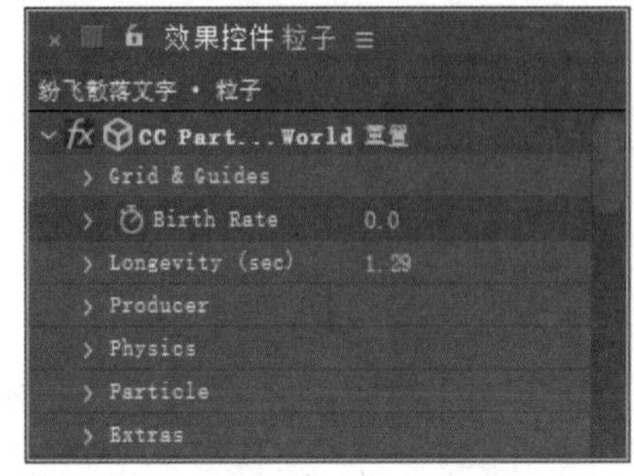

图 4.30　设置“生长速率”关键帧

7 展开 Producer（生产者）选项组，设置 Radius X（X 轴半径）的值为 0.625，Radius Y（Y 轴半径）的值为 0.485，Radius Z（Z 轴半径）的

值为 7.215。展开 Physics（物理性）选项组，设置 Gravity（重力）的值为 0，如图 4.31 所示。

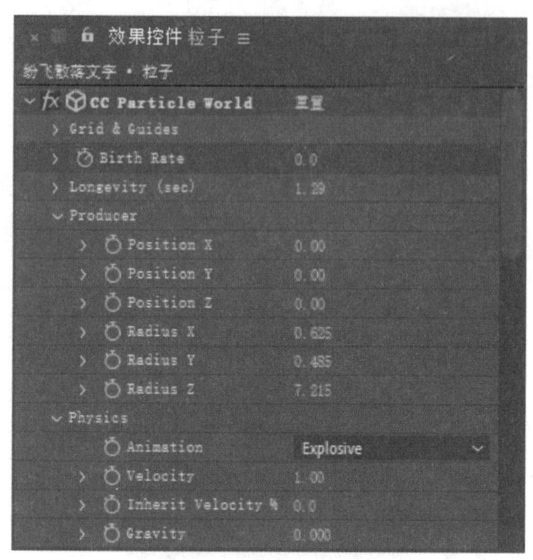

图 4.31　设置“生产者”和“物理性”参数

8 展开 Particle（粒子）选项组，从 Particle Type（粒子类型）下拉菜单中选择 Textured QuadPolygon（材质多边形）选项，展开 Texture（材质）选项组，从 Texture Layer（材质层）下拉菜单中选择 Struggle，设置 Birth Size（出生大小）的值为 11.360，Death Size（死亡大小）的值为 9.760，如图 4.32 所示，合成窗口效果如图 4.33 所示。

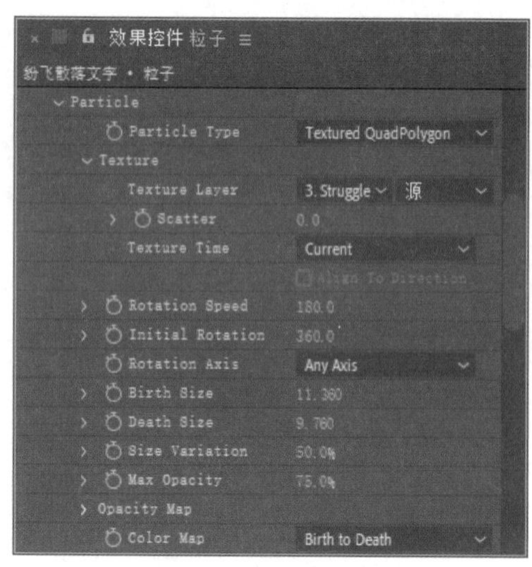

图 4.32　设置粒子参数

图 4.33　设置 CC 粒子世界后的效果

9 为“粒子”层添加“发光”特效。在“效果和预设”中展开“风格化”特效组，然后双击“发光”特效。

10 执行菜单栏中的“图层”|“新建”|“摄像机”命令，新建摄像机，打开“摄像机设置”对话框，设置“名称”为“Camera 1”，如图 4.34 所示，调整摄像机参数，合成窗口效果如图 4.35 所示。

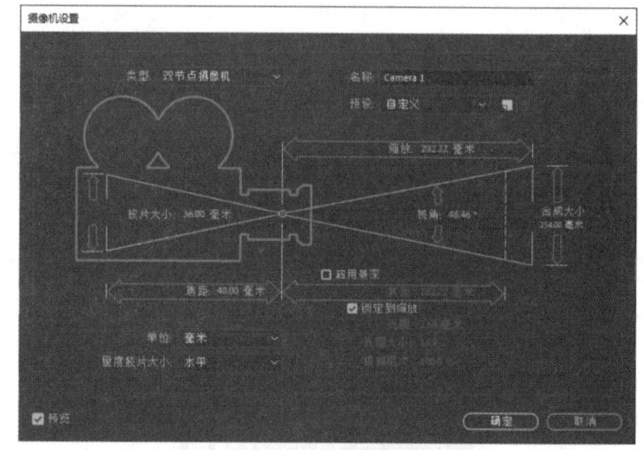

图 4.34　设置摄像机

图 4.35　设置摄像机后的效果

11 这样就完成了“纷飞散落文字”案例的制作，按小键盘上的 0 键，即可在合成窗口中预览动画。

4.5 弹簧字

特效解析

本例主要讲解利用 CC 弯曲特效制作弹簧字效果，如图 4.36 所示。

图 4.36 动画效果

知识点

1. CC Bend It（CC 弯曲）特效
2. CC Force Motion Blur（CC 强制动态模糊）特效

操作步骤

1 执行菜单栏中的“文件”|“打开项目”命令，选择“工程文件\第 4 章\弹簧字\弹簧字练习 .aep”，打开“弹簧字练习 .aep”文件。

2 执行菜单栏中的“图层”|“新建”|“文本”命令，新建文字层，此时，“合成”窗口中将出现一个光标，输入“Saw VI”，在时间线面板中将出现一个文字层。在“字符”面板中设置文字字体为 Impact，字号为 150 像素，字体颜色为红色（R:170;G:0;B:0），参数如图 4.37 所示，合成窗口效果如图 4.38 所示。

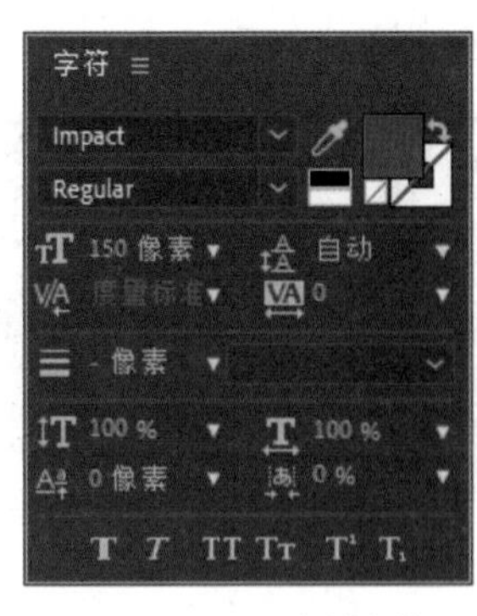

图 4.37 设置字体参数

图 4.38 设置字体后的效果

3 为 Saw VI 层添加 CC Bend It（CC 弯曲）特效。在“效果和预设”中展开“扭曲”特效组，然后双击 CC Bend It（CC 弯曲）特效，如图 4.39 所示，合成窗口效果如图 4.40 所示。

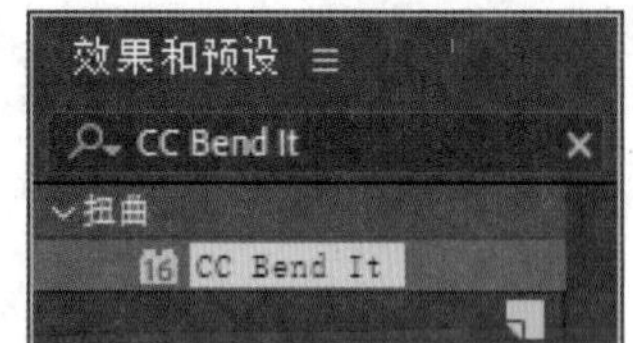

图 4.39　添加特效

图 4.40　添加特效后的效果

4 在"效果控件"面板中，修改 CC Bend It（CC 弯曲）特效的参数，设置 Start（开始）的值为（690.0,303.0），End（结尾）的值为（69.0,101.0），将时间调整到 0:00:00:00 的位置，设置 Bend（弯曲）的值为 0，单击 Bend（弯曲）左侧的码表，在当前位置设置关键帧，如图 4.41 所示，合成窗口效果如图 4.42 所示。

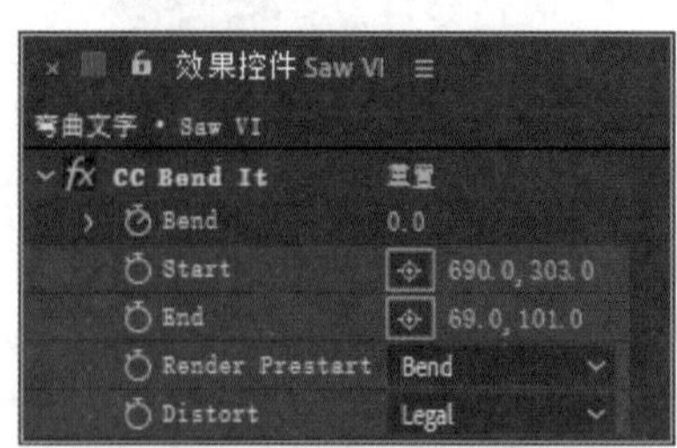

图 4.41　设置弯曲参数

图 4.42　设置弯曲参数后的效果

5 将时间调整到 0:00:01:08 的位置，设置 Bend（弯曲）的值为 -130.0，系统会自动设置关键帧；将时间调整到 0:00:01:10 的位置，设置 Bend（弯曲）的值为 147.0；将时间调整到 0:00:01:13 的位置，设置 Bend（弯曲）的值为 -60.0；将时间调整到 0:00:01:18 的位置，设置 Bend（弯曲）的值为 36.0；将时间调整到 0:00:02:00 的位置，设置 Bend（弯曲）的值为 -25.0；将时间调整到 0:00:02:08 的位置，设置 Bend（弯曲）的值为 16.0。

6 将时间调整到 0:00:02:18 的位置，设置 Bend（弯曲）的值为 -10.0；将时间调整到 0:00:03:02 的位置，设置 Bend（弯曲）的值为 14.0；将时间调整到 0:00:03:08 的位置，设置 Bend（弯曲）的值为 -2.0；将时间调整到 0:00:03:13 的位置，设置 Bend（弯曲）的值为 3.0；将时间调整到 0:00:03:17 的位置，设置 Bend（弯曲）的值为 0，如图 4.43 所示。

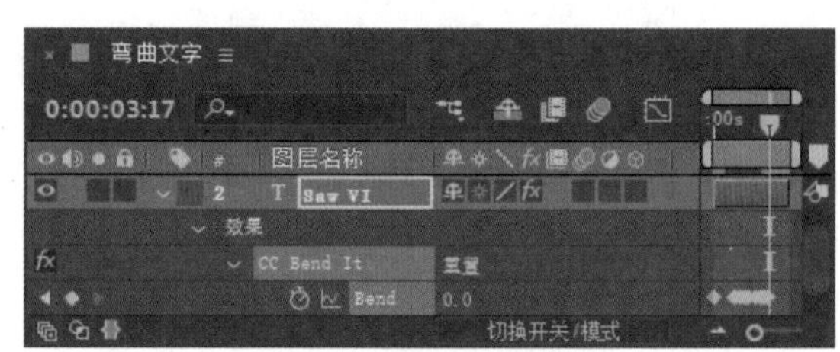

图 4.43　设置关键帧参数

7 执行菜单栏中的"图层"|"新建"|"调整图层"命令，为"调整图层"添加 CC Force Motion Blur（CC 强制动态模糊）特效。在"效果和预设"中展开"时间"特效组，然后双击 CC Force Motion Blur（CC 强制动态模糊）特效。

8 在"效果控件"面板中，修改特效的参数，将时间调整到 0:00:01:08 的位置，设置 Motion Blur Samples（动态模糊取样）的值为 8，单击 Motion Blur Samples（动态模糊取样）左侧的码表，在当前位置设置关键帧，如图 4.44 所示，合成窗口效果如图 4.45 所示。

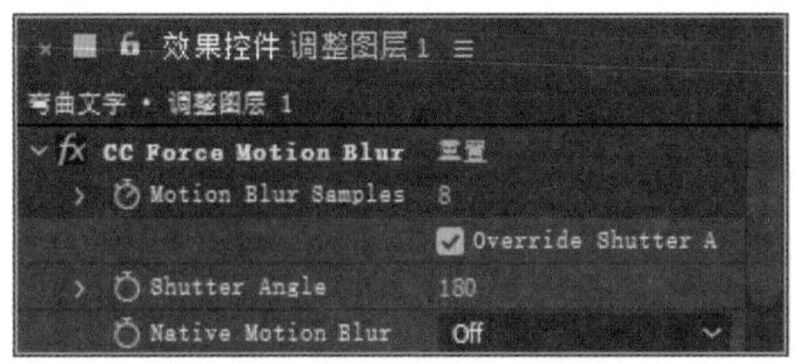

图 4.44 设置动态模糊取样参数

图 4.45 设置动态模糊取样后的效果

9 将时间调整到 0:00:03:17 的位置，设置 Motion Blur Samples（动态模糊取样）的值为 5，系统会自动设置关键帧，如图 4.46 所示，合成窗口效果如图 4.47 所示。

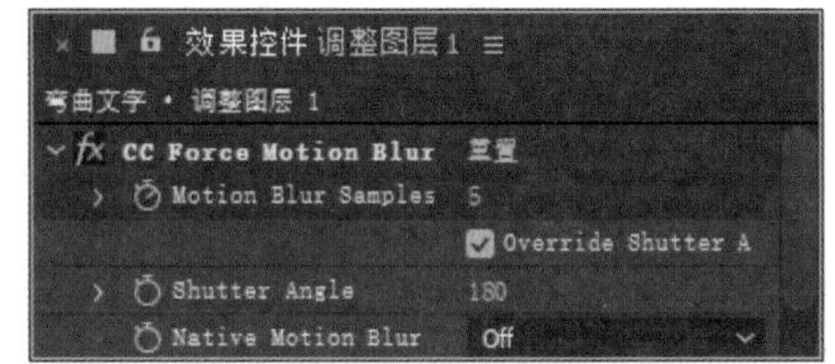

图 4.46 设置关键帧

图 4.47 设置关键帧后的效果

10 这样就完成了“弹簧字”案例的制作，按小键盘上的 0 键，即可在合成窗口中预览动画。

4.6 站立文字

特效解析

本例主要讲解利用“投影”特效和“斜边与浮雕”属性制作字体的立体感，如图 4.48 所示。

图 4.48 动画效果

知识点

1. “斜边与浮雕”属性
2. “投影”特效

视频文件

操作步骤

4.6.1 新建总合成

1 执行菜单栏中的“合成”|“新建合成”命令，打开“合成设置”对话框，设置“合成名称”为“背景”，“宽度”为720，“高度”为480，“帧速率”为25，并设置“持续时间”为0:00:05:00，如图4.49所示。

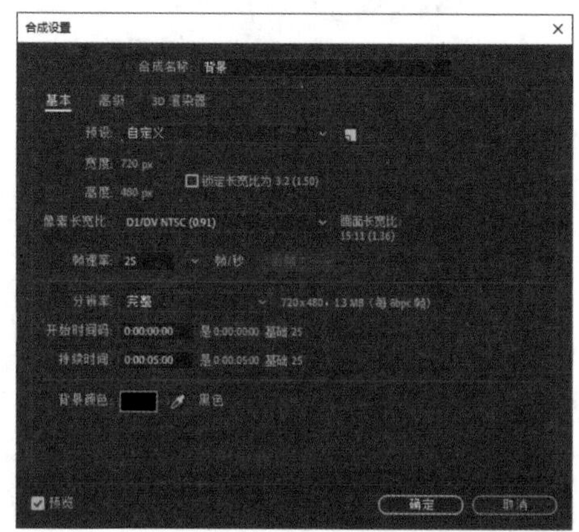

图4.49 合成设置

2 执行菜单栏中的“文件”|“导入”|“文件”命令，打开“导入文件”对话框，选择“工程文件\第4章\站立文字\背景图.jpg”素材，如图4.50所示。单击“导入”按钮，“背景图.jpg”素材将被导入“项目”面板中。

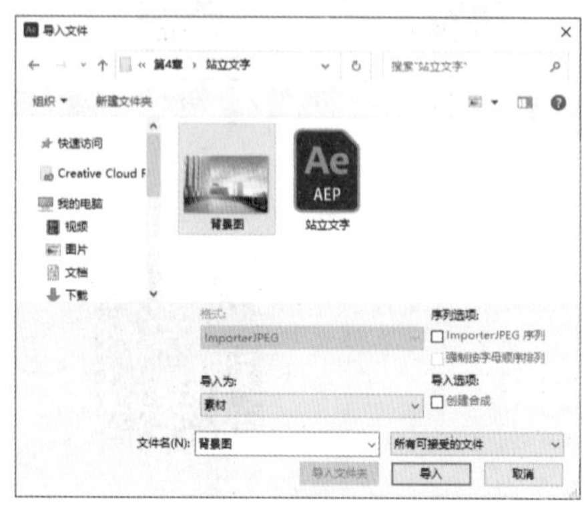

图4.50 “导入文件”对话框

3 将“背景图.jpg”拖动到时间线面板中，单击工具栏中的“横排文字工具”按钮，在“字符”面板中设置颜色为蓝色（R:153;G:155;B:255），字体大小为65像素，字间距为30，字体为加粗和倾斜，如图4.51所示。

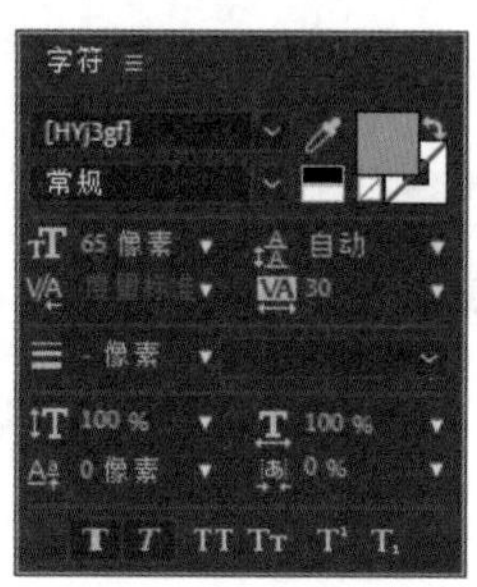

图4.51 设置字符参数

4 在合成窗口中输入文字“modern city life”，如图4.52所示。

图4.52 文字效果

4.6.2 制作立体字效果

1 单击文字层，在“效果和预设”特效面板中展开“透视”特效组，双击“投影”特效，如图4.53所示。

2 在“效果控件”面板中，设置“柔和度”的值为6.0，如图4.54所示。

3 在时间线面板中，选择文字层，单击鼠标右键，在弹出的快捷菜单中选择“图层样式”|“斜面和浮雕”选项。

4 将时间调整到0:00:00:00的位置，展开“文本”层，单击“文本”右侧的三角形按钮，

选择“倾斜”选项，设置“倾斜”的值为 70，设置“倾斜轴”的值为 150，展开“文本”|“动画制作工具 1”|“范围选择器 1”选项组，设置“起始”的值为 0，单击“起始”左侧的码表，在当前位置设置关键帧，如图 4.55 所示。

5 将时间调整到 0:00:04:24 的位置，设置“起始”的值为 100%，系统自动设置关键帧，如图 4.56 所示。

图 4.53　添加“投影”特效

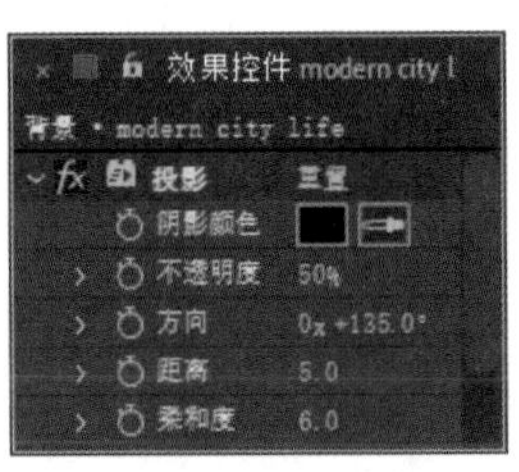

图 4.54　设置参数值

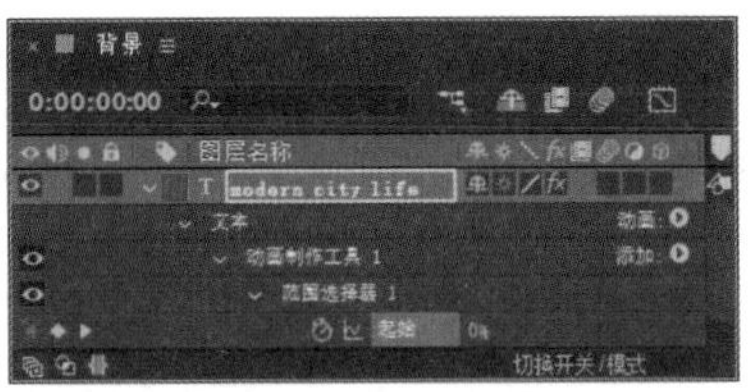

图 4.55　设置“起始”的数值

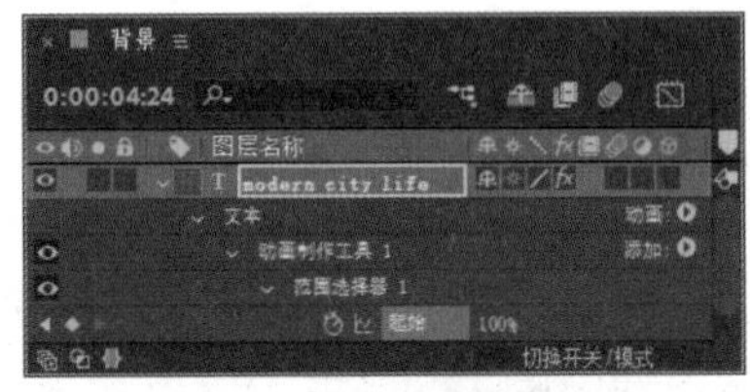

图 4.56　修改“起始”的数值

6 这样就完成了“站立文字”案例的制作，按小键盘上的 0 键，即可在合成窗口中预览动画。

4.7　水波文字

特效解析

本例主要讲解利用“波纹”特效制作水波文字，如图 4.57 所示。

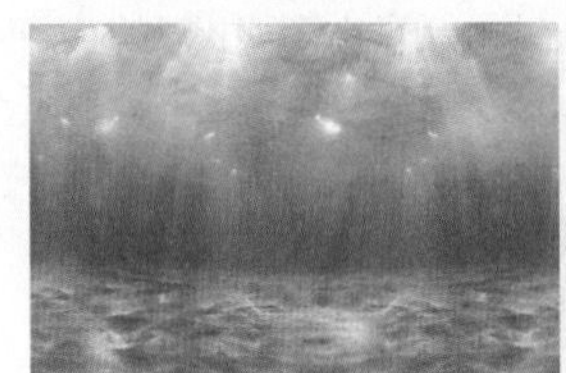

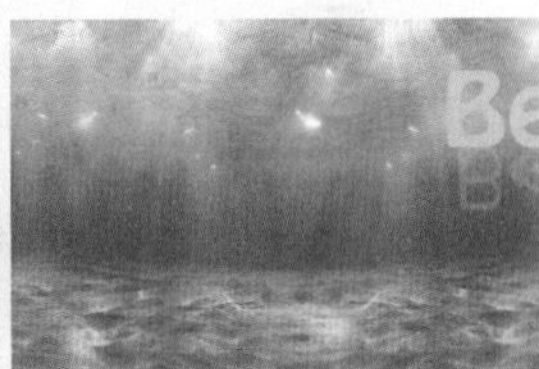

图 4.57　动画效果

知识点

1. “横排文字工具”
2. “波纹”特效

视频文件

操作步骤

1 执行菜单栏中的“合成”|“新建合成”命令，打开“合成设置”对话框，设置“合成名称”为“水波文字”，“宽度”为720，“高度”为480，“帧速率”为25，并设置“持续时间”为0:00:05:00，如图4.58所示。

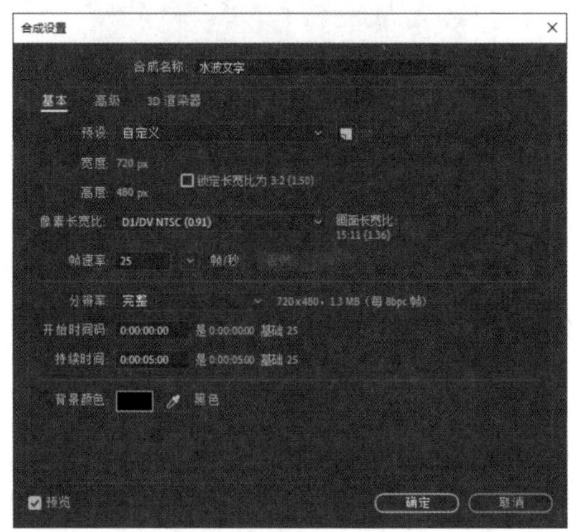

图4.58 合成设置

2 执行菜单栏中的“文件”|“导入”|“文件”命令，打开“导入文件”对话框，选择“工程文件\第4章\水波文字\背景.jpg”素材，单击“导入”按钮，如图4.59所示，“背景.jpg”素材将被导入“项目”面板中。

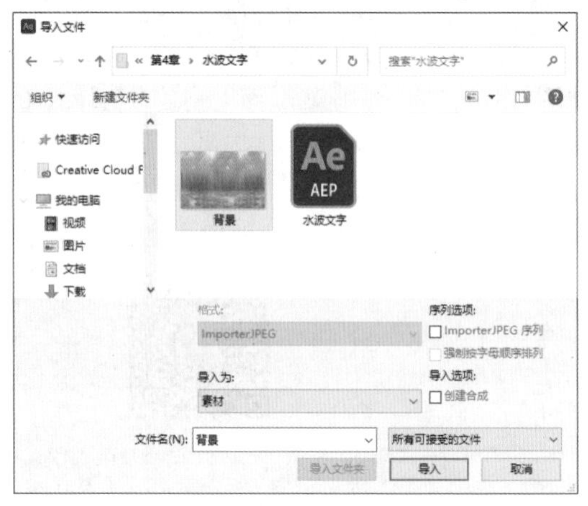

图4.59 “导入文件”对话框

3 在“项目”面板中选择“背景.jpg”素材，将其拖动到“水波文字”合成的时间线面板中，如图4.60所示。

图4.60 添加素材

4 单击工具栏中的“横排文字工具”按钮，选择文字工具，在合成窗口中输入文字“Believe”，在“字符”面板中设置文字的字体为Hobo Std，字符的大小为118像素，字体的填充颜色为蓝色（R:169;G:210;B:224），如图4.61所示。

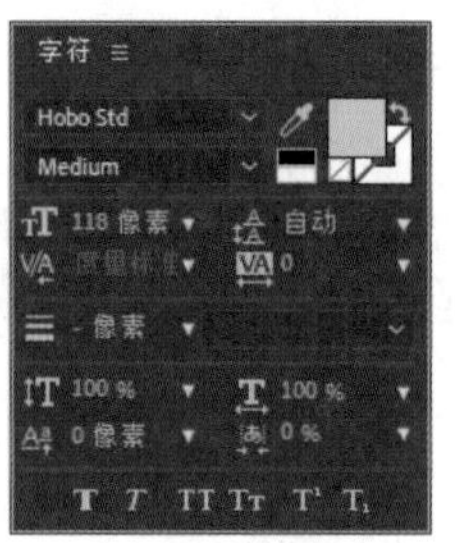

图4.61 文字参数设置

5 选中Believe层，单击其右侧的三维按钮，打开三维图层属性，如图4.62所示。

图4.62 图层设置

6 将时间调整到0:00:00:00的位置，选中Believe层，按P键打开“位置”属性，设置“位置”的值为（960.0,176.0,-18.0），单击左侧码表，在当前位置添加关键帧，如图4.63所示。

7 将时间调整到0:00:04:24的位置，选中Believe层，设置“位置”的值为(-258.0,176.0,-18.0)，系统会自动添加关键帧，如图4.64所示。

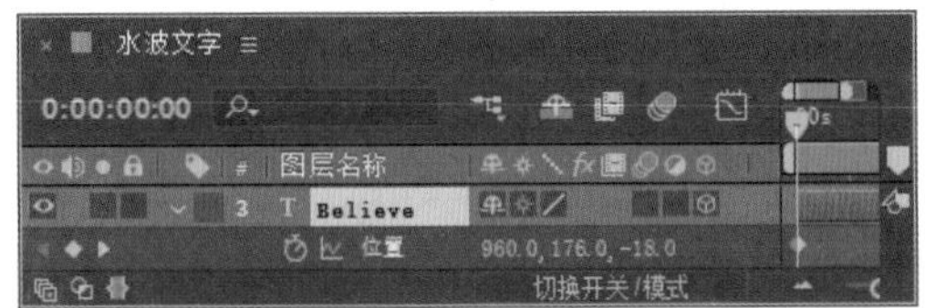

图 4.63 设置位置关键帧 1

图 4.64 设置位置关键帧 2

8 在时间线面板中选择 Believe 层，按 Ctrl + D 组合键，复制出 Believe 2 层，如图 4.65 所示。

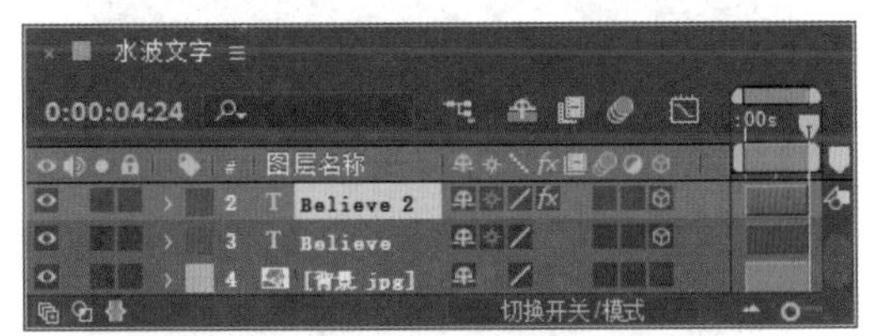

图 4.65 复制层

9 选中 Believe 2 层，在“效果和预设”特效面板中展开“扭曲”特效组，双击“波纹”特效，如图 4.66 所示。

10 在“效果控件”面板中，设置“半径”的值为 100.0，从“转换类型”右侧的下拉菜单中选择“对称”，设置“波形宽度”的值为 25.0，“波形高度”的值为 40.0，如图 4.67 所示。

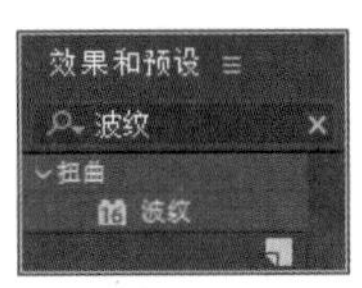

图 4.66 添加“波纹”特效

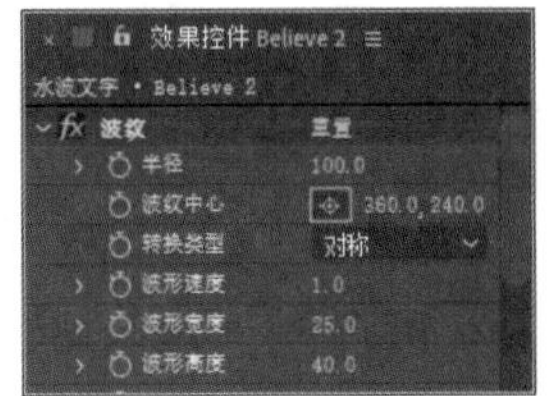

图 4.67 波纹参数设置

11 选中 Believe 2 层，按 R 键打开“旋转”属性，设置“X 轴旋转”的值为 0x+180°，按 T 键打开“不透明度”属性，设置“不透明度”的值为 30%，如图 4.68 所示。

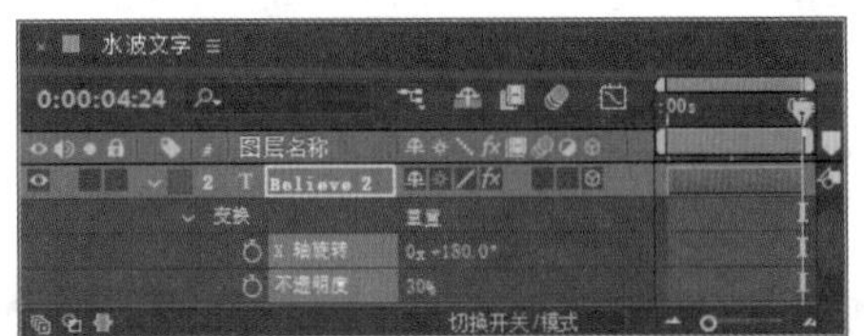

图 4.68 “旋转”及“不透明度”参数设置

12 这样就完成了“水波文字”动画的制作，按小键盘上的 0 键，可在合成窗口中预览动画效果。

4.8 舞动文字

特效解析

本例主要讲解舞动文字动画的制作。本例利用文字自带的动画功能制作飞舞的文字，并配合 Alpha 斜角及阴影特效使文字产生立体效果，如图 4.69 所示。

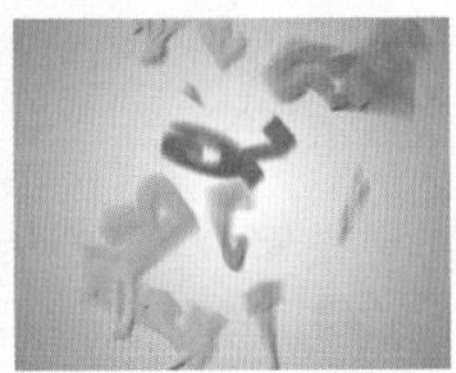

图 4.69 动画效果

知识点

1. “梯度渐变”特效
2. “锚点”“位置”“缩放”“旋转”和 Fill Hue（填充色调）属性
3. “Alpha 斜角”特效

视频文件

操作步骤

4.8.1 建立文字层

1 执行菜单栏中的“合成”|“新建合成”命令，打开“合成设置”对话框，设置“合成名称”为“文字”，“宽度”为 720，“高度”为 576，“帧速率”为 25，并设置“持续时间”为 0:00:07:00，如图 4.70 所示。

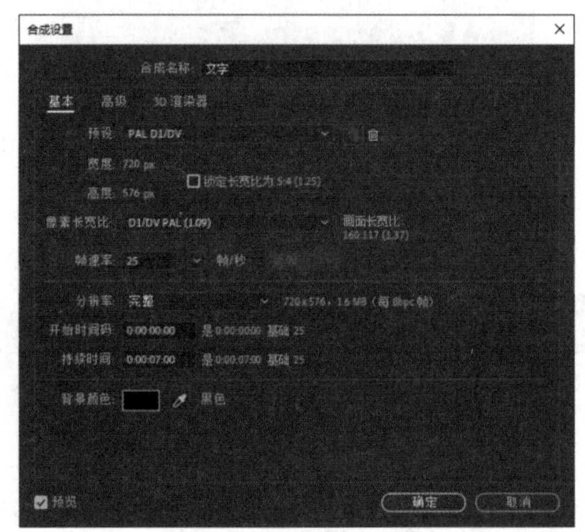

图 4.70　建立合成

2 按 Ctrl + Y 组合键，此时将打开“纯色设置”对话框，修改“名称”为“背景”，设置“颜色”为白色，如图 4.71 所示。

3 在“效果和预设”面板中展开“生成”特效组，然后双击“梯度渐变”特效，如图 4.72 所示。

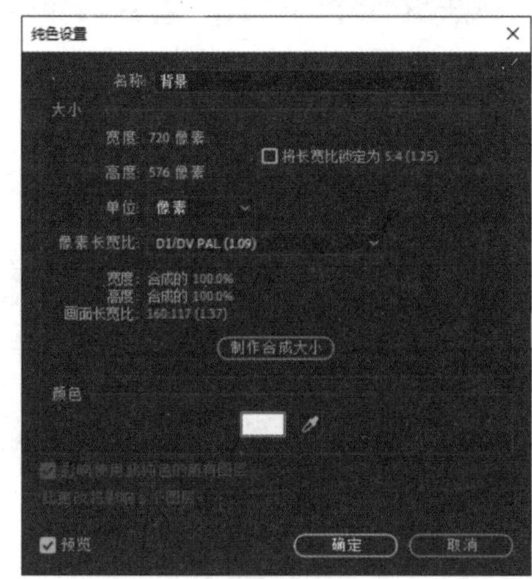

图 4.71　建立纯色层

图 4.72　添加特效

4 在“效果控件”面板中，展开“梯度渐变”特效组，修改“渐变起点”为（360.0,288.0），“起始颜色”为白色，“渐变终点”为（360.0,1400.0），“结束颜色”为黑色，“渐变形状”为“径向渐变”，如图 4.73 所示。

5 单击工具栏中的“横排文字工具”按钮，设置文字的颜色为蓝色（R:44;G:154;B:217），字体大小为 75，行间距为 94，如图 4.74 所示。

在合成窗口中输入文字“SINCERE FOR GOLD STONE”，注意文字的排列，如图 4.75 所示。

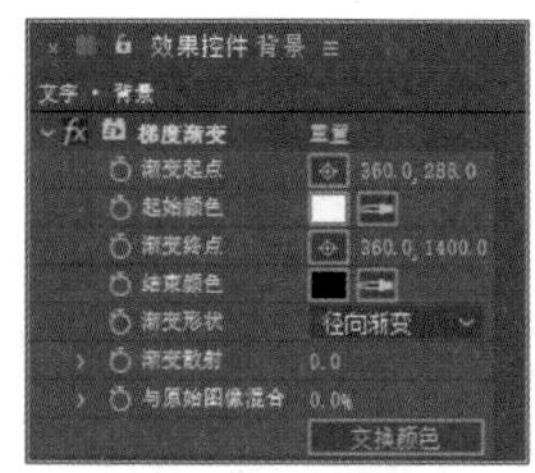

图 4.73 设置“梯度渐变”的参数

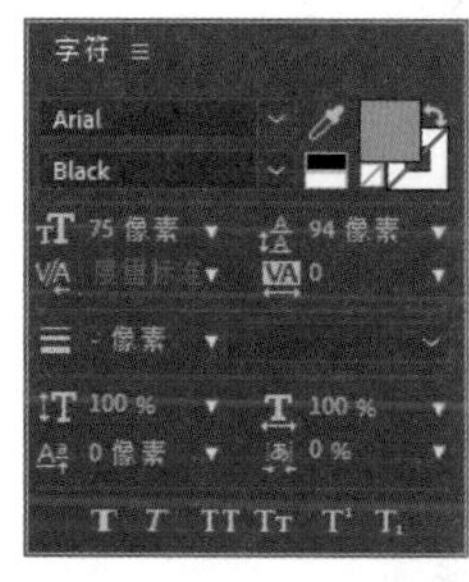

图 4.74 设置字符属性

图 4.75 输入文字

6 展开“文本”选项组，单击“文本”右侧的“动画”三角形按钮，从弹出的菜单中选择“锚点”选项，设置“锚点”的值为（0.0,-30.0），如图 4.76 所示。

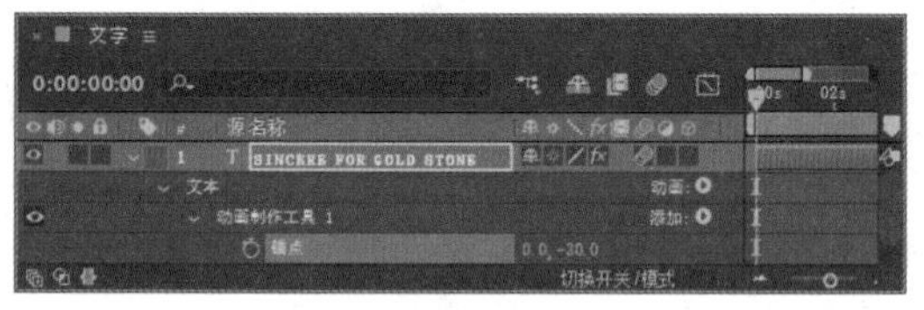

图 4.76 设置锚点

7 再次单击“文本”右侧的“动画”三角形按钮，从弹出的菜单中分别选择“锚点”“位置”“缩放”“旋转”和“填充色相”，建立“动画制作工具 2”，如图 4.77 所示。

8 调整时间到 0:00:01:00 的位置，单击“动画制作工具 2”右侧的“添加”三角形按钮，从弹出的菜单中选择“选择器”|“摆动”选项。然后展开“摆动选择器 1”选项组，单击“时间相位”和“空间相位”左侧的码表，设置“时间相位”的值为 2x+0.0°，“空间相位”的值为 2x+0.0°，“位置”的值为（400.0,400.0），“缩放”的值为（600.0,600.0%），“旋转”的值为 1x+115.0°，修改“填充色相”的值为 0x+60.0°，如图 4.78 所示。此时的画面效果如图 4.79 所示。

图 4.77 建立“动画制作工具 2”

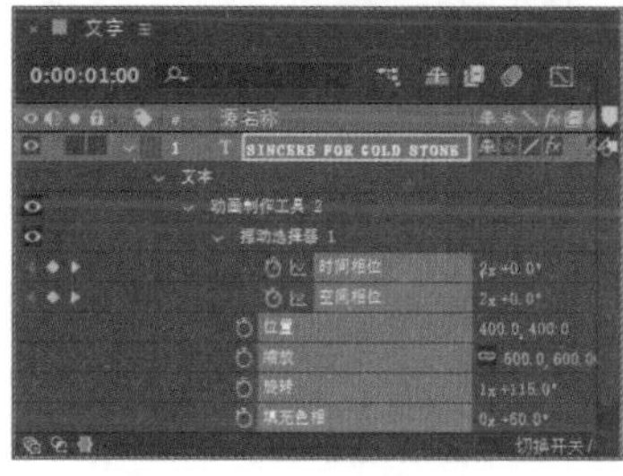

图 4.78 设置参数值

图 4.79 画面效果

9 调整时间到 0:00:02:00 的位置，设置“时间相位”的值为 2x+200.0°，“空间相位”的值为 2x+150.0°，如图 4.80 所示。此时的画面效果如图 4.81 所示。

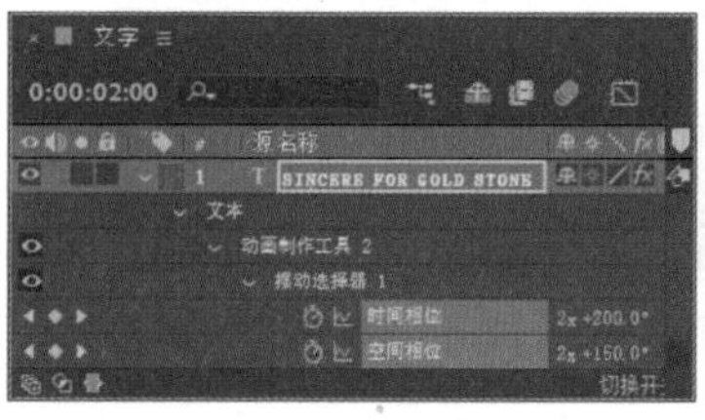

图 4.80 设置参数值

图 4.81 画面效果

10 调整时间到 00:00:03:00 的位置，设置“时间相位”的值为 4x+160.0°，“空间相位”的值为 4x+125.0°，如图 4.82 所示。此时的画面效果如图 4.83 所示。

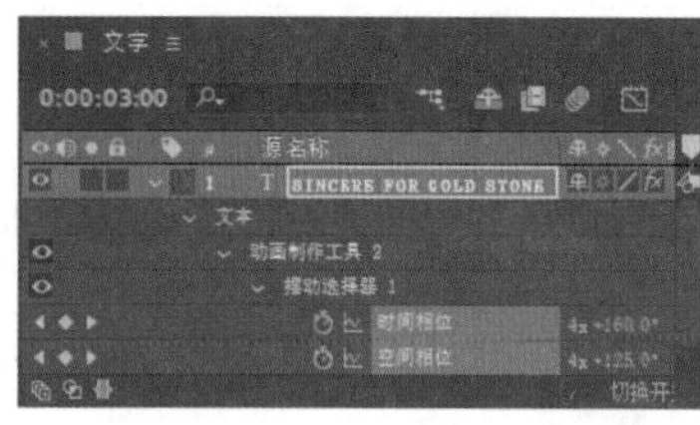

图 4.82　设置参数值　　图 4.83　画面效果

11 调整时间到 0:00:04:00 的位置，单击“位置”“缩放”“旋转”“填充色相”左侧的码表，在当前位置设置关键帧，如图 4.84 所示。此时的画面效果如图 4.85 所示。

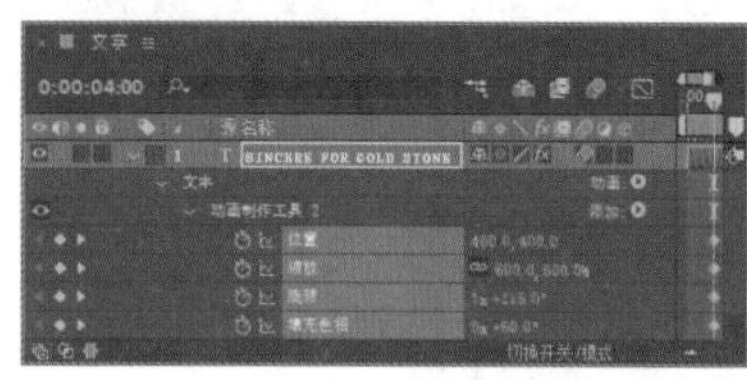

图 4.84　设置关键帧　　图 4.85　画面效果

12 调整时间到 0:00:06:00 的位置，设置“时间相位”的值为 8x+160.0°，“空间相位”的值为 8x+125.0°，“位置”的值为（1.0,1.0），“缩放”的值为（100.0,100.0%），“旋转”的值为 0x+0.0°，“填充色相”的值为 0 x+0.0°，如图 4.86 所示。此时的画面效果如图 4.87 所示。

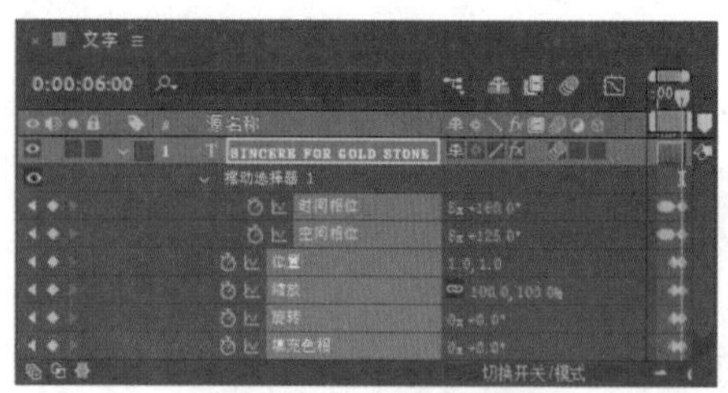

图 4.86　设置参数值

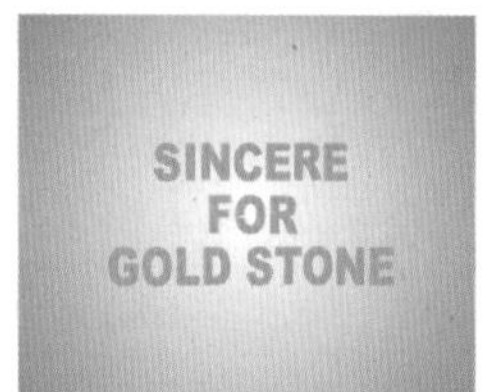

图 4.87　画面效果

4.8.2　添加特效

1 在“效果和预设”面板中展开“透视”特效组，然后双击“斜面 Alpha”特效，如图 4.88 所示，添加特效后的效果如图 4.89 所示。

图 4.88　添加特效　　图 4.89　添加特效后的效果

2 在“透视”特效组中双击“投影”特效，如图 4.90 所示，添加特效后的效果如图 4.91 所示。

图 4.90　添加特效　　图 4.91　添加特效后的效果

3 单击时间线面板中“文字”层名称右侧的运动模糊开关，开启运动模糊，如图 4.92 所示。

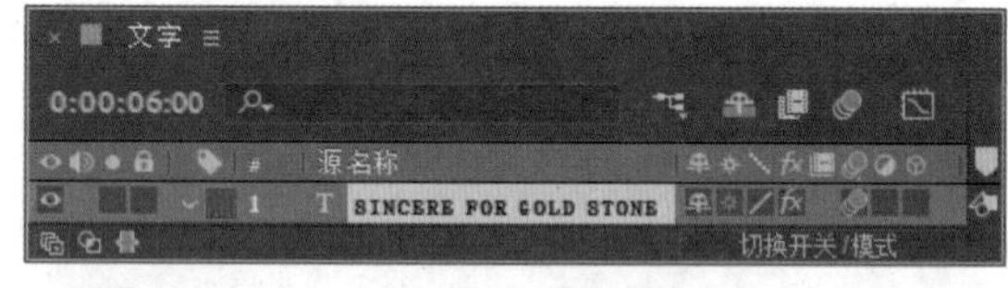

图 4.92　开启运动模糊属性

4 这样就完成了“舞动文字”动画的制作，按键盘上的空格键或小键盘上的 0 键，可以在合成窗口中预览动画，如图 4.93 所示。

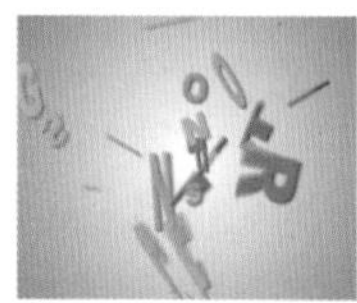
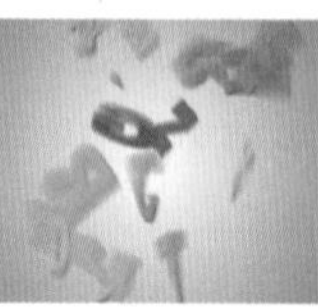

图 4.93　“舞动文字”动画效果

4.9 光效闪字

特效解析

本例主要讲解利用“模糊”“镜头光晕”特效制作光效闪字的效果，如图 4.94 所示。

图 4.94 动画效果

知识点

1. “模糊”命令
2. “镜头光晕”特效
3. “色相 / 饱和度”特效

操作步骤

4.9.1 添加文字

1 执行菜单栏中的“合成”|“新建合成”命令，打开“合成设置”对话框，设置“合成名称”为“光效闪字”，“宽度”为 720，“高度”为 480，“帧速率”为 25，并设置“持续时间”为 0:00:02:00，如图 4.95 所示。

2 执行菜单栏中的“文件”|“导入”|“文件”命令，打开“导入文件”对话框，选择“工程文件\第 4 章\光效闪字\背景.jpg”素材，单击“导入”按钮，如图 4.96 所示。

3 在“项目”面板中，选择“背景.jpg”素材，将其拖动到合成的时间线面板中，如图 4.97 所示。

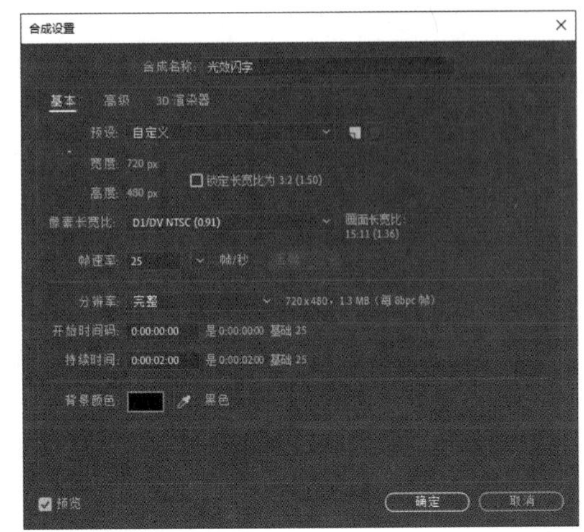

图 4.95 合成设置

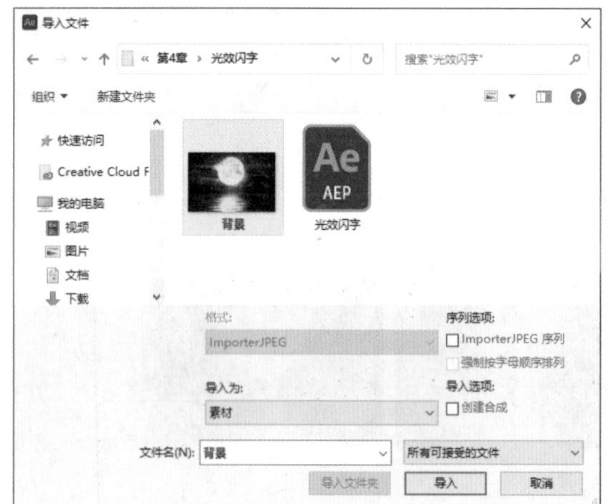

图 4.96 “导入文件”对话框

图 4.97 添加素材

4 单击工具栏中的“横排文字工具”按钮，选择文字工具，在“合成”窗口中输入文字“SANCTUN”，在“字符”面板中，设置文字的字体为 Futura BT，字符的大小为 70 像素，字体的填充颜色为白色（R:255;G:255;B:255），如图 4.98 所示。

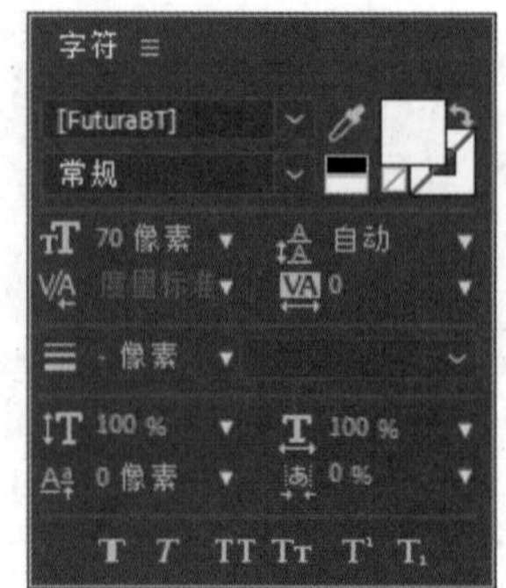

图 4.98 文字参数设置

5 将时间调整到 0:00:00:00 的位置，展开 SANCTUN 层，单击“文本”右侧的三角形按钮，从菜单中选择“模糊”选项，设置“模糊”的值为（100.0,100.0），单击“动画制作工具 1”右侧的三角形按钮，从菜单中选择“属性”|“缩放”和“不透明度”选项，设置“缩放”的值为（500.0,500.0%），“不透明度”的值为 0，展开“范围选择器 1”选项栏，设置“起始”的值为 100%，“结束”的值为 0，“偏移”的值为 0，单击“偏移”左侧的码表，在当前位置添加关键帧，如图 4.99 所示。

图 4.99 参数设置

6 将时间调整到 0:00:01:00 的位置，设置“偏移”的值为 -100%，系统会自动设置关键帧，如图 4.100 所示。

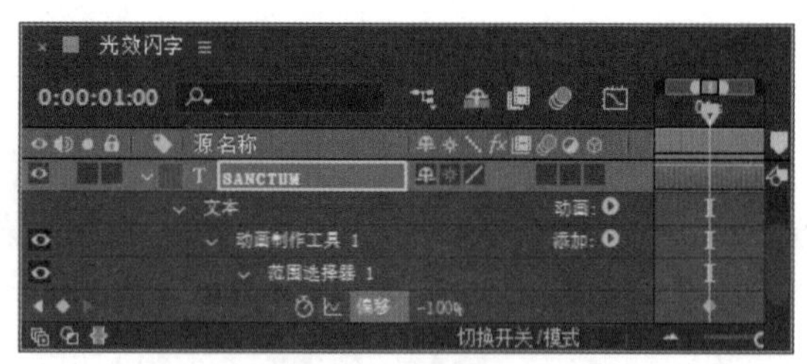

图 4.100 设置关键帧

7 在时间线面板中选择 SANCTUN 层，按 Ctrl+D 组合键复制出一个新的图层，按 S 键打开“缩放”属性，单击“缩放”右侧的约束比例按钮，取消约束，设置“缩放”的值为（100.0,-100.0%），按 T 键打开“不透明度”属性，设置“不透明度”的值为 15，如图 4.101 所示。

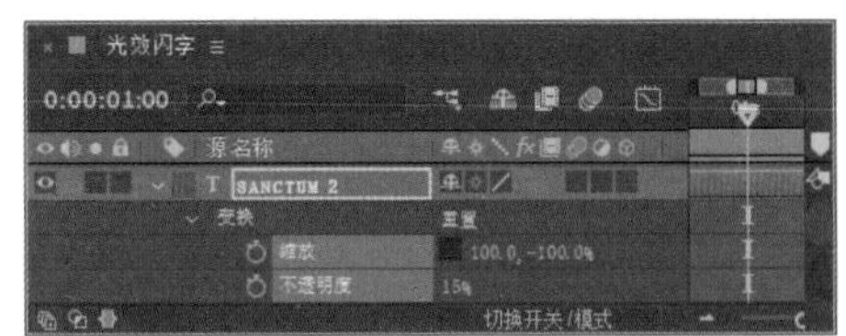

图 4.101 “缩放”和“不透明度”参数设置

4.9.2 添加光晕效果

1 执行菜单栏中的“图层”|“新建”|“纯色”命令，打开“纯色设置”对话框，设置“名称”为“光晕”，“颜色”为黑色，如图 4.102 所示。

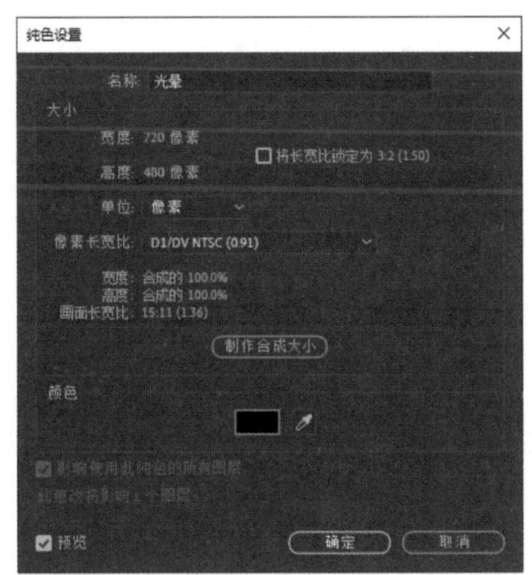

图 4.102 纯色设置

2 选中“光晕”层，在“效果和预设”特效面板中展开“生成”特效组，双击“镜头光晕”特效，如图 4.103 所示。

图 4.103 添加“镜头光晕”特效

3 在“效果控件”面板中，从“镜头类型”右侧的下拉菜单中选择“105 毫米定焦”，将时间调整到 0:00:00:00 的位置，设置“光晕中心”的值为（734.0,368.0），单击“光晕中心”左侧的码表，在当前位置添加关键帧，如图 4.104 所示。

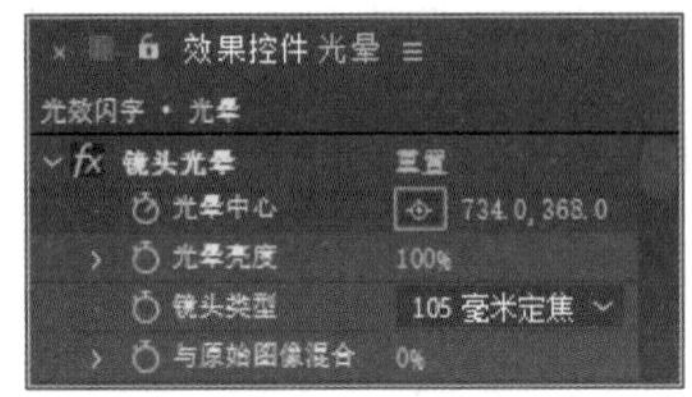

图 4.104 参数设置

4 将时间调整到 0:00:00:11 的位置，设置“光晕中心”的值为（190.0,382.0），系统会自动设置关键帧，如图 4.105 所示。

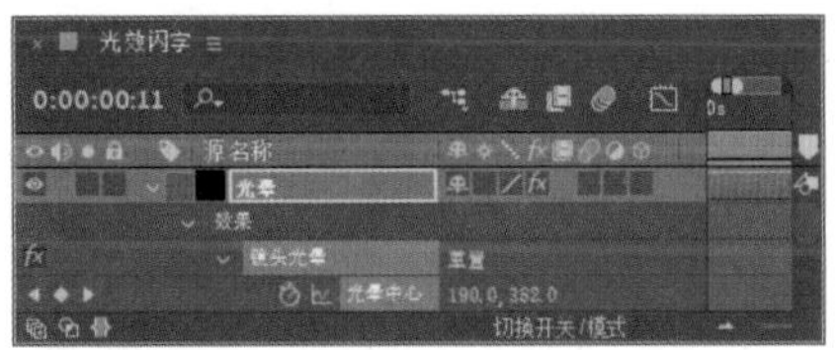

图 4.105 设置“光晕中心”关键帧

5 将时间调整到 0:00:00:22 的位置，设置“光晕中心”的值为（738.0,378.0），系统会自动设置关键帧，如图 4.106 所示。

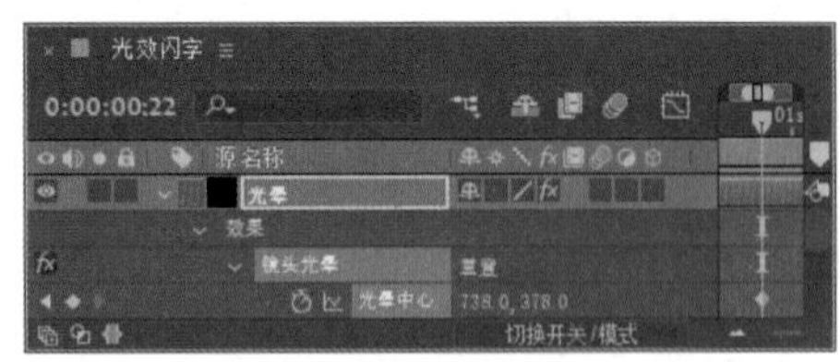

图 4.106 设置关键帧

6 选中“光晕”层，在“效果和预设”特效面板中展开“颜色较正”特效组，双击“色相 / 饱和度”特效，如图 4.107 所示。

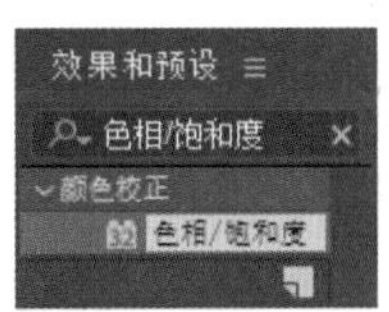

图 4.107 添加“色相 / 饱和度”特效

7 在“效果控件”面板中，勾选“彩色化”复选框，设置“着色色相”为0x+200.0°，“着色饱和度”的值为45，如图4.108所示。

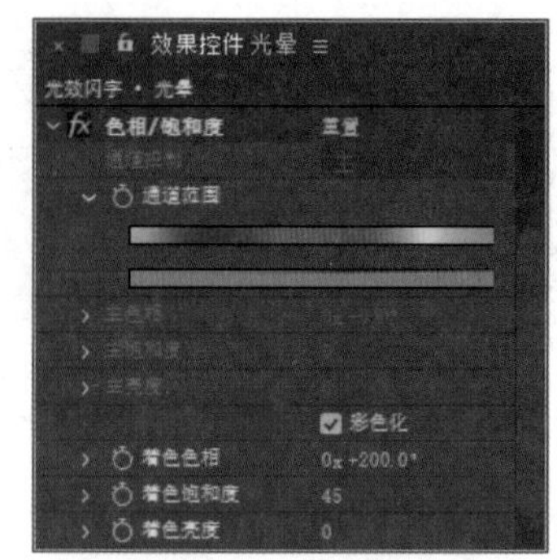
图4.108 参数设置

8 在时间线面板中，修改“光晕”层的模式为“屏幕”，这样就完成了“光效闪字”动画的制作，按小键盘上的0键，可在合成窗口中预览动画效果。

4.10 破碎文字

特效解析

本例主要通过“碎片”特效使文字产生爆炸分散碎片，从而制作文字破碎的效果，如图4.109所示。

图4.109 动画效果

知识点

1. “位置”属性
2. “碎片”特效

视频文件

操作步骤

4.10.1 添加文字

1 执行菜单栏中的“合成”|“新建合成”命令，打开“合成设置”对话框，设置“合成名称”为“文字破碎”，“宽度”为720，“高度”为480，“帧速率”为25，并设置“持续时间”为0:00:04:00，如图4.110所示。

2 执行菜单栏中的“文件”|“导入”|“文件”命令，打开“导入文件”对话框，选择“工程文件\第4章\破碎文字\背景.jpg”素材，单击“导入”按钮，如图4.111所示。

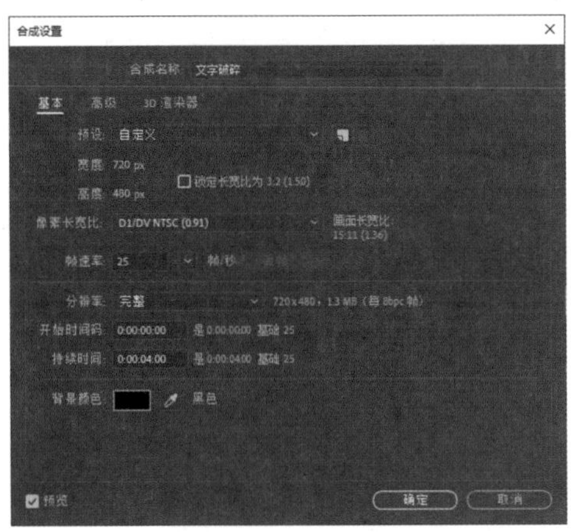

图 4.110　合成设置

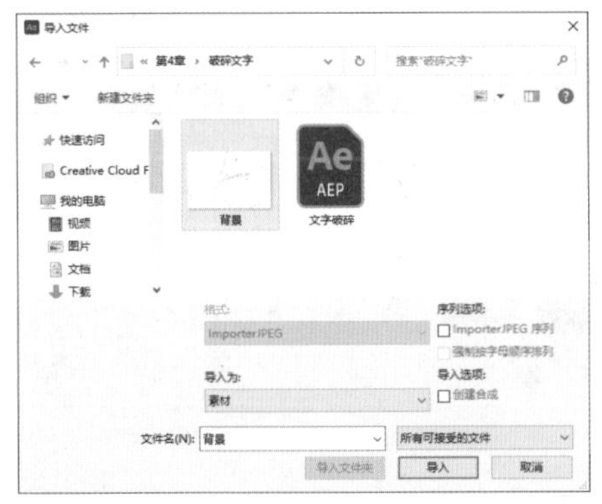

图 4.111　“导入文件”对话框

3 在“项目”面板中，选择“背景.jpg”素材，将其拖动到合成的时间线面板中，如图 4.112 所示。

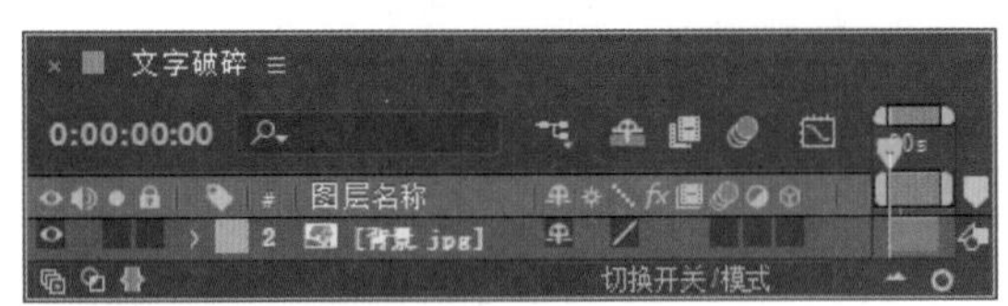

图 4.112　添加素材

4 单击工具栏中的“横排文字工具”按钮，选择文字工具，在“合成”窗口中输入文字 After Effects，选中文字层，按键盘上的 Enter 键，将文字层重命名为“文字”，如图 4.113 所示。

图 4.113　图层设置

5 在“字符”面板中，设置文字的字体为 Arial Black，字符的大小为 76 像素，填充颜色为黄色（R:255;G:246;B:0），描边颜色为土黄色（R:250;G:178;B:0），描边的粗细为 5 像素，如图 4.114 所示。

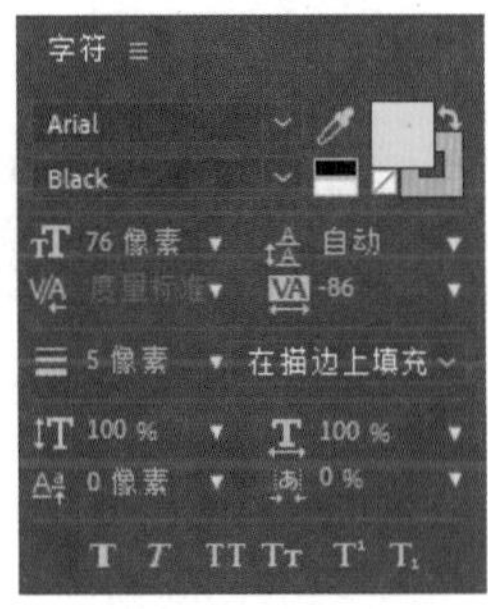

图 4.114　设置文字参数

6 选中“文字”层，按 P 键展开“位置”，设置“位置”的值为(110.0,272.0)，如图 4.115 所示。

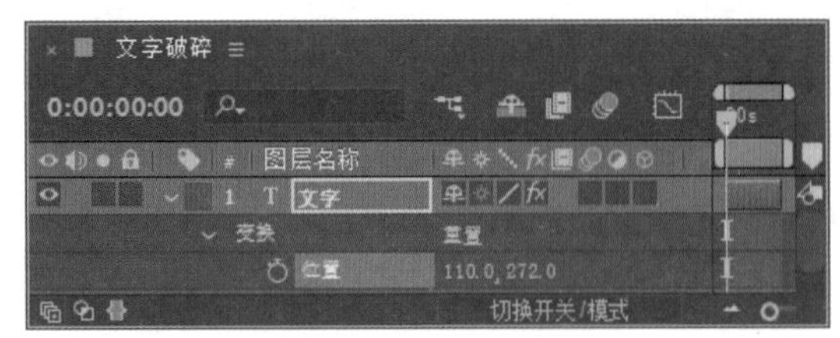

图 4.115　设置“位置”

4.10.2　制作破碎动画

1 选中“文字”层，在“效果和预设”特效面板中展开“模拟”特效组，双击“碎片”特效，如图 4.116 所示。

图 4.116　添加“碎片”特效

2 在“效果控件”面板中，从“视图”右侧的下拉菜单中选择“已渲染”，展开“形状”选项栏，设置“重复”的值为 120.00，如图 4.117 所示。

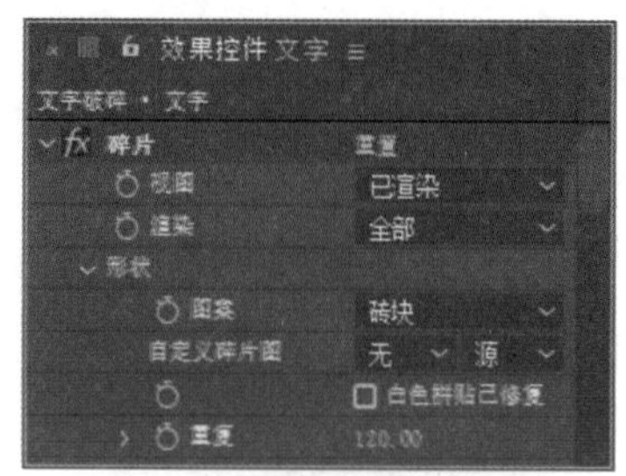

图 4.117　参数设置

3 将时间调整到 0:00:00:00 的位置，展开“作用力 1”选项栏，设置“半径”的值为 0.20，“强度”的值为 10.00，“位置”的值为（4.0,250.0），单击“位置”左侧的码表，在当前位置添加关键帧，展开“渐变”选项栏，设置“碎片阈值”的值为 0，单击“碎片阈值”左侧的码表，在当前位置添加关键帧，如图 4.118 所示。

4 将时间调整到 0:00:03:00 的位置，修改“位置”的值为（580.0,180.0），“碎片阈值”的值为 100%，如图 4.119 所示。

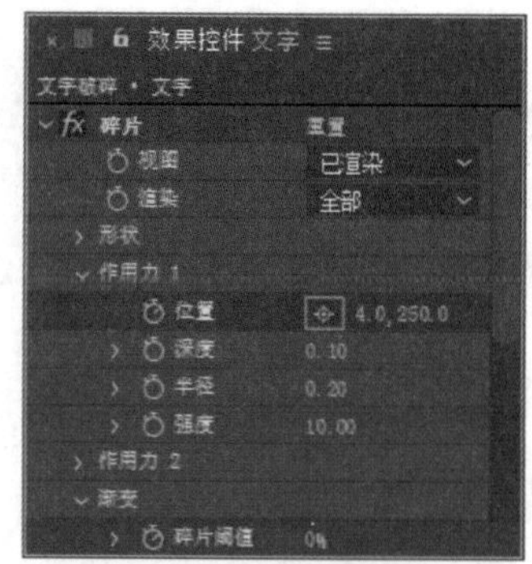

图 4.118　设置参数

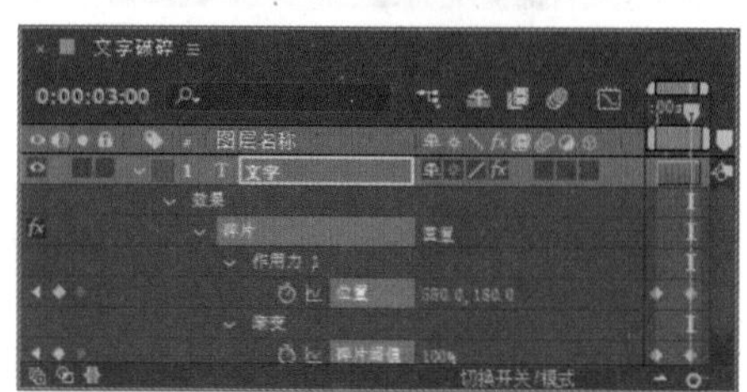

图 4.119　修改参数

5 这样就完成了“破碎文字”动画的制作，按小键盘上的 0 键，可在合成窗口中预览动画效果。

课后练习

1. 制作一个文字录入动画。

2. 制一个螺旋飞入文字动画。

（制作过程可参考资源包中的“课后练习”文件夹。）

第5章 蒙版动画及键控抠图

内容摘要

本章主要讲解蒙版动画及键控抠图的操作，包括矩形、椭圆和自由形状蒙版的创建，蒙版形状的修改，节点的选择、调整、转换操作，蒙版属性的设置及修改，蒙版的模式、形状、羽化、透明和扩展的修改及设置。另外，键控抠像是合成图像中不可缺少的部分，它可以配合前期的拍摄和后期的处理，使影片的合成效果更加真实。通过对本章的学习，希望读者可以掌握蒙版动画及键控抠图操作。

教学案例

- 蒙版动画
- 生长动画
- 栅格动画
- 水墨画
- 国画诗词

5.1 蒙版动画

特效解析

本例讲解蒙版动画，主要利用纯色层的“跟踪蒙版”制作图层蒙版的光感过渡效果，如图 5.1 所示。

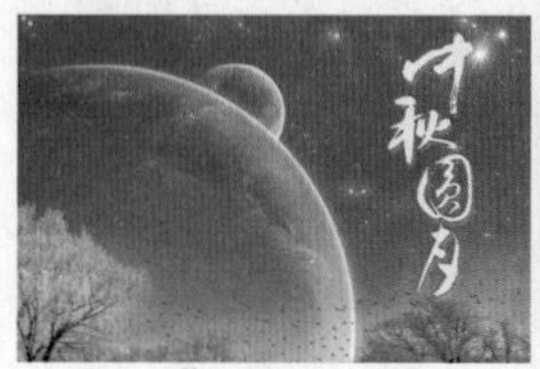
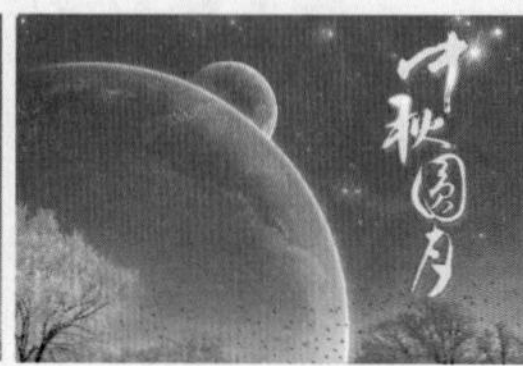
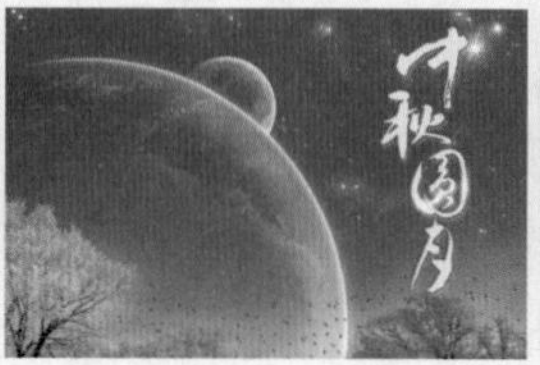

图 5.1 动画效果

知识点

1. “矩形工具”
2. “蒙版”属性
3. “轨道遮罩”属性

操作步骤

1 执行菜单栏中的“合成”|“新建合成”命令，打开“合成设置”对话框，设置“合成名称”为“蒙版动画”，“宽度”为 720，“高度”为 480，“帧速率”为 25，并设置“持续时间”为 0:00:05:00，如图 5.2 所示。

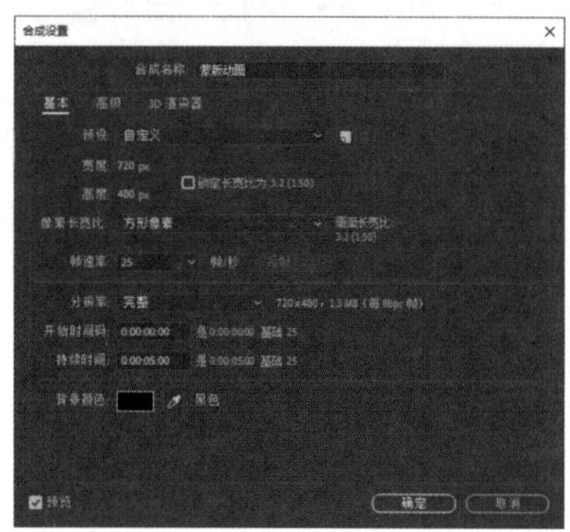

图 5.2 合成设置

2 执行菜单栏中的“文件”|“导入”|“文件”命令，打开“导入文件”对话框，选择“工程文件\第 5 章\蒙版动画\背景 .png、中秋圆月 .png”素材，单击“导入”按钮，如图 5.3 所示，素材将被导入“项目”面板中。

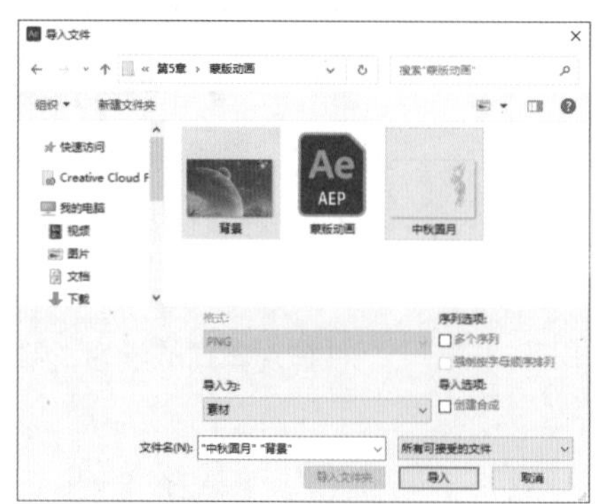

图 5.3 导入素材

3 在“项目”面板中选择所有素材，将其

拖动到时间线面板中，排列顺序如图 5.4 所示。

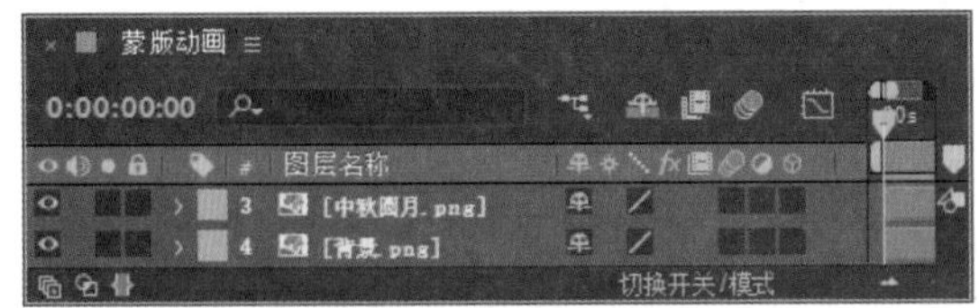

图 5.4 添加素材

4 执行菜单栏中的“图层”|“新建”|“纯色”命令，打开“纯色设置”对话框，设置“名称”为“光线”，“颜色”为白色，如图 5.5 所示。

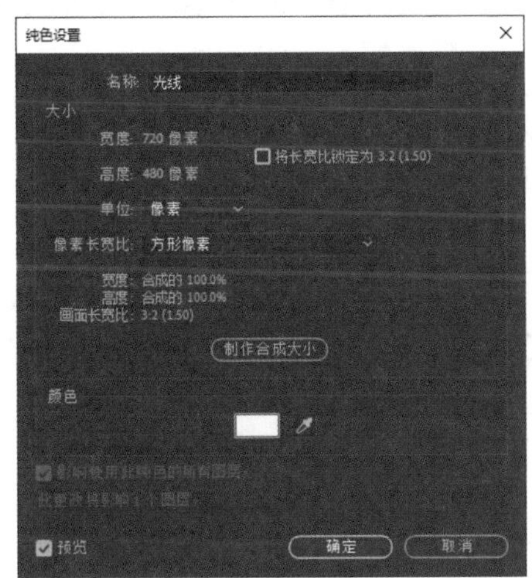

图 5.5 创建纯色层

5 单击工具栏中的“矩形工具”，在新创建的纯色层上绘制一个矩形蒙版区域，如图 5.6 所示。

图 5.6 绘制蒙版

6 修改蒙版羽化值。在时间线面板中展开“光线”层下的“蒙版”选项，设置“蒙版羽化”的值为（18.0,18.0），柔化矩形边缘，将“变换”选项组下的“旋转”参数修改为 0x-25.0°，为矩形选择合适的角度，如图 5.7 所示，此时合成窗口中的效果如图 5.8 所示。

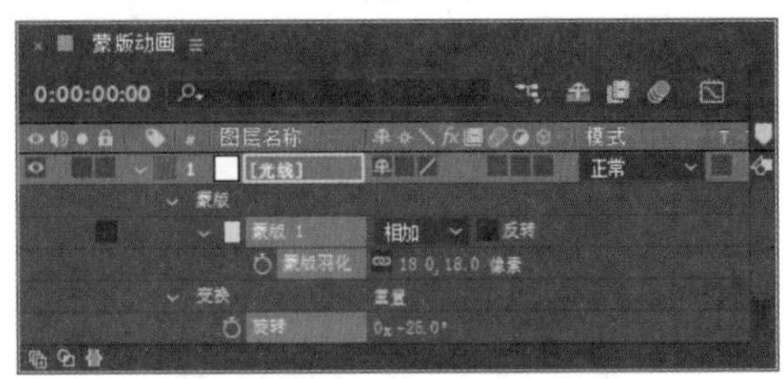

图 5.7 设置“蒙版羽化”和“旋转”的参数

图 5.8 合成窗口的效果

7 将时间调整到 0:00:00:00 的位置，在时间线面板中选择“光线 .png”层，然后按 P 键展开“位置”选项，单击“位置”左侧的码表，将参数调整为（592.0,240.0），在当前时间设置一个关键帧，如图 5.9 所示。

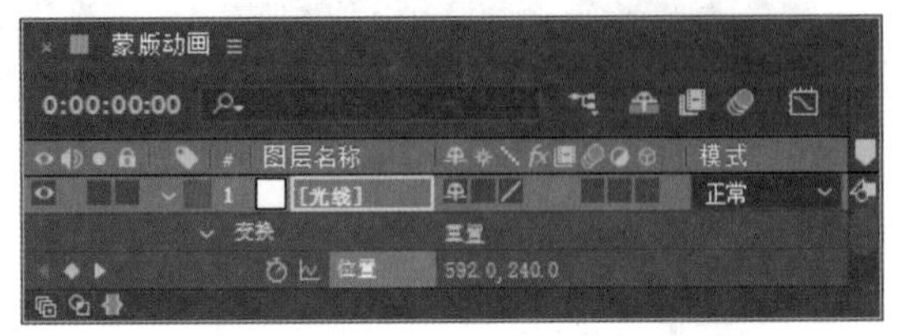

图 5.9 设置位置属性并创建关键帧

8 将时间调整到 0:00:04:15 的位置，修改“位置”的值为（592.0,720.0），系统会自动添加关键帧，如图 5.10 所示。修改完关键帧位置后，素材的位置也将随之变化，此时，在“合成”窗口中可以看到素材效果，如图 5.11 所示。

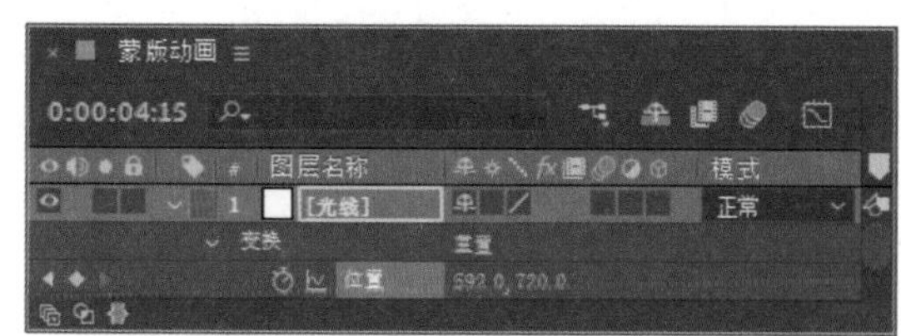

图 5.10　设置“位置”属性值

图 5.11　建立关键帧后的画面效果

9 在时间线面板中选择“中秋圆月 .png”层，按 Ctrl+D 组合键进行复制，并将复制的副本层移动到“光线”层的上方。单击时间线面板左下角的按钮，打开层模式属性栏，单击“光线”层右侧“轨道遮罩”下方的 None 按钮，在弹出的菜单中选择“Alpha 遮罩‘[中秋圆月 .png]’”，如图 5.12 所示。

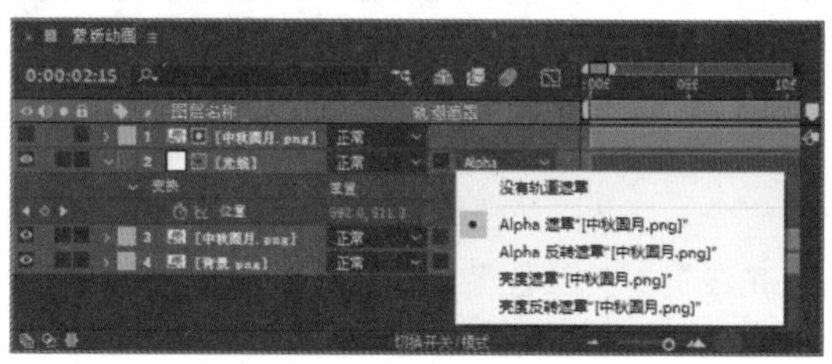

图 5.12　选择蒙版通道模式

10 这样，就完成了蒙版动画的制作。按空格键或小键盘上的 0 键可以在合成窗口中预览动画效果。

5.2　生长动画

特效解析

本例主要讲解利用“形状图层”制作生长动画，如图 5.13 所示。

图 5.13　动画效果

知识点

1. “椭圆工具”
2. 形状图层

视频文件

操作步骤

1 执行菜单栏中的“合成”|“新建合成”命令，打开“合成设置”对话框，设置“合成名称”为“生长动画”，“宽度”为 720，“高度”为 405，“帧速率”为 25，并设置“持续时间”为 0:00:05:00。

2 在工具栏中选择“椭圆工具”，在合成窗口绘制一个椭圆，选中“形状图层 1”层，按 A 键打开“锚点”属性，设置“锚点”的值为（-57.0,-10.0），按 P 键打开“位置”属性，设置“位置”的值为（344.0,202.0），按 R 键打开“旋转”属性，设置“旋转”的值为 0x-90.0°，如图 5.14 所示，合成窗口效果如图 5.15 所示。

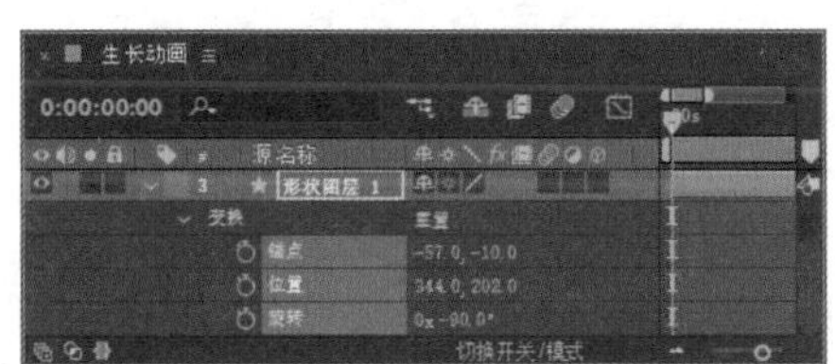

图 5.14 设置参数

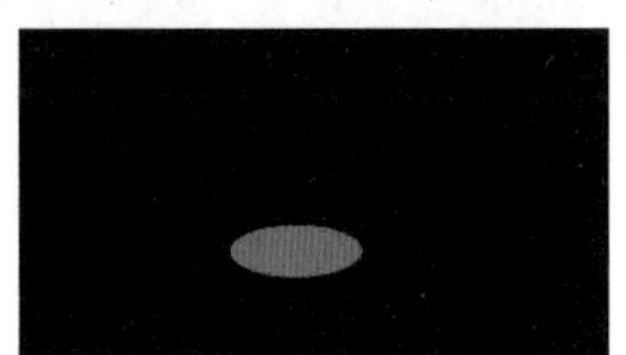

图 5.15 设置参数后的效果

3 在时间线面板中，展开“形状图层 1”|“内容”|“椭圆 1”|“椭圆路径 1”选项组，单击“大小”左侧的“约束比例”按钮，取消约束，设置“大小”的值为（60.0,172.0），展开“变换：椭圆 1”选项组，设置“位置”的值为（-58.0,-96.0），如图 5.16 所示，合成窗口效果如图 5.17 所示。

4 在时间线面板中，展开“形状图层 1”|“内容”选项组，单击“内容”右侧的三角形按钮，从下拉菜单中选择“中继器 1”选项，展开“中继器 1”选项组，设置“副本”的值为 150，从“合成”下拉菜单中选择“之上”选项，将时间调整到 0:00:00:00 的位置，设置“偏移”的值为 150.0，单击“偏移”左侧的码表，在当前位置设置关键帧，如图 5.18 所示。

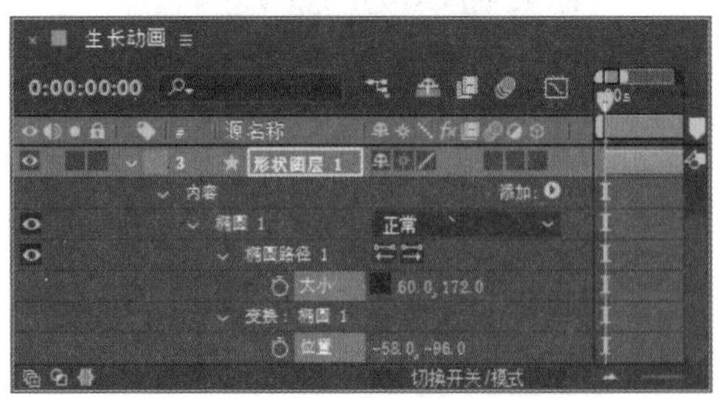

图 5.16 设置形状图层参数

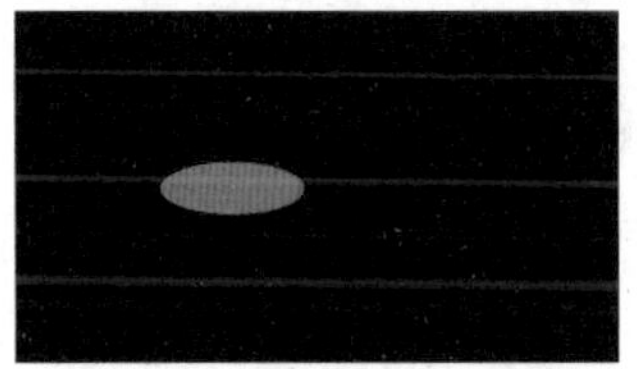

图 5.17 设置参数后的效果

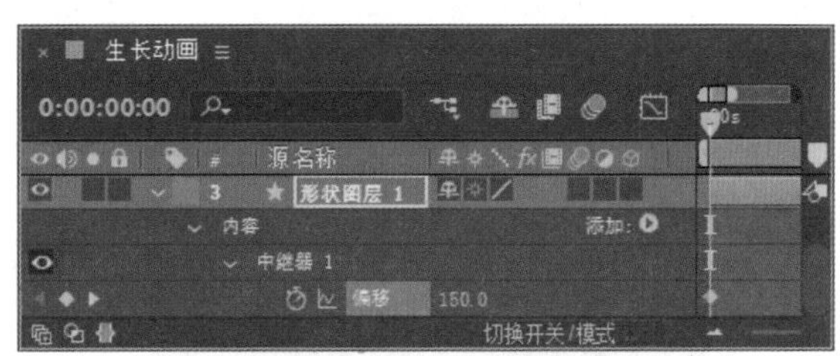

图 5.18 设置“偏移”关键帧

5 将时间调整到 0:00:03:00 的位置，设置“偏移”的值为 0，系统会自动设置关键帧，如图 5.19 所示，合成窗口效果如图 5.20 所示。

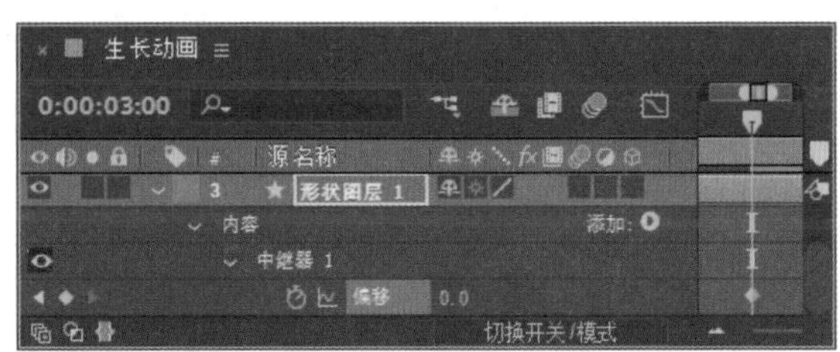

图 5.19 更改参数值

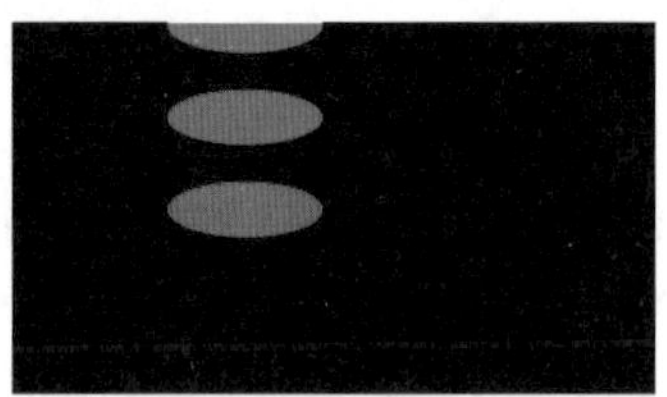

图 5.20　设置偏移后的效果

6 展开“变换：中继器 1”选项组，设置“位置”的值为（-4.0,0.0），“比例”的值为（-98.0,-98.0%），“旋转”的值为 0x+12.0°，“起始点不透明度”的值为 75.0%，如图 5.21 所示，合成窗口效果如图 5.22 所示。

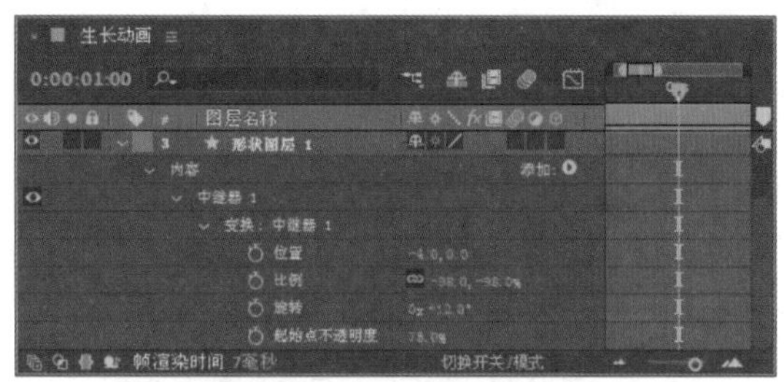

图 5.21　设置“变换：中继器 1”选项组

图 5.22　合成窗口中的效果

7 选中“形状图层 1”层，单击工具栏中的填充选项填充，打开“填充选项”对话框，选择“径向渐变”选项，单击“确定”按钮，如图 5.23 所示，单击“填充颜色”按钮填充，设置从浅蓝色（R:0;G:255;B:252）到深蓝色（R:2;G:133;B:255）的渐变，单击“确定”按钮，合成窗口效果如图 5.24 所示。

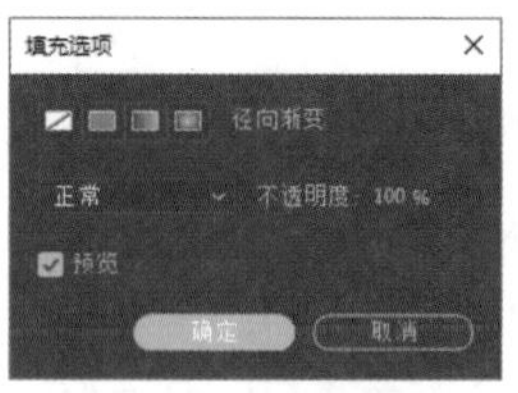

图 5.23　填充径向渐变

图 5.24　填充颜色

8 选中“形状图层 1”层，按 Ctrl+D 组合键复制出另外两个新的形状图层，将两个图层分别重命名为“形状图层 2”和“形状图层 3”，修改图层“位置”、“比例”和“旋转”的参数，如图 5.25 所示，合成窗口效果如图 5.26 所示。

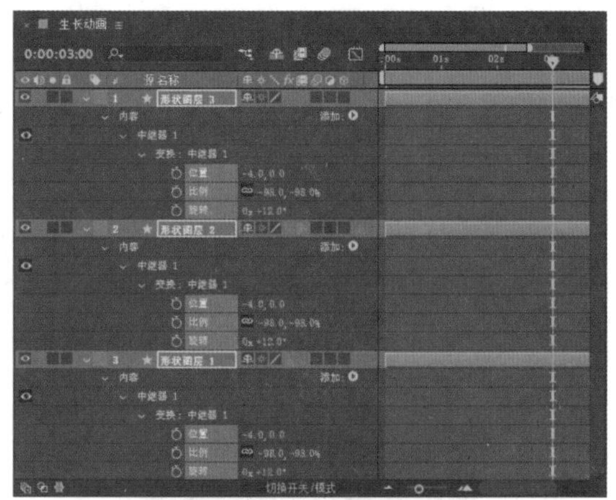

图 5.25　设置参数

图 5.26　设置参数后的效果

9 这样就完成了“生长动画”的整体制作，按小键盘上的 0 键即可在合成窗口中预览动画效果。

5.3 栅格动画

特效解析

本例主要讲解利用蒙版属性制作栅格动画，如图 5.27 所示。

图 5.27 动画效果

知识点

1. “纯色”命令
2. “摇摆器”命令

操作步骤

1 执行菜单栏中的“合成”|“新建合成”命令，打开“合成设置”对话框，设置“合成名称”为“白条”，“宽度”为 720，“高度”为 480，“帧速率”为 25，并设置“持续时间”为 0:00:03:00，如图 5.28 所示。

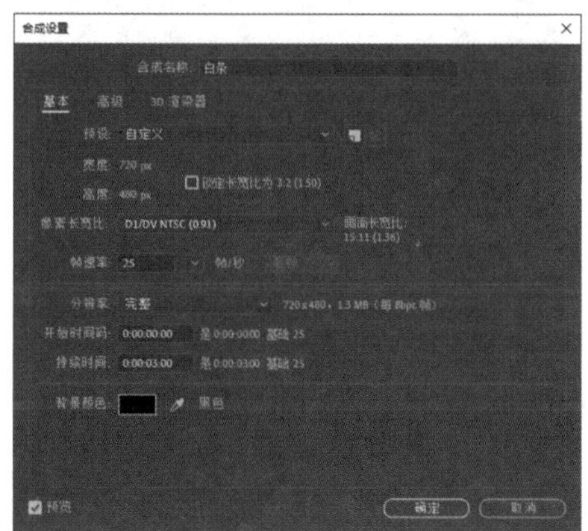

图 5.28 合成设置

2 执行菜单栏中的“图层”|“新建”|“纯色”命令，打开“纯色设置”对话框，设置“名称”为“白条 1”，“颜色”为白色，如图 5.29 所示。

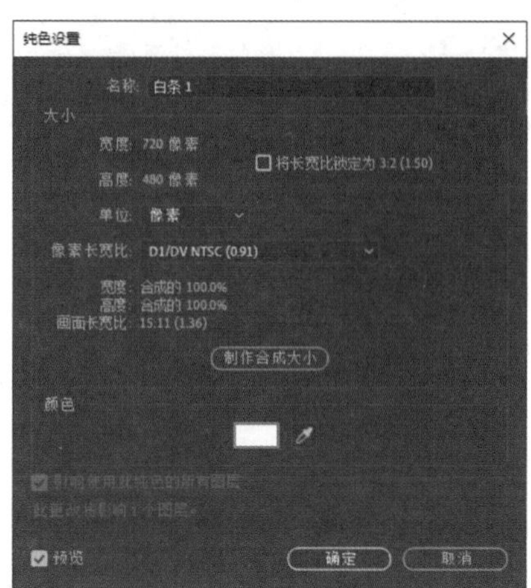

图 5.29 纯色设置

3 在时间线面板中，选中“白条 1”层，按 Ctrl+D 组合键复制出两个新的图层，将这两个图层分别重命名为“白条 2”和“白条 3”，选中“白条 1”、“白条 2”和“白条 3”层，按 S 键打开“缩放”属性，分别单击各图层中“缩放”左侧的按钮，取消约束，设置“白条 1”的缩放值为（11.0,100.0%），“白条 2”的缩放值为（16.0,100.0%），“白条 3”的缩放值为（22.0,100.0%），如图 5.30 所示。

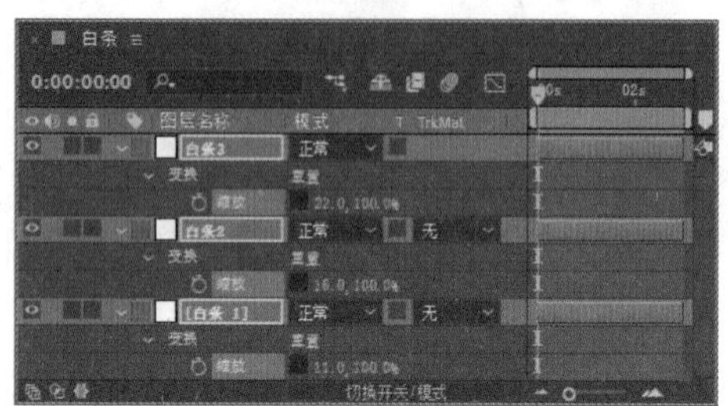

图 5.30　设置缩放参数

4 选中“白条 1”、“白条 2”和“白条 3”层，按 P 键打开“位置”属性，设置“白条 1”的“位置”值为（347.0,240.0），“白条 2”的“位置”值为（173.0,240.0），“白条 3”的“位置”值为（563.0,240.0），如图 5.31 所示。

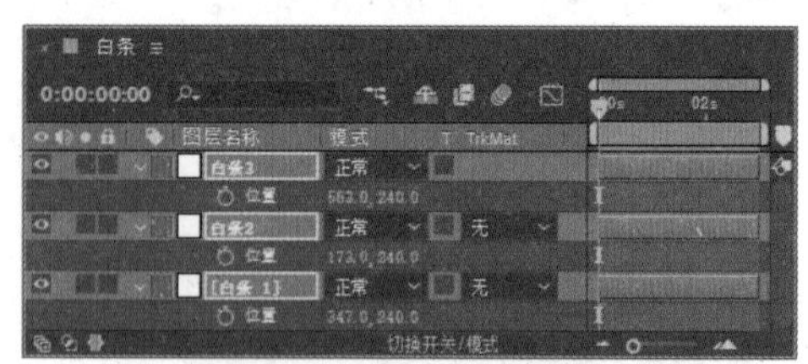

图 5.31　设置位置参数

5 执行菜单栏中的“合成”|“新建合成”命令，打开“合成设置”对话框，设置“合成名称”为“栅格动画”，“宽度”为 720，“高度”为 480，“帧速率”为 25，并设置“持续时间”为 0:00:03:00，如图 5.32 所示。

6 执行菜单栏中的“文件”|“导入”|“文件”命令，打开“导入文件”对话框，选择“工程文件\第 5 章\栅格动画\背景 1.jpg、背景 2.jpg”素材，单击“导入”按钮，两个素材将被导入“项目”面板中，如图 5.33 所示。

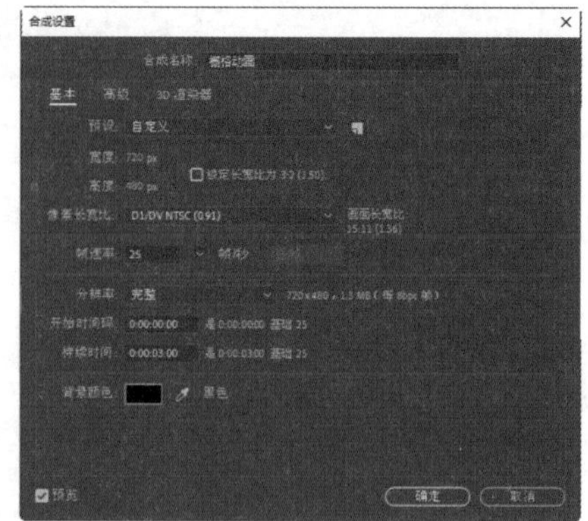

图 5.32　合成设置

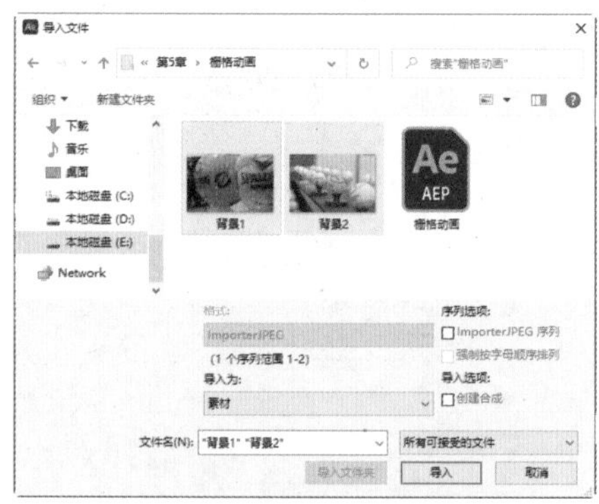

图 5.33　“导入文件”对话框

7 在“项目”面板中，选择“背景 1.jpg”、“背景 2.jpg”素材和“白条”合成，将其拖动到“栅格动画”合成的时间线面板中，如图 5.34 所示。

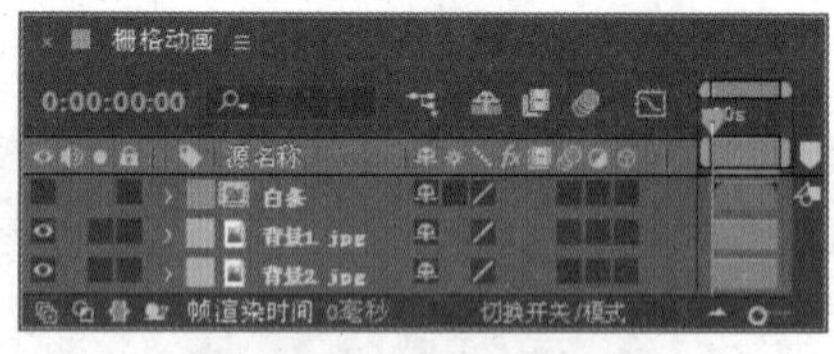

图 5.34　添加素材

8 将时间调整到 0:00:00:00 的位置，选中“白条”合成，按 P 键打开“位置”属性，单击“位置”左侧的码表，在当前位置设置关键帧；将时间调整到 0:00:02:24 的位置，设置“位置”的值为（360.0,241.0），系统会自动添加关键帧，如图 5.35 所示，此时的图像效果如图 5.36 所示。

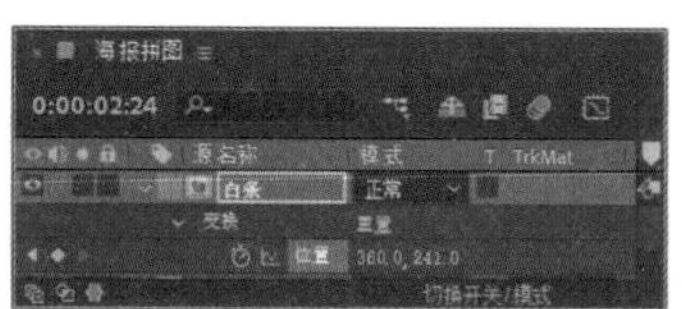
图 5.35 设置关键帧

图 5.36 效果图

9 选中“白条”合成，按 U 键打开关键帧，选中所有关键帧，执行菜单栏中的“窗口”|“摇摆器”命令，打开“摇摆器”面板，从“维数”右侧的下拉菜单中选择“X”，设置“数量级”的值为 200.0，单击“应用”按钮，如图 5.37 所示。

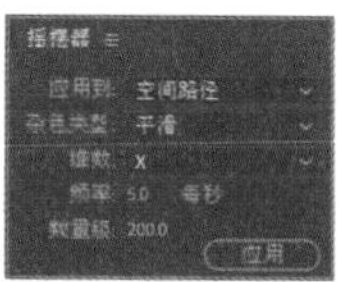
图 5.37 参数设置

10 在时间线面板中选中“背景 1”层，设置“背景 1”层的“轨道遮罩”为“Alpha 遮罩‘白条’”，如图 5.38 所示。

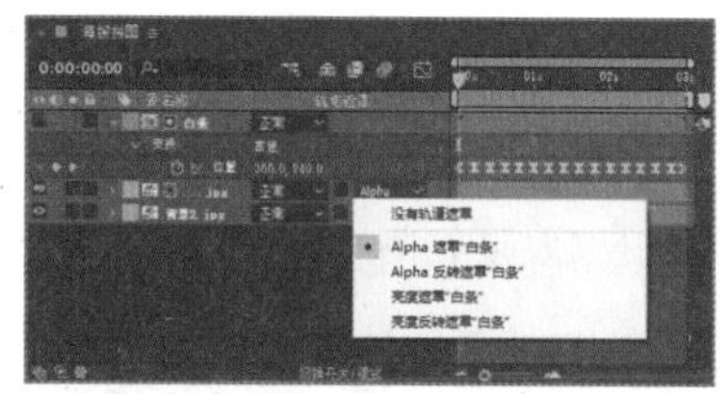
图 5.38 图层设置

11 这样就完成了“栅格动画”动画的整体制作，按小键盘上的 0 键，可在合成窗口中预览动画效果。

5.4 水墨画

特效解析

本例主要讲解利用“亮度与对比度”特效制作水墨画效果，如图 5.39 所示。

图 5.39 动画效果

知识点

1. “亮度与对比度”特效
2. “黑白”特效
3. “查找边缘”特效
4. “复合模糊”特效
5. “浅色调”特效

视频文件

操作步骤

1 执行菜单栏中的“文件”|“打开项目”命令，选择“工程文件\第5章\水墨画\水墨画练习.aep”文件，将该文件打开。

2 在时间线面板中，选择“字”层，在工具栏中选择“矩形工具”，在文字层上绘制一个矩形路径，按F键打开“蒙版羽化”，设置其值为（50.0,50.0）。将时间调整到0:00:00:00的位置，按M键打开“蒙版路径”属性，单击“蒙版路径”左侧的码表，在当前位置设置关键帧，如图5.40所示，合成窗口效果如图5.41所示。

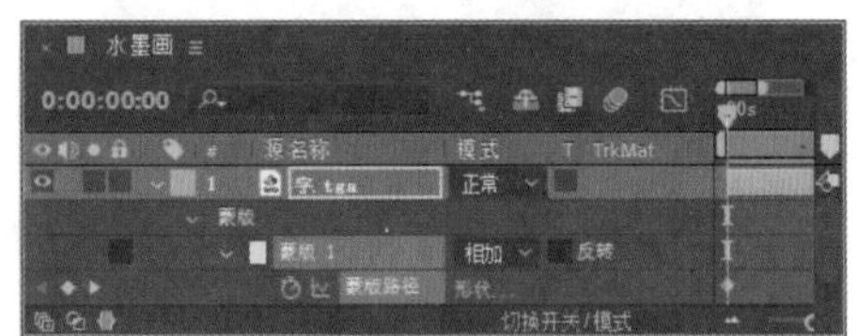

图5.40 设置蒙版路径

图5.41 合成窗口效果

3 将时间调整到0:00:01:14的位置，双击“蒙版1”，将图像从左往右拖动，系统会自动设置关键帧，如图5.42所示，合成窗口效果如图5.43所示。

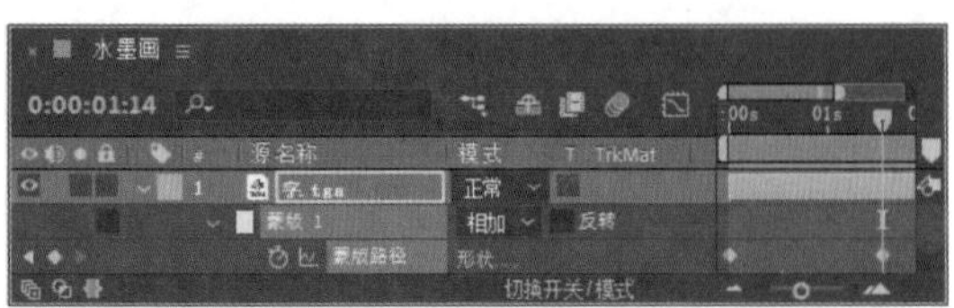

图5.42 设置遮罩关键帧

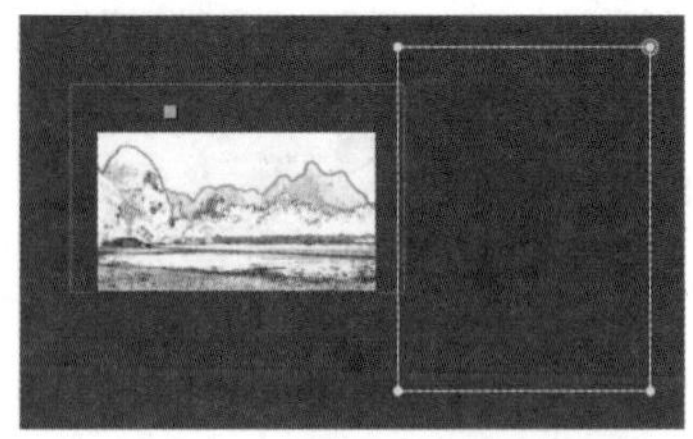

图5.43 设置遮罩关键帧后的效果

4 为“素材”层添加“黑色和白色”特效。在“效果和预设”面板中展开“颜色校正”特效组，然后双击“黑色和白色”特效，如图5.44所示。合成窗口效果如图5.45所示。

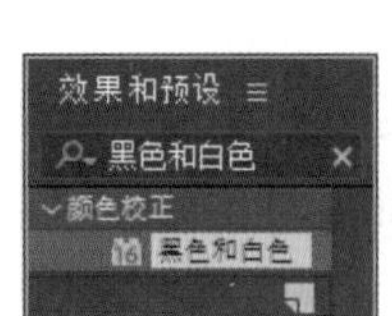

图5.44 添加特效

图5.45 添加特效后的效果

5 为“素材”层添加“亮度和对比度”特效。在“效果和预设”面板中展开“颜色校正”特效组，然后双击“亮度和对比度”特效，如图5.46所示。

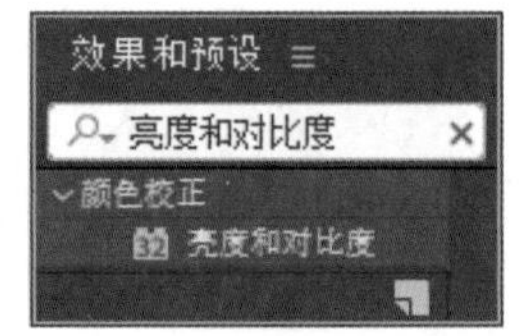

图5.46 添加“亮度和对比度”特效

6 在“效果控件”面板中修改“亮度和对比度”特效的参数，设置“亮度”的值为8，“对比度”的值为52，如图5.47所示，合成窗口效果如图5.48所示。

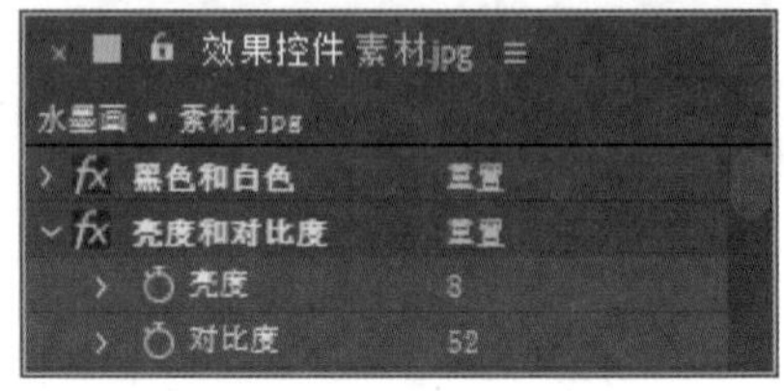

图5.47 设置亮度与对比度参数

图 5.48 设置参数后的效果

7 为“素材”层添加“查找边缘”特效。在“效果和预设”面板中展开“风格化”特效组，然后双击“查找边缘”特效，如图 5.49 所示，合成窗口效果如图 5.50 所示。

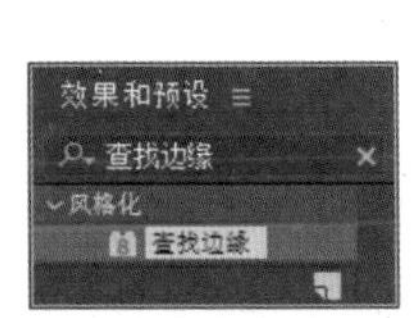

图 5.49 添加查找边缘 图 5.50 添加查找边缘后的效果

8 为“素材”层添加“复合模糊”特效。在“效果和预设”面板中展开“模糊和锐化”特效组，然后双击“复合模糊”特效，如图 5.51 所示。

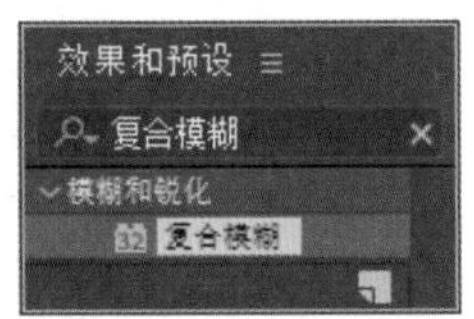

图 5.51 添加“复合模糊”特效

9 在“效果控件”面板中修改“复合模糊”特效的参数，从“模糊图层”右侧下拉菜单中选择“素材”选项，设置“最大模糊”的值为 2.0，如图 5.52 所示，合成窗口效果如图 5.53 所示。

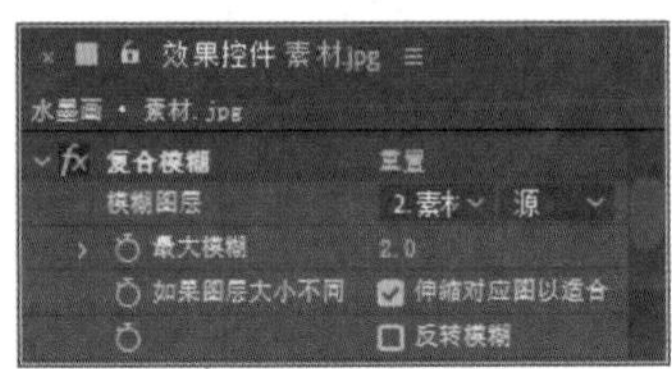

图 5.52 设置复合模糊参数

图 5.53 设置模糊后的效果

10 为“素材”层添加“色调”特效。在“效果和预设”面板中展开“颜色校正”特效组，然后双击“色调”特效。

11 在“效果控件”面板中修改“色调”特效的参数，设置“将黑色映射到”为棕色（R:61;G:28;B:28），“着色数量”为77.0%，如图 5.54 所示，合成窗口效果如图 5.55 所示。

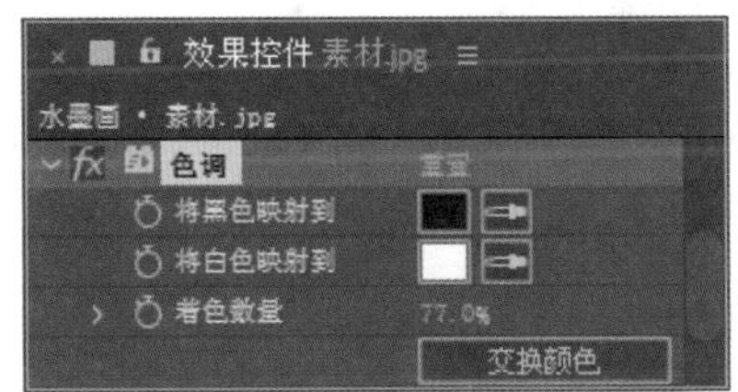

图 5.54 设置浅色调参数

图 5.55 设置浅色调参数后的效果

12 选中“素材”层，将时间调整到 0:00:00:00 的位置，按 P 键打开“位置”属性，设置“位置”数值为（289.0,143.0），单击“位置”左侧的码表，在当前位置设置关键帧。

13 将时间调整到 0:00:03:00 的位置，设置“位置”数值为（430.0,143.0），系统会自动设置关键帧，如图 5.56 所示。

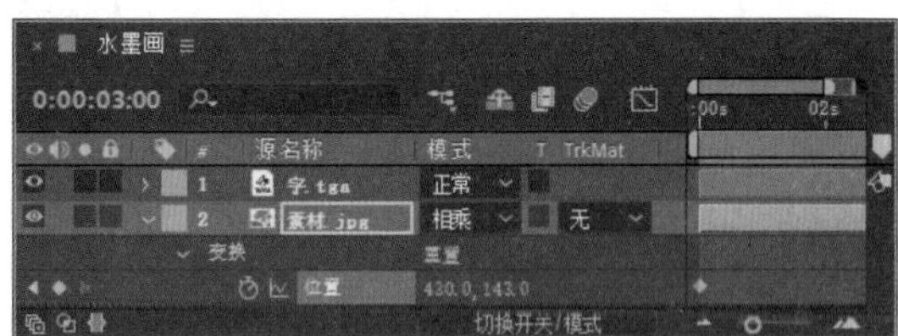

图 5.56　设置位置关键帧

14 这样就完成了“水墨画”的整体制作，按小键盘上的 0 键即可在合成窗口中预览动画。

5.5　国画诗词

特效解析

本例主要讲解利用“线性颜色键”特效和“矩形工具”制作国画诗词中的水墨字效果，如图 5.57 所示。

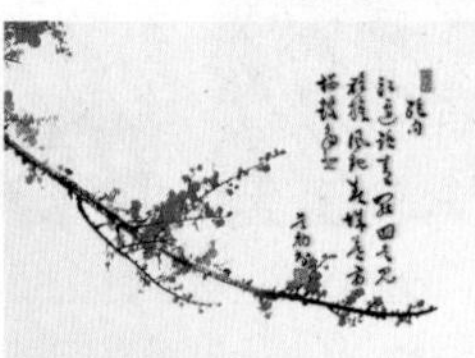

图 5.57　动画效果

知识点

1. “钢笔工具”
2. “线性颜色键”特效
3. “矩形工具”

视频文件

操作步骤

5.5.1　钢笔抠图

1 执行菜单栏中的“合成”|“新建合成”命令，打开“合成设置”对话框，设置“合成名称”为“字”，“宽度”为 720，“高度”为 480，“帧速率”为 25，并设置“持续时间”为 0:00:15:00，如图 5.58 所示。

2 执行菜单栏中的“文件”|“导入”|“文件”命令，打开“导入文件”对话框，选择“工程文件\第 5 章\国画诗词\背景.jpg、国画.jpg”素材，单击“导入”按钮，如图 5.59 所示。

3 将“国画.jpg”拖动到时间线面板中，选中“国画.jpg”层，按 P 键，修改“位置”的值为（80.0,327.0），如图 5.60 所示。

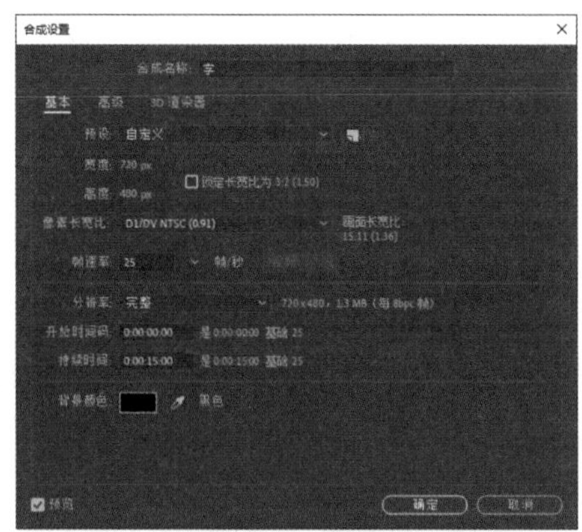

图 5.58　合成设置

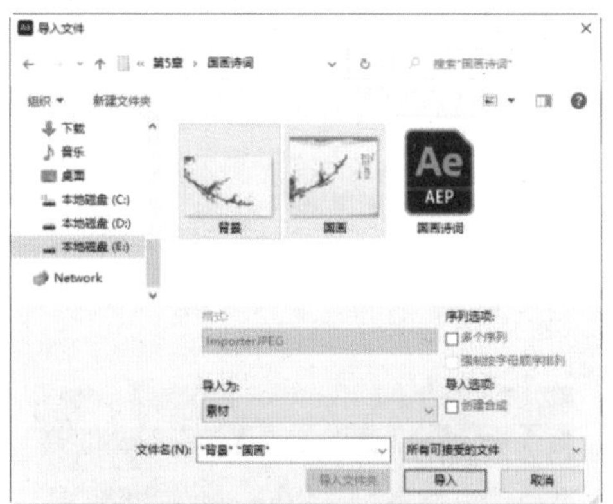

图 5.59　“导入文件”对话框

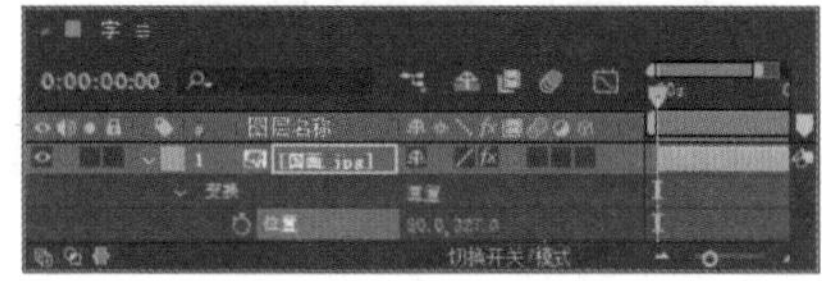

图 5.60　设置“位置”参数

4 在工具栏中选择“钢笔工具”，在合成窗口中勾画出文字轮廓，如图 5.61 所示。

5 选中“国画 .jpg”层，在“效果和预设”特效面板中展开“抠像”特效组，双击“线性颜色键”特效，如图 5.62 所示。

6 在“效果控件”面板中选择吸管工具，在合成窗口的白色区域单击，对文字之外的部分进行抠图，如图 5.63 所示。

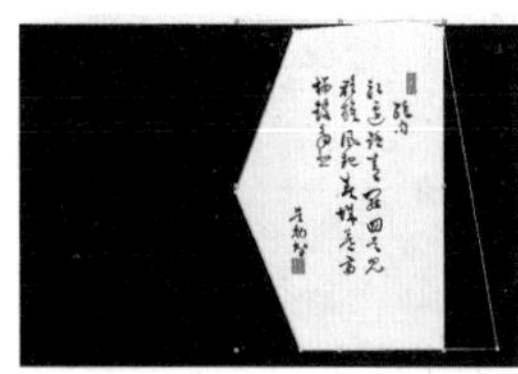

图 5.61　合成窗口

图 5.62　添加“线性颜色键”

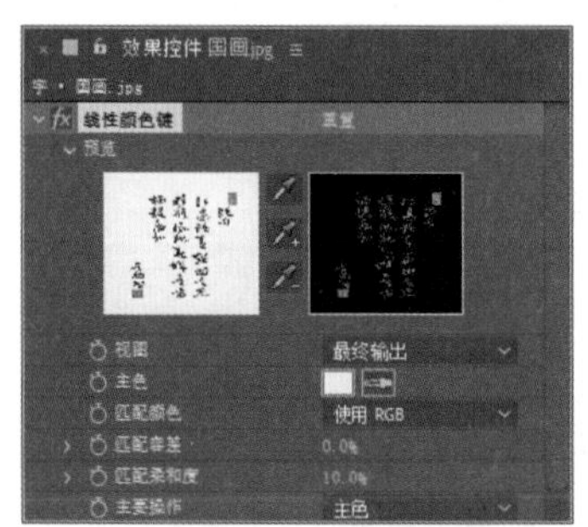

图 5.63　参考图

5.5.2　制作文字蒙版动画

1 执行菜单栏中的“合成”|“新建合成”命令，打开“合成设置”对话框，设置“合成名称”为“国画诗词”，“宽度”为 720，“高度”为 480，“帧速率”为 25，并设置“持续时间”为 0:00:15:00，如图 5.64 所示。

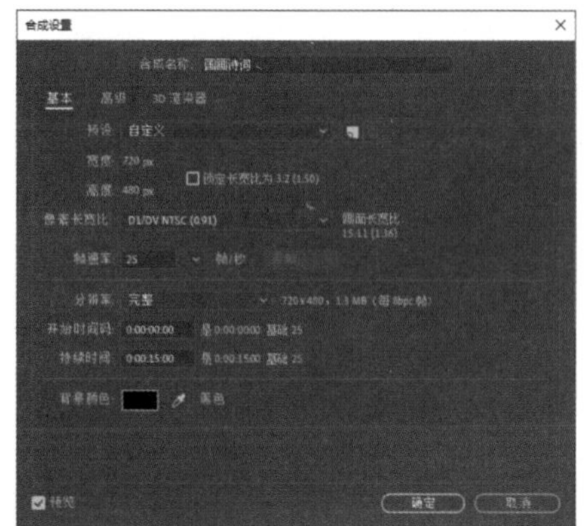

图 5.64　合成设置

2 将“背景 .jpg”和“字”合成拖动到时间线面板中，顺序如图 5.65 所示。

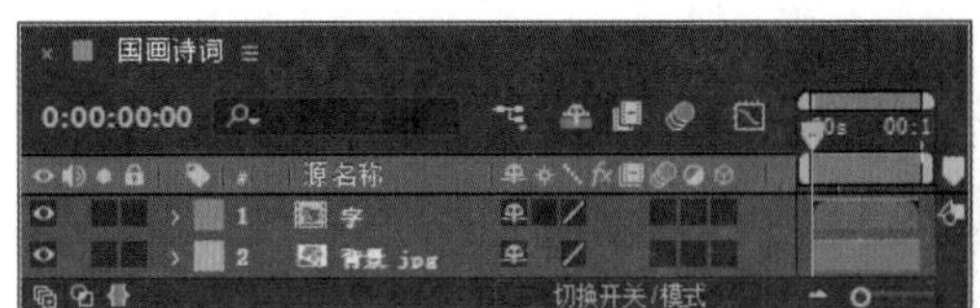

图 5.65　时间线面板

3 将时间调整到 0:00:14:24 的位置，选中“字”合成，选择工具栏中的“矩形工具”，在“合成”窗口中从右向左绘制 5 个矩形蒙版区域，如图 5.66 所示。

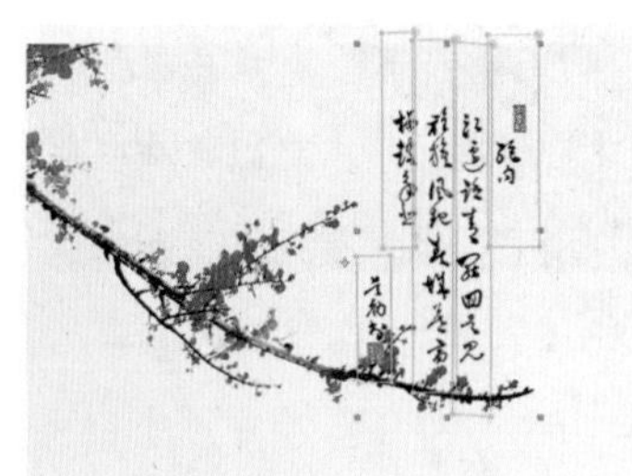

图 5.66　绘制矩形蒙版

4 在时间线面板中展开“字”合成层下的“蒙版 1”～“蒙版 5”选项组，单击“蒙版路径”左侧的码表，设置一个关键帧。将时间调整到 0:00:00:00 的位置，在合成窗口中修改 5 个矩形蒙版的大小，系统会自动设置关键帧，如图 5.67 所示。

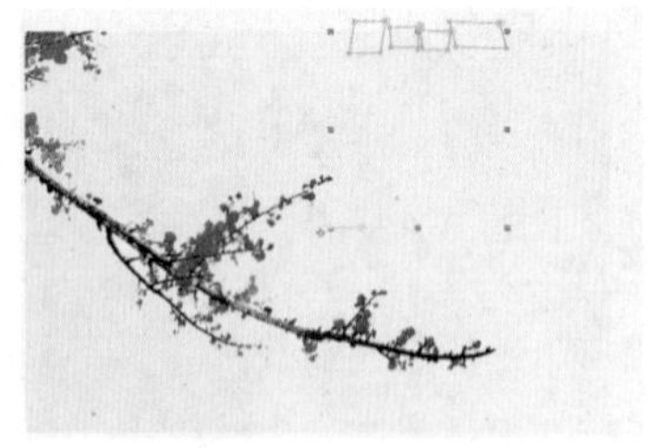

图 5.67　设置矩形蒙版

5 选中“字”合成，按 U 键，将时间调整到 0:00:02:09 的位置，将“蒙版 5”的第二个关键帧和“蒙版 4”的第一个关键帧拖动到当前时间帧所在位置；将时间调整到 0:00:06:00 的位置，将“蒙版 4”的第二个关键帧和“蒙版 3”的第一个关键帧拖动到当前时间帧所在位置，将时间调整到 0:00:09:20 的位置；将“蒙版 3”的第二个关键帧和“蒙版 2”的第一个关键帧拖动到当前时间帧所在位置；将时间调整到 0:00:12:05 的位置，将“蒙版 2”的第二个关键帧和“蒙版 1”的第一个关键帧拖动到当前时间帧所在位置，如图 5.68 所示。

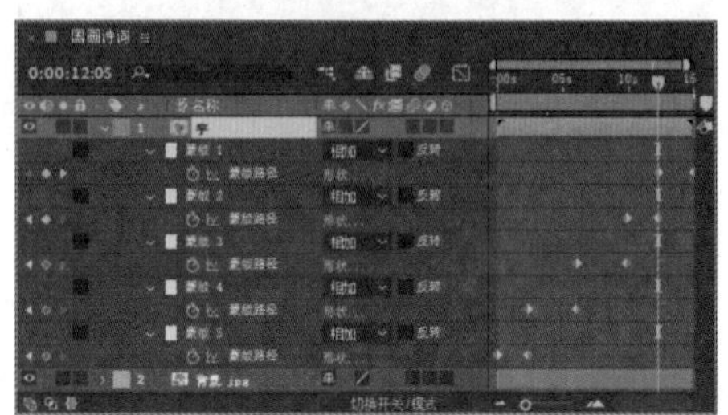

图 5.68　关键帧参考

6 按 F 键，取消“蒙版 1”～“蒙版 5”选项组中的等比缩放，设置“蒙版 1”～“蒙版 5”选项组中“蒙版羽化”的值为（0.0,8.0），如图 5.69 所示。

图 5.69　设置“蒙版羽化”参数

7 这样就完成了“国画诗词”效果的整体制作，按小键盘上的 0 键，即可在合成窗口中预览动画。

课后练习

1. 制作一个图形生长动画。
2. 制作一个影视抠像效果。

（制作过程可参考资源包中的“课后练习”文件夹。）

第 6 章

常见插件应用

内容摘要

After Effects 不仅内置了非常丰富的特效，还支持相当多的第三方特效插件。使用第三方插件可以使动画的制作更为简便，动画的效果也更为绚丽。本章主要讲解 Particular（粒子）、Shine（光）等常见插件的使用及实战案例。通过对本章的学习，读者可以掌握常见插件的使用技巧。

教学案例

◎ 外星来客　◎ 数字风景　◎ 粒子飞舞

6.1 外星来客

特效解析

本例主要讲解利用“基本文字”特效、Shine（光）特效制作外星来客动画，如图 6.1 所示。

 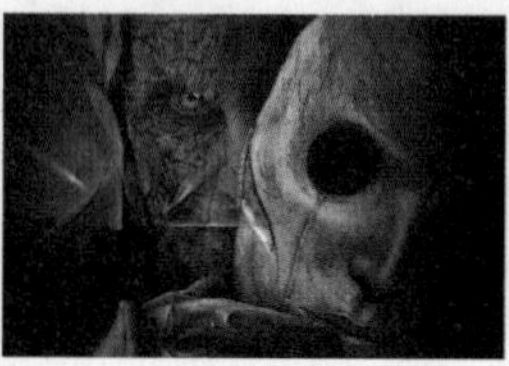  

图 6.1　动画效果

知识点

1. “基本文字”特效
2. Shine（光）特效

视频文件

操作步骤

1 执行菜单栏中的“合成”|“新建合成”命令，打开“合成设置”对话框，设置“合成名称”为“外星来客”，“宽度”为 720，“高度”为 480，“帧速率”为 25，并设置“持续时间”为 0:00:05:00，如图 6.2 所示。

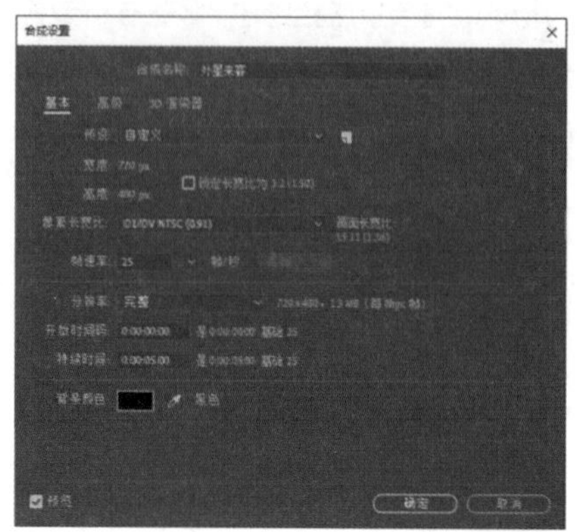

图 6.2　合成设置

2 执行菜单栏中的“图层”|“新建”|“纯色”命令，新建一个名为“文字”的固态层。

3 选中“文字”层，在“效果和预设”特效面板中展开“过时”特效组，双击“基本文字”特效，如图 6.3 所示。

图 6.3　添加“基本文字”特效

4 在“基本文字”对话框中输入“外星来客”，并设置合适的字体和字形，如图 6.4 所示。

5 在“效果控件”面板中设置“填充颜色”为白色，“大小”为 133.0，如图 6.5 所示。

6 将时间调整到 0:00:00:00 的位置，在“效果和预设”面板中展开 Trapcode 特效组，双击 Shine（光）特效，如图 6.6 所示。

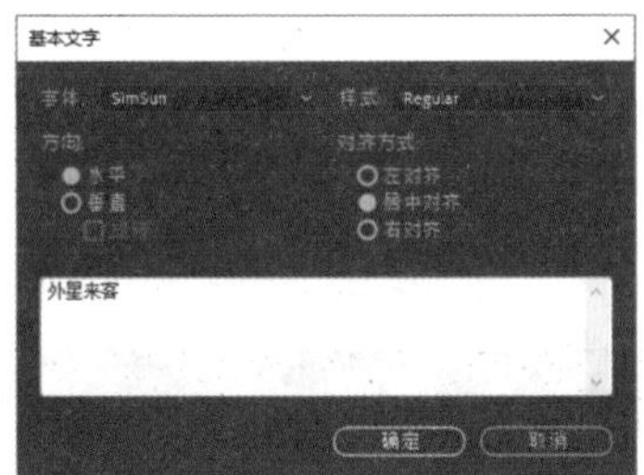

图 6.4 “基本文字”对话框

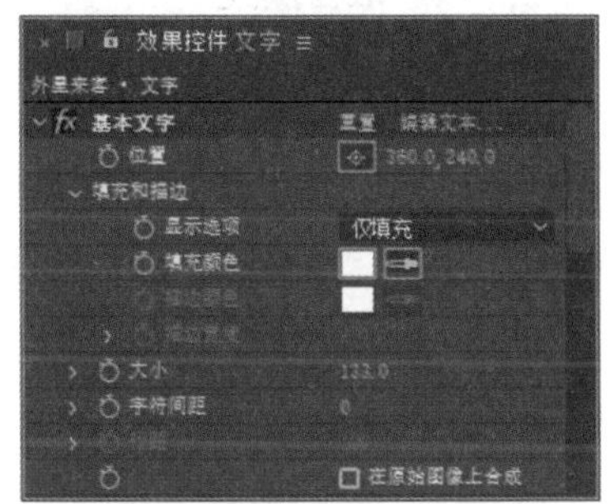

图 6.5 设置基本文字参数

图 6.6 添加 Shine（光）特效

7 在“效果控件”面板中展开 Pre-Process（预处理）选项组，勾选 Use Mask（应用蒙版）复选框，并设置 Mask Radius（蒙版半径）的值为 150.0，单击 Source Point（源点）左侧的码表，在当前建立关键帧。设置 Source Point（源点）的值为(-200.0,300.0)，Ray Length(光线长度)为 4.0。展开 Shimmer（淡光）选项组，设置 Amount（总额）的值为 700.0，Boost Light（光线强度）的值为 1.0，展开 Colorize（着色）选项组，在 Colorize（着色）右侧的下拉菜单中选择 Electric（电光）选项，如图 6.7 所示。

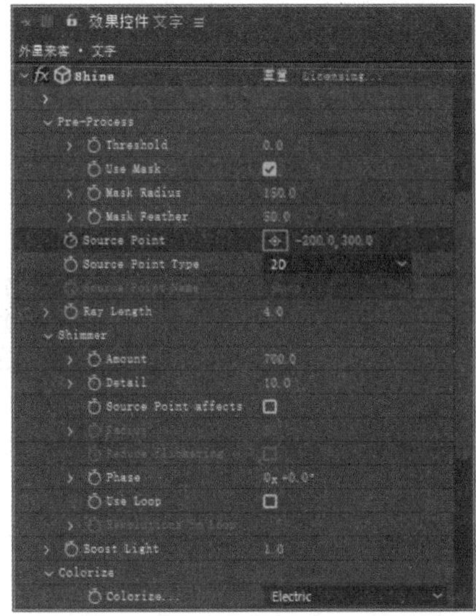

图 6.7 Shine（光）特效参数

8 将时间调整到 0:00:04:24 的位置，修改 Source Point（源点）的值为（700.0,300.0）。

9 执行菜单栏中的“文件”|“导入”|“文件”命令，打开“导入文件”对话框，选择“工程文件 \ 第 6 章 \ 外星来客 \ 幽灵 .jpg”素材，如图 6.8 所示。单击“导入”按钮。

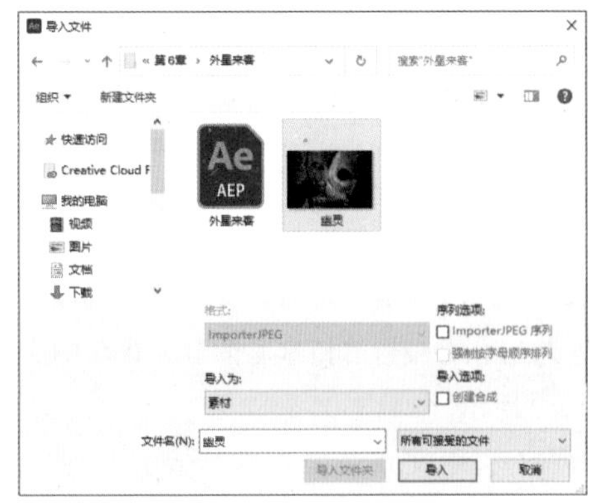

图 6.8 “导入文件”对话框

10 将“幽灵 .jpg”拖入时间线面板中。这样就完成了“外星来客”效果的制作，按小键盘上的 0 键即可在合成窗口中预览动画。

6.2 数字风暴

特效解析

本例主要讲解利用 Particular（粒子）特效、“发光”特效制作数字风暴动画，如图 6.9 所示。

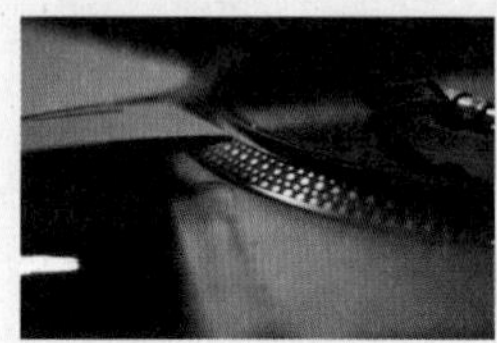

图 6.9　动画效果

知识点

1. Particular（粒子）特效
2. “发光”特效
3. “投影”特效

操作步骤

6.2.1　添加文字

1 执行菜单栏中的“合成”|“新建合成”命令，打开“合成设置”对话框，设置“合成名称”为“数字”，“宽度”为 20，“高度”为 40，“帧速率”为 25，并设置“持续时间”为 0:00:02:00，如图 6.10 所示。

2 利用文本工具在合成窗口中输入数字“6”，设置文字的字体为 MStiffHei HKS，文字的颜色为白色，文字的大小为 60 像素，如图 6.11 所示。

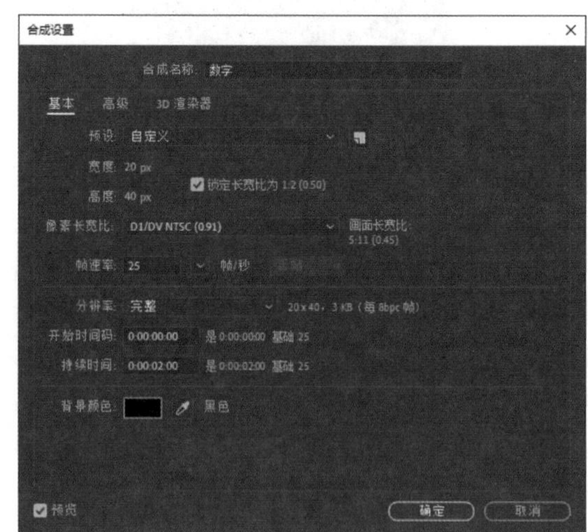

图 6.10　合成设置

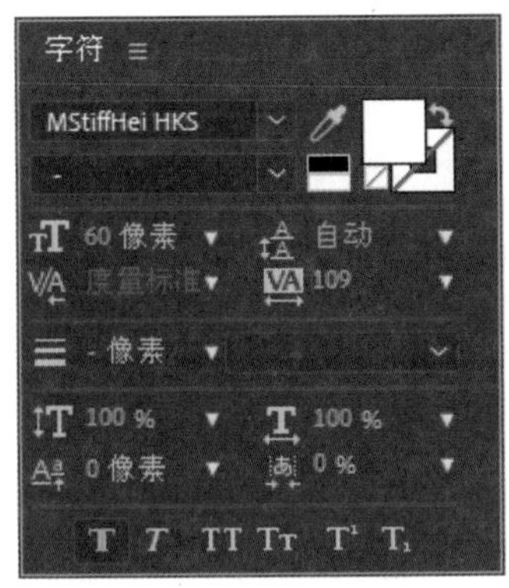

图 6.11 设置字符面板参数

6.2.2 创建粒子特效

1 执行菜单栏中的“合成”|“新建合成”命令，打开“合成设置”对话框，设置“合成名称”为“粒子”，“宽度”为 720，“高度”为 480，“帧速率”为 25，并设置“持续时间”为 0:00:02:00，如图 6.12 所示。

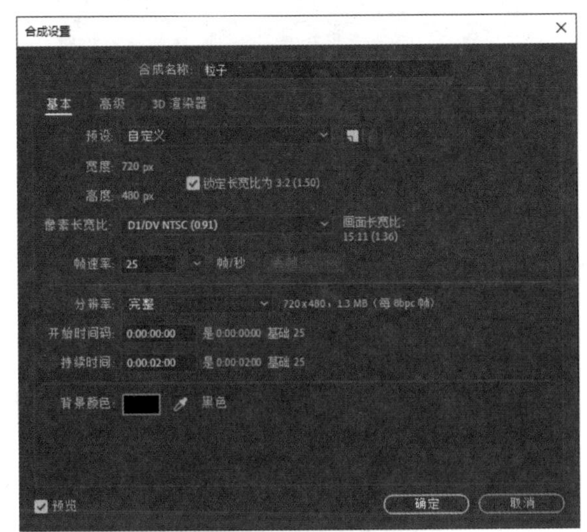

图 6.12 合成设置

2 将“数字”拖动到“粒子”合成中，并将“数字”合成左侧的显示开关关闭。按 Ctrl+Y 组合键打开“纯色设置”对话框，设置“名称”为“粒子”，“颜色”为黑色，如图 6.13 所示。

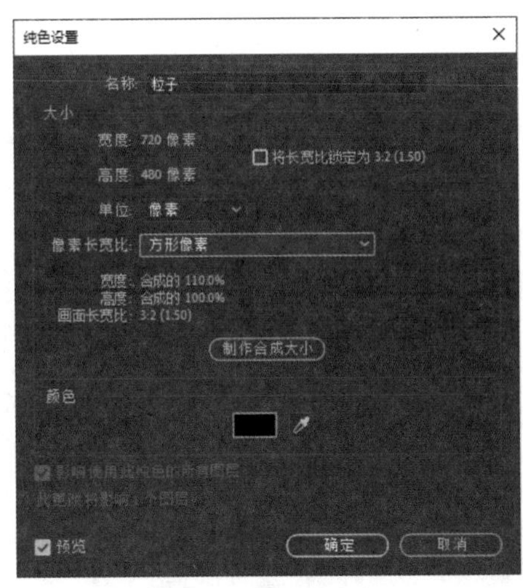

图 6.13 纯色参数

3 在“效果和预设”特效面板中展开 Trapcode 特效组，双击 Particular（粒子）特效，如图 6.14 所示。

图 6.14 添加 Particular（粒子）特效

4 在“效果控件”面板中展开 Emitter（发射器）选项组，设置 Particles/sec（每秒发射粒子数）的值为 500，Velocity Random（速度随机）的值为 82.0%，Velocity from Emitter Motion[%]（发射器运动速度）的值为 10.0，如图 6.15 所示。

5 展开 Particle（粒子）选项组，设置 Life(seconds)（生命）的值为 1.0，Life Random（生命随机）的值为 50%，设置 Particle Type（粒子类型）为 Sprite（幽灵），设置 Layer（层）为“2. 数字”，设置 Size（大小）的值为 10.0，Size Random（大小随机）的值为 100.0%，如图 6.16 所示。

6 将时间调整到 0:00:00:00 的位置，在“效果控件”面板中单击 Position（位置）左侧的码表，建立关键帧，修改 Position（位置）的值为（-136.0,288.0,0.0），如图 6.17 所示。

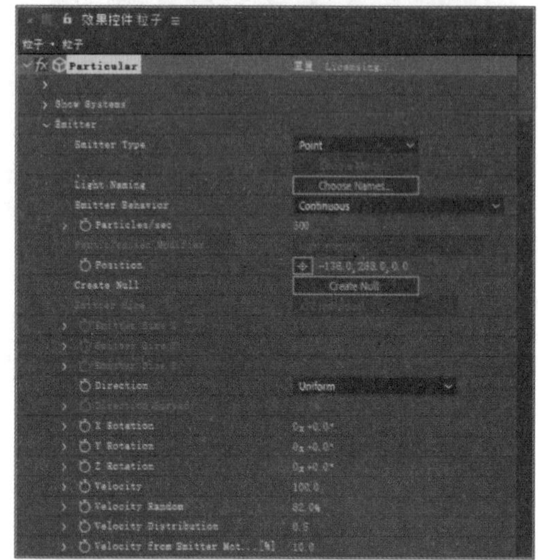
图 6.15　Emitter（发射器）选项组参数

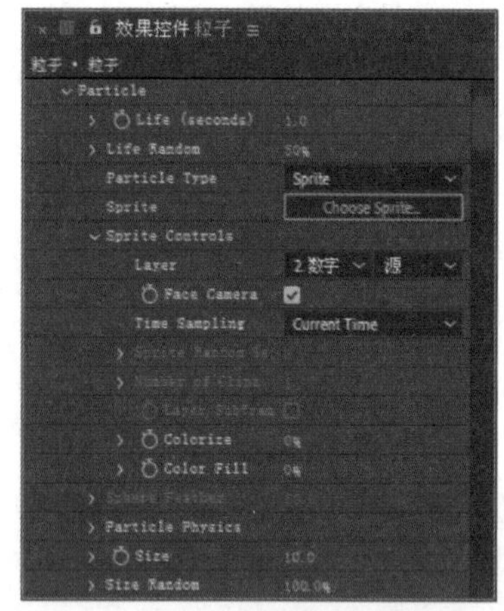
图 6.16　Particle（粒子）选项组参数

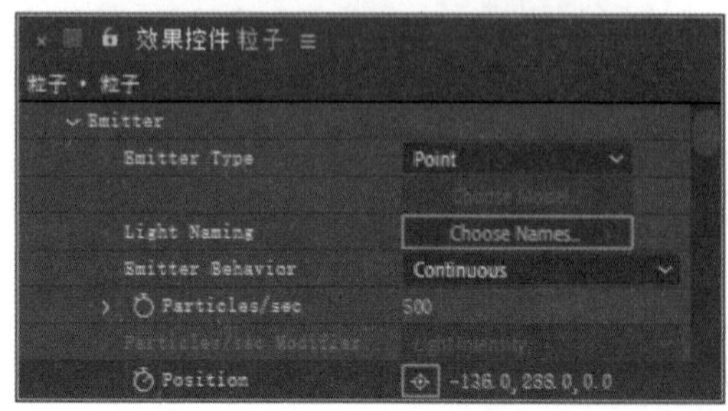
图 6.17　修改参数

7 将时间调整到 0:00:01:24 的位置，修改 Position XY（XY 轴位置）的值为（1396.0,288.0,0.0）。

6.2.3　制作文字动画

1 执行菜单栏中的“合成”|“新建合成”命令，打开“合成设置”对话框，设置“合成名称”为“数字风暴”，并设置“持续时间”为 0:00:02:00，如图 6.18 所示。

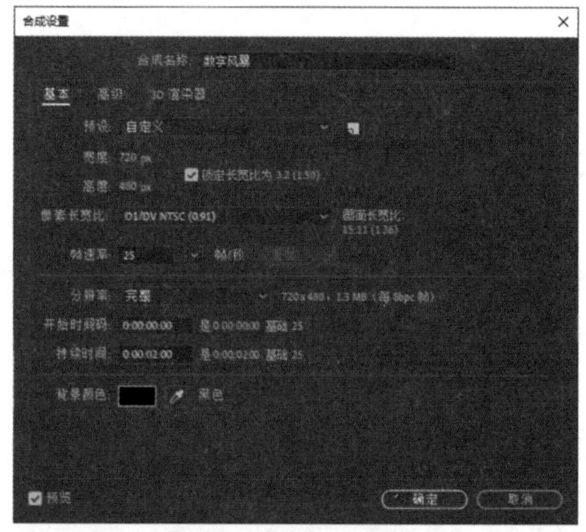
图 6.18　设置合成参数

2 单击工具栏中的“横排文字工具”，在“字符”面板中设置颜色为白色，字体大小为 60 像素，字符间距为 109，字体为加粗，如图 6.19 所示。

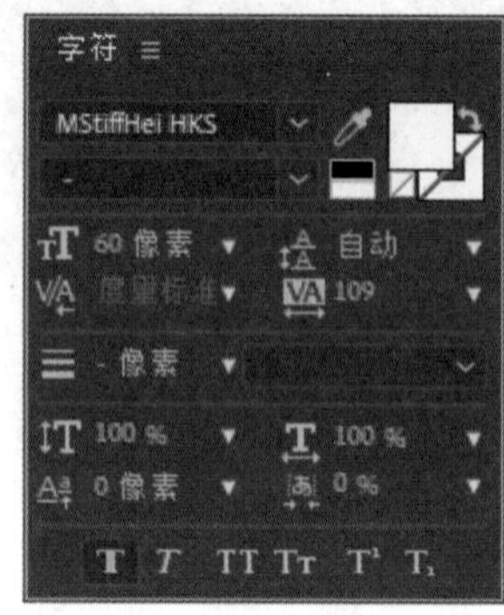
图 6.19　设置“字符”面板参数

3 在合成窗口输入“CONTR ABANO”，如图 6.20 所示。

图 6.20 合成窗口

4 单击“文字”层，在“效果和预设”特效面板中展开“透视”特效组，双击“投影”特效，如图 6.21 所示。

图 6.21 添加“投影”特效

5 在“效果控件”面板中设置“柔和度”的值为 6.0，如图 6.22 所示。

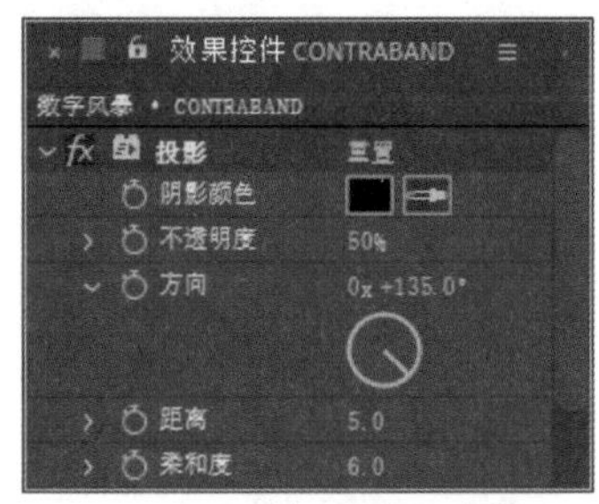

图 6.22 设置参数值

6 在时间轴面板中选择“文字”层，单击鼠标右键，在弹出的快捷菜单中执行“图层样式”|“斜面和浮雕”命令。

6.2.4 添加发光特效

1 执行菜单栏中的“文件”|“导入”|“文件”命令，打开“导入文件”对话框，选择“工程文件\第 6 章\数字风暴\背景 .jpg”素材，单击导入按钮，如图 6.23 所示。

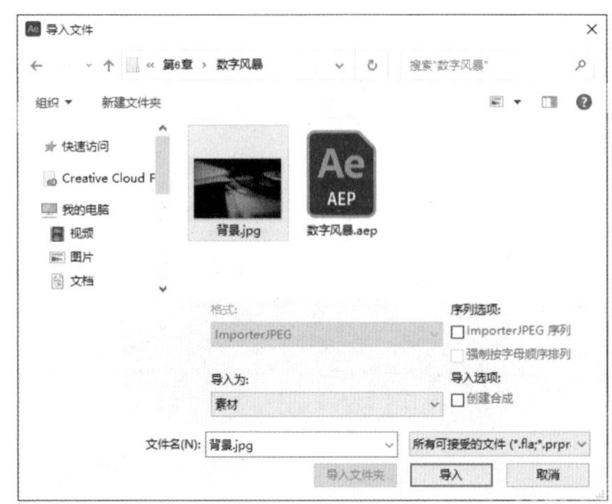

图 6.23 导入素材

2 将菜单栏中的“背景 .jpg”和“粒子”拖入时间线面板中，选中“粒子”层，在“效果和预设”特效面板中展开“风格化”特效组，双击“发光”特效，如图 6.24 所示。

图 6.24 添加“发光”特效

3 在“效果控件”面板中，设置“发光阈值”的值为 40.0%，设置“发光半径”的值为 15.0，设置“发光强度”的值为 2.0，设置“发光颜色”为“A 和 B 颜色”，设置“颜色 A”的颜色为橙色（R:255;G:138;B:0），“颜色 B”的颜色为黄色（R:255;G:211;B:0），如图 6.25 所示。

4 选中“粒子”层，按 S 键，取消等比缩放，设置“缩放”的值为（100.0,70.0%），按 Shift+P 组合键，设置“位置”的值为（353.0,334.0），如图 6.26 所示。

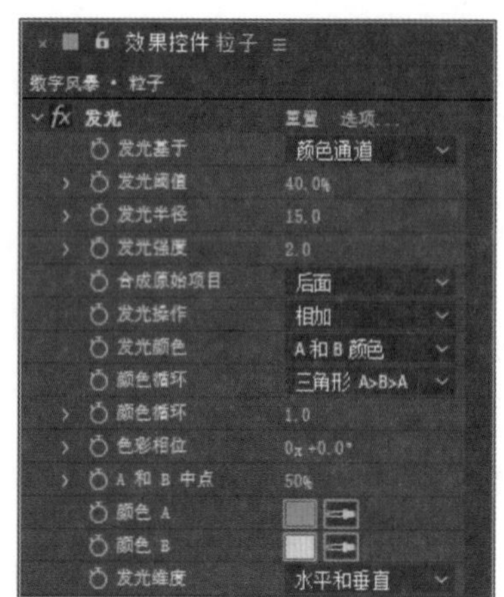

图 6.25　设置发光参数

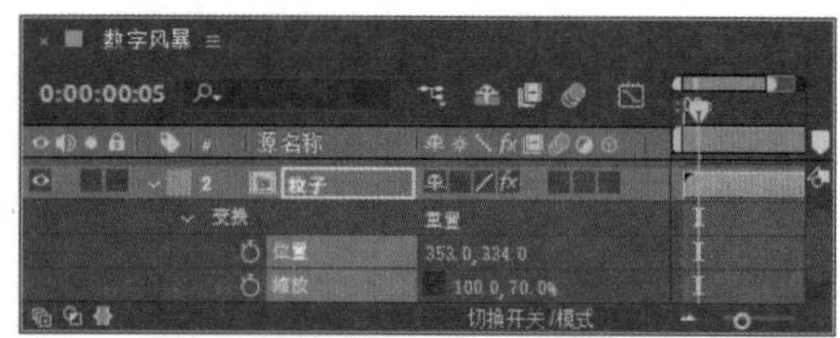

图 6.26　设置“粒子”层参数

5 将时间调整到0:00:01:24的位置，单击“文本”层，选择工具栏中的“矩形工具”按钮■，在“合成”窗口中绘制一个矩形蒙版区域，如图6.27所示。

6 在时间线面板中展开文本层下的“蒙版1”选项组，单击“蒙版路径”左侧的码表◙，设置一个关键帧。将时间调整到0:00:00:00的位置，选中合成窗口中矩形右侧的两个锚点，将其移动到左侧竖线旁，如图6.28所示。

图 6.27　绘制矩形蒙版

图 6.28　调整矩形蒙版

7 在时间线面板中取消等比缩放，设置“蒙版羽化”的值为（91.0,0.0），如图6.29所示。

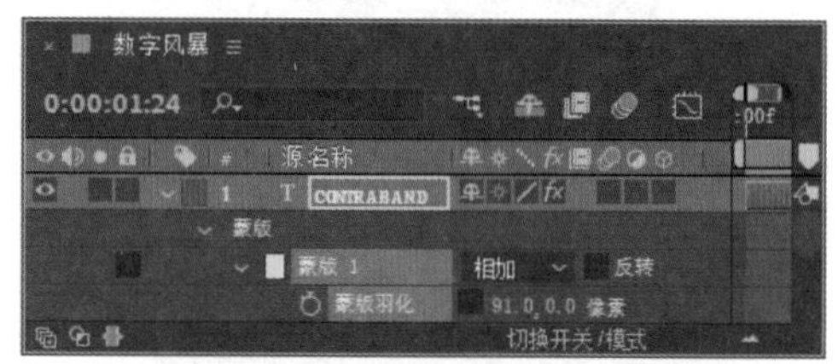

图 6.29　设置“蒙版羽化”参数

8 这样就完成了“数字风暴”动画的制作，按小键盘上的0键即可在合成窗口中预览动画。

6.3　粒子飞舞

特效解析

本例主要讲解利用 Particular（粒子）特效制作彩色粒子效果，然后通过绘制路径制作彩色粒子的跟随动画，如图6.30所示。

图 6.30　动画效果

知识点

1. “矩形工具”■
2. Particular（粒子）特效

视频文件

操作步骤

6.3.1 新建合成

1 执行菜单栏中的“合成”|“新建合成”命令，打开“合成设置”对话框，设置“合成名称”为“粒子飞舞”，“宽度”为720，“高度”为480，“帧速率”为25，并设置“持续时间”为0:00:03:00，如图6.31所示。

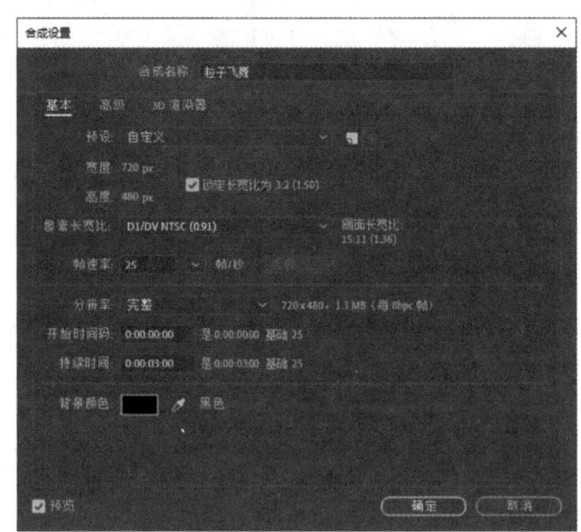

图6.31　合成设置

2 执行菜单栏中的“文件”|“导入”|“文件”命令，打开“导入文件”对话框，选择“工程文件\第6章\粒子飞舞\背景1.jpg、背景2.png”素材，单击“导入”按钮，如图6.32所示。

3 在“项目”面板中选择“背景1.jpg”“背景2.png”素材，将其拖动到“粒子飞舞”合成的时间线面板中，如图6.33所示。

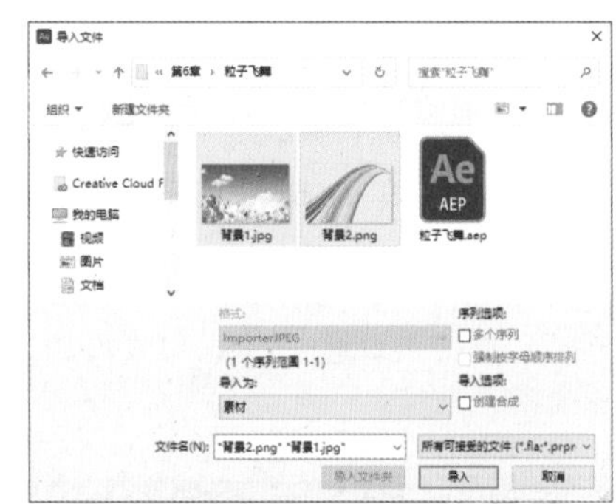

图6.32　“导入文件”对话框

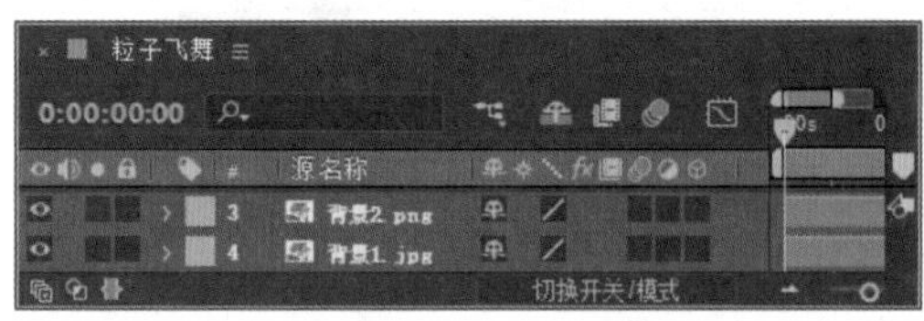

图6.33　添加素材

4 选中“背景2”层，按P键打开“位置”属性，设置“位置”的值为（374.0,374.0），按S键打开“缩放”属性，单击“缩放”左侧的缩放比例按钮，取消缩放比例，设置“缩放”的值为（-100.0,70.0%），按R键打开“旋转”属性，设置“旋转”的值为0x-9.0°，如图6.34所示。

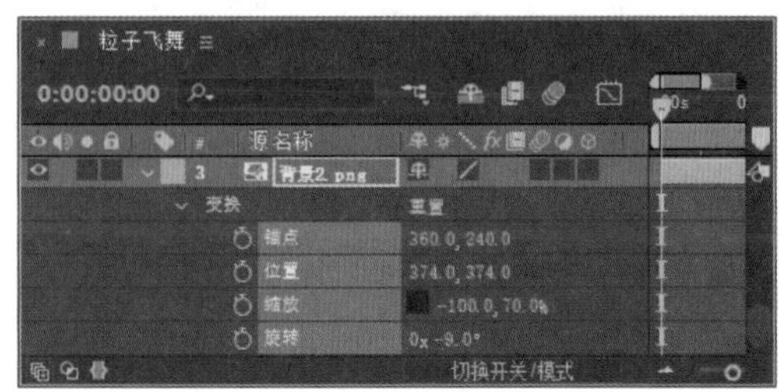

图6.34　参数设置

5 单击工具栏中的“矩形工具”按钮，在“合成”窗口中拖动鼠标，绘制一个矩形蒙版区域，如图 6.35 所示。

图 6.35 创建矩形蒙版

6 将时间调整到 0:00:00:00 的位置，单击“蒙版路径”左侧的码表，在当前位置添加关键帧，如图 6.36 所示。

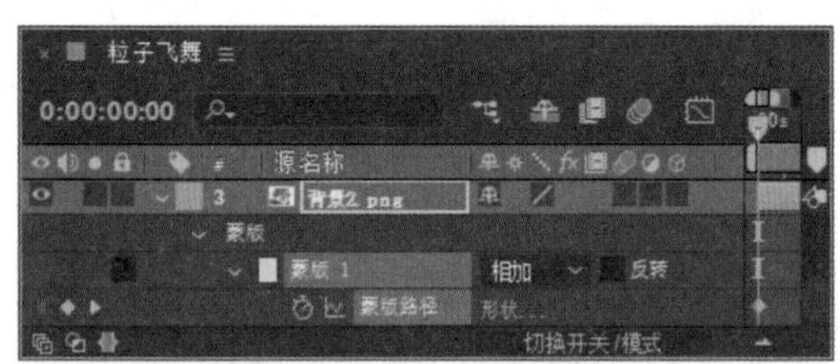

图 6.36 设置关键帧

7 将时间调整到 0:00:01:24 的位置，选中蒙版右侧两个锚点，将其拖动出画面，如图 6.37 所示。

图 6.37 移动锚点

8 选中“背景 2”层，按 F 键打开“蒙版羽化”属性，设置“蒙版羽化”的值为（80.0,80.0），如图 6.38 所示。

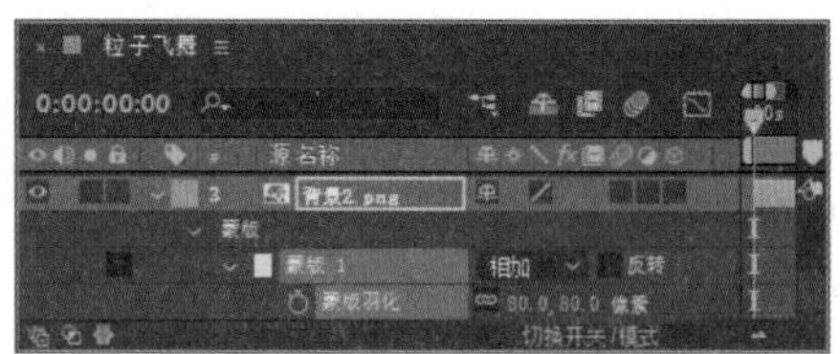

图 6.38 参数设置

6.3.2 制作彩色粒子

1 执行菜单栏中的“图层” | “新建” | “纯色”命令，打开“纯色设置”对话框，设置“名称”为“彩色粒子”，“颜色”为黑色，如图 6.39 所示。

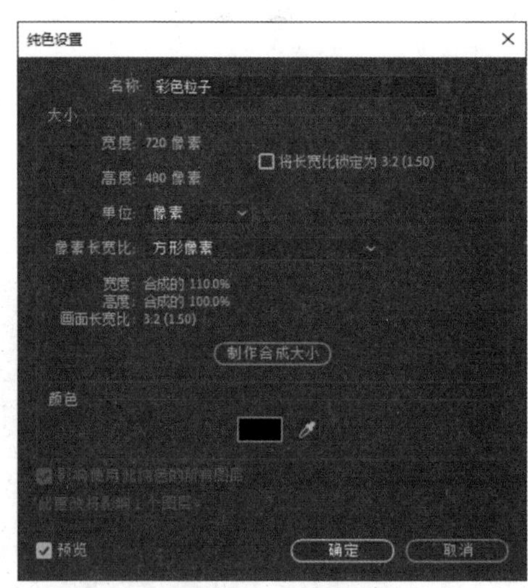

图 6.39 纯色设置

2 在“效果和预设”特效面板中展开 Trapcode 特效组，双击 Particular（粒子）特效，如图 6.40 所示。

图 6.40 添加 Particular（粒子）特效

3 将时间调整到 0:00:00:00 的位置，在

“效果控件”面板中展开 Emitter（发射器）选项栏，设置 Particles/sec（每秒发射粒子数）的值为 1000，从 Emitter Type（发射器类型）右侧的下拉菜单中选择 Sphere（球形）选项，设置 Velocity（速度）的值为 200.0，Velocity Random（速度随机）的值为 80.0%，Velocity Distribution（速度分布）的值为 1.0，Velocity from Emitter Motion[%]（发射器运动速度）的值为 10.0，Emitter Size Y（发射器 Y 轴尺寸）的值为 100，单击 Position（位置）左侧的码表，在当前位置添加关键帧，如图 6.41 所示。

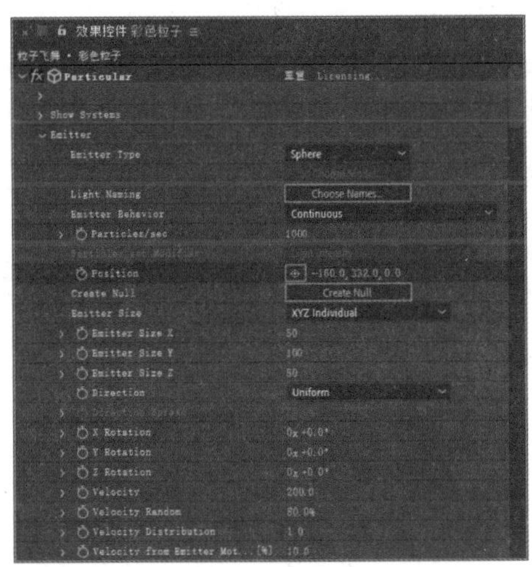

图 6.41　Emitter（发射器）参数设置

4 展开 Particle（粒子）选项栏，从 Particle Type（粒子类型）右侧的下拉菜单中选择 Glow Sphere(No DOF)（发光球）选项，设置 Life(seconds)（生命）的值为 1.0，Life Random（生命随机）的值为 50%，Sphere Feather（球形羽化）的值为 0，Size（尺寸）的值为 8.0，Size Random（大小随机）的值为 100.0%，然后展开 Size over Life（生命周期大小）选项栏，使用鼠标绘制形状，从 Set Color（颜色设置）右侧的下拉菜单中选择 Over Life（生命周期）选项，从 Blend Mode（混合模式）右侧的下拉菜单中选择 Add（相加）选项，如图 6.42 所示。

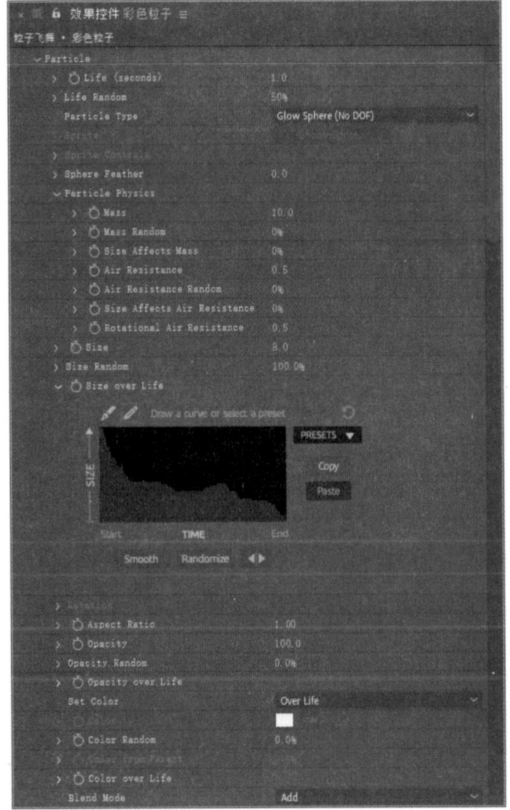

图 6.42　Particle（粒子）参数设置

5 在时间线面板中按 Ctrl+Y 组合键打开“纯色设置”对话框，设置“名称”为“路径”，“颜色”为黑色，如图 6.43 所示。

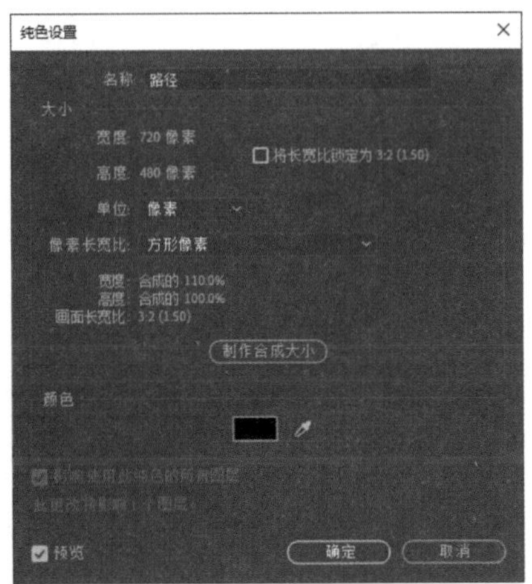

图 6.43　纯色设置

6 选择“路径”纯色层，单击工具栏中的“钢笔工具”，在“合成”窗口中绘制一条路径，如图 6.44 所示。

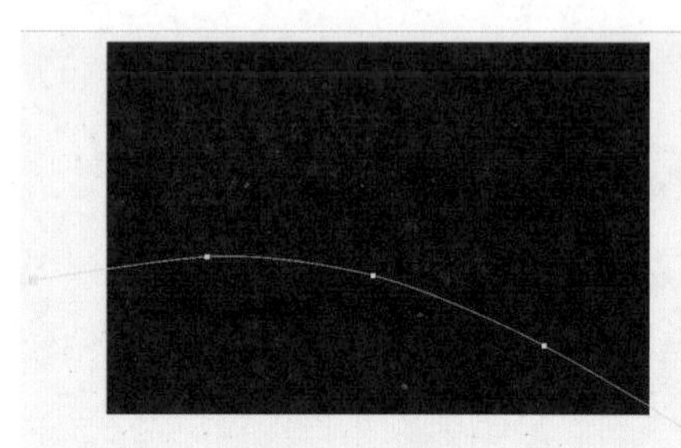
图 6.44　绘制路径

7 在时间线面板中单击“路径”固态层左侧的眼睛图标，将“路径”层隐藏，如图 6.45 所示。

图 6.45　图层设置

8 制作路径跟随动画。在时间线面板中按 M 键，打开“路径”纯色的“蒙版路径”选项栏，单击“蒙版路径”选项，按 Ctrl+C 组合键将其复制，如图 6.46 所示。

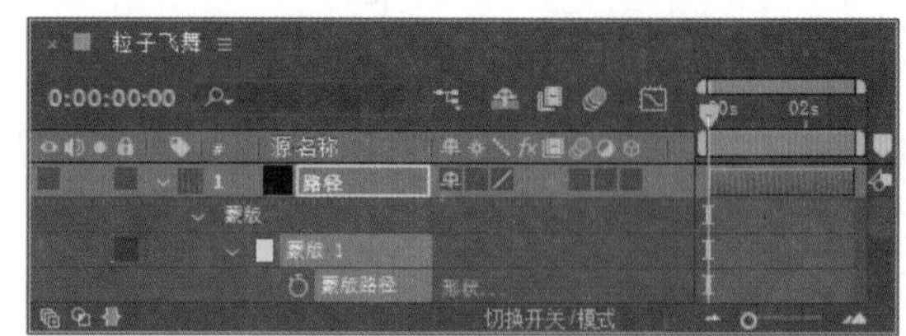

图 6.46　复制路径

9 将时间调整到 0:00:00:00 的位置，选择“彩色粒子”层，然后选择 Position（位置），按 Ctrl+V 组合键，将“蒙版路径”粘贴到 Position（位置）选项上，如图 6.47 所示。

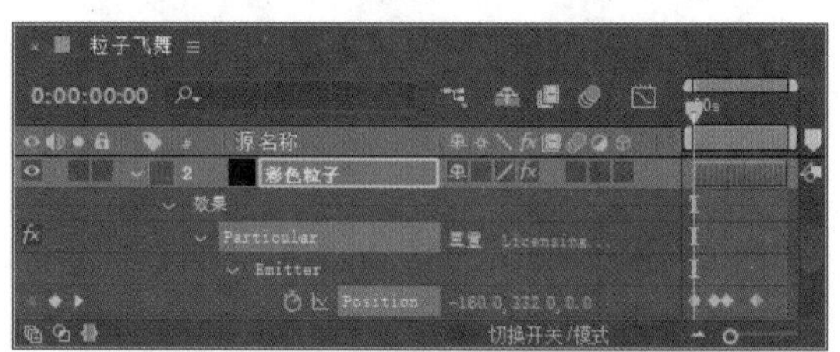

图 6.47　制作路径跟随动画

10 这样就完成了“粒子飞舞”动画的整体制作，按小键盘上的 0 键，可在合成窗口中预览动画效果。

第 7 章

奇幻光线特效

内容摘要

在影视特效中经常可以看到运用炫目的光效对整体动画进行点缀，光效不仅可以作用在动画的背景上，使动画整体更加绚丽，也可以运用到动画的主体上，使主题更加突出。本章将通过几个具体的实例，讲解常见奇幻光效的制作方法。

教学案例

- 舞动光线
- 魔幻光圈
- 流动光线
- 七彩小精灵
- 旋转蓝光环

7.1 舞动光线

特效解析

本例主要讲解舞动光线动画的制作。首先利用 Vegas（描绘）特效和钢笔路径绘制光线，然后配合湍流置换特效使线条达到蜿蜒的效果，如图 7.1 所示。

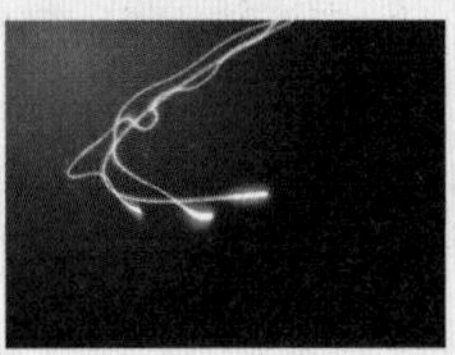 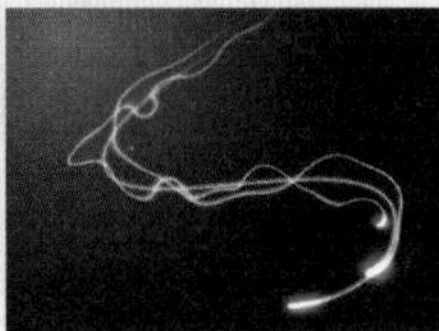 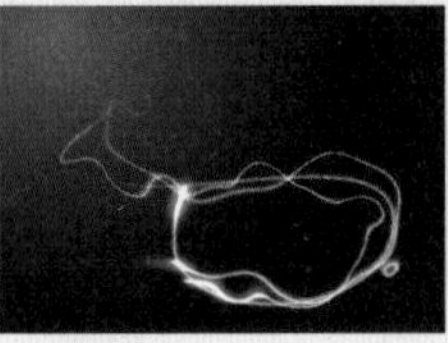 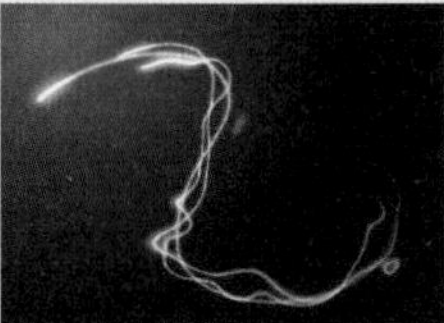

图 7.1　动画效果

知识点

1. “勾画”特效
2. “发光”特效
3. “梯度渐变”特效
4. “湍流置换”特效

操作步骤

7.1.1 为固态层添加特效

1 执行菜单栏中的“合成”|“新建合成”命令，打开“合成设置”对话框，设置“合成名称”为“光线”，“宽度”为 720，“高度”为 576，“帧速率”为 25，并设置“持续时间”为 0:00:05:00，如图 7.2 所示。

2 按 Ctrl + Y 组合键，打开“纯色设置”对话框，设置“名称”为“拖尾”，“颜色”为黑色，如图 7.3 所示。

3 选择工具栏中的“钢笔工具”，选择“拖尾”层，在合成窗口中绘制一条路径，如图 7.4 所示。

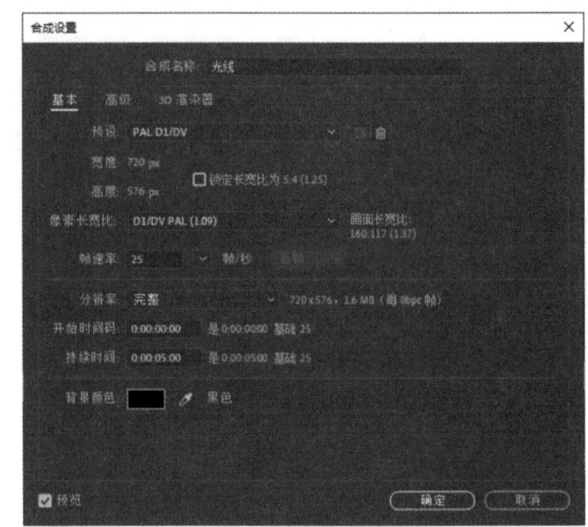

图 7.2　建立合成

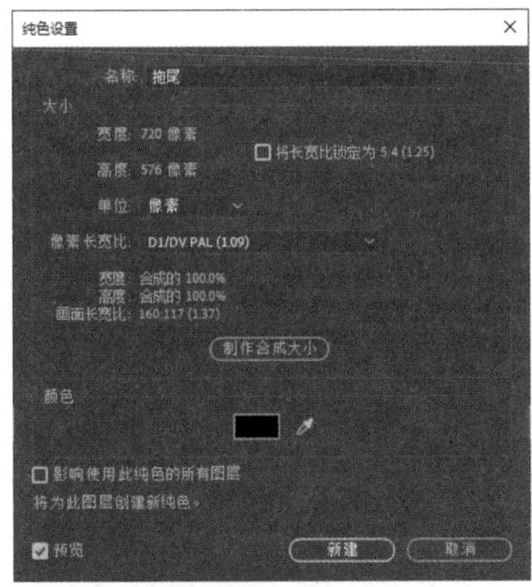

图 7.3 纯色设置

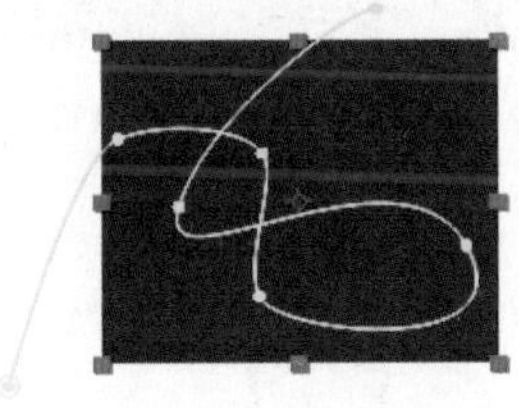
图 7.4 绘制路径

4 在“效果和预设”面板中展开“生成”特效组，然后双击“勾画”特效，如图 7.5 所示。

图 7.5 添加特效

5 将时间调整到0:00:00:00的位置，在“效果控件”面板中，单击“描边”下拉菜单，选择“蒙版/路径”；展开“蒙版/路径”选项组，从“路径”下拉菜单选择“蒙版 1”；展开“片段”选项组，修改“片段”的值为 1，单击“旋转”左侧的码表 ，在当前建立关键帧，修改“旋转”的值为 0x-47.0°；展开“正在渲染”选项组，设置“颜色”为白色，“宽度”为 1.20，“硬度”为 0.450，设置“中点不透明度”的值为 -1.000，设置“中点位置”的值为 0.900，如图 7.6 所示。

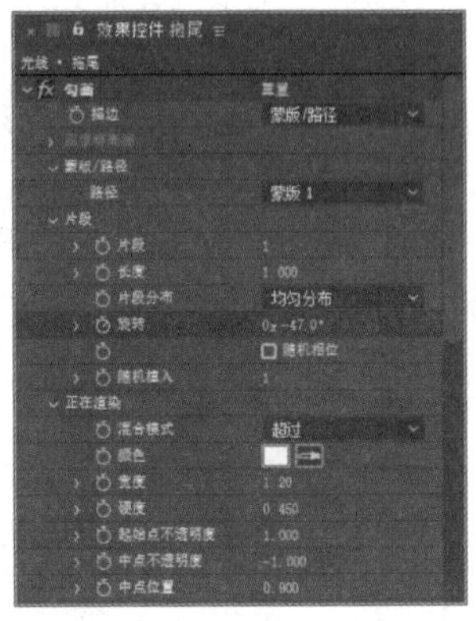
图 7.6 设置特效的参数

6 调整时间到 0:00:04:00 的位置，修改“旋转”的值为 -1x-48.0°，如图 7.7 所示。拖动时间滑块，可在合成窗口中看到预览效果，如图 7.8 所示。

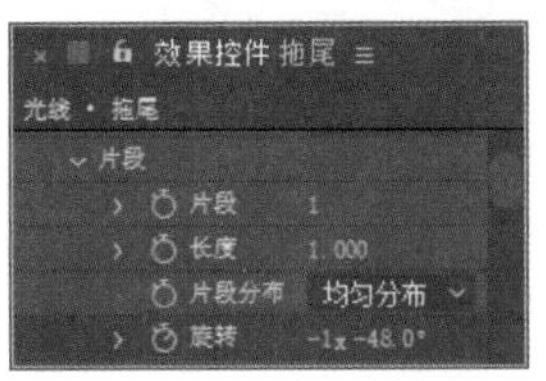

图 7.7 修改参数

图 7.8 预览效果

7 在“效果和预设”面板中展开“风格化”特效组，然后双击“发光”特效，如图 7.9 所示。

图 7.9 添加特效

8 在“效果控件”面板中展开“发光”选项组，修改“发光阈值”的值为 20.0%，“发光半径”的值为 6.0，“发光强度”的值为 2.5，设置“发光颜色”为“A 和 B 颜色”，“颜色 A”为红色（R:255;G:0;B:0），

“颜色 B”为黄色（R:255;G:190;B:0），如图 7.10 所示。

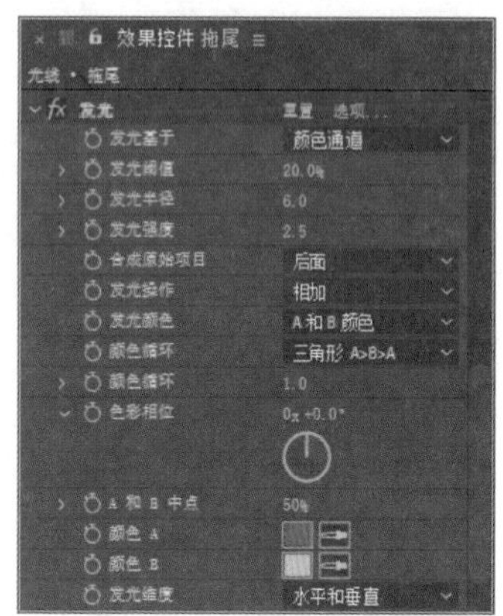

图 7.10　设置发光特效的参数

9 选择“拖尾”固态层，按 Ctrl+D 组合键复制出新的一层，并重命名为“光线”，修改“光线”层的“模式”为“相加”，如图 7.11 所示。

图 7.11　设置层的模式

10 在“效果控件”面板中，展开“勾画”选项组，修改“长度”的值为 0.070，修改“宽度”的值为 6.00，如图 7.12 所示。

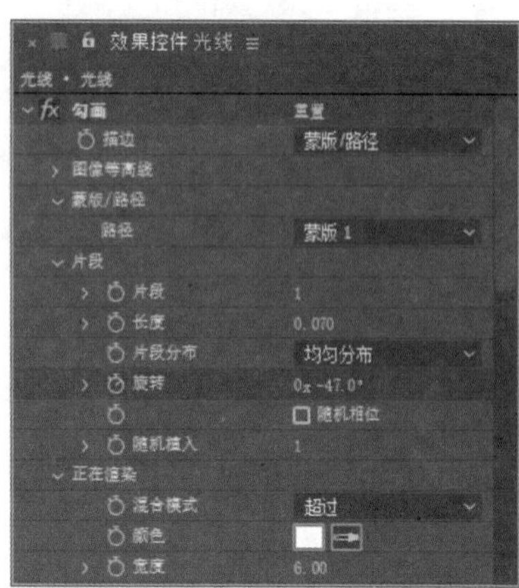

图 7.12　修改勾画特效的属性

11 展开“发光”特效组，设置“发光阈值”的值为 31.0%，“发光半径”的值为 25.0，“发光强度”的值为 3.5，“颜色 A”为浅蓝色（R:55;G:155;B:255），“颜色 B”为深蓝色（R:20;G:90;B:210），如图 7.13 所示。

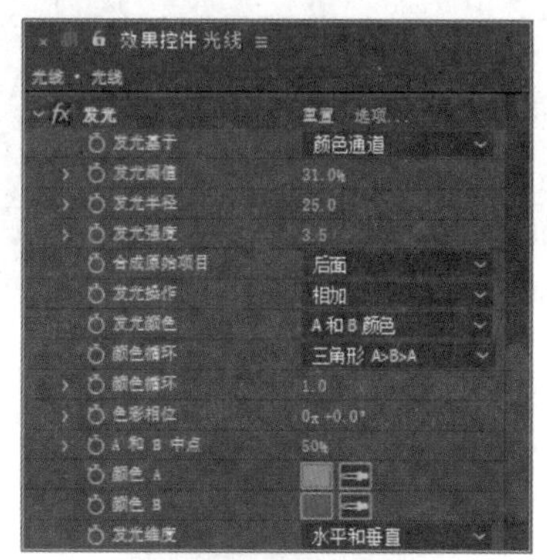

图 7.13　修改发光特效属性

7.1.2　建立合成

1 执行菜单栏中的“合成”|“新建合成”命令，打开“合成设置”对话框，设置“合成名称”为“舞动光线”，“宽度”为 720，“高度”为 576，“帧速率”为 25，并设置“持续时间”为 0:00:05:00，如图 7.14 所示。

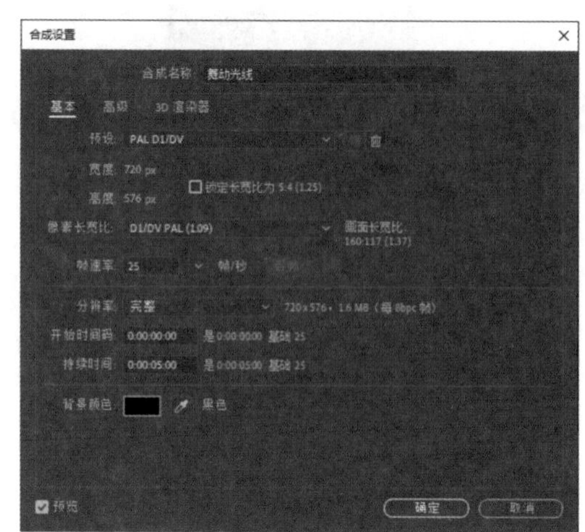

图 7.14　建立合成

2 按 Ctrl + Y 组合键打开“纯色设置”对话框，设置“名称”为“背景”，“颜色”为黑色，如图 7.15 所示。

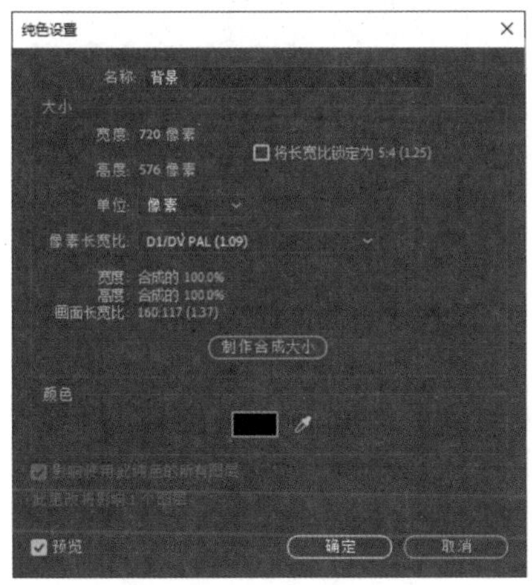

图 7.15　纯色设置

3 在“效果和预设”面板中展开“生成”特效组，然后双击“梯度渐变”特效，如图 7.16 所示。

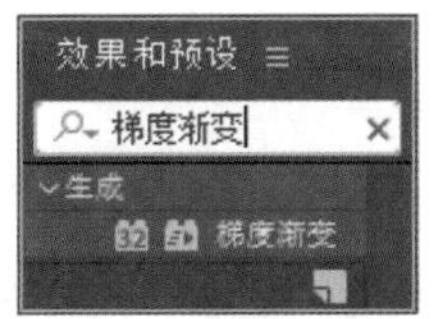

图 7.16　添加特效

4 在“效果控制”面板中展开“梯度渐变”选项组，设置“渐变起点”的值为（90.0,55.0），“起始颜色”为深绿色（R:17;G:88;B:103），“渐变终点”为（430.0;410.0），“结束颜色”为黑色，如图 7.17 所示。

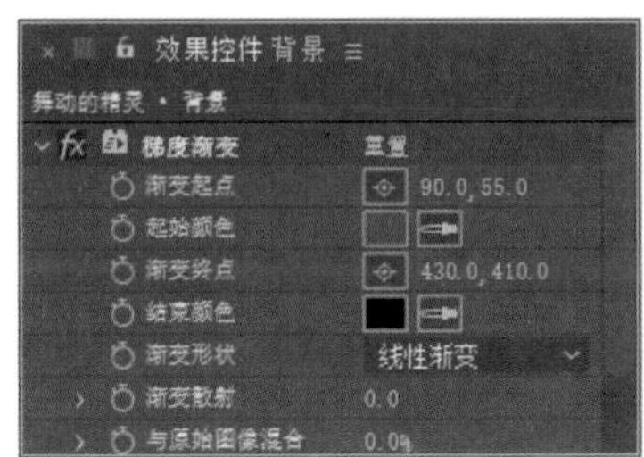

图 7.17　设置参数值

7.1.3　复制“光线”

1 将“光线”合成拖动到“舞动的精灵”合成的时间线中，修改“光线”层的“模式”为“相加”，如图 7.18 所示。

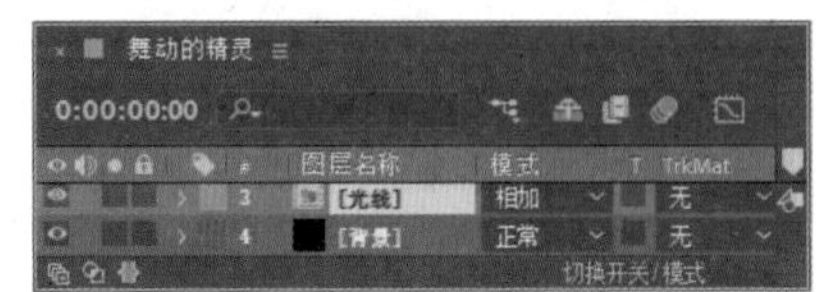

图 7.18　添加“光线”合成层

2 按 Ctrl+D 组合键复制出一层，选中“光线 2”层，调整时间到 0:00:00:03 的位置，按键盘上的 [键，将入点设置到当前帧，如图 7.19 所示。

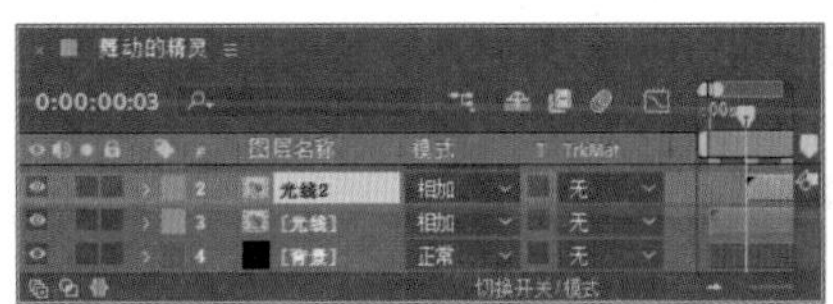

图 7.19　复制层并设置入点

3 选择“光线 2”层，在“效果和预设”面板中展开“扭曲”特效组，然后双击“湍流置换”特效，如图 7.20 所示。

图 7.20　添加特效

4 在“效果控制”面板中，设置“数量”的值为 195.0，“大小”的值为 57.0，“消除锯齿（最佳品质）”为“高”，如图 7.21 所示。

5 选择“光线 2”层，按 Ctrl+D 组合键复制出新的一层，调整时间到 0:00:00:06 的位置，按 [键，将入点设置到当前帧，如图 7.22 所示。

6 在“效果控件”面板中，设置“数量”的值为 180.0，“大小”的值为 25.0，“偏移（湍流）”为（330.0,288.0），如图 7.23 所示。

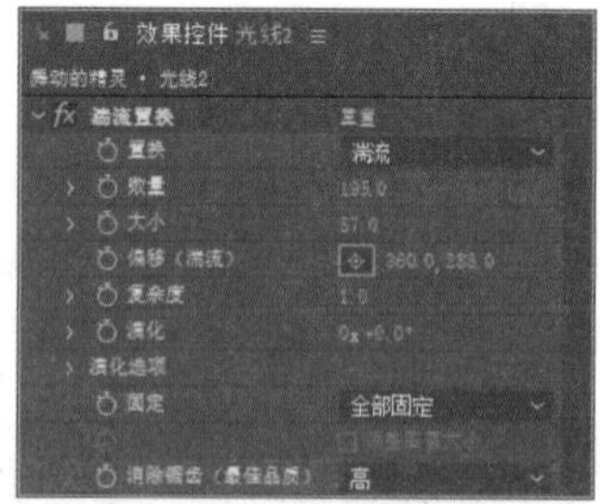

图 7.21　设置特效参数

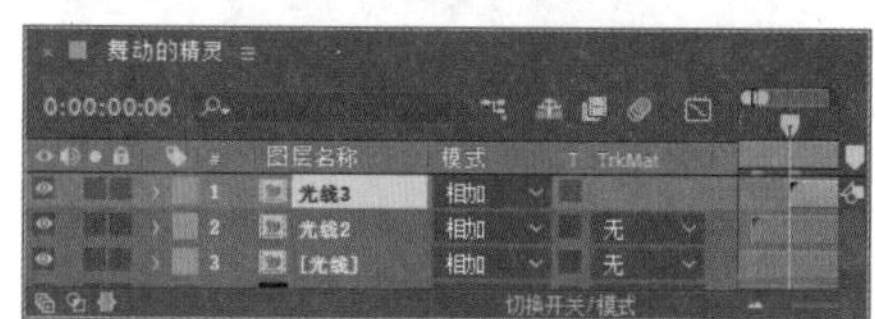

图 7.22　复制层并设置入点

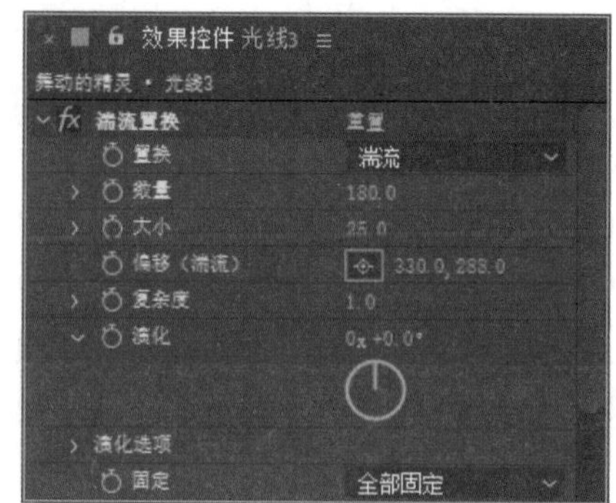

图 7.23　修改湍流置换的参数

7 这样就完成了“舞动光线”案例的制作，按小键盘上的 0 键，可在合成窗口中预览动画。

7.2　魔幻光圈

特效解析

本例主要讲解利用“极坐标”特效、“发光”特效、“基本 3D”特效制作魔幻光圈，如图 7.24 所示。

图 7.24　动画效果

知识点

1. “极坐标”特效
2. “曲线”特效
3. “发光”特效
4. “基本 3D”特效

视频文件

操作步骤

7.2.1 制作环形

1 执行菜单栏中的"合成"|"新建合成"命令，打开"合成设置"对话框，设置"合成名称"为"光线"，"宽度"为720，"高度"为480，"帧速率"为25，并设置"持续时间"为0:00:05:00，如图7.25所示。

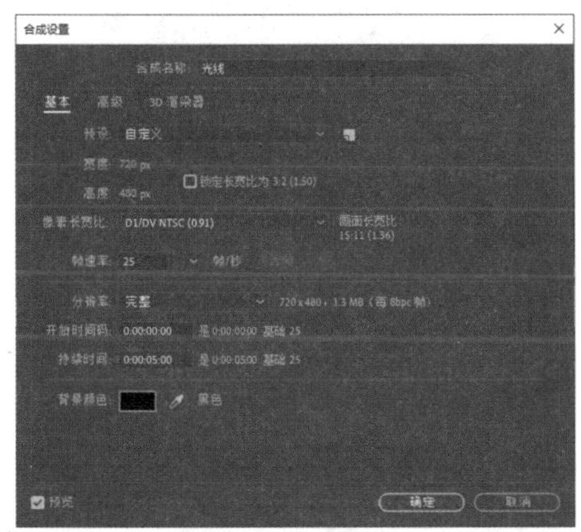

图7.25 合成设置

2 在时间线面板中，按Ctrl+Y组合键打开"纯色设置"对话框，设置"名称"为"光线"，设置"颜色"为白色，如图7.26所示。

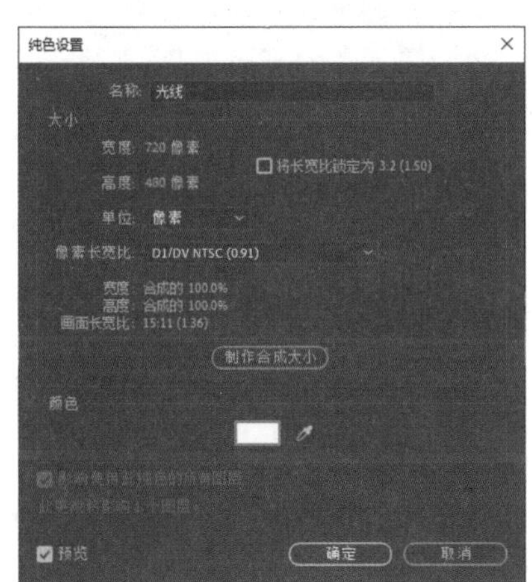

图7.26 "纯色设置"对话框

3 选择工具栏中的"矩形工具"，在合成窗口中绘制一个长条状的矩形蒙版，在时间线面板中展开"蒙版1"选项组，取消"蒙版羽化"的等比缩放，设置"蒙版羽化"的值为（100.0,4.0）。

4 选择"蒙版1"，按Ctrl+D组合键复制出一个"蒙版2"。调整蒙版的位置与宽度，使其在"蒙版1"的下方且略宽于"蒙版1"，如图7.27所示。设置"蒙版2"的"蒙版羽化"值为（100.0,10.0），如图7.28所示。

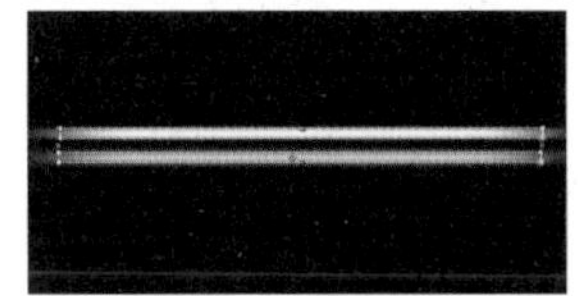

图7.27 调整蒙版

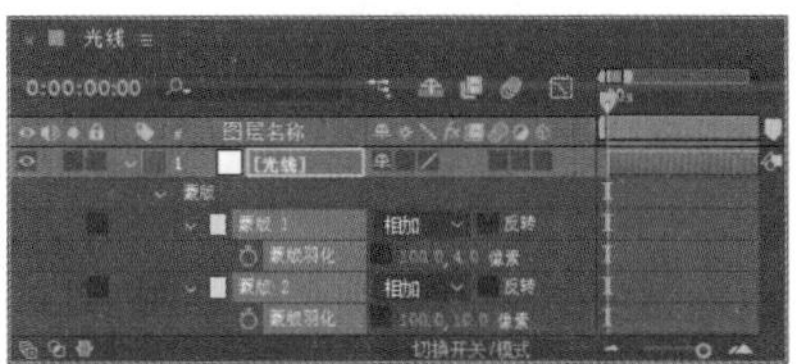

图7.28 参数设置

5 执行菜单栏中的"合成"|"新建合成"命令，打开"合成设置"对话框，设置"合成名称"为"光环"，"宽度"为720，"高度"为480，"帧速率"为25，并设置"持续时间"为0:00:05:00，如图7.29所示。

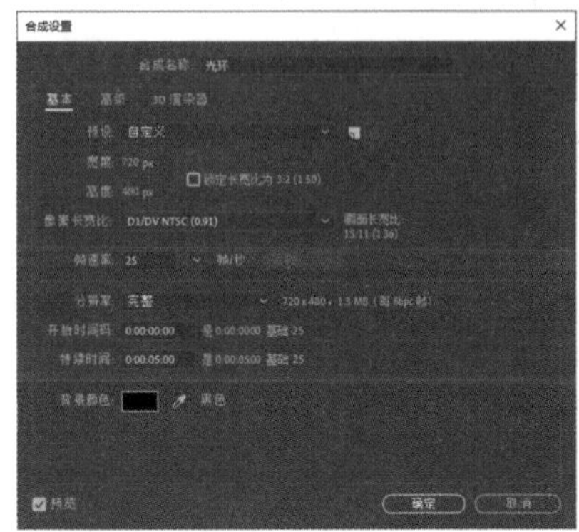

图7.29 合成设置

6 将“光线”合成导入“光环”合成的时间线面板中，选择“光线”层，在“效果和预设”特效面板中展开“扭曲”特效组，双击“极坐标”特效，如图 7.30 所示。

7 在“效果控件”面板中设置“插值”的值为 100.0%，“转换类型”为“矩形到极线”，如图 7.31 所示。

图 7.30 添加“极坐标”特效

图 7.31 “极坐标”参数设置

8 在“效果和预设”特效面板中展开“颜色校正”特效组，双击“曲线”特效，如图 7.32 所示。

9 在“效果控件”面板中设置“通道”为 Alpha，并调整曲线的走向，如图 7.33 所示。

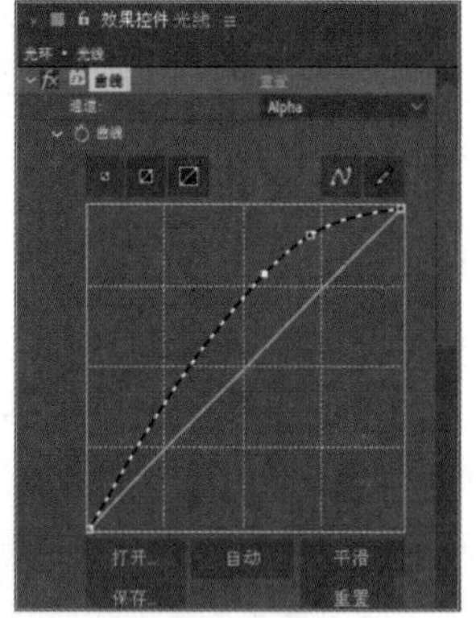

图 7.32 添加“曲线”特效　图 7.33 调整曲线

10 在“效果和预设”特效面板中展开“风格化”特效组，双击“发光”特效，如图 7.34 所示。

图 7.35 添加“发光”特效

11 在“效果控件”面板中，设置“发光阈值”的值为 40.0%，“发光半径”的值为 50.0，“发光强度”的值为 2.0，选中“发光颜色”右侧下拉菜单中的“A 和 B 颜色”，设置“颜色 A”为黄色（R:255;G:250;B:0），“颜色 B”为绿色（R:25;G:255;B:0），如图 7.35 所示。

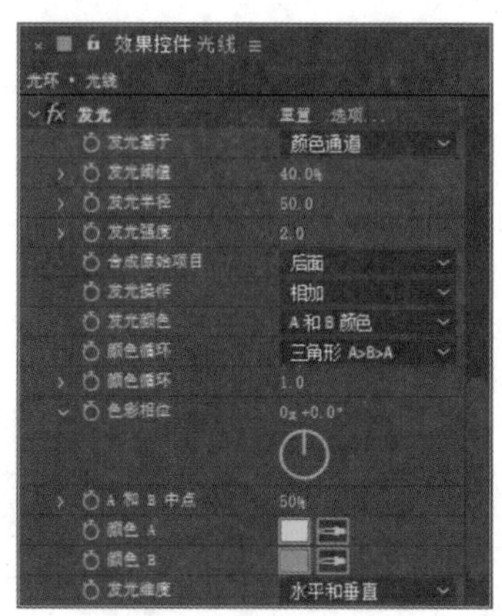

图 7.35 “发光”参数设置

12 将时间调整到 0:00:00:00 的位置，在时间线面板中按 R 键打开 Rotation（旋转）属性，单击“旋转”左侧码表，在当前位置设置关键帧。

13 将时间调整到 0:00:04:24 的位置，设置“旋转”的值为 6x+0.0°，系统会自动设置关键帧，如图 7.36 所示。

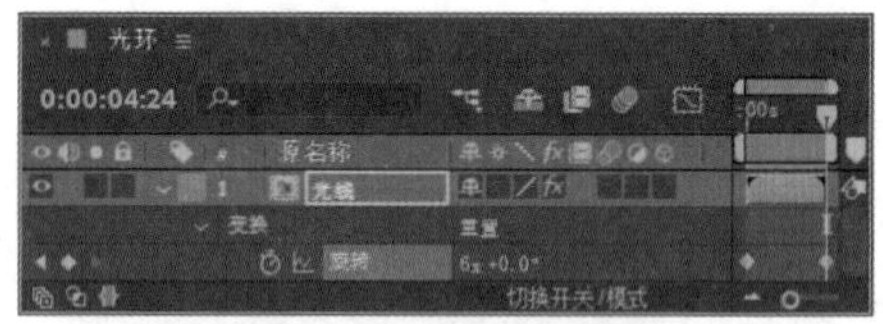

图 7.36 设置旋转关键帧

7.2.2 制作三维效果

1 执行菜单栏中的“合成”|“新建合成”命令，打开“合成设置”对话框，设置“合成名称”为“光环组”，“宽度”为 720，“高度”为 480，“帧速率”为 25，并设置“持续时间”为 0:00:05:00，如图 7.37 所示。

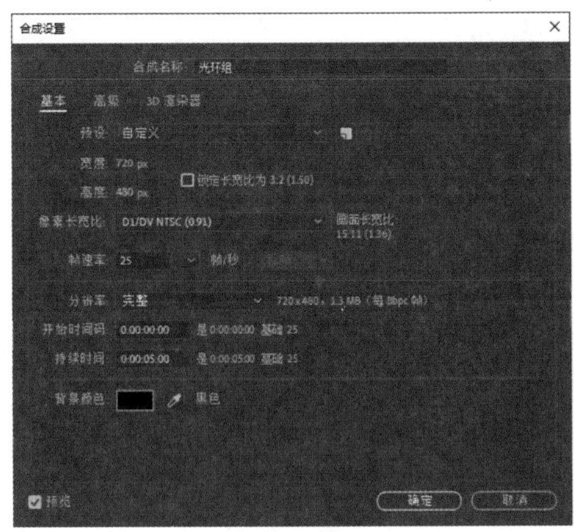

图 7.37 合成设置

2 将“光环”合成拖入时间线面板中，修改名称为“光环 1”，在“效果和预设”特效面板中展开“过时”特效组，双击“基本 3D”特效，如图 7.38 所示。

3 选中“光环 1”层，按 Ctrl+D 组合键两次，复制出两层，分别改名称为“光环 2”“光环 3”。在“效果控件”面板中设置“光环 1”中“旋转”的值为 0x+123.0°，“倾斜”的值为 0x−43.0°，如图 7.39 所示。

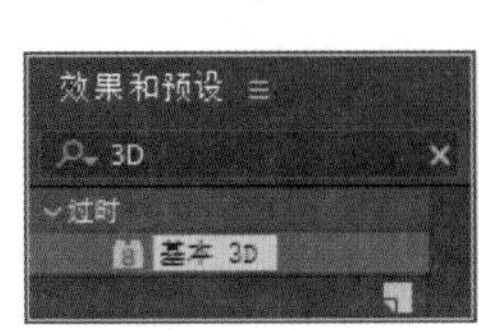

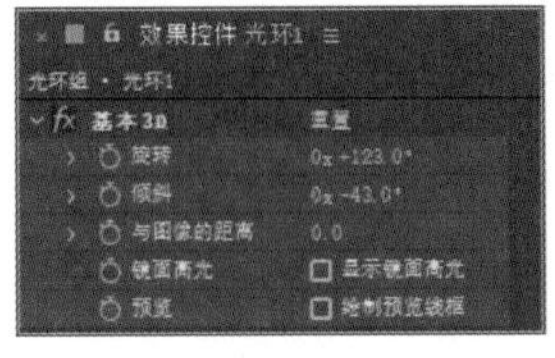

图 7.38 添加“基本 3D”特效 图 7.39 “光环 1”参数

4 设置“光环 2”中“旋转”的值为 0x−48.0°，“倾斜”的值为 0x−107.0°，如图 7.40 所示。

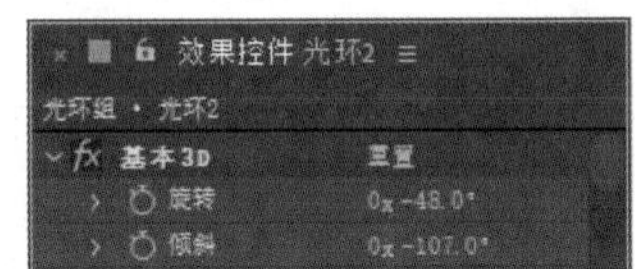

图 7.40 “光环 2”参数

5 设置“光环 3”中“旋转”的值为 0x−73.0°，“倾斜”的值为 0x−36.0°，如图 7.41 所示。

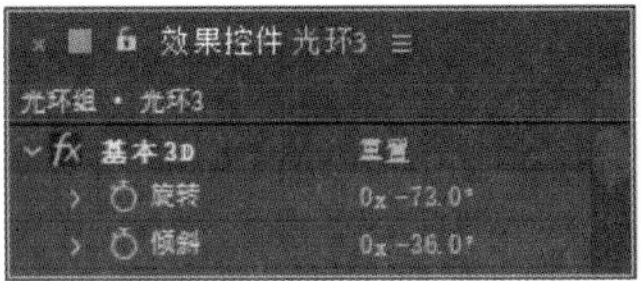

图 7.41 “光环 3”参数

6 执行菜单栏中的“合成”|“新建合成”命令，打开“合成设置”对话框，设置“合成名称”为“光圈”，“宽度”为 720，“高度”为 480，“帧速率”为 25，并设置“持续时间”为 0:00:05:00，如图 7.42 所示。

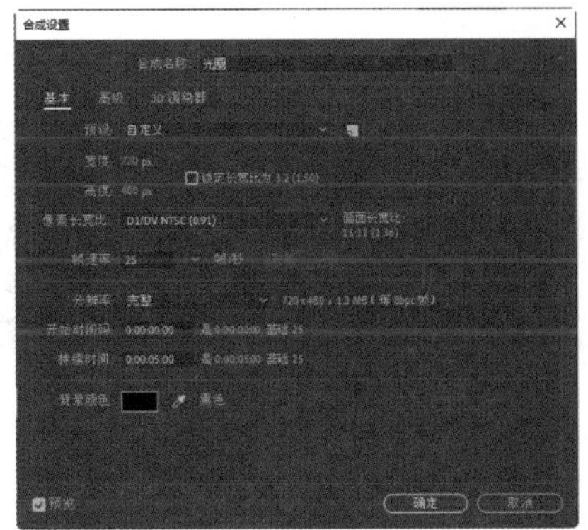

图 7.42 合成设置

7 执行菜单栏中的“文件”|“导入”|“文件”命令，打开“导入文件”对话框，选择“工程文件 \ 第 7 章 \ 魔幻光圈 \ 背景 .jpg”素材，如图 7.43 所示。单击“导入”按钮。

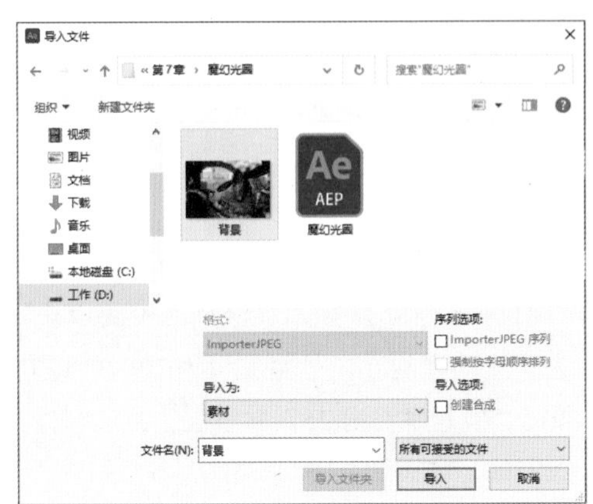

图 7.43 “导入文件”对话框

8 将“背景.jpg”“光环”合成以及“光环组”合成拖入时间线面板中，设置“光环”层和“光环组”层的模式为“变亮”，如图 7.44 所示。

9 这样就完成了“魔幻光圈”效果的制作，按小键盘上的 0 键即可在合成窗口中预览动画。

图 7.44 设置图层模式

7.3 流动光线

特效解析

本例主要使用“勾画”特效、“发光”特效制作绚丽的变幻光线，如图 7.45 所示。

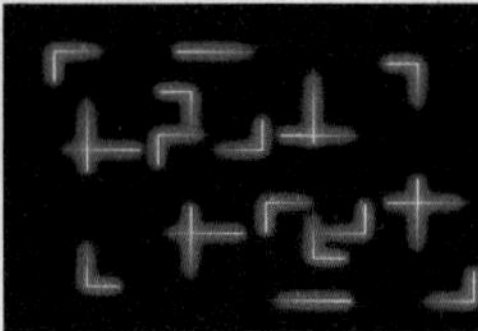
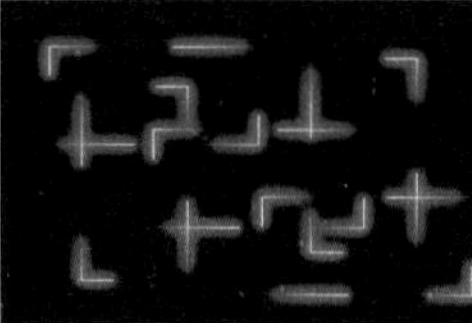
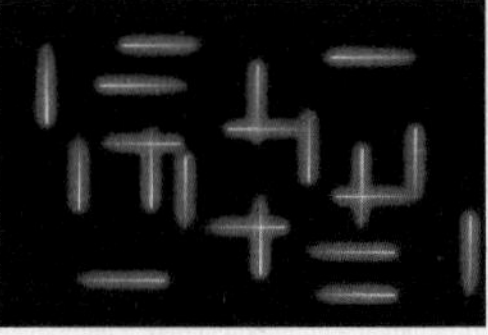

图 7.45 动画效果

知识点

1. “勾画”特效
2. “发光”特效

视频文件

操作步骤

7.3.1 创建方形蒙版

1 执行菜单栏中的“合成”|“新建合成”命令，打开“合成设置”对话框，设置“合成名称”为“流动光线”，“宽度”为 720，“高度”为 480，“帧速率”为 25，并设置“持续时间”为 0:00:09:00，如图 7.46 所示。

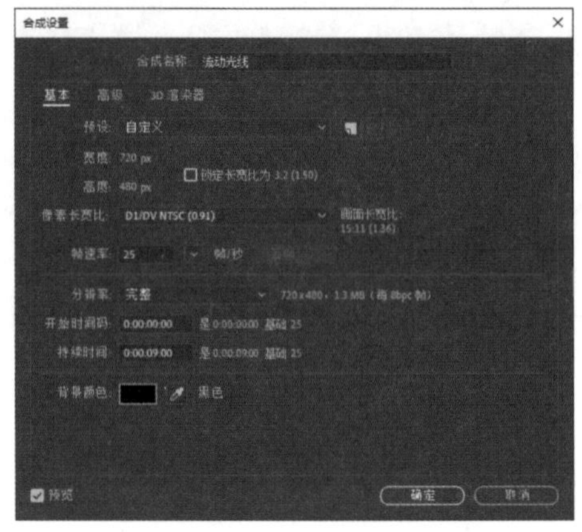

图 7.46 合成设置 1

2 执行菜单栏中的“合成”|“新建合成”命令，打开“合成设置”对话框，设置“合成名称”为“形状”，“宽度”为720，“高度”为480，“帧速率”为25，并设置“持续时间”为0:00:09:00，如图7.47所示。

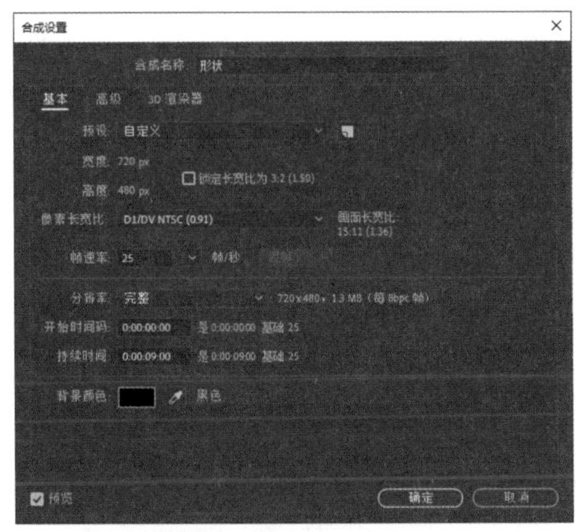

图7.47　合成设置2

3 执行菜单栏中的“图层”|“新建”|“纯色”命令，打开“纯色设置”对话框，设置“名称”为“形状”，“颜色”为白色，如图7.48所示。

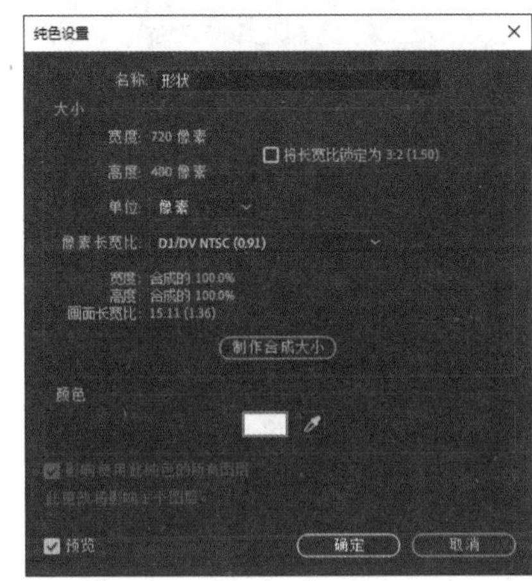

图7.48　纯色设置

4 单击工具栏中的“矩形工具”按钮，选择矩形工具，在“合成”窗口中绘制一个矩形蒙版区域，如图7.49所示。

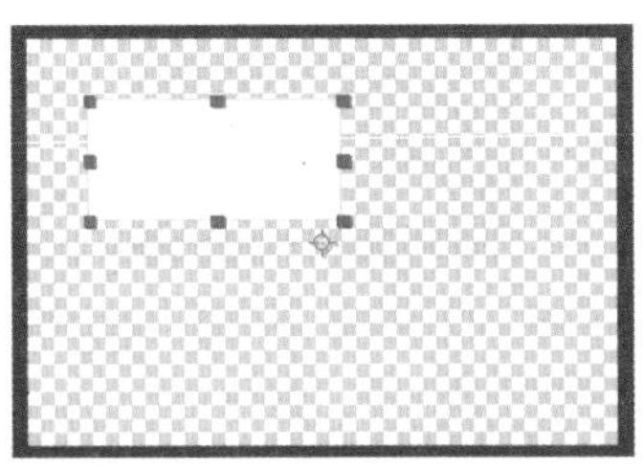

图7.49　创建矩形蒙版

7.3.2　制作描边动画

1 打开“流动光线”合成，在“项目”面板中选择“形状”合成，将其拖动到“流动光线”合成的时间线面板中，如图7.50所示。

图7.50　添加素材

2 执行菜单栏中的“图层”|“新建”|“纯色”命令，打开“纯色设置”对话框，设置“名称”为“光线”，“颜色”为黑色，如图7.51所示。

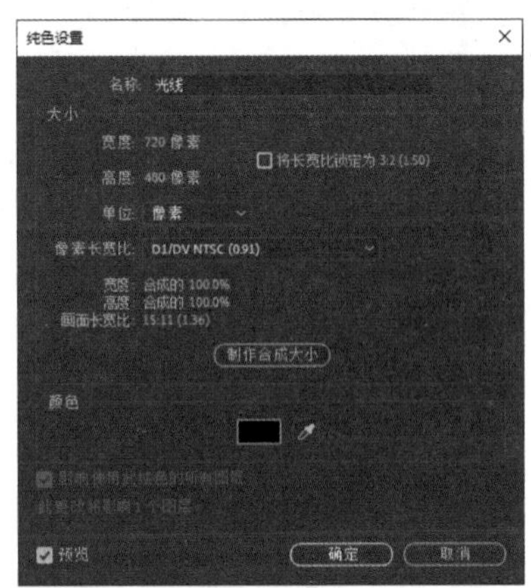

图7.51　纯色设置

3 选中“光线”层，在“效果和预设”特效面板中展开“生成”特效组，双击“勾画”特效，如图7.52所示。

图 7.52 添加“勾画”特效

4 在“效果控件”面板中展开“图像等高线”选项栏，从“输入图层”右侧的下拉菜单中选择“2. 形状”，如图 7.53 所示。

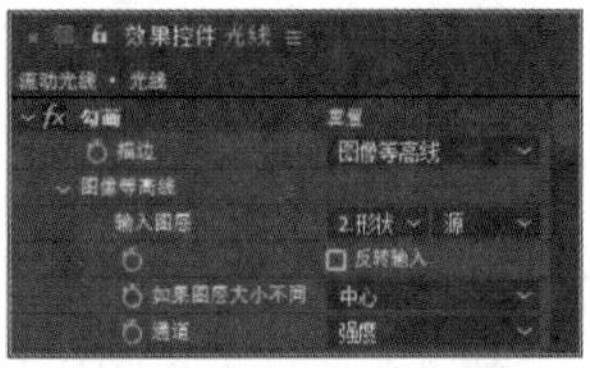

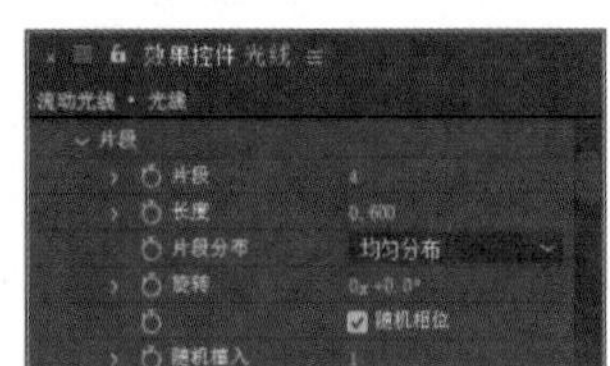
图 7.53 选择“2. 形状”

5 展开“片段”选项栏，设置“片段”的值为 4，“长度”的值为 0.600，勾选“随机相位”复选框，如图 7.54 所示。

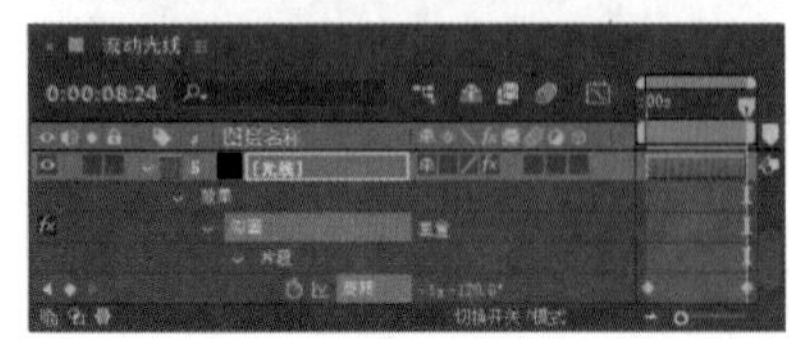
图 7.54 “片段”选项栏参数设置

6 将时间调整到 0:00:00:00 的位置，设置“旋转”的值为 0x-40°，单击左侧码表，在当前位置添加关键帧；将时间调整到 0:00:08:24 的位置，设置“旋转”的值为 -1x-120.0°，如图 7.55 所示。

图 7.55 设置旋转关键帧

7 在“效果控件”面板中展开“正在渲染”选项栏，设置“颜色”为白色，如图 7.56 所示。

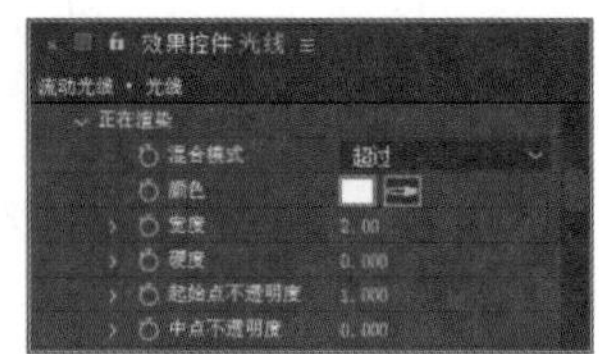
图 7.56 设置“颜色”为白色

8 选中“光线”层，在“效果和预设”特效面板中展开“风格化”特效组，双击“发光”特效，如图 7.57 所示。

图 7.57 添加“发光”特效

9 在“效果控件”面板中设置“发光阈值”的值为 15.0%，“发光半径”的值为 20.0，“发光强度”的值为 6.0，从“发光颜色”右侧的下拉菜单中选择“A 和 B 颜色”，设置“颜色 A”为蓝色（R:3;G:128;B:255），“颜色 B”为紫色（R:234;G:0;B:255），如图 7.58 所示。

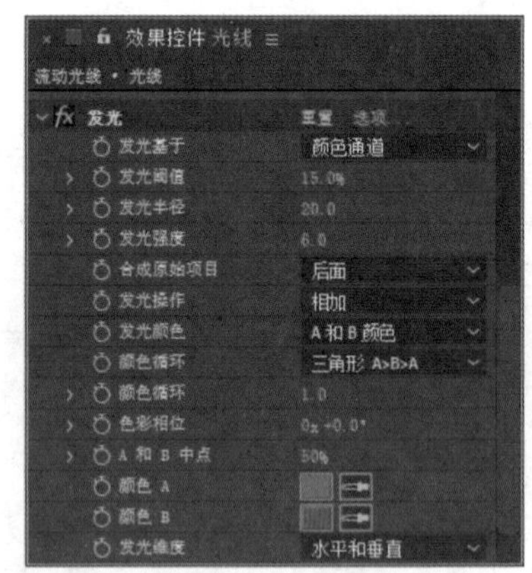
图 7.58 “发光”参数设置

10 在时间线面板中选择“光线”层，按 Ctrl + D 组合键将“光线”层复制，并将复制后的文字层重命名为“光线 2”层，然后按 P 键展开“位置”属性，设置“位置”的值为（672.0,457.0），设置“光线 2”层的模式为“屏幕”，如图 7.59 所示。

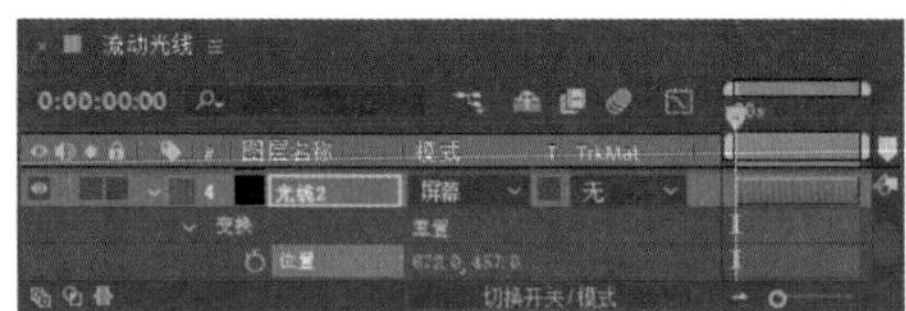

图 7.59 图层设置

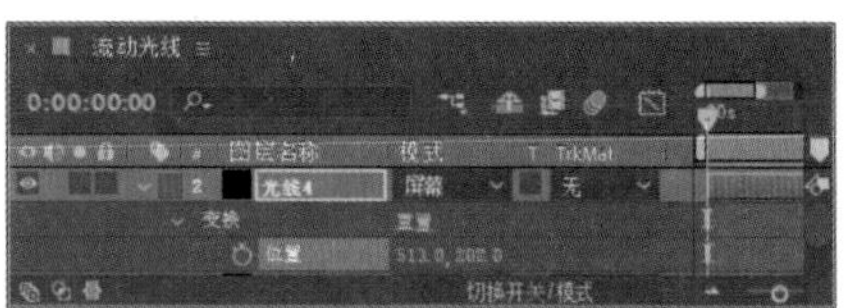

图 7.61 修改“位置”参数

11 在时间线面板中选择“光线 2”层，按 Ctrl + D 组合键复制出“光线 3”层，然后按 P 键展开“位置”，设置“位置”的值为（430.0,348.0），按 R 键，设置“旋转”的值为 0x+90.0°，如图 7.60 所示。

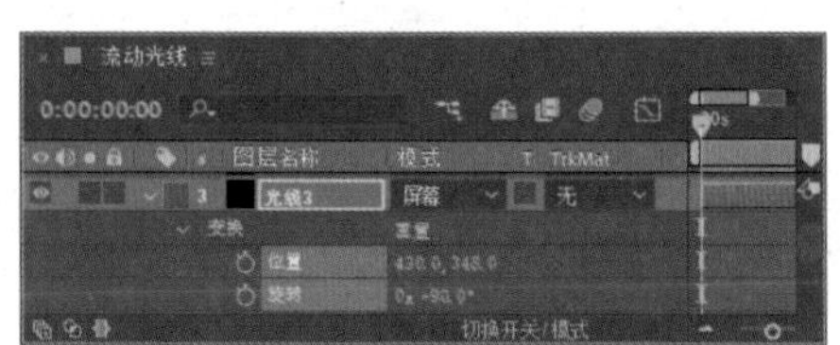

图 7.60 修改“位置”和“旋转”参数

12 在时间线面板中选择“光线 3”层，按 Ctrl + D 组合键复制出“光线 4”层，然后按 P 键，展开“位置”，设置“位置”的值为（513.0,202.0），如图 7.61 所示。

13 在时间线面板中选择“光线 4”层，按 Ctrl + D 组合键，复制出“光线 5”层，然后按 P 键，展开“位置”，设置“位置”的值为（551.0,228.0），按 R 键，展开“旋转”，设置“旋转”的值为 0x+90.0°，如图 7.62 所示。

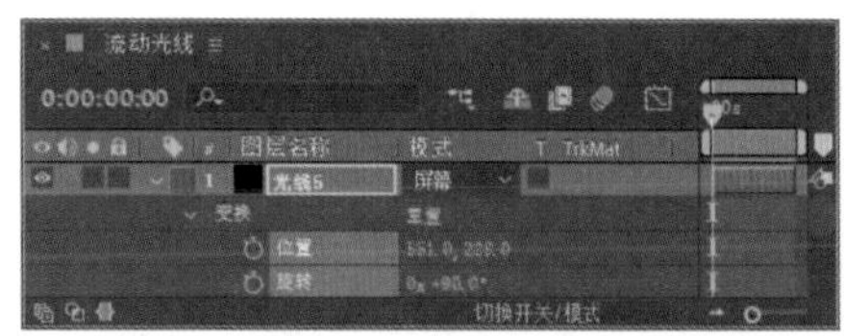

图 7.62 修改“位置”和“旋转”参数

14 这样就完成了“流动光线”案例的制作，按小键盘上的 0 键即可在合成窗口中预览当前动画效果。

7.4 七彩小精灵

特效解析

本例主要讲解利用 Particular（粒子）特效制作七彩小精灵效果，如图 7.63 所示。

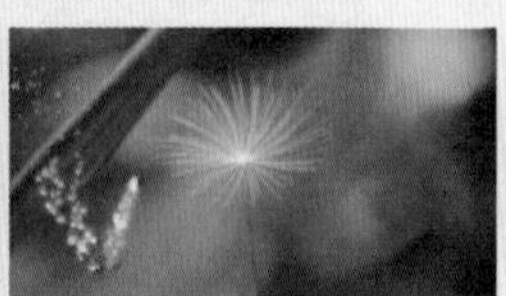

图 7.63 动画效果

知识点

1. Particular（粒子）特效
2. “曲线”特效

视频文件

操作步骤

7.4.1 调整粒子参数

1 执行菜单栏中的“文件”|“打开项目”命令，选择“工程文件\第7章\七彩小精灵\七彩小精灵练习.aep”文件，将“七彩小精灵练习.aep”文件打开。

2 执行菜单栏中的“图层”|“新建”|“纯色”命令，打开“纯色设置”对话框，设置“名称”为“粒子”，“颜色”为黑色。

3 为“粒子”层添加Particular（粒子）特效。在“效果和预设”面板中展开Trapcode特效组，然后双击Particular（粒子）特效，如图7.64所示。

图7.64 添加特效

4 在“效果控件”面板中修改Particular（粒子）特效的参数，展开Emitter（发射器）选项组，设置Particles/sec（每秒发射粒子数）的值为110，Velocity（速度）的值30.0，Velocity Random（速度随机）的值为2.0%，Velocity form Emitter（发射器速度）的值为20.0，如图7.65所示。

5 展开Particle（粒子）选项组，设置Life（生命）的值为2.0，Life Random（生命随机）的值为5%，从Particle Type（粒子类型）右侧下拉菜单中选择Cloudlet（云）选项，设置Cloudlet Feather（云形羽化）的值为50.0，展开Size over Life（生命周期大小）和Opacity over Life（生命周期不透明度）选项，参数设置如图7.66所示，同时设置Set Color（设置颜色）为Random From Gradient（渐变随机）。

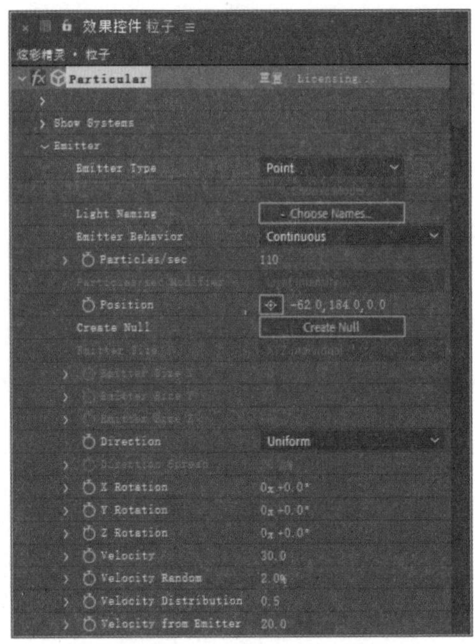

图7.65 设置“发射器”参数

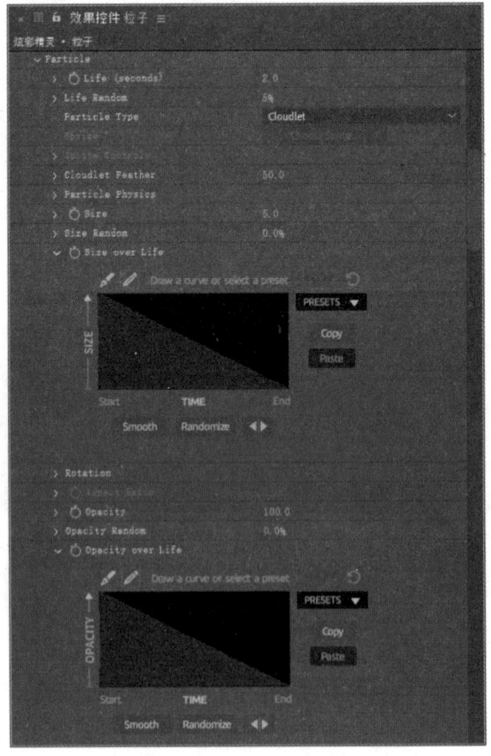

图7.66 设置“粒子”参数

7.4.2 制作粒子路径运动

1 执行菜单栏中的“图层”|“新建”|“纯色”命令，打开“纯色设置”对话框，设置“名称”为“路径”，“颜色”为黑色。

2 选中“路径”层，在工具栏中选择“钢笔工具”，在合成窗口中绘制一条路径，效果如图 7.67 所示。

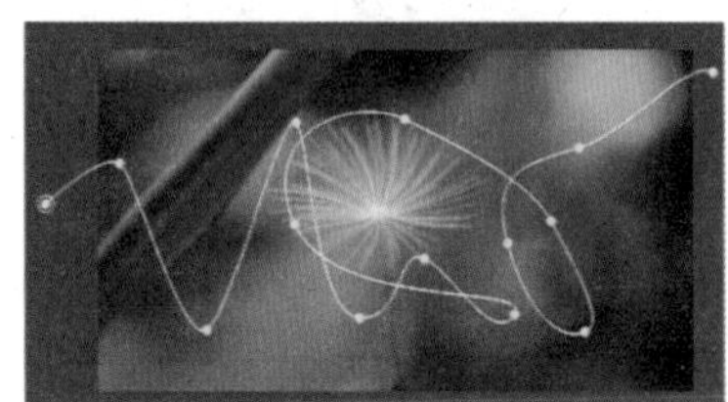

图 7.67 绘制路径

3 单击“路径”层中的显示与隐藏按钮，在时间线面板中选中“路径”层，按 M 键，展开“蒙版 1”选项，选中“蒙版路径”选项，按 Ctrl+C 组合键进行复制，如图 7.68 所示。

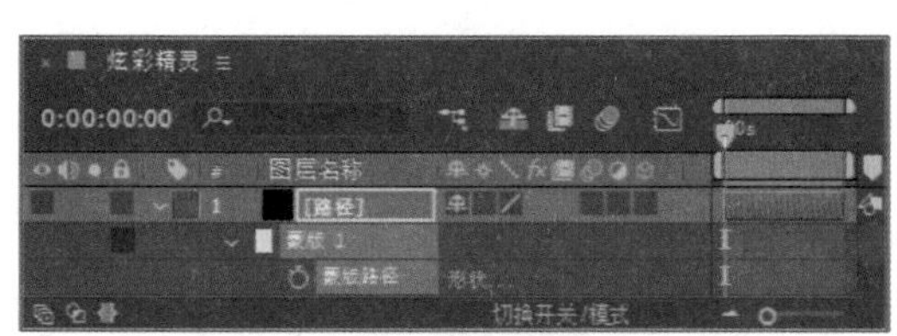

图 7.68 复制路径

4 将时间调整到 0:00:00:00 的位置，在时间线面板中展开“粒子”|“效果”|Particular（粒子）| Emitter（发射器）选项，选中 Position（位置）选项，按 Ctrl+V 组合键，将蒙版路径粘贴到 Position（位置）选项上，如图 7.69 所示。

图 7.69 粘贴蒙版路径

5 将时间调整到 0:00:08:00 的位置，选中“粒子”层最后一个关键帧，将其拖动到当前帧的位置，如图 7.70 所示，合成窗口效果如图 7.71 所示。

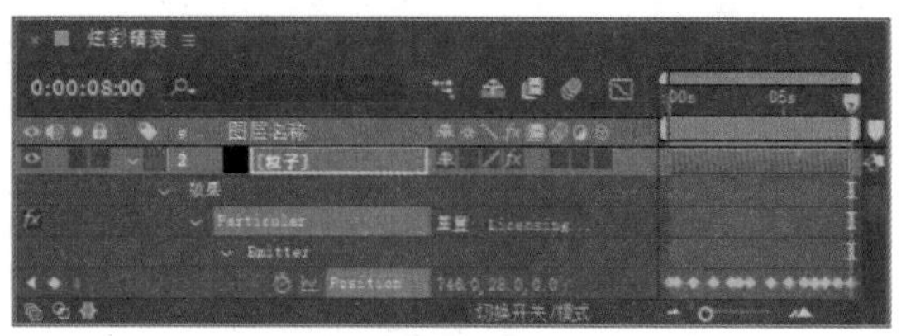

图 7.70 拖动关键帧

图 7.71 合成窗口中的效果

6 为“粒子”层添加“曲线”特效。在“效果和预设”面板中展开“颜色校正”特效组，然后双击“曲线”特效。

7 在“效果控件”面板中修改“曲线”特效的参数，如图 7.72 所示，合成窗口效果如图 7.73 所示。

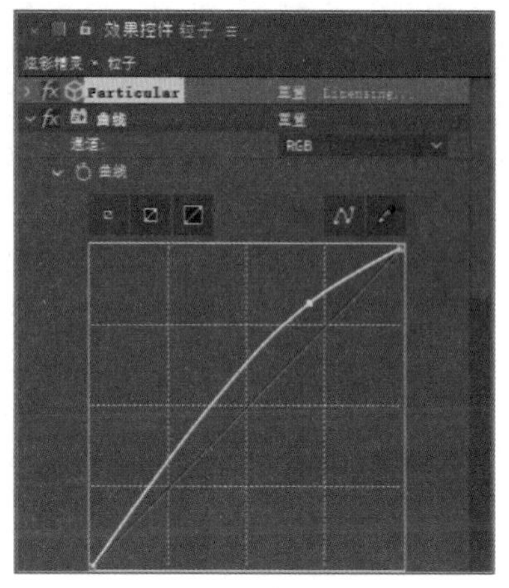

图 7.72 调整曲线

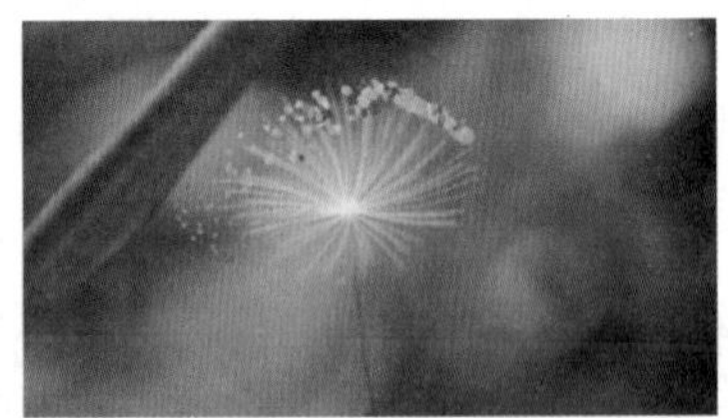

图 7.73 调整曲线后的效果

8 为“粒子”层添加“发光”特效。在“效果和预设”中展开“风格化”特效组，然后双击“发光”特效。

9 在“效果控件”面板中修改“发光”特效的参数，如图 7.74 所示，合成窗口效果如图 7.75 所示。

10 这样就完成了“七彩小精灵”案例的制作，按小键盘上的 0 键即可在合成窗口中预览动画。

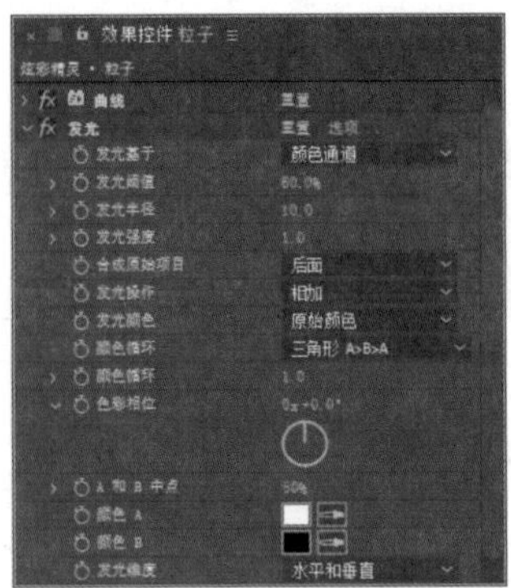

图 7.74 设置“发光”参数

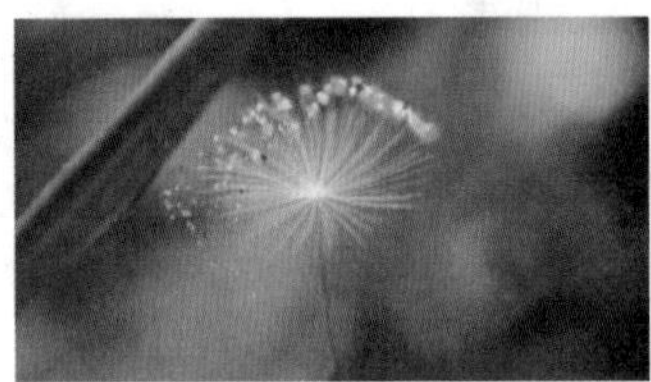

图 7.75 设置“发光”后的效果

7.5 旋转蓝光环

特效解析

本例主要讲解利用“勾画”特效制作变形旋转蓝光环效果，如图 7.76 所示。

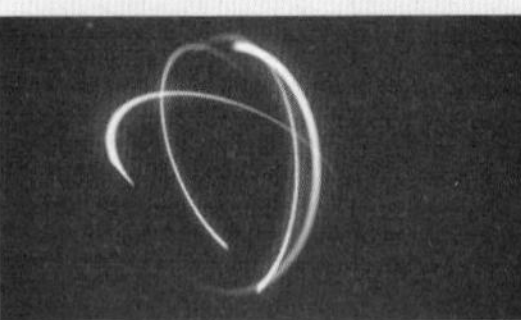   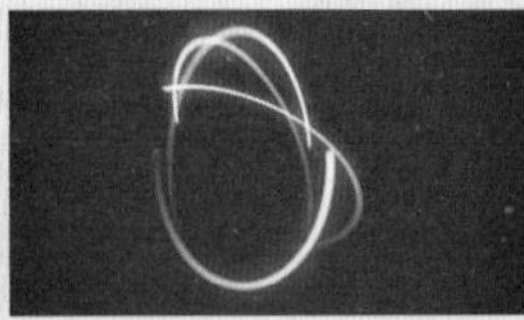

图 7.76 动画效果

知识点

1. “梯度渐变”特效
2. “勾画”特效
3. “发光”特效

视频文件

操作步骤

7.5.1 绘制环形图

1 执行菜单栏中的“合成”|“新建合成”命令，打开“合成设置”对话框，设置“合成名称”为“旋转蓝光环”，“宽度”为 720，“高度”为 405，“帧速率”为 25，并设置“持续时间”为 0:00:05:00。

2 执行菜单栏中的“图层”|“新建”|“纯色”命令，打开“纯色设置”对话框，设置“名称”为“渐变”，“颜色”为黑色。

3 为“渐变”层添加“梯度渐变”特效。在“效果和预设”面板中展开“生成”特效组，然后双击“梯度渐变”特效。

4 在“效果控件”面板中，修改“梯度渐变”特效的参数，设置“渐变起点”的值为(357.0,188.0)，“起始颜色”为暗蓝色（R:10;G:0;B:135），“渐变终点”为（-282.0,540.0），“结束颜色”为黑色，从“渐变形状”右侧的下拉菜单中选择“径向渐变”选项，如图 7.77 所示，合成窗口效果如图 7.78 所示。

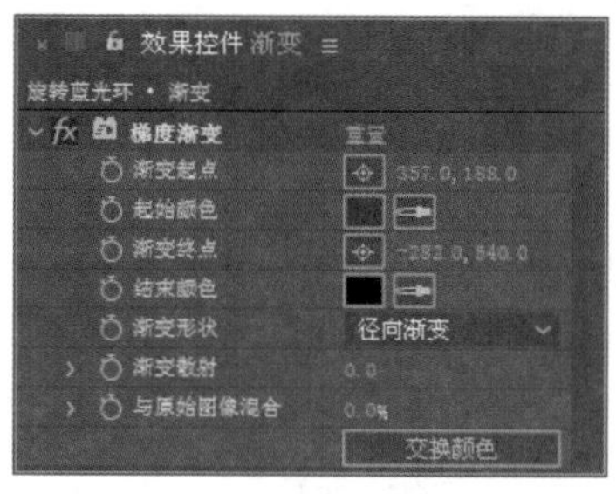

图 7.77 设置渐变参数

图 7.78 设置渐变后的效果

5 执行菜单栏中的“图层”|“新建”|“纯色”命令，打开“纯色设置”对话框，设置“名称”为“描边 2”，“颜色”为黑色。

6 在工具栏中选择“椭圆工具”，绘制一个椭圆形路径，如图 7.79 所示，打开“描边 2”层三维开关，为“描边”层添加“勾画”特效。在“效果和预设”中展开“生成”特效组，然后双击“勾画”特效，如图 7.80 所示。

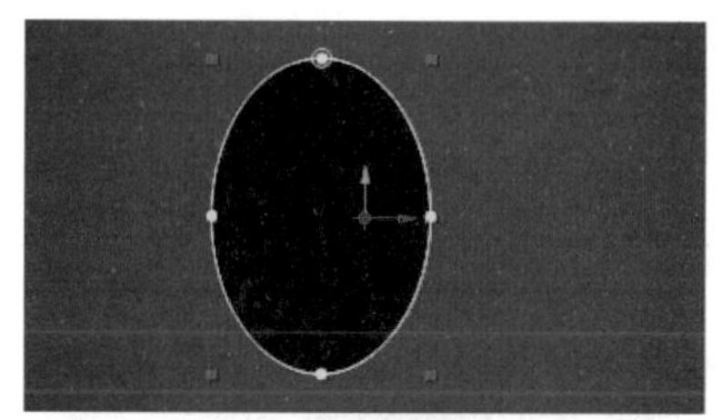

图 7.79 绘制路径

图 7.80 添加特效

7 在“效果控件”面板中修改“勾画”特效的参数，从“描边”下拉菜单中选择“蒙版 / 路径”选项，展开“蒙版 / 路径”选项组，从“路径”下拉菜单中选择“蒙版 1”选项，展开“片段”选项组，设置“片段”的值为 1，“长度”的值为 0.6，将时间调整到 0:00:00:00 的位置，设置“旋转”的值为 0，单击“旋转”左侧的码表，在当前位置设置关键帧。

8 将时间调整到 0:00:04:24 的位置，设置“旋转”的值为 -2x+0.0°，系统会自动设置关键帧，如图 7.81 所示，合成窗口效果如图 7.82 所示。

9 展开“正在渲染”选项组，从“混合模式”下拉菜单中选择“透明”选项，设置“颜色”为白色，“宽度”的值为 8.00，“硬度”的值为 0.300，如图 7.83 所示，合成窗口效果如图 7.84 所示。

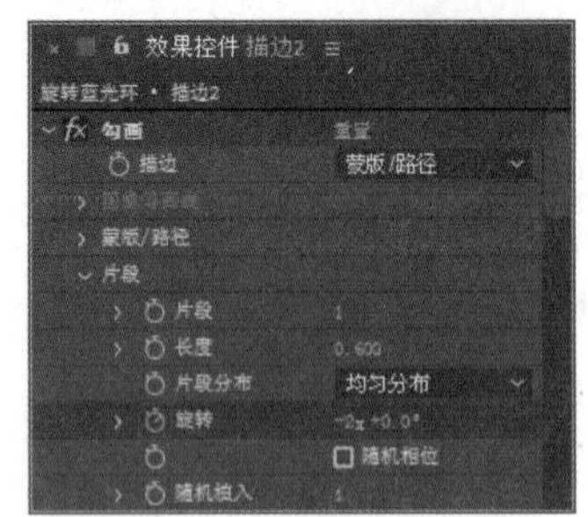

图 7.81　设置旋转关键帧

图 7.82　设置关键帧后的效果

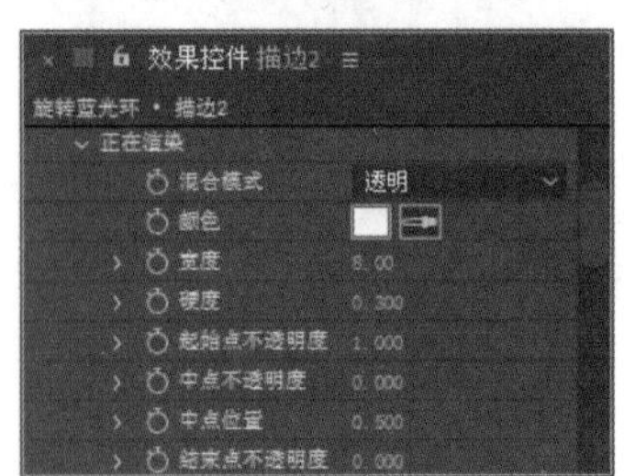

图 7.83　设置渲染参数

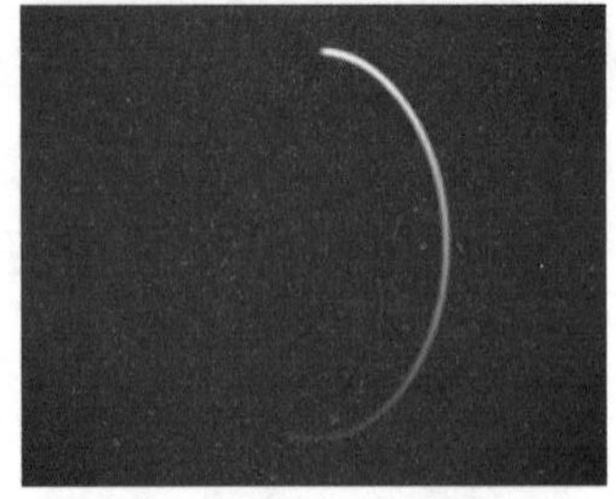

图 7.84　设置渲染参数后的效果

10 为“描边 2”层添加“发光”特效。在“效果和预设”面板中展开“风格化”特效组，然后双击“发光”特效，如图 7.85 所示。

图 7.85　添加特效

11 在“效果控件”面板中修改“发光”特效的参数，设置“发光阈值”的值为 40.0%，“发光半径”的值为 50.0，“发光强度”的值为 2.0，从“发光颜色”右侧下拉菜单中选择“A 和 B 颜色”选项，设置“颜色 A”为紫色（R:222;G:0;B:255），“颜色 B”为白色，如图 7.86 所示。

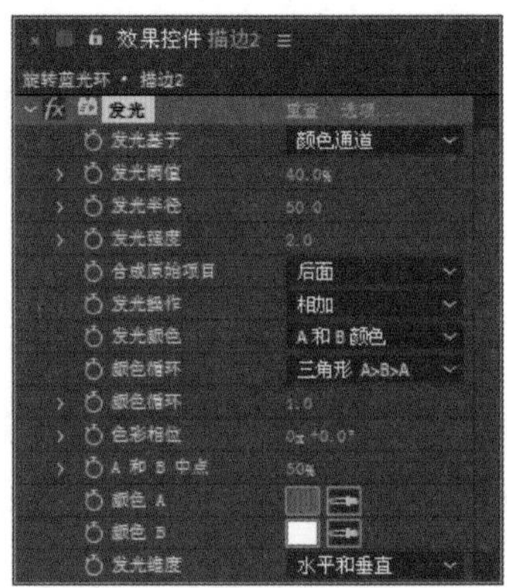

图 7.86　设置“发光”参数

7.5.2　调整三维环形

1 选中“描边 2”层，按 Ctrl+D 组合键复制出一个新的层，将该图层名称更改为“描边 3”，按 R 键打开“变换”属性，设置“Y 轴旋转”的值为 0x+120.0°，“Z 轴旋转”的值为 0x+194.0°，如图 7.87 所示，合成窗口效果如图 7.88 所示。

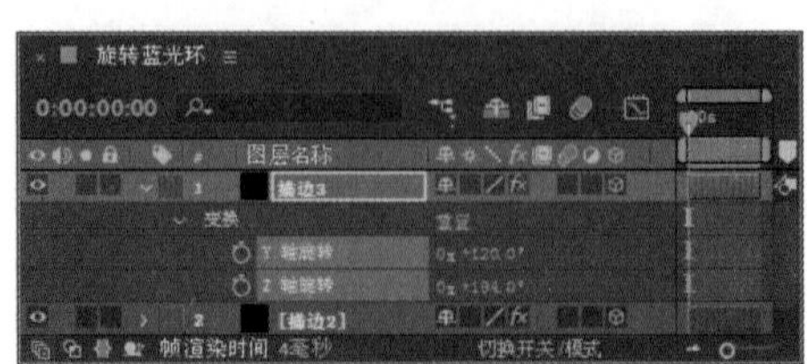

图 7.87　设置“描边 3”的“旋转”参数

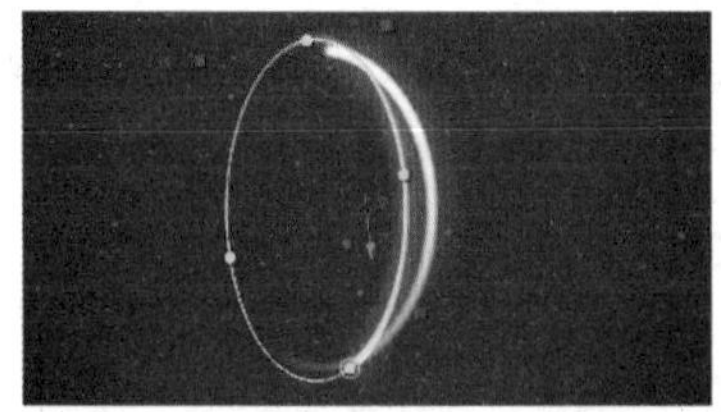

图 7.88 设置“描边 3”后的效果

2 选中“描边 3”层，按 Ctrl+D 组合键复制出一个新的层，将该图层重命名为“描边 4”，设置“X 轴旋转”的值为 0x+214.0°，“Y 轴旋转”的值为 0x+129.0°，“Z 轴旋转”的值为 0x+0.0°，如图 7.89 所示，合成窗口效果如图 7.90 所示。

图 7.89 设置“描边 4”参数

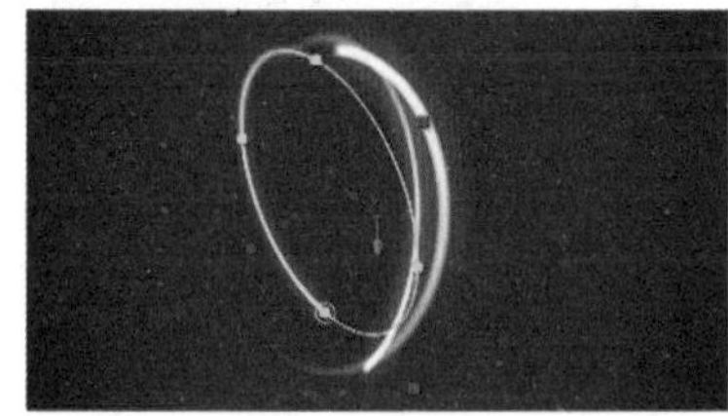

图 7.90 设置“描边 4”后的效果

3 选中“描边 4”层，按 Ctrl+D 组合键复制出一个新的层，将该图层重命名为“描边 5”，设置“X 轴旋转”的值为 0x-56.0°，“Y 轴旋转”的值为 0x+339.0°，“Z 轴旋转”的值为 0x+226.0°，如图 7.91 所示，合成窗口效果如图 7.92 所示。

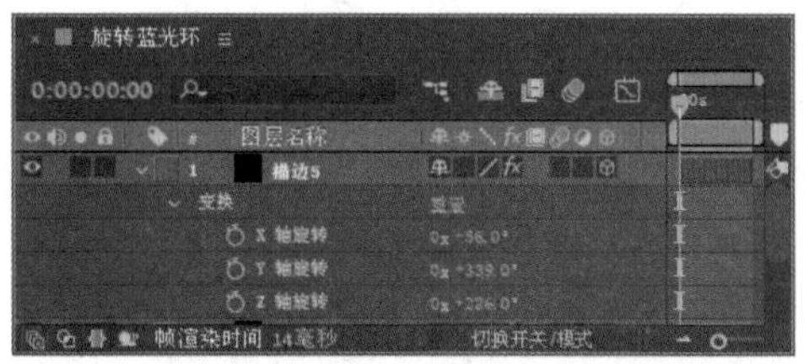

图 7.91 设置“描边 5”参数

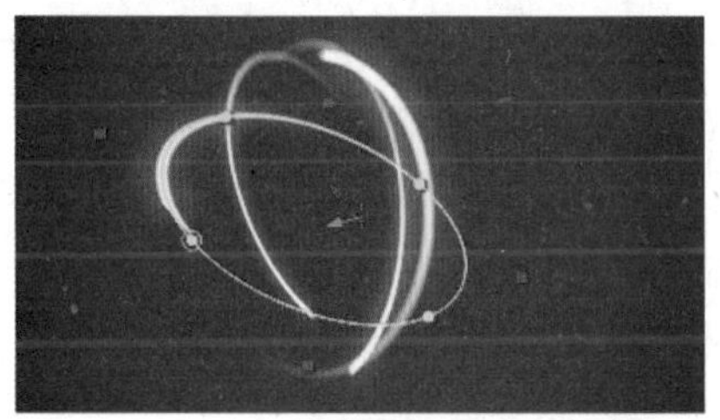

图 7.92 设置参数后的效果

4 这样就完成了“旋转蓝光环”案例的制作，按小键盘上的 0 键即可在合成窗口中预览动画。

课后练习

制作一个炫丽光带的效果。

（制作过程可参考资源包中的“课后练习”文件夹。）

第8章 自然景观特效表现

内容摘要

本章主要讲解利用 CC 细雨滴、CC 燃烧效果和高级闪电等特效模拟现实生活中的下雨、下雪、闪电和打雷等效果，使场景更加逼真生动。通过对本章的学习，读者将掌握各种常见自然景观特效的制作技巧。

教学案例

- 墨滴散开
- 乌云闪电
- 自然雨景
- 玻璃水珠滑落
- 森林雪景
- 涟漪效果

8.1 墨滴散开

特效解析

本例主要通过对 CC Burn Film（CC 燃烧效果）特效的应用制作墨滴散开的效果，如图 8.1 所示。

图 8.1 动画效果

知识点

1. “曲线”特效
2. CC Burn Film（CC 燃烧效果）特效

操作步骤

1 执行菜单栏中的“合成”|“新建合成”命令，打开“合成设置”对话框，设置“合成名称”为“墨滴散开”，“宽度”为 720，“高度”为 480，“帧速率”为 25，并设置“持续时间”为 0:00:05:00，如图 8.2 所示。

2 执行菜单栏中的“文件”|“导入”|“文件”命令，打开“导入文件”对话框，选择“工程文件\第 8 章\墨滴散开\水墨.jpg、宣纸.jpg”素材，单击“导入”按钮，如图 8.3 所示。

3 在“项目”面板中选择“水墨.jpg”和“宣纸.jpg”素材，将其拖动到“墨滴散开”合成的时间线面板中，设置“宣纸.jpg”层的“模式”为“相乘”，如图 8.4 所示。

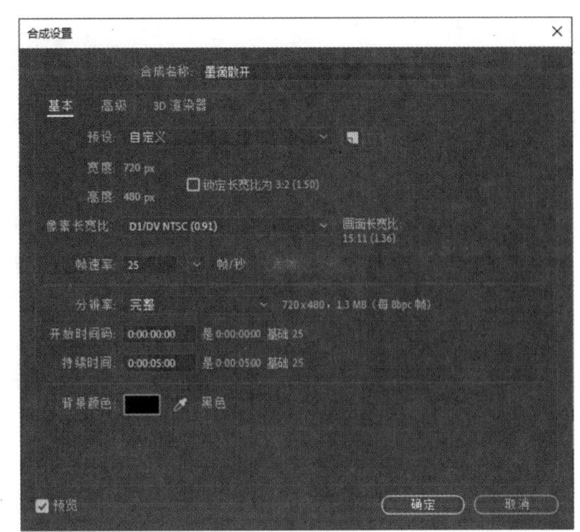

图 8.2 合成设置

4 选择“水墨”层，在“效果和预设”中展开“颜色校正”特效组，双击“曲线”特效，如图 8.5 所示。

5 在“效果控件”面板中调整“曲线”，如图 8.6 所示。

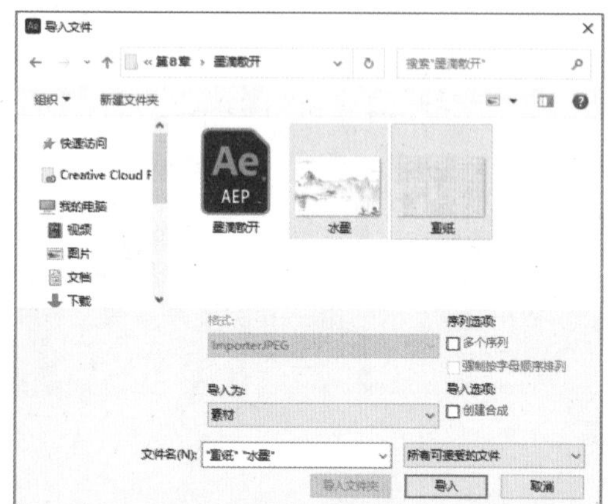

图 8.3 “导入文件”对话框

图 8.4 添加素材

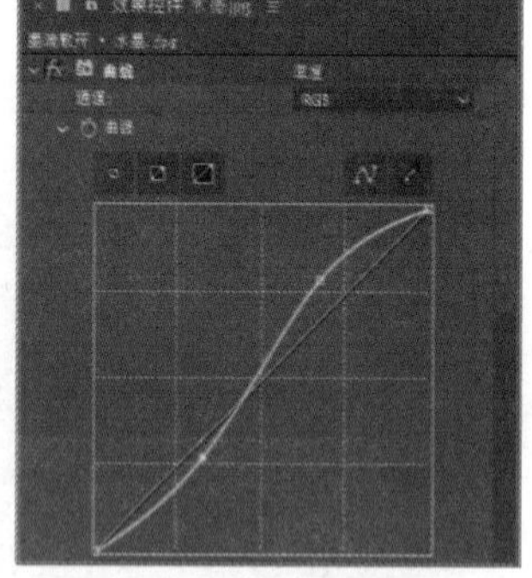

图 8.5 双击“曲线”特效　图 8.6 调整“曲线”

6 选择“水墨”层，在“效果和预设”中展开“风格化”特效组，双击 CC Burn Film（CC 燃烧效果）特效，如图 8.7 所示。

7 在“效果控件”面板中设置 Center（中心）的值为（459.0,166.0），将时间调整到 0:00:01:00 的位置，单击 Burn（燃烧）左侧的码表，在此位置设置关键帧，如图 8.8 所示。

图 8.7 双击 CC Burn Film（CC 燃烧效果）特效

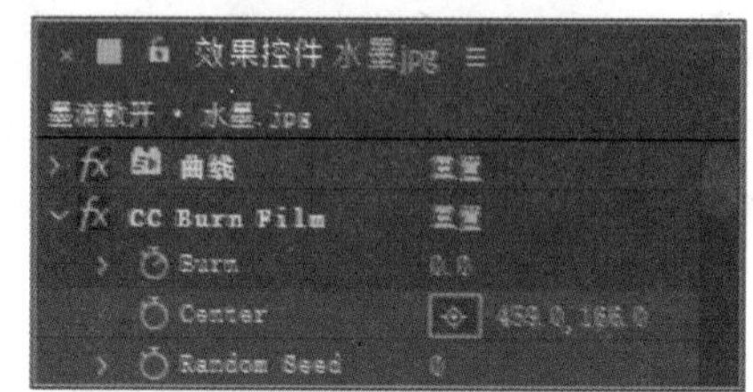

图 8.8 设置特效关键帧

8 将时间调整到 0:00:04:00 的位置，设置 Burn（燃烧）的值为 15.0，系统会自动创建关键帧，如图 8.9 所示。

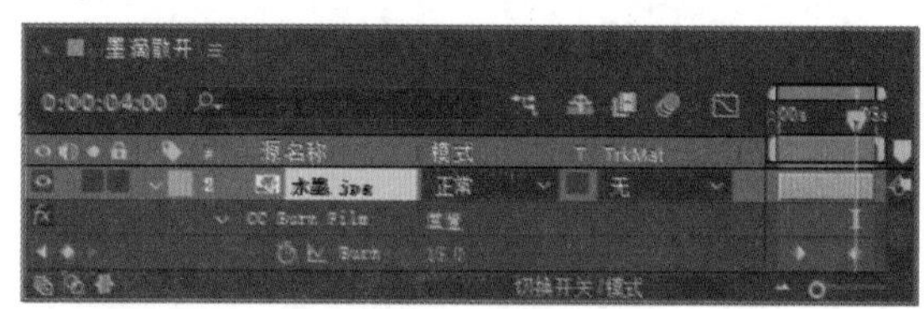

图 8.9 设置关键帧

9 在“效果控件”面板中选中 CC Burn Film（CC 燃烧效果），按 Ctrl+D 组合键，复制出一个 CC Burn Film 2（CC 燃烧效果 2），如图 8.10 所示。

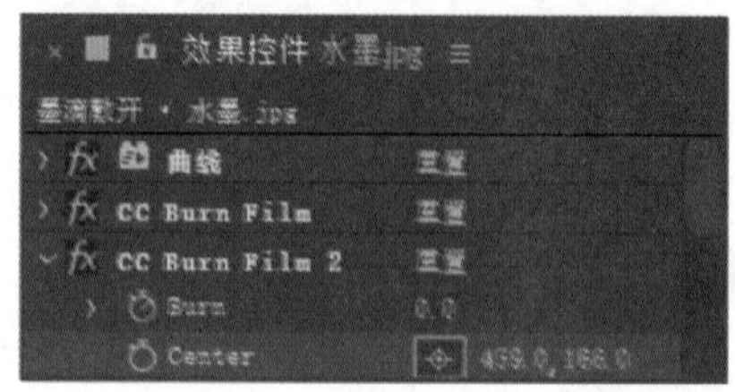

图 8.10 复制 CC Burn Film（CC 燃烧效果）

10 选择 CC Burn Film 2（CC 燃烧效果 2）特效，将时间调整到 0:00:04:00 的位置，修改

Burn（燃烧）的值为 13.0，如图 8.11 所示。

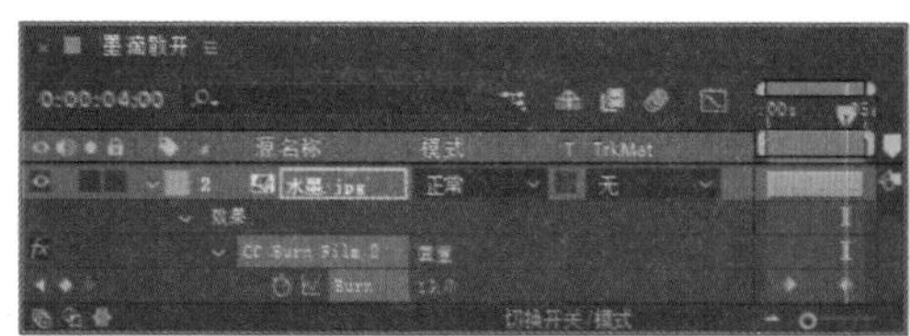

图 8.11 修改参数值

11 在“效果控件”面板中选中 CC Burn Film（CC 燃烧效果），按 Ctrl+D 组合键，复制出一个 CC Burn Film 3（CC 燃烧效果 3），如图 8.12 所示。

图 8.12 复制 CC Burn Film（CC 燃烧效果）特效

12 选择 CC Burn Film 3（CC 燃烧效果 3）特效，将时间调整到 0:00:04:00 的位置，修改 Burn（燃烧）为 10.0，系统会自动创建关键帧，如图 8.13 所示。

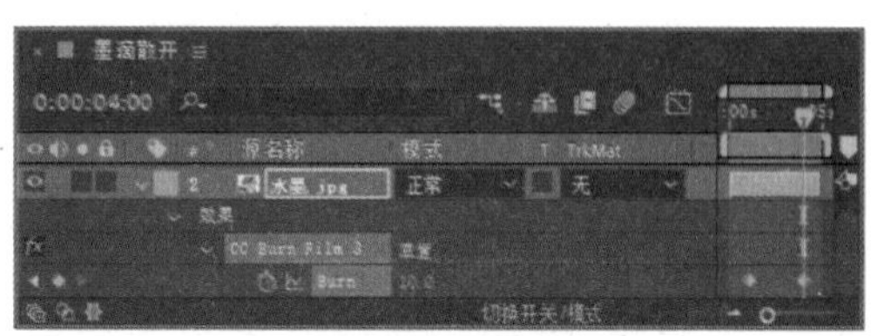

图 8.13 修改参数值

13 这样“墨滴散开”效果就制作完成了，按小键盘上的 0 键预览该动画效果。

8.2 乌云闪电

特效解析

本例主要讲解使用“高级闪电”特效制作乌云闪电的动画，如图 8.14 所示。

图 8.14 动画效果

知识点

1. “高级闪电”特效
2. “纯色”命令

视频文件

操作步骤

1 执行菜单栏中的“合成”|“新建合成”命令，打开“合成设置”对话框，设置“合成名称”为“乌云闪电”，“宽度”为720，“高度”为480，“帧速率”为25，并设置“持续时间”为0:00:06:00，如图8.15所示。

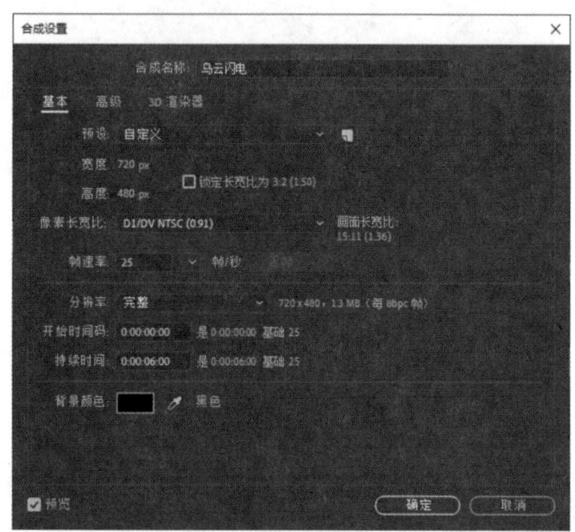

图8.15　合成设置

2 执行菜单栏中的“文件”|“导入”|“文件”命令，打开“导入文件”对话框，选择“工程文件\第8章\乌云闪电\背景.jpg”素材，单击“导入”按钮，如图8.16所示。

图8.16　“导入文件”对话框

3 在“项目”面板中选择“背景.jpg”素材，将其拖动到“乌云闪电”合成的时间线面板中，如图8.17所示。

图8.17　添加素材

4 执行菜单栏中的“图层”|“新建”|“纯色”命令，打开“纯色设置”对话框，设置“名称”为“闪电”，“颜色”为黑色，如图8.18所示。

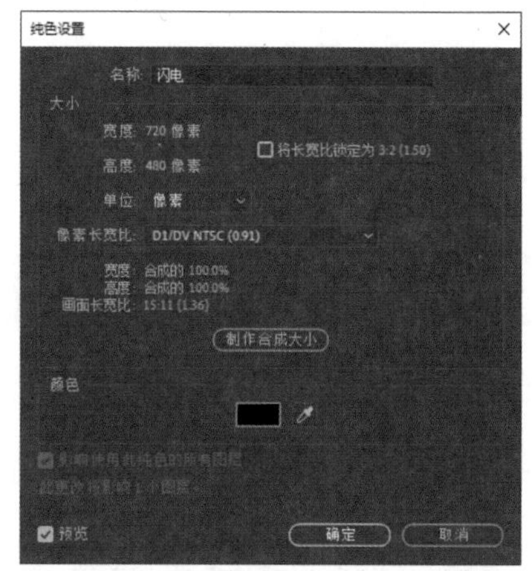

图8.18　纯色设置

5 选中“闪电”层，在“效果和预设”特效面板中展开“生成”特效组，双击“高级闪电”特效，如图8.19所示。

图8.19　添加“高级闪电”特效

6 在“效果控件”面板中，从“闪电类型”右侧的下拉列表中选择“击打”，设置“源点”的值为(124.0,116.0)，“方向”的值为(438.0,254.0)，在“发光设置”选项栏中设置“发光不透明度”的值为 10.0%，如图 8.20 所示。

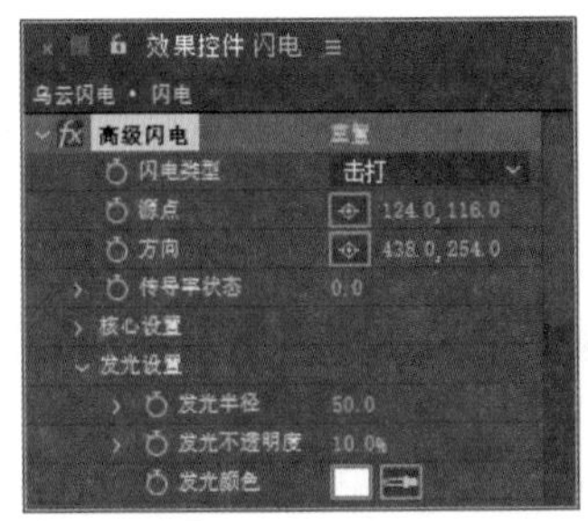

图 8.20 参数设置

7 将时间调整到 0:00:00:00 的位置，单击“传导率状态”左侧的码表，在当前位置添加关键帧；将时间调整到 0:00:04:24 的位置，设置“传导率状态”的值为 5.0，如图 8.21 所示。

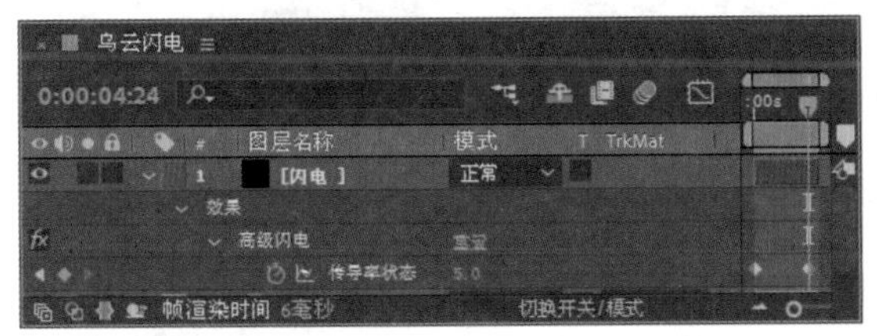

图 8.21 参数设置

8 将时间调整到 0:00:00:05 的位置，按 T 键打开“不透明度”属性，设置“不透明度”的值为 0%，单击“不透明度”左侧的码表，在当前位置添加关键帧；将时间调整到 0:00:00:10 的位置，设置“不透明度”的值为 100%；将时间调整到 0:00:00:15 的位置，设置“不透明度”的值为 100%；将时间调整到 0:00:00:20 的位置，设置“不透明度”的值为 0，系统会自动添加关键帧，如图 8.22 所示。

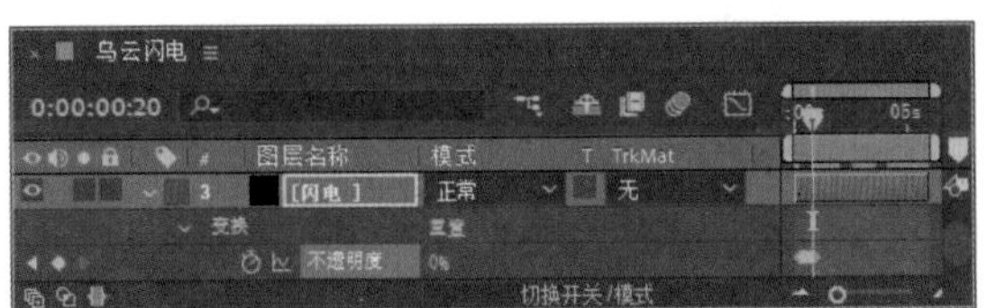

图 8.22 设置“不透明度”关键帧

9 在时间线面板中选择“闪电”层，按 Ctrl + D 组合键，复制“闪电”层，并将复制后的文字层重命名为“闪电 2”，并将“闪电 2”层的入点拖动至 0:00:01:20 的位置，如图 8.23 所示。

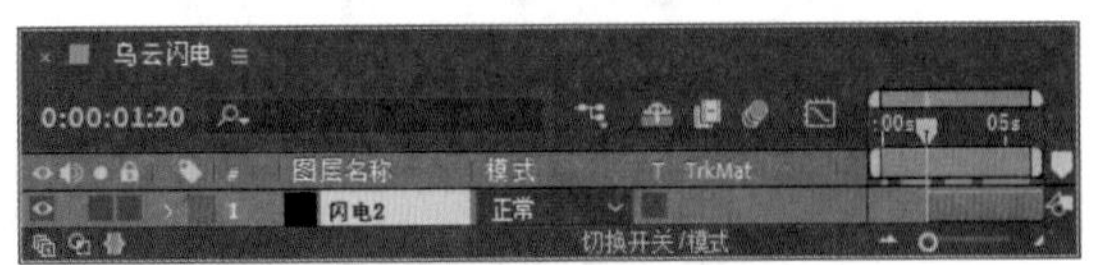

图 8.23 调整图层入点

10 将时间调整到 0:00:02:00 的位置，选中“闪电 2”层，在“效果控件”面板中修改“源点”的值为（134.0,76.0），修改“方向”的值为（214.0,128.0），单击“方向”左侧的码表，在当前位置添加关键帧；将时间调整到 0:00:02:15 的位置，设置“方向”的值为（630.0,446.0），系统会自动添加关键帧，如图 8.24 所示。

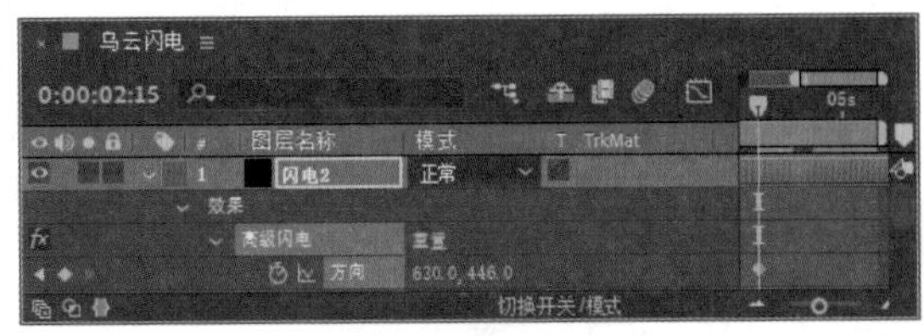

图 8.24 修改参数值

11 在时间线面板中选择“闪电”层，按 Ctrl + D 组合键，复制“闪电”层，并将复制后的层重命名为“闪电 3”，同时将“闪电 3”层的入点拖动至 0:00:03:10 的位置，如图 8.25 所示。

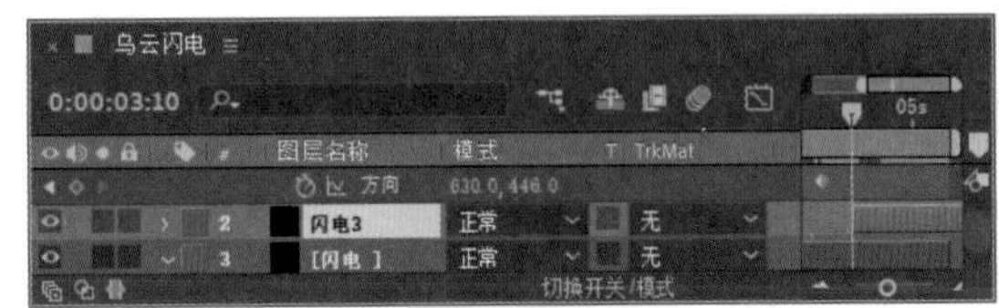

图 8.25 调整图层入点

12 选中“闪电 3”层，在“效果控件”面板中从“闪电类型”右侧的下拉列表中选择“方向”，修改“源点”的值为（550.0,80.0），修改“方向”的值为（318.0,366.0），如图 8.26 所示。

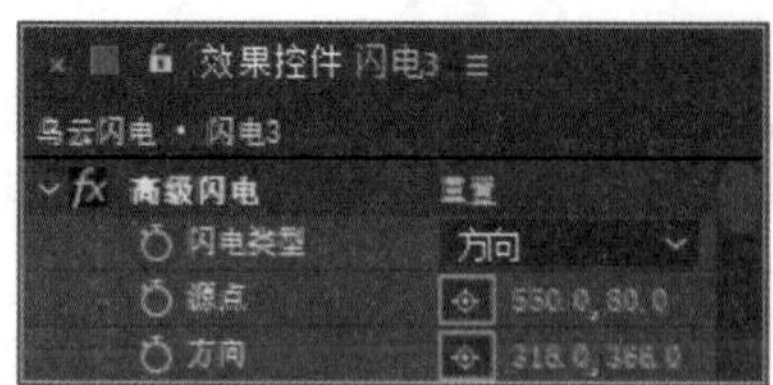

图 8.26 参数设置

13 这样就完成了“乌云闪电”的整体制作，按小键盘上的 0 键，可在合成窗口中预览当前动画效果。

8.3 自然雨景

特效解析

本例主要讲解利用 CC Rainfall（CC 下雨）特效制作自然雨景效果，如图 8.27 所示。

图 8.27 动画效果

知识点

1. “摄像机镜头模糊”特效
2. CC Rainfall（CC 下雨）特效

操作步骤

1 执行菜单栏中的“文件”|“打开项目”命令，选择“工程文件 \ 第 8 章 \ 自然雨景 \ 自然雨景练习 .aep”文件，将“自然雨景练习 .aep”文件打开。

2 为“天空”层添加“摄像机镜头模糊”特效。在“效果和预设”面板中展开“模糊和锐化”特效组，然后双击“摄像机镜头模糊”特效，如图 8.28 所示，合成窗口效果如图 8.29 所示。

图 8.28 添加摄像机镜头模糊特效

图 8.29 添加特效后的效果

3 在“效果控件”面板中修改“摄像机镜头模糊”特效的参数，将时间调整到 0:00:00:00 的位置，设置“模糊半径”的值为 0，单击“模糊半径”左侧的码表，在当前位置设置关键帧，如图 8.30 所示，效果如图 8.31 所示。

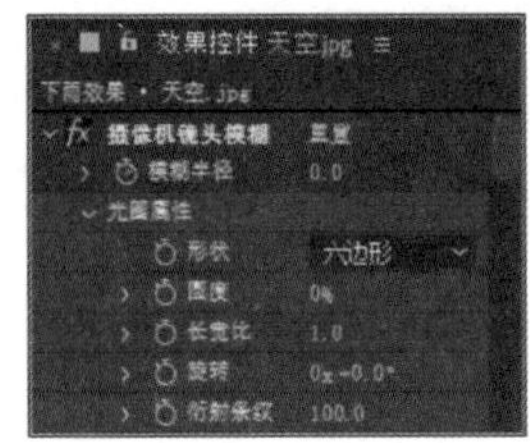

图 8.30 设置“模糊半径”参数

图 8.31 设置参数后的效果

4 将时间调整到 0:00:03:00 的位置，设置“模糊半径”的值为 8.0，系统会自动设置关键帧，如图 8.32 所示，合成窗口效果如图 8.33 所示。

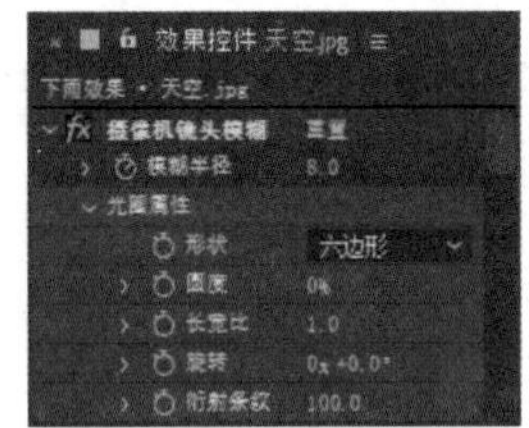

图 8.32 设置“模糊半径”关键帧

图 8.33 设置关键帧后的效果

5 为“天空”层添加 CC Rainfall（CC 下雨）特效。在“效果和预设”中展开“模拟”特效组，然后双击 CC Rainfall（CC 下雨）特效，如图 8.34 所示，合成窗口效果如图 8.35 所示。

图 8.34 添加“CC 下雨”特效

图 8.35 添加“CC 下雨”后的效果

6 在“效果控件”面板中，修改 CC Rainfall（CC 下雨）特效的参数，设置 Drops（雨滴）的值为 10000，将时间调整到 0:00:00:00 的位置，设置 Speed（速度）的值为 4000，Wind（风力）为 0，单击 Speed（速度）和 Wind（风力）左侧的码表，在当前位置设置关键帧，如图 8.36 所示，合成窗口效果如图 8.37 所示。

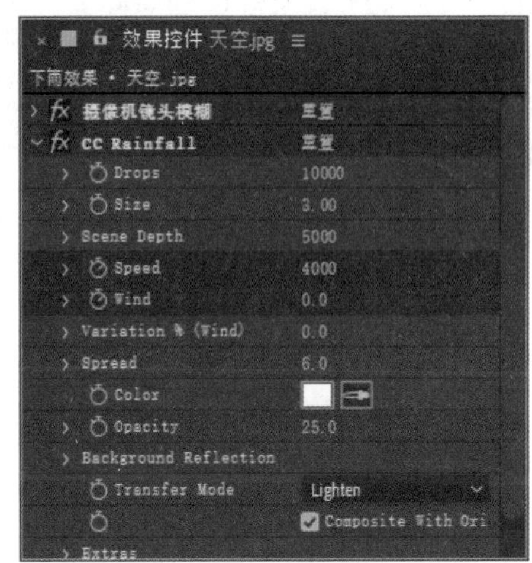

图 8.36 设置“CC 下雨”参数

图 8.37　设置“CC 下雨”后的效果

7 将时间调整到 0:00:03:00 的位置，设置 Speed（速度）的值为 8000，Wind（风力）的值为 1500.0，系统会自动设置关键帧，如图 8.38 所示，合成窗口效果如图 8.39 所示。

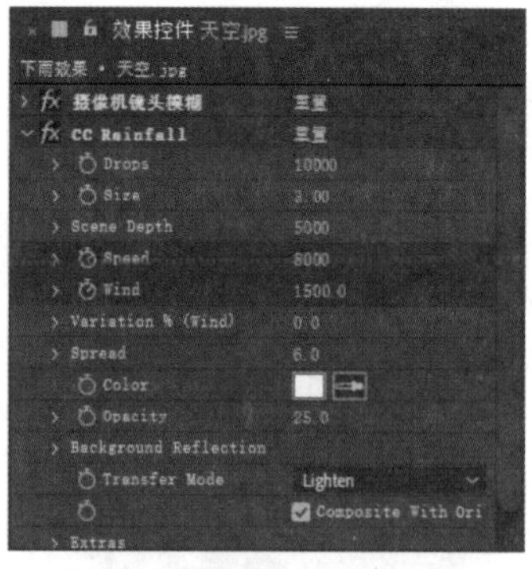

图 8.38　设置“CC 下雨”关键帧

8 这样就完成了“自然雨景”的整体制作，按小键盘上的 0 键即可在合成窗口中预览动画。

图 8.39　设置关键帧后的效果

8.4 玻璃水珠滑落

特效解析

本例主要讲解利用“CC 水银滴落”特效制作玻璃水珠滑落效果，如图 8.40 所示。

图 8.40　动画效果

知识点

1. CC Rainfall（CC 下雨）特效
2. “快速模糊”特效
3. CC Mr.mercury（CC 水银滴落）特效

视频文件

操作步骤

1 执行菜单栏中的“文件”|“打开项目”命令，选择“工程文件\第8章\玻璃水珠滑落\玻璃水珠滑落练习.aep”文件，将“玻璃水珠滑落练习.aep”文件打开。

2 为“街道”层添加CC Rainfall（CC下雨）特效。在“效果和预设”面板中展开“模拟”特效组，然后双击CC Rainfall（CC下雨）特效。

3 在“效果控件”面板中修改CC Rainfall（CC下雨）特效的参数，将时间调整到0:00:03:00的位置，设置Speed（速度）的值为5000，Wind（风力）的值为500.0，单击Speed（速度）和Wind（风力）左侧的码表，在当前设置关键帧，如图8.41所示，合成窗口效果如图8.42所示。

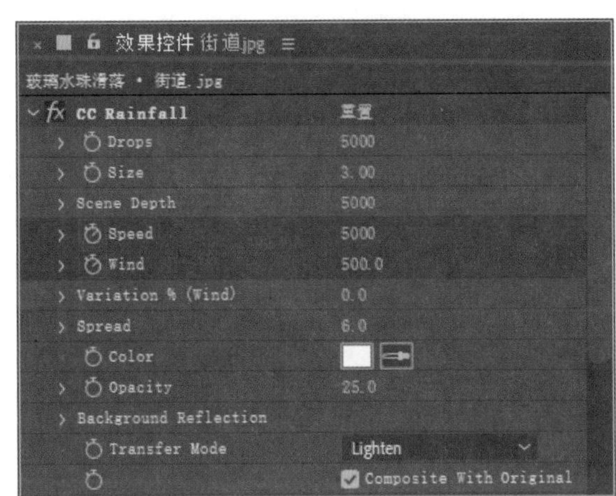

图8.41 设置“CC下雨”参数

图8.42 设置参数后的效果

4 将时间调整到0:00:06:00的位置，设置Speed（速度）的值为9000，Wind（风力）为800.0，系统会自动设置关键帧，如图8.43所示，合成窗口效果如图8.44所示。

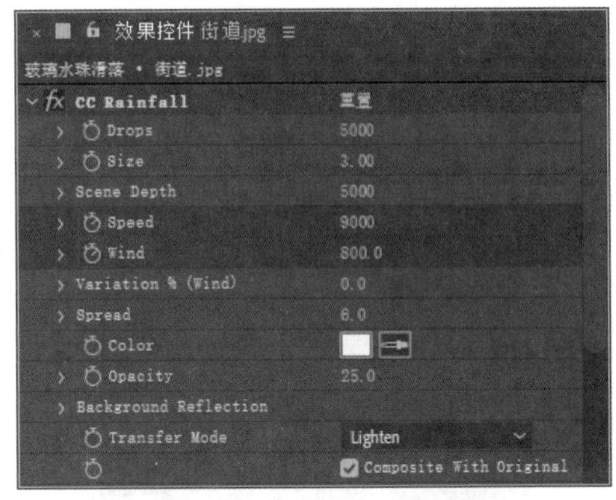

图8.43 设置“CC下雨”关键帧

图8.44 设置“CC下雨”参数后的效果

5 为“街道”层添加“快速模糊”特效。在“效果和预设”面板中展开“模糊和锐化”特效组，然后双击“快速方框模糊”特效。

6 在“效果控件”面板中修改“快速方框模糊”特效的参数，将时间调整到0:00:01:20的位置，设置“模糊半径”的值为0，单击“模糊半径”左侧的码表，在当前位置设置关键帧。

7 将时间调整到0:00:03:00的位置，设置“模糊半径”的值为3.0，系统会自动设置关键帧，如图8.45所示，合成窗口效果如图8.46所示。

8 在“项目”面板中将“街道”素材拖动到时间线面板中，将该图层重命名为“街道2”，为“街道2”层添加CC Mr.mercury（CC水银滴落）特效。在“效果和预设”中展开“模拟”特效组，然后双击CC Mr.mercury（CC水银滴落）特效，如图8.47所示。

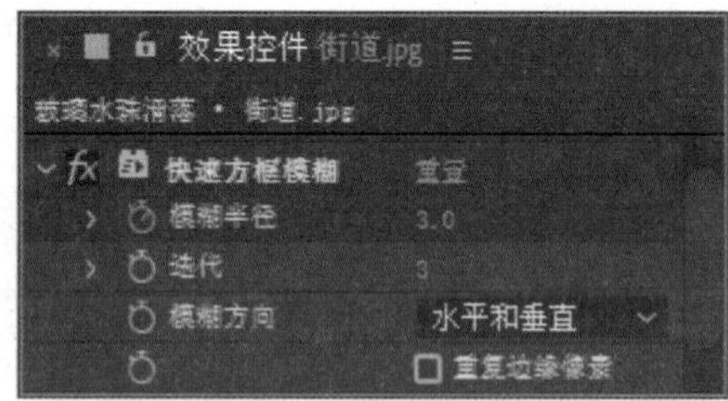

图 8.45　设置快速模糊关键帧

图 8.46　设置参数后的效果

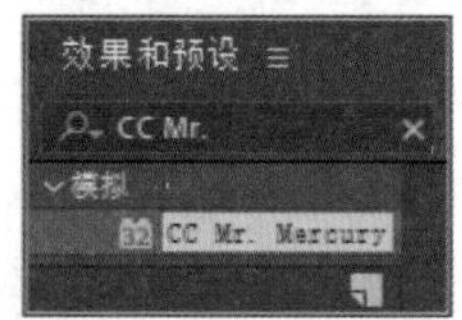

图 8.47　添加特效

9 在“效果控件”面板中修改CC Mr.mercury（CC水银滴落）特效的参数，设置Radius X（X轴半径）的值为227.0，Radius Y（Y轴半径）的值为80.0，Producer（生产者）的值为（362.0,-66.0），Velocity（速度）的值为0，Birth Rate（生长速率）的值为1.8，Gravity（重力）的值为0.2，Resistance（阻力）的值为0，从Animation（动画）下拉列表中选择Direction（方向）选项，从Influence Map（影响映射）下拉列表中选择Blob in（滴入）选项，设置Blob Birth Size（圆点出生大小）的值为0，Blob Death Size（圆点死亡大小）的值为0.10，如图8.48所示。

10 展开Light（照明）选项组，设置Light Height（灯光高度）的值为-28.0，展开Shading（明暗）选项组，设置Specular（反射）的值为0，Metal（金属）的值为65.0，Material Opacity（材质不透明度）的值为50.0，如图8.49所示，合成窗口效果如图8.50所示。

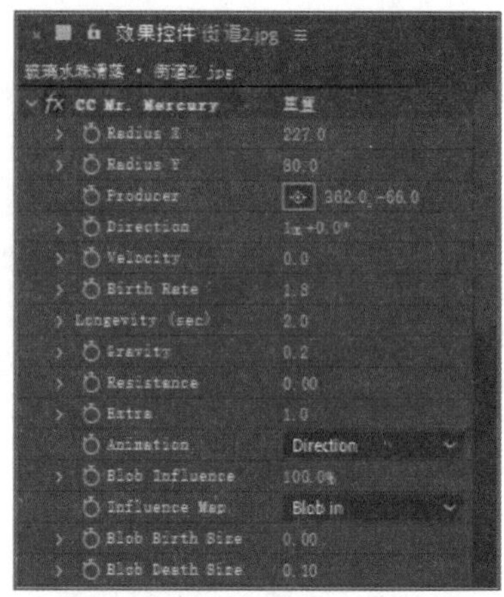

图 8.48　设置“CC 水银滴落”参数

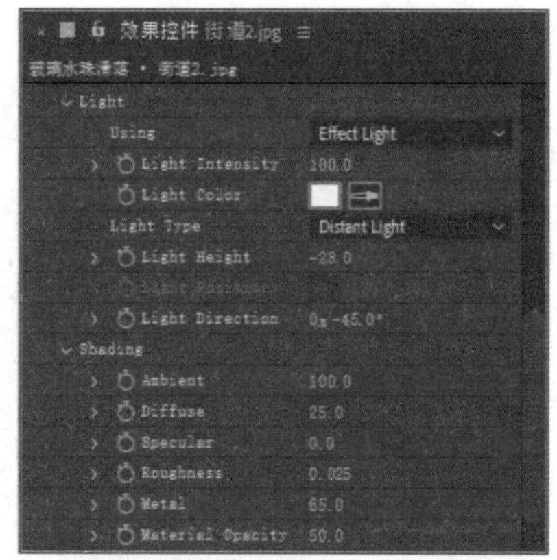

图 8.49　设置照明和明暗参数

图 8.50　设置“CC 水银滴落”后的效果

11 这样就完成了“玻璃水珠滑落”案例的制作，按小键盘上的0键即可在合成窗口中预览动画。

8.5 森林雪景

特效解析

本例主要讲解利用 CC Snowfall（CC 下雪）特效制作森林雪景效果，如图 8.51 所示。

图 8.51 动画效果

知识点

CC Snowfall（CC 下雪）特效

操作步骤

1 执行菜单栏中的“文件”|“打开项目”命令，选择“工程文件\第 8 章\森林雪景\森林雪景练习 .aep”文件，将“雪景练习 .aep”文件打开。

2 为“背景”层添加 CC Snowfall（CC 下雪）特效。在“效果和预设”中展开“模拟”特效组，然后双击 CC Snowfall（CC 下雪）特效，如图 8.52 所示，合成窗口效果如图 8.53 所示。

图 8.52 添加“CC 下雪”特效

图 8.53 添加“CC 下雪”后的效果

3 在“效果控件”面板中修改 CC Snowfall（CC 下雪）特效的参数，设置 Size（大小）为 8.00，Variation%(Size)（大小变化）的值为 25.0，Variation%(Speed)（速度变化）的值为 50.0，Opacity（不透明度）为 100.0，如图 8.54 所示，合成窗口效果如图 8.55 所示。

4 这样就完成了“森林雪景”案例的制作，按小键盘上的 0 键即可在合成窗口中预览动画。

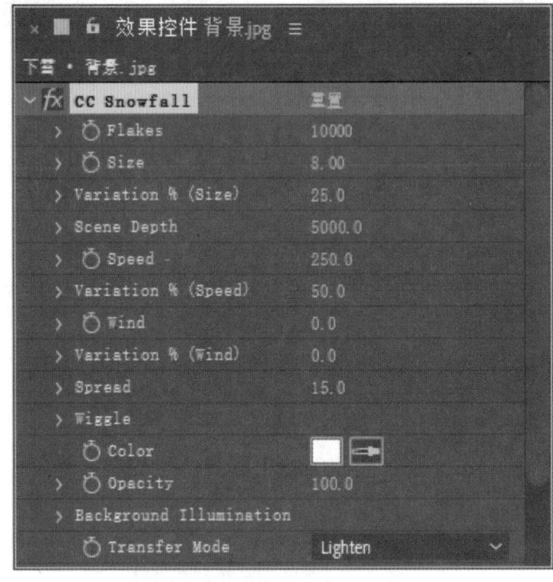

图 8.54 设置“CC 下雪”参数

图 8.55 设置“CC 下雪”后的效果

8.6 涟漪效果

特效解析

本例主要讲解使用 CC Drizzle（CC 细雨滴）特效制作涟漪效果，如图 8.56 所示。

图 8.56 动画效果

知识点

CC Drizzle（CC 细雨滴）特效

视频文件

操作步骤

1 执行菜单栏中的“合成”|“新建合成”命令，打开“合成设置”对话框，设置“合成名称”为“涟漪效果”，“宽度”为 720，“高度”为 480，“帧速率”为 25，并设置“持续时间”为 0:00:05:00，如图 8.57 所示。

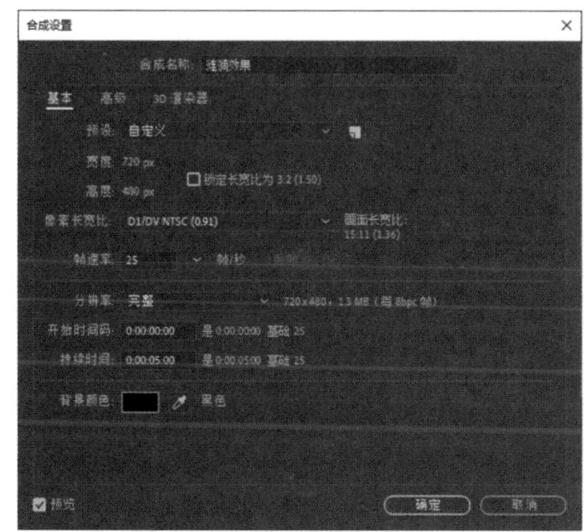

图 8.57 合成设置

2 执行菜单栏中的“文件”|“导入”|“文件”命令，打开“导入文件”对话框，选择“工程文件 \ 第 8 章 \ 涟漪效果 \ 背景 .jpg”素材，单击“导入”按钮，如图 8.58 所示。

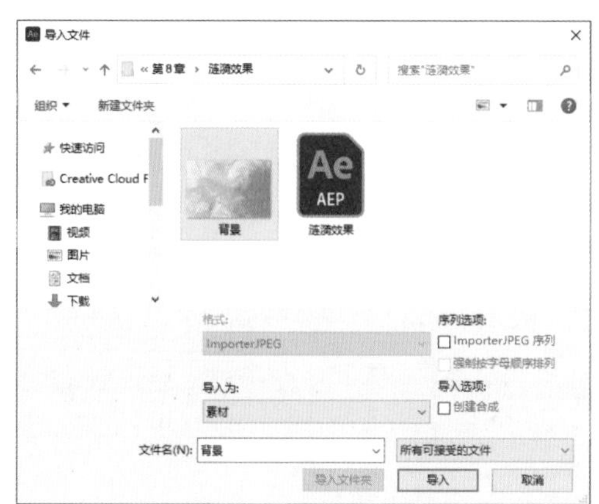

图 8.58 “导入文件”对话框

3 在“项目”面板中，选择“背景 .jpg”素材，将其拖动到“涟漪效果”合成的时间线面板中，如图 8.59 所示。

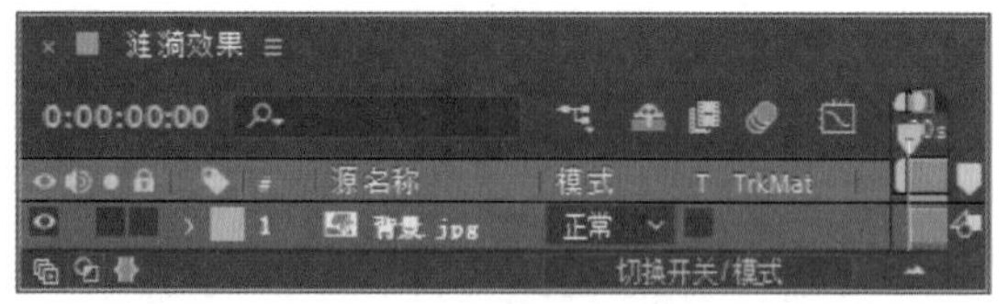

图 8.59 添加素材

4 选中“背景”层，在“效果和预设”特效面板中展开“模拟”特效组，双击 CC Drizzle（CC 细雨滴）特效，如图 8.60 所示。

图 8.60 添加 CC Drizzie（CC 细雨滴）特效

5 在“效果控件”面板中，设置 Longevity（寿命）的值为 2.00，Displacement（置换）的值为 25.0，如图 8.61 所示。

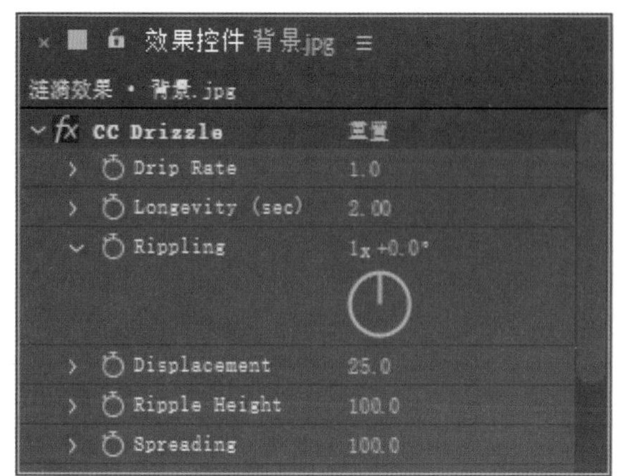

图 8.61 参数设置

6 这样就完成了“涟漪效果”案例的制作，按小键盘上的0键可在合成窗口中预览当前动画效果。

课后练习

1. 制作一个流淌的岩浆效果。
2. 制作一个星光特效。

（制作过程可参考资源包中的“课后练习”文件夹。）

第9章 流行短视频动画效果设计

内容摘要

本章主要讲解流行短视频动画效果设计。近年来流行起来的短视频动画在手机上的应用十分普遍，本章将讲解励志特效动画设计、治愈系粒子特效动画设计、动感光线特效设计、音乐现场旋转光效设计等实例。通过对这些实例的学习，读者可以掌握大部分流行短视频动画效果设计知识。

教学案例

- 励志特效动画设计
- 治愈系粒子特效动画设计
- 动感光线特效设计
- 音乐现场旋转光效设计
- 怀旧镜头对焦动画设计
- 风景直播云雾效果设计
- 主播个人主页视觉设计

9.1 励志特效动画设计

特效解析

本例主要讲解励志特效动画设计，在制作过程中通过添加文字及光晕特效即可完成整个动画的设计，如图 9.1 所示。

图 9.1　动画效果

知识点

1. “镜头光晕”特效
2. 蒙版路径

操作步骤

1 执行菜单栏中的“合成”|“新建合成”命令，打开“合成设置”对话框，新建一个“合成名称”为“文字”、“宽度”为 720、“高度”为 405、“帧速率”为 25、“持续时间”为 0:00:05:00 的合成，如图 9.2 所示。

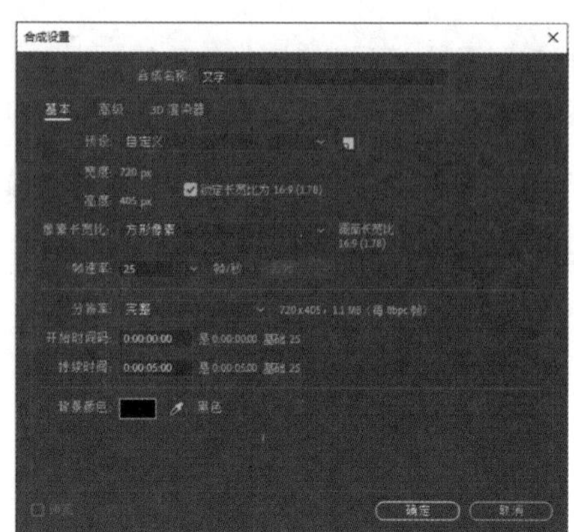

图 9.2　新建合成

2 执行菜单栏中的“文件”|“导入”|“文件”命令，打开“导入文件”对话框，选择“工程文件\第 9 章\励志特效动画设计\背景 .jpg”素材，单击“导入”按钮，如图 9.3 所示。

图 9.3　导入素材

3 选中工具箱中的“矩形工具”，绘制一个矩形，设置“填充”为无，“描边”为白色，“描边宽度”为 1，生成一个“形状图层 1”图层，效果如图 9.4 所示。

图 9.4　绘制矩形

4 选择工具箱中的“横排文字工具”，在图像中添加文字，如图 9.5 所示。

图 9.5　添加文字

5 执行菜单栏中的“合成”|“新建合成”命令，打开“合成设置”对话框，新建一个“合成名称”为“励志动画”、“宽度”为 720、“高度”为 405、“帧速率”为 25、“持续时间”为 0:00:05:00 的合成，如图 9.6 所示。

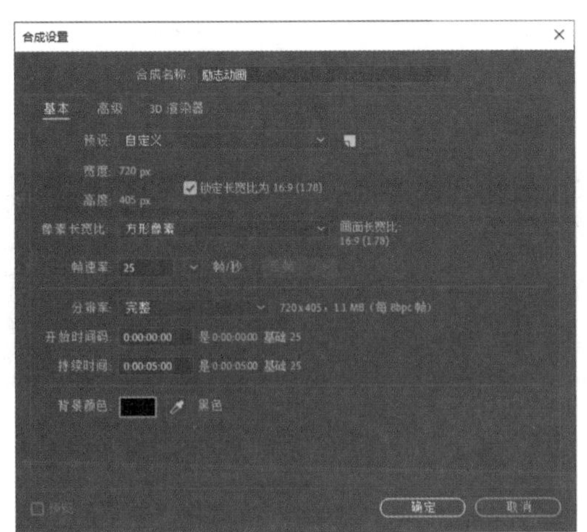

图 9.6　新建合成

6 在“项目”面板中，选中“背景 .jpg”素材及“文字”合成，将其拖至时间轴面板中，如图 9.7 所示。

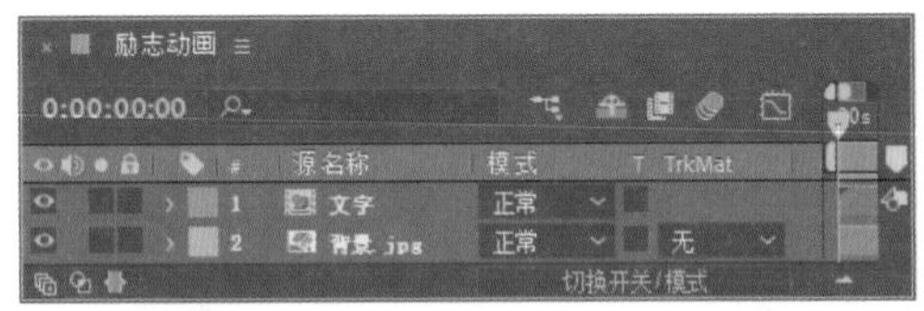

图 9.7　添加素材

7 在时间轴面板中选中“文字”合成，将时间调整到 0:00:00:00 的位置，在“效果和预设”面板中展开“过渡”特效组，然后双击“线性擦除”特效。

8 在“效果控件”面板中修改“线性擦除”特效的参数，设置“过渡完成”为 100%，单击“过渡完成”左侧码表，在当前位置添加关键帧，如图 9.8 所示。

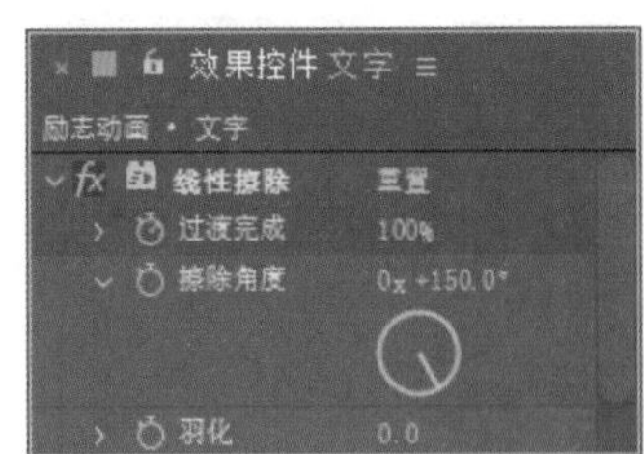

图 9.8　设置线性擦除

9 将时间调整到 0:00:02:00 的位置，将“过渡完成”更改为 0%，系统将自动添加关键帧，如图 9.9 所示。

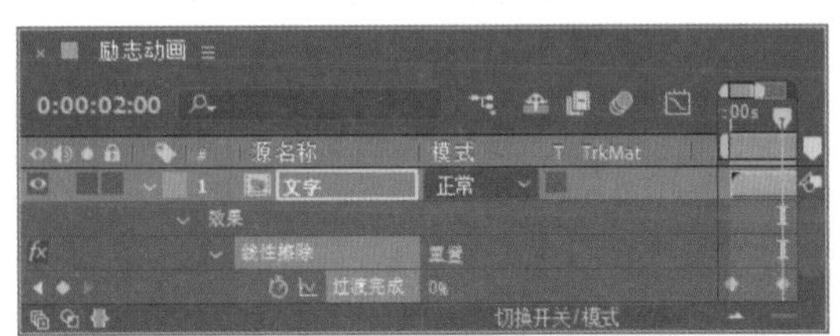

图 9.9　更改数值

10 执行菜单栏中的“图层”|“新建”|“纯色”命令，在弹出的对话框中将“名称”更改为“镜头光晕”，将“颜色”更改为黑色，完成之后单击“确定”按钮。

11 在时间轴面板中选中“镜头光晕”图层，将其图层模式更改为“屏幕”，如图 9.10 所示。

图 9.10 更改图层模式

12 在时间轴面板中选中“镜头光晕”图层，在“效果和预设”面板中展开“生成”特效组，然后双击“镜头光晕”特效。

13 在“效果控件”面板中，修改“镜头光晕”特效的参数，设置“光晕中心”为（185.0,49.0），单击“光晕中心”左侧码表，在当前位置添加关键帧，如图 9.11 所示。

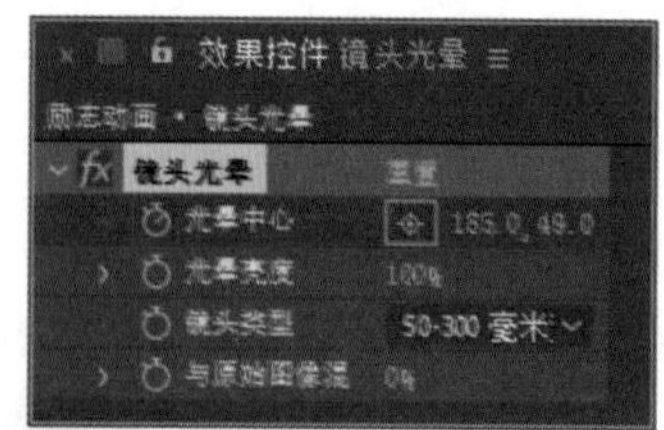

图 9.11 设置镜头光晕

14 将时间调整到0:00:04:24的位置，将“光晕中心”更改为（558.0,68.0），系统将自动添加关键帧，如图 9.12 所示。

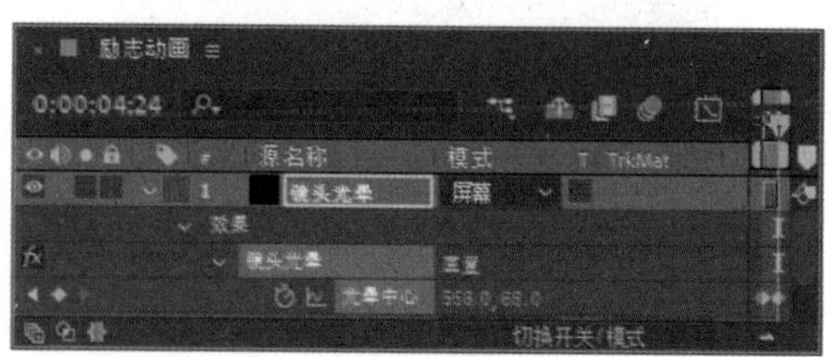

图 9.12 更改数值

15 选中工具箱中的“钢笔工具”，选中“镜头光晕”图层，在图像中人物上半部分区域绘制一个蒙版路径，如图 9.13 所示。

图 9.13 绘制蒙版路径

16 在时间轴面板中，展开“镜头光晕”图层，勾选“蒙版 1”右侧的“反转”复选框，按 F 键打开“蒙版羽化”，将数值更改为（30.0,30.0），如图 9.14 所示。

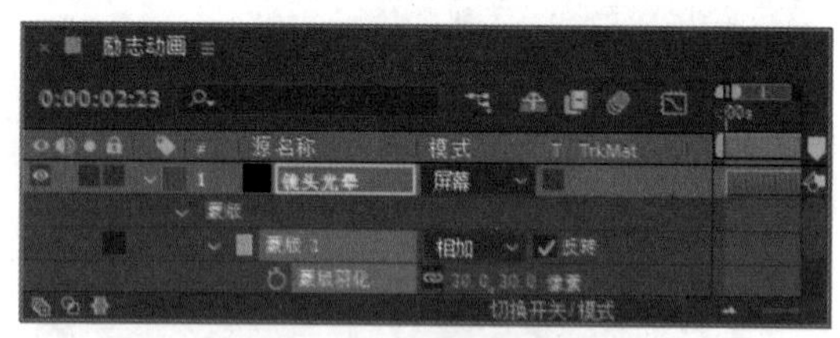

图 9.14 添加羽化效果

17 这样就完成了最终整体效果的制作，按小键盘上的 0 键即可在合成窗口中预览动画。

9.2 治愈系粒子特效动画设计

特效解析

本例主要讲解治愈系粒子特效动画设计。粒子特效动画是短视频动画中非常常见的视觉效果，通过为一幅钢琴短视频图像添加粒子效果即可制作出治愈系特效，如图 9.15 所示。

图 9.15 动画效果

知识点

CC Particle World（CC 粒子世界）特效

操作步骤

9.2.1 制作粒子效果

1 执行菜单栏中的“合成”|“新建合成”命令，打开“合成设置”对话框，设置“合成名称”为“粒子特效”，“宽度”为 720，“高度”为 405，“帧速率”为 25，并设置“持续时间”为 0:00:10:00，“背景颜色”为黑色，完成之后单击“确定”按钮，如图 9.16 所示。

2 执行菜单栏中的“文件”|“导入”|“文件”命令，打开“导入文件”对话框，选择“工程文件\第 9 章\治愈系粒子特效动画设计\背景 .jpg”素材，单击“导入”按钮，如图 9.17 所示。

3 在“项目”面板中选中“背景 .jpg”合成，将其拖至时间轴面板，如图 9.18 所示。

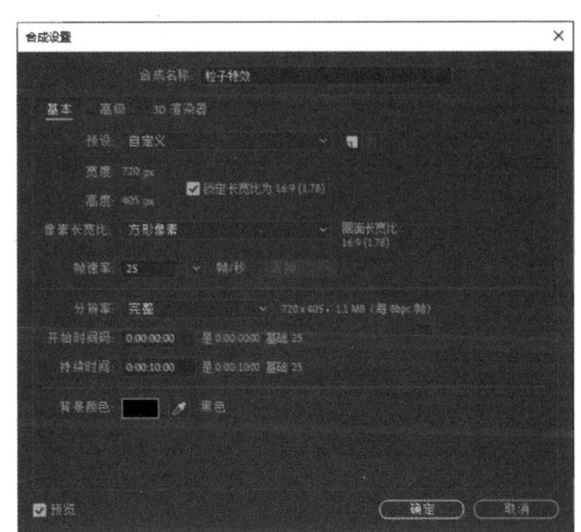

图 9.16 新建合成

图 9.17　导入素材

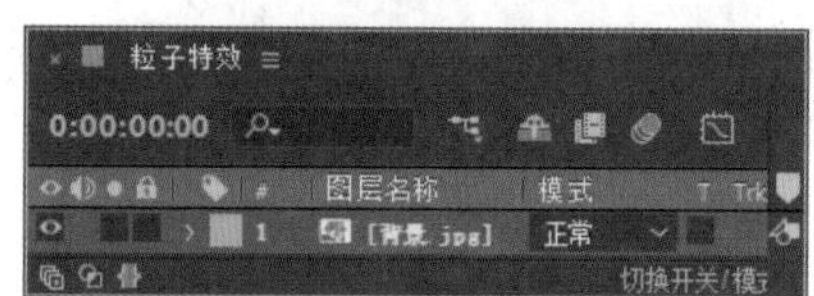
图 9.18　添加素材图像

4 执行菜单栏中的“图层”|“新建”|“纯色”命令，在弹出的对话框中将“名称”更改为“发光粒子”，将“颜色”更改为黑色，完成后单击“确定”按钮，如图 9.19 所示。

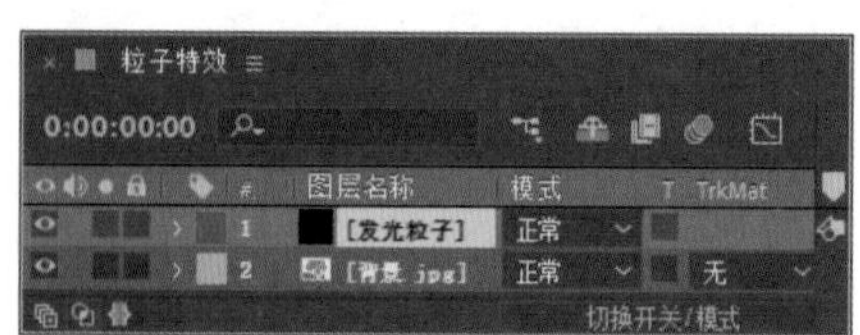
图 9.19　新建纯色图层

5 在时间轴面板中选中“发光粒子”图层，在“效果和预设”面板中展开“模拟”特效组，然后双击 CC Particle World（CC 粒子世界）特效。

6 在“效果控件”面板中修改 CC Particle World（CC 粒子世界）特效的参数，设置 Birth Rate（生长速率）为 0.5，Longevity(sec)（寿命）为 3.00。

7 展开 Producer（生产者）选项，设置 Position X（X 轴位置）为 -0.0028，Position Y（Y 轴位置）为 0.60，Position Z（Z 轴位置）为 -0.35，Radius X（X 轴半径）为 0.300，Radius Y（Y 轴半径）为 0.500，Radius Z（Z 轴半径）为 0，如图 9.20 所示。

图 9.20　设置 Producer（生产者）参数

8 展开 Physics（物理）选项，设置 Animation（动画）为 Viscouse（黏性），Gravity（重力）为 0.050，展开 Gravity Vector（重力矢量）选项，将 Gravity Y（Y 轴重力）更改为 -0.200，如图 9.21 所示。

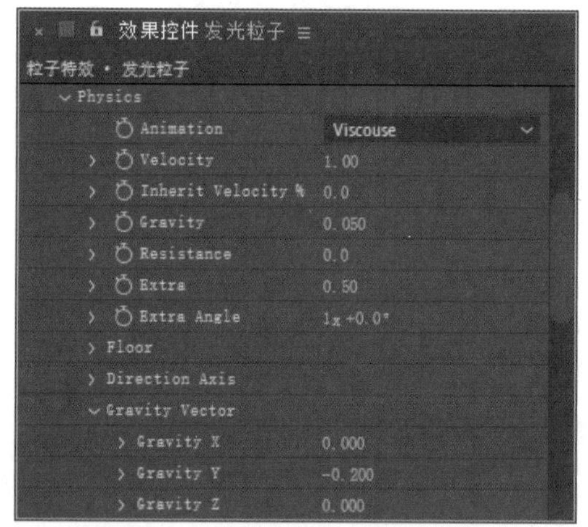
图 9.21　设置 Physics（物理）参数

9 展开 Particle（粒子）选项组，将 Particle Type（粒子类型）更改为 Shaded Sphere（阴影球体），设置 Birth Size（出生大小）为 0.150，Death Size（死亡大小）为 0.100，Size Variation（尺寸变化）为 30.0%，Max Opacity（最大不透明度）为 100.0%，Birth Color（出生颜色）为蓝色（R:80;G:228;B:255），Death Color（死亡颜色）为白色，如图 9.22 所示。

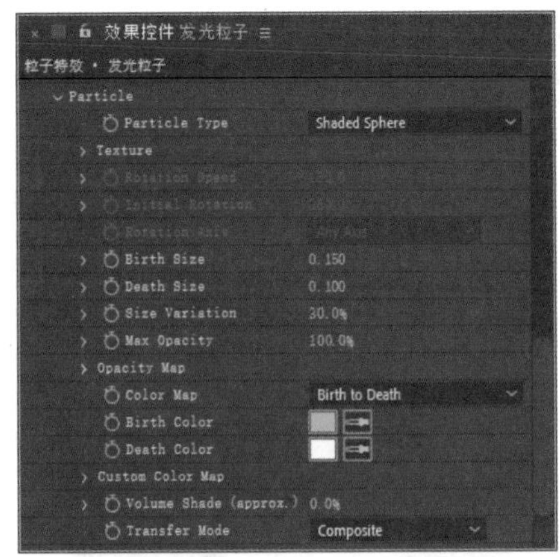

图 9.22　设置 Particle（粒子）参数

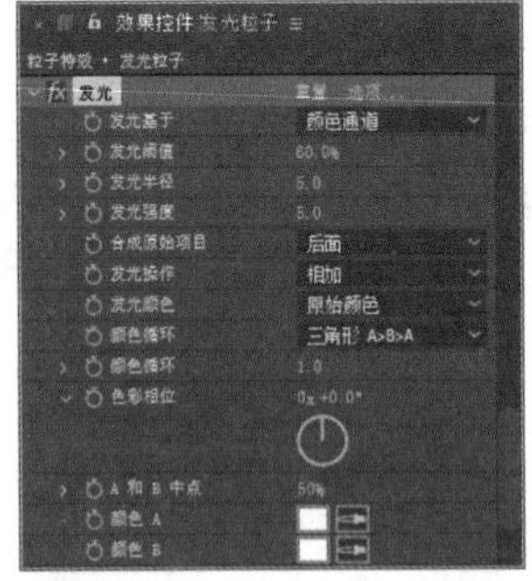

图 9.23　设置发光

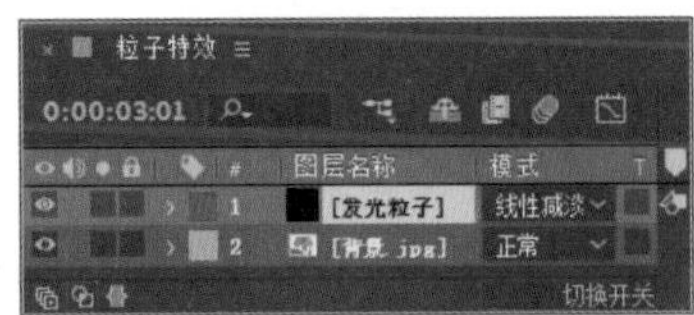

图 9.24　更改图层模式

9.2.2　添加装饰元素

1 在“效果和预设”面板中展开“风格化”特效组，然后双击“发光”特效。

2 在“效果控件”面板中修改“发光”特效的参数，设置“发光半径”为 5.0，“发光强度”为 5.0，“颜色 B”为白色，如图 9.23 所示。

3 在时间轴面板中，选中“发光粒子”图层，将其图层模式更改为“线性减淡”，如图 9.24 所示。

4 这样就完成了最终整体效果的制作，按小键盘上的 0 键即可在合成窗口中预览动画。

9.3　动感光线特效设计

特效解析

本例主要讲解动感光线特效设计。通过为夜晚大海添加月夜下的光线效果，使整个动画极具动感，如图 9.25 所示。

图 9.25　动画效果

知识点

1. 蒙版路径
2. “镜头光晕”特效

操作步骤

9.3.1　制作光线效果

1 执行菜单栏中的“合成”|“新建合成”命令，打开“合成设置”对话框，新建一个“合成名称”为“光线”、“宽度”为720、“高度”为405、“帧速率”为25、“持续时间”为0:00:10:00、“背景颜色”为黑色的合成，如图 9.26 所示。

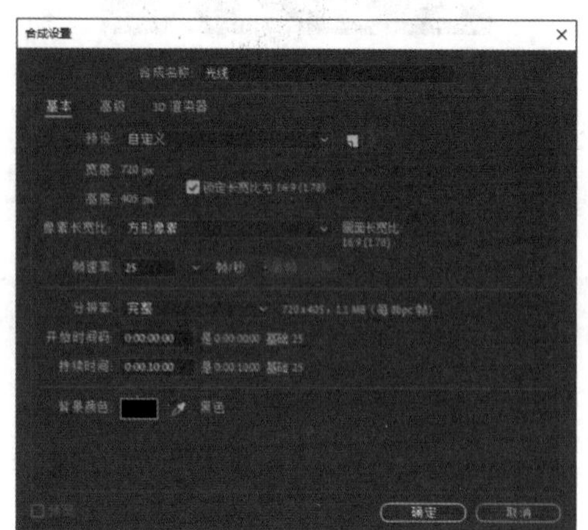

图 9.26　新建合成

2 执行菜单栏中的“文件”|“导入”|“文件”命令，打开“导入文件”对话框，选择“工程文件\第 9 章\动感光线特效设计\背景 .jpg”素材，单击“导入”按钮，如图 9.27 所示。

图 9.27　导入素材

3 执行菜单栏中的“图层”|“新建”|“纯色”命令，在弹出的对话框中将“名称”更改为“底色”，将“颜色”更改为黑色，完成之后单击“确定”按钮，如图 9.28 所示。

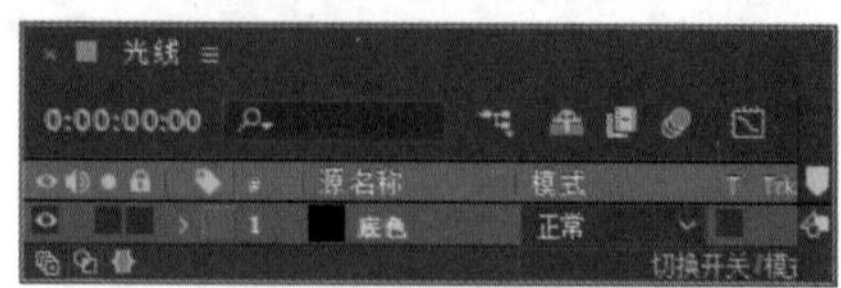

图 9.28　新建纯色层

4 在时间轴面板中选中“底色”图层，在“效果和预设”面板中展开“杂色和颗粒”特效组，然后双击“分形杂色”特效。

5 在“效果控件”面板中修改“分形杂色”特效的参数，设置“分形类型”为“脏污”，“杂色类型”为“柔和线性”，“对比度”为440.0，“亮度”为-30.0，展开“变换”选项组，设置“缩放”为5.0，“复杂度”为8.0，如图9.29所示。

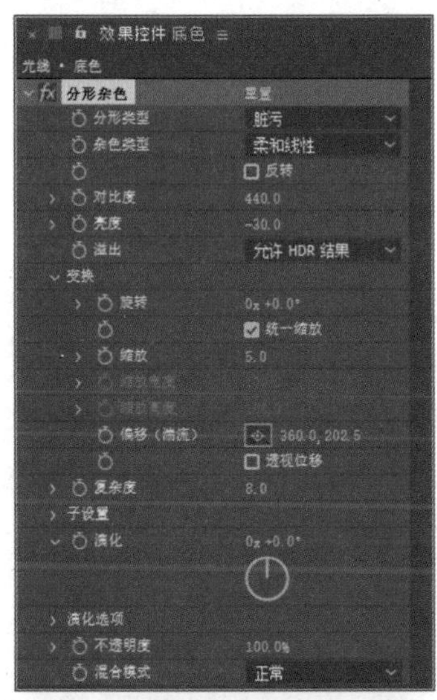

图9.29 设置分形杂色

6 将时间调整到0:00:00:00的位置，在“效果控件”面板中，展开“分形杂色”中的“演化”选项组，按住Alt键单击“演化”左侧码表，输入time*40，为当前图层添加表达式，如图9.30所示。

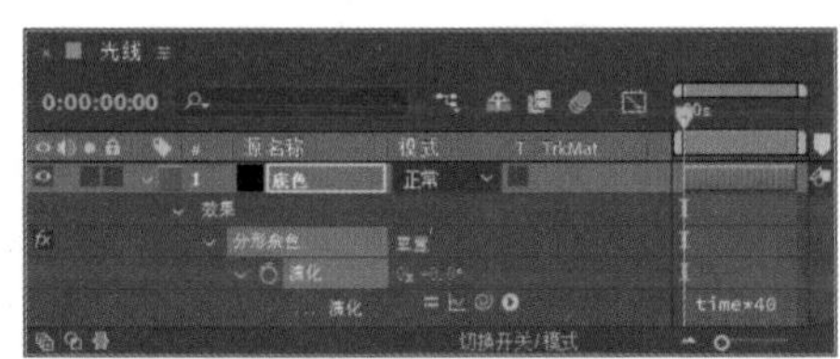

图9.30 添加表达式

7 选中工具箱中的“椭圆工具”，选中“变亮”图层，在图像右上角位置绘制一个圆形蒙版路径，如图9.31所示。

图9.31 绘制蒙版

8 在时间轴面板中选中“底色”图层，在“效果和预设”面板中展开“模糊和锐化”特效组，然后双击CC Radial Fast Blur（CC快速放射模糊）特效。

9 在“效果控件”面板中修改CC Radial Fast Blur（CC快速放射模糊）特效的参数，设置Center（中心）为（730.0,-14.0），Amount（数量）为98，Zoom（镜头）为Brightest（明亮），如图9.32所示。

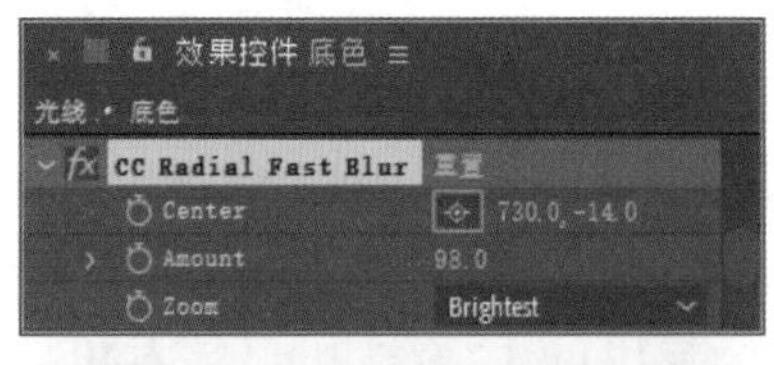

图9.32 设置CC快速放射模糊

9.3.2 制作动画合成

1 执行菜单栏中的“合成”|“新建合成”命令，打开“合成设置”对话框，新建一个“合成名称”为“动画合成”、“宽度”为720、“高度”为405、“帧速率”为25、“持续时间”为0:00:10:00、“背景颜色”为黑色的合成，如图9.33所示。

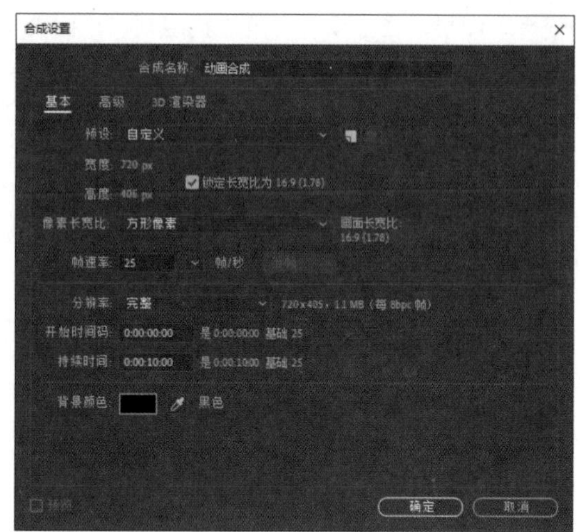

图 9.33　新建合成

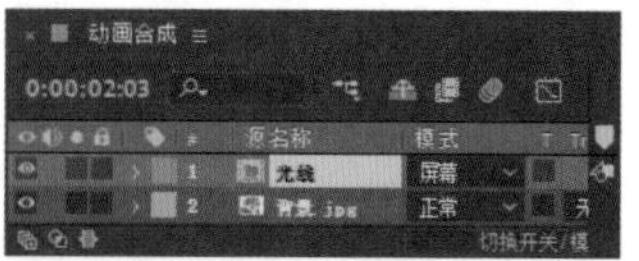

图 9.34　添加素材图像

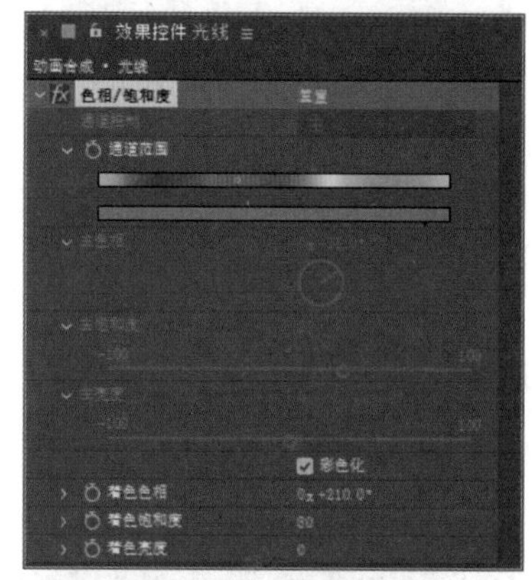

图 9.35　设置“色相 / 饱和度”

2 在“项目”面板中，选中“光线”合成及“背景.jpg”素材，将其拖至时间轴面板中，将“光线”图层模式更改为“屏幕”，如图 9.34 所示。

3 在时间轴面板中选中“光线”图层，在“效果和预设”面板中展开“颜色校正”特效组，然后双击“色相 / 饱和度”特效。

4 在“效果控件”面板中修改“色相/饱和度”特效的参数，勾选“彩色化”复选框，设置“着色色相”为0x+210.0°，“着色饱和度”为80，如图9.35 所示。

5 这样就完成了最终整体效果的制作，按小键盘上的 0 键即可在合成窗口中预览动画。

9.4　音乐现场旋转光效设计

特效解析

本例主要讲解音乐现场旋转光效设计。本例中的旋转光效极具动感，如图 9.36 所示。

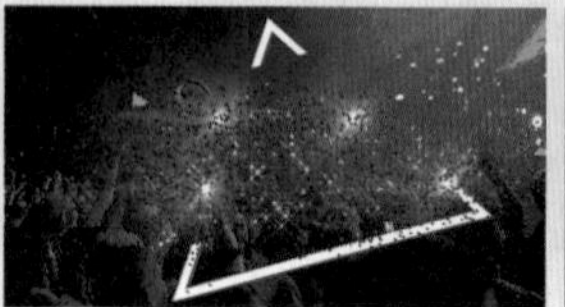

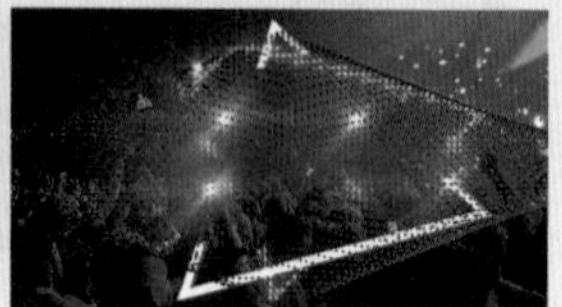

图 9.36　动画效果

知识点

1. CC Ball Action（CC 滚珠操作）特效
2. Starglow（星光）特效

9.4.1 制作分散效果

1 执行菜单栏中的“合成”|“新建合成”命令，打开“合成设置”对话框，新建一个“合成名称”为“旋转光效”、“宽度”为 720、“高度”为 405、“帧速率”为 25、“持续时间”为 0:00:10:00、“背景颜色”为黑色的合成，如图 9.37 所示。

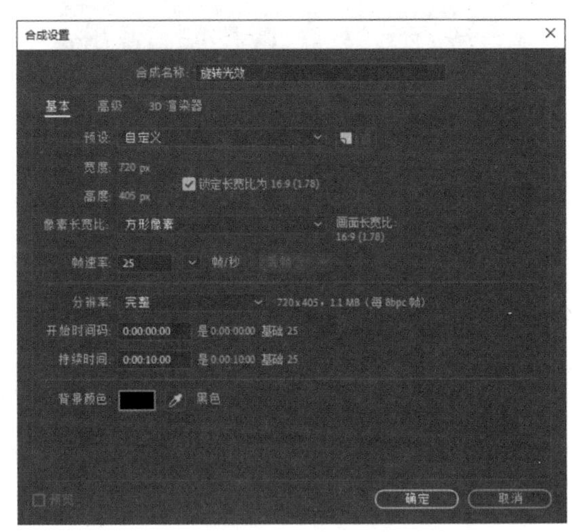

图 9.37　新建合成

2 执行菜单栏中的“文件”|“导入”|“文件”命令，打开“导入文件”对话框，选择“工程文件 \ 第 9 章 \ 音乐现场旋转光效设计 \ 背景 .jpg”素材，单击“导入”按钮，如图 9.38 所示。

3 在“项目”面板中选中“背景 .jpg”合成，将其拖至时间轴面板。

4 在时间轴面板中选中“背景 .jpg”图层，按 Ctrl+D 组合键复制一个“背景 2.jpg”图层，如图 9.39 所示。

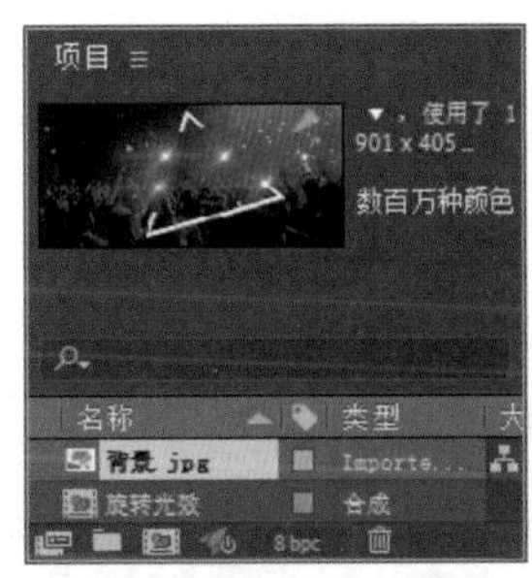

图 9.38　导入素材

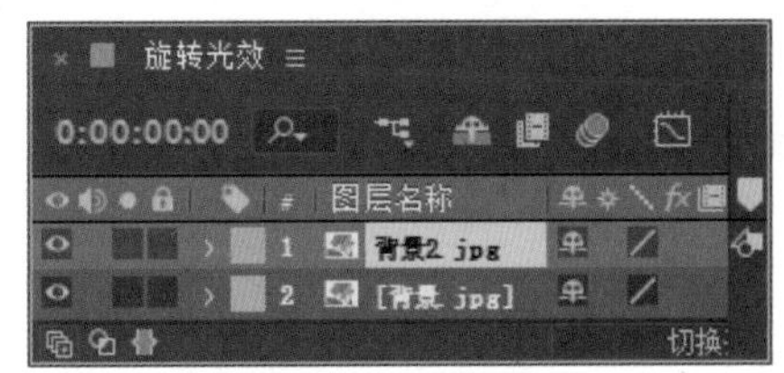

图 9.39　添加素材图像

5 在时间轴面板中，将时间调整到 0:00:00:00 的位置，选中“背景 2.jpg”图层，在“效果和预设”面板中展开“模拟”特效组，然后双击 CC Ball Action（CC 滚珠操作）特效。

6 在“效果控件”面板中，修改 CC Ball Action（CC 滚珠操作）特效的参数，从 Twist Property（扭曲属性）右侧下拉菜单中选择 Diamond（菱形），设置 Grid Spacing（网格间距）的值为 3，Ball Size（球尺寸）的值为 30.0。

7 分别单击 Scatter（分散）、Rotation（旋转）及 Twist Angle（扭曲角度）左侧的码表，在当前位置设置关键帧，如图 9.40 所示。

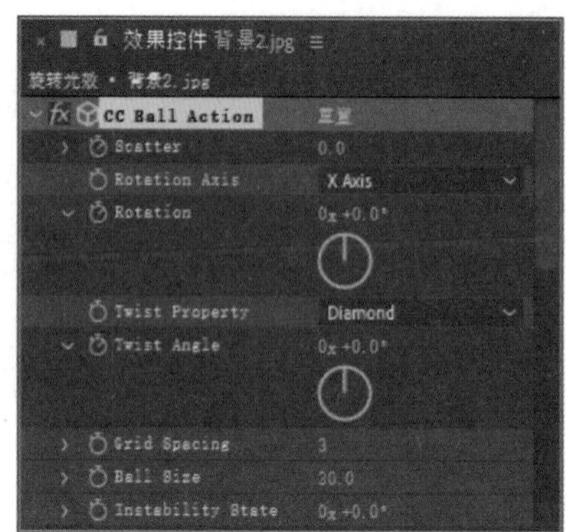

图 9.40　设置 CC 滚珠操作

8 在时间轴面板中将时间调整到 00:0:05:00 的位置，将 Scatter（分散）更改为 50.0，如图 9.41 所示。

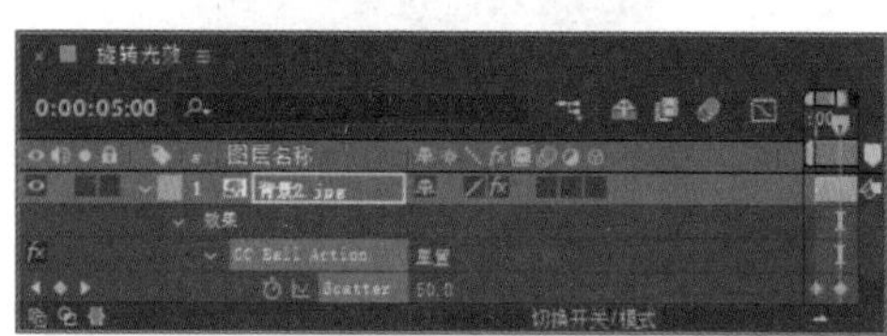

图 9.41　更改数值

9 在时间轴面板中将时间调整到 0:00:09:24 的位置，将 Scatter（分散）更改为 0，将 Rotation（旋转）更改为 5x+0.0°，将 Twist Angle（扭曲角度）更改为 0x+300.0°，如图 9.42 所示。

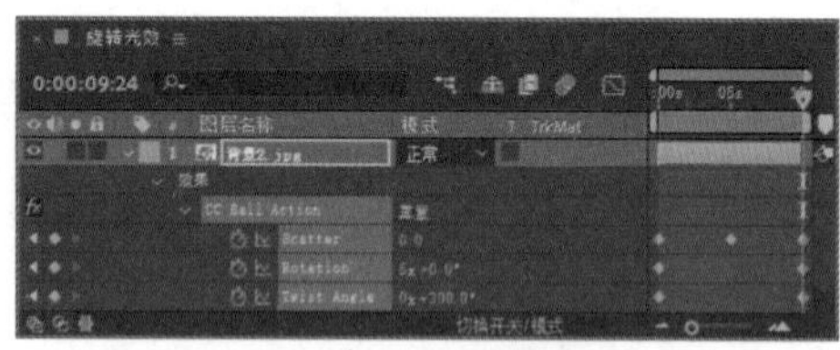

图 9.42　再次更改数值

9.4.2　添加发光效果

1 在时间轴面板中选中“背景 2.jpg”图层，在“效果和预设”面板中展开 RG Trapcode 特效组，然后双击 Starglow（星光）特效。

2 在“效果控件”面板中，修改 Starglow（星光）特效的参数，设置 Preset（预设）为 White Star 2（白色星光 2），设置 Input Channel（输入通道）为 Lightness（亮度），Streak Length（条纹长度）为 20.0，Boost Light（光线亮度）为 10.0，Transfer Mode（传输模式）为 Soft Light（柔光），如图 9.43 所示。

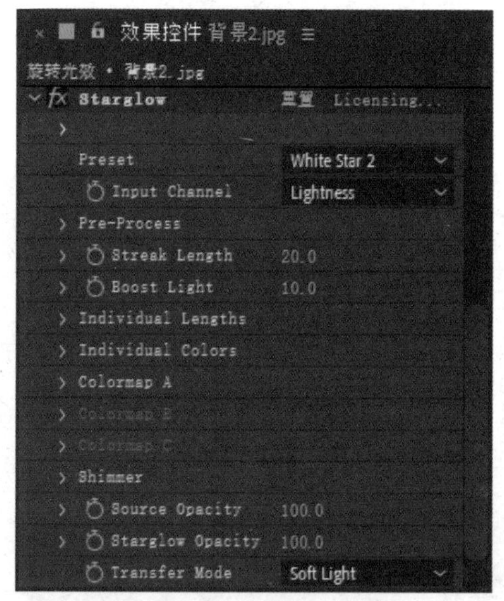

图 9.43　设置 Starglow（星光）

3 这样就完成了最终整体效果的制作，按小键盘上的 0 键即可在合成窗口中预览动画。

9.5　怀旧镜头对焦动画设计

特效解析

本例主要讲解怀旧镜头对焦动画设计。通过为一幅电影放映机图像添加摄像机镜头模糊效果即可制作出对焦的视觉动画效果，如图 9.44 所示。

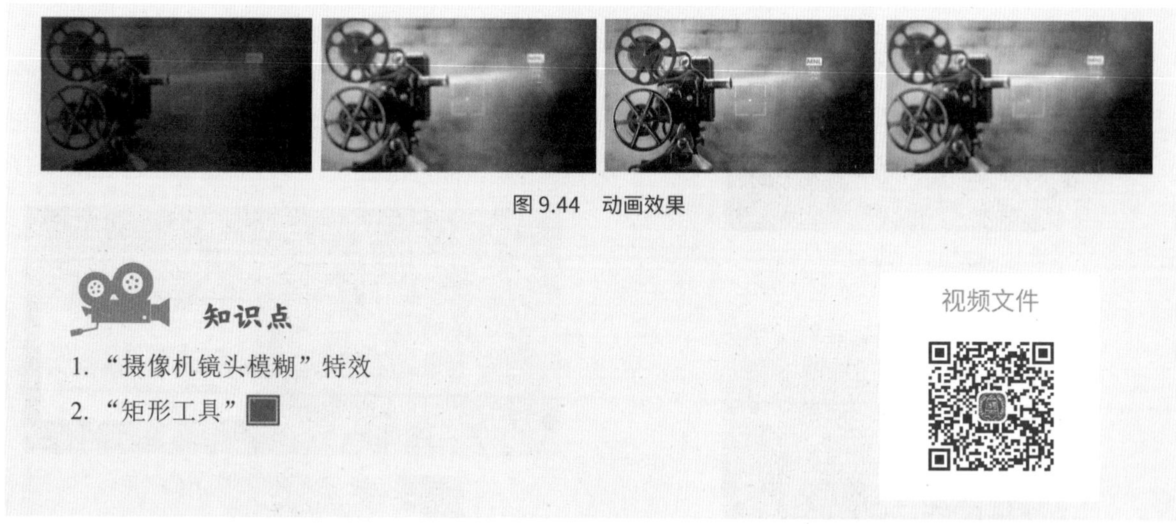

图 9.44 动画效果

知识点

1. “摄像机镜头模糊”特效
2. “矩形工具”

视频文件

9.5.1 制作背景效果

1 执行菜单栏中的“合成”|“新建合成”命令，打开“合成设置”对话框，新建一个“合成名称”为“对焦”、“宽度”为 720、“高度”为 405、“帧速率”为 25、“持续时间”为 0:00:05:00、“背景颜色”为黑色的合成，如图 9.45 所示。

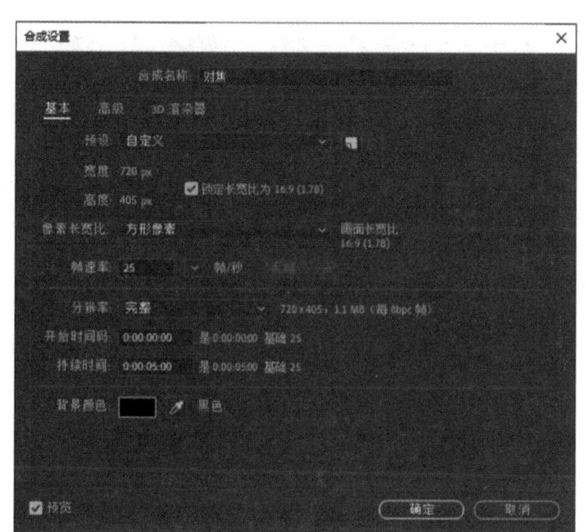

图 9.45 新建合成

2 执行菜单栏中的“文件”|“导入”|“文件”命令，打开“导入文件”对话框，选择“工程文件 \ 第 9 章 \ 怀旧镜头对焦动画设计 \ 背景 .jpg”素材，单击“导入”按钮，如图 9.46 所示。

图 9.46 导入素材

3 在“项目”面板中选中“背景”合成，将其拖至时间轴面板，如图 9.47 所示。

图 9.47 添加素材图像

4 选中工具箱中的“矩形工具” ，绘制一个矩形，设置“填充”为白色，“描边”为无，如图 9.48 所示，生成一个“形状图层 1”图层。

5 选择工具箱中的“横排文字工具” ，在图像中添加文字，如图 9.49 所示。

图 9.48　绘制图形

图 9.49　添加文字

6 选中工具箱中的“矩形工具”，按住Ctrl+Shift组合键绘制一个矩形，设置“填充”为无，“描边”为白色，“描边宽度”为2，生成一个“形状图层2”图层，如图9.50所示。

图 9.50　绘制图形

7 选中工具箱中的“矩形工具”，绘制一个矩形，设置“填充”为白色，“描边”为无，生成一个“形状图层3”图层，选中“形状图层3”，再绘制一个矩形，如图9.51所示。

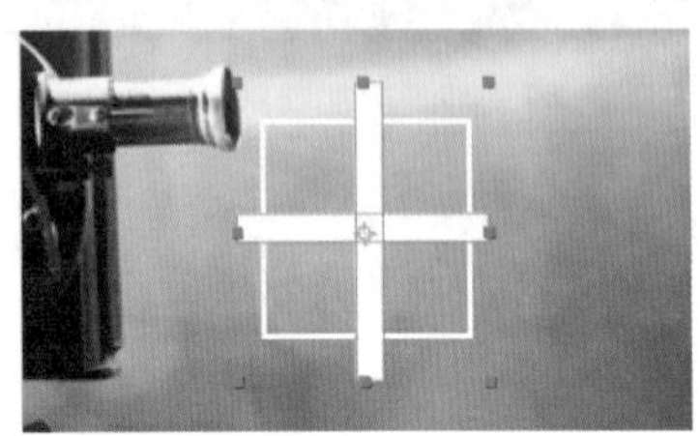

图 9.51　绘制两个矩形

8 在时间轴面板中，将“形状图层2”拖动到“形状图层3”下面，设置“形状图层2”的“轨道遮罩”为“Alpha反转遮罩‘形状图层3’”，如图9.52所示。

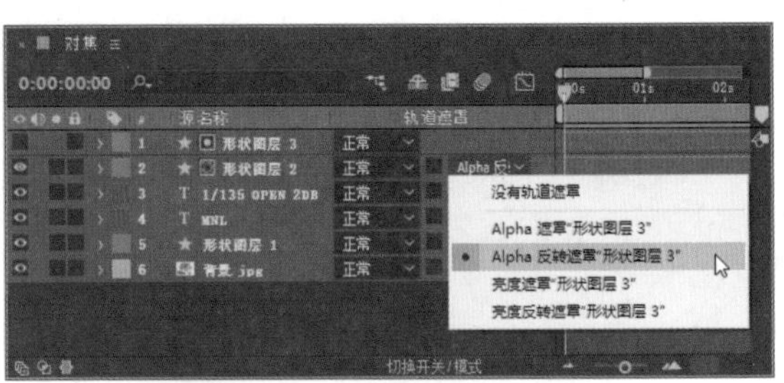

图 9.52　设置轨道遮罩

9 在时间轴面板中选中“形状图层2”，按T键打开“不透明度”，将“不透明度”更改为60%，如图9.53所示。

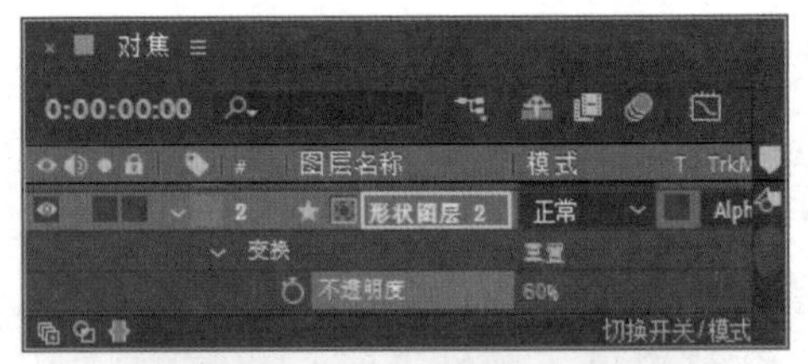

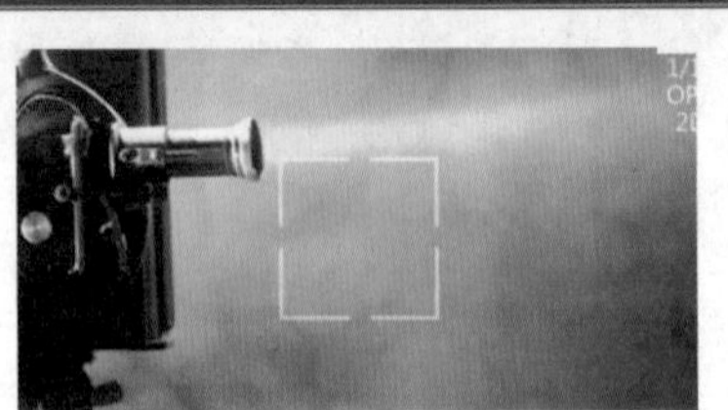

图 9.53　更改不透明度

10 选中工具箱中的“椭圆工具”，按住Shift+Ctrl组合键在矩形位置绘制一个正圆，设置“填充”为白色，“描边”为无，如图9.54所示，生成一个“形状图层4”图层。

图 9.54　绘制图形

9.5.2　制作动画效果

1 执行菜单栏中的“图层”|“新建”|“调整图层”命令,新建一个“调整图层 1”图层,如图 9.55 所示。

图 9.55　新建调整图层

2 在时间轴面板中，将时间调整到 0:00:00:00 的位置，选中“调整图层 1”，在“效果和预设”面板中展开“模糊和锐化”特效组，然后双击“摄像机镜头模糊”特效。

3 在“效果控件”面板中修改“摄像机镜头模糊”特效的参数，设置“模糊半径”为 0，单击“模糊半径”左侧码表，在当前位置添加关键帧，勾选“重复边缘像素”复选框，如图 9.56 所示。

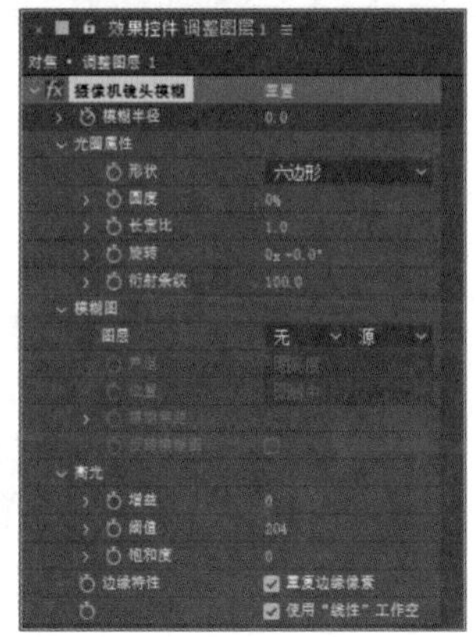
图 9.56　设置摄像机镜头模糊

4 将时间调整到 0:00:00:10 的位置，将“模糊半径”更改为 8.0；将时间调整到 0:00:01:04 的位置，将“模糊半径”更改为 0；将时间调整到 0:00:01:23 的位置，将“模糊半径”更改为 5.0；将时间调整到 0:00:02:18 的位置，将“模糊半径”更改为 0，系统将自动添加关键帧，如图 9.57 所示。

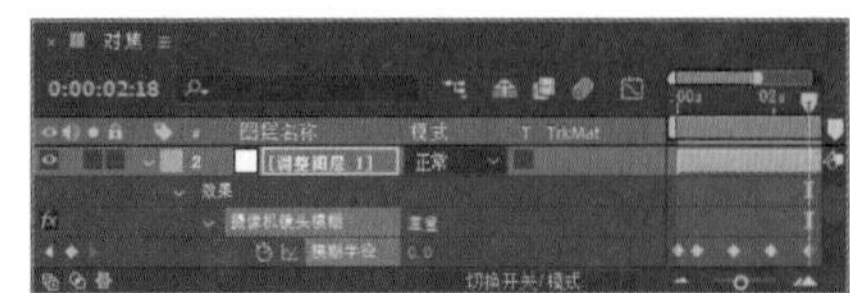
图 9.57　更改数值

5 在时间轴面板中选中所有图层，单击三维图层按钮，打开三维图层。

6 执行菜单栏中的“图层”|“新建”|“摄像机”命令，新建一个“摄像机 1”图层，如图 9.58 所示。

图 9.58　新建摄像机图层

7 在时间轴面板中，选中“摄像机 1”图层，将时间调整到 0:00:00:00 的位置，按 P 键打开“位置”，单击“位置”左侧码表，在当前位置添加关键帧。

8 将时间调整到 0:00:00:10 的位置，将“位置”更改为（360.0,202.5,-431.0）；将时间调整到 0:00:01:04 的位置，将“位置”更改为（360.0,202.5,-477.0）；将时间调整到 0:00:01:23 的位置，将“位置”更改为（360.0,202.5,-440.0）；将时间调整到 0:00:02:18 的位置，将“位置”更改为（360.0,202.5,-479.0），系统将自动添加关键帧，如图 9.59 所示。

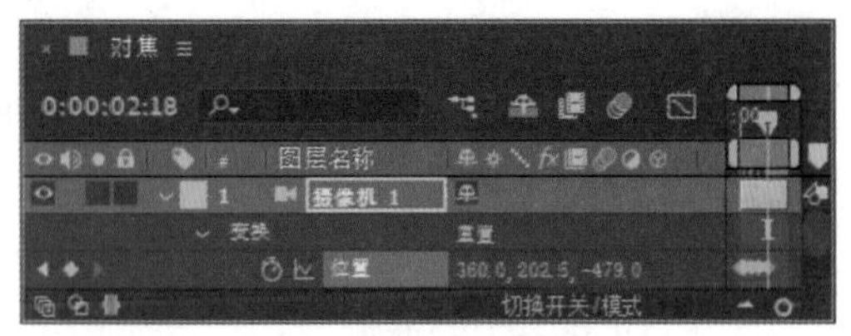

图 9.59　更改位置数值

9 执行菜单栏中的“图层”|“新建”|“纯色”命令，在弹出的对话框中将“名称”更改为“遮罩”，将“颜色”更改为黑色，完成之后单击“确定”按钮，如图 9.60 所示。

图 9.60　新建图层

10 在时间轴面板中，将时间调整到0:00:00:00的位置，选中“遮罩”图层，按T键打开“不透明度”，单击“不透明度”左侧码表，在当前位置添加关键帧。

11 将时间调整到 0:00:00:10 的位置，将数值更改为 0，系统将自动添加关键帧，制作不透明度动画，如图 9.61 所示。

图 9.61　制作不透明度动画

12 这样就完成了最终整体效果的制作，按小键盘上的 0 键即可在合成窗口中预览动画。

9.6　风景直播云雾效果设计

特效解析

本例主要讲解风景直播云雾效果设计，如图 9.62 所示。

图 9.62　动画效果

知识点

1. “分形杂色”特效
2. “色阶”特效

视频文件

9.6.1 制作云雾效果

1 执行菜单栏中的“合成”|“新建合成”命令，打开“合成设置”对话框，新建一个“合成名称”为“云雾”、“宽度”为720、“高度”为405、“帧速率”为25、“持续时间”为0:00:05:00、“背景颜色”为黑色的合成，如图9.63所示。

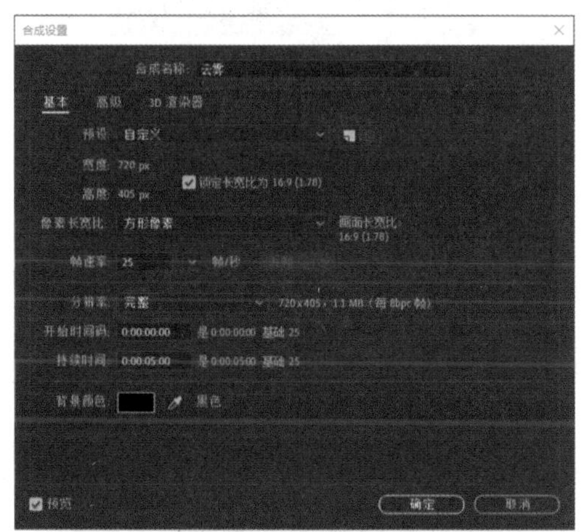

图 9.63 新建合成

2 执行菜单栏中的“文件”|“导入”|“文件”命令，打开“导入文件”对话框，选择“工程文件\第9章\风景直播云雾效果设计\背景.jpg”素材，单击“导入”按钮，如图9.64所示。

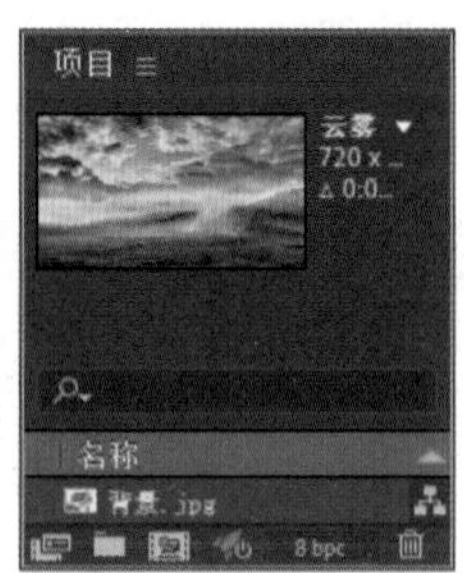

图 9.64 导入素材

3 在“项目”面板中选中“背景”合成，将其拖至时间轴面板，如图9.65所示。

4 执行菜单栏中的“图层”|“新建”|“纯色”命令，在弹出的对话框中将“名称”更改为“云”，将“颜色”更改为白色，完成之后单击“确定”按钮，如图9.66所示。

图 9.65 添加素材图像

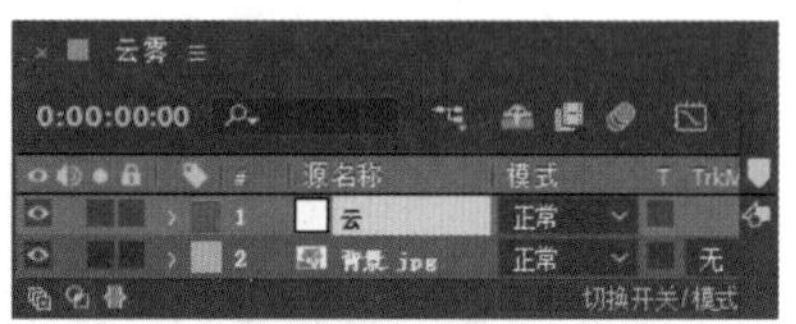

图 9.66 新建纯色层

5 在时间轴面板中将时间调整到0:00:00:00的位置，选中“云”图层，在“效果和预设”面板中展开“杂色和颗粒”特效组，然后双击“分形杂色”特效。

6 在“效果控件”面板中，修改“分形杂色”特效的参数，设置“分形类型”为“湍流锐化”，“杂色类型”为“样条”，“对比度”为80.0，“亮度”为0，如图9.67所示。

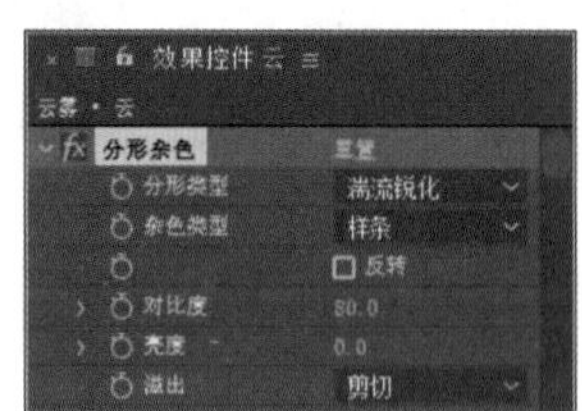

图 9.67 设置分形杂色

7 展开“变换”选项组，将“缩放宽度”更改为200.0，将“缩放高度”更改为50.0，将“偏移（湍流）”更改为（90.0,288.0），单击“偏移（湍流）”左侧码表，在当前位置添加关键帧，再将“复杂度”更改为6.0，如图9.68所示。

8 展开“子设置”选项组，分别单击“子旋转”及“演化”左侧码表，在当前位置添加关键帧，如图9.69所示。

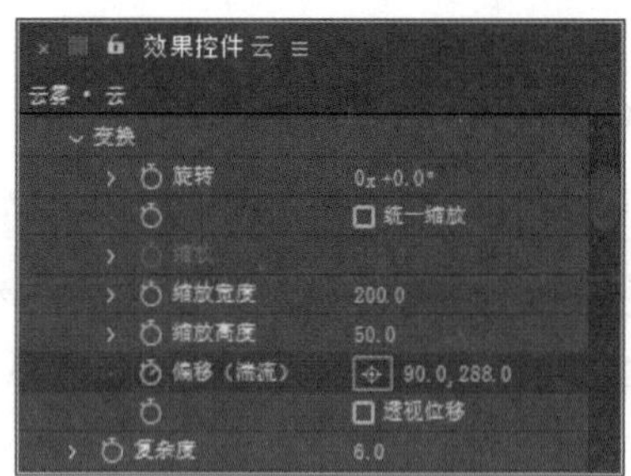

图 9.68　设置变换参数

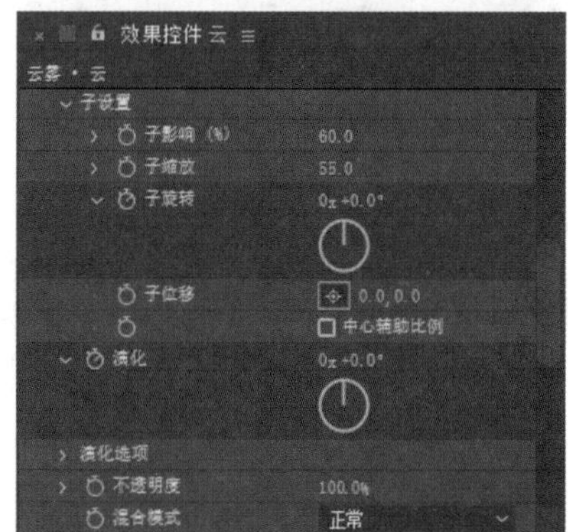

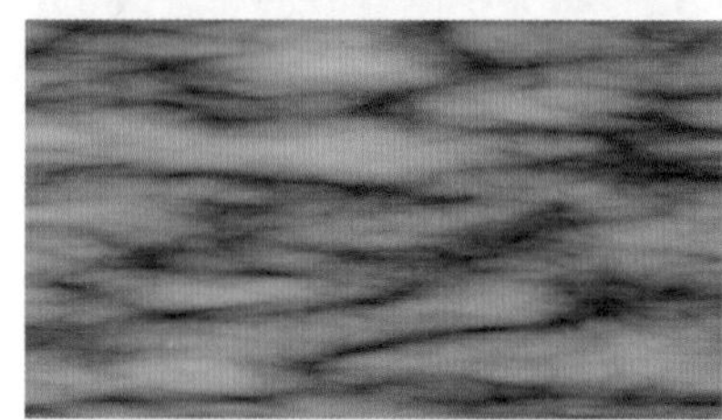

图 9.69　设置“子设置”选项组

9 在“效果和预设”面板中展开“颜色校正”特效组，然后双击“色阶”特效。

10 在“效果控件”面板中修改“色阶”特效的参数，设置“输入黑色”为77.0，“输入白色”为237.0，“灰度系数”为1.00，“输出黑色”为0，“输出白色”为255.0，如图 9.70 所示。

11 在时间轴面板中将时间调整到0:00:04:24 的位置，将“偏移（湍流）”更改为（523.0,288.0），将“子旋转”更改为0x+10.0°，将“演化”更改为0x+240.0°，系统将自动添加关键帧，如图 9.71 所示。

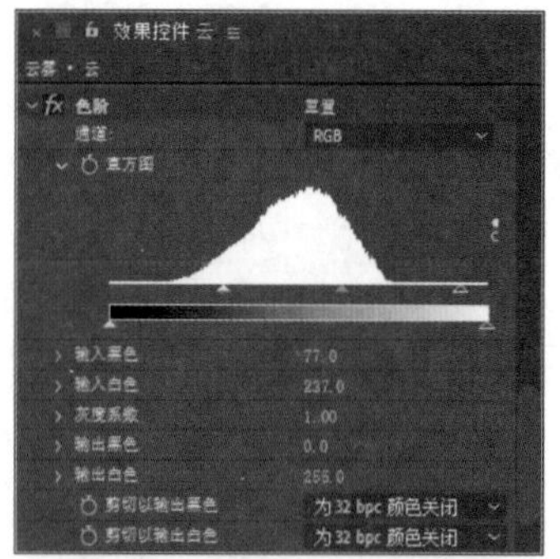

图 9.70　调整色阶

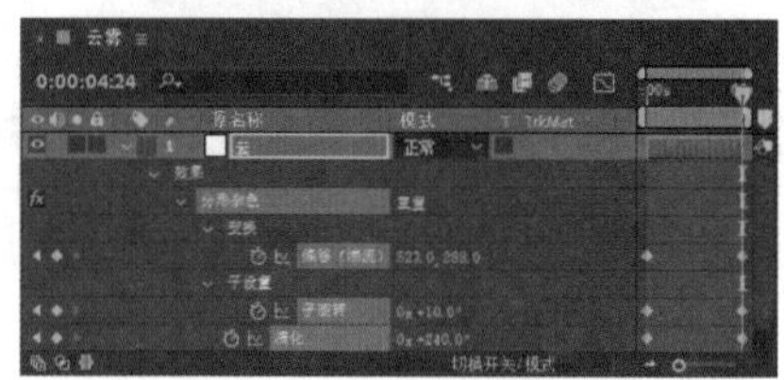

图 9.71　更改数值

9.6.2　调整动画效果

1 在时间轴面板中选中“云”图层，将其图层模式更改为“屏幕”，如图 9.72 所示。

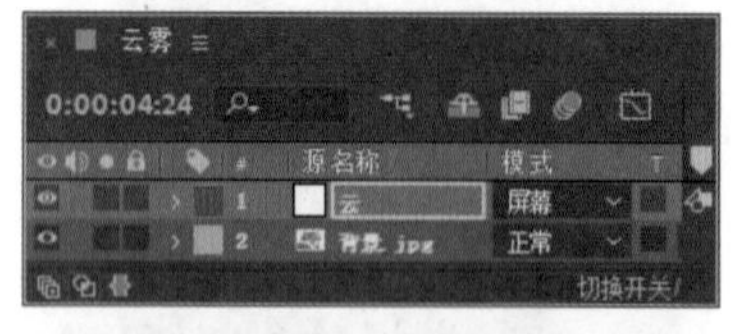

图 9.72　更改图层模式

2 选中工具箱中的“钢笔工具”，在图像中山丘与天空交界处绘制一个蒙版路径，如图 9.73 所示。

图 9.73 绘制蒙版路径

3 按 F 键打开“蒙版羽化”，将其数值更改为(100.0,100.0)，为蒙版添加羽化效果，如图 9.74 所示。

图 9.74 为蒙版添加羽化效果

4 这样就完成了最终整体效果的制作，按小键盘上的 0 键即可在合成窗口中预览动画。

9.7 主播个人主页视觉设计

特效解析

本例主要讲解主播个人主页视频设计。通过制作两个合成，将主页与主题背景相结合，整个视频的主题鲜明，如图 9.75 所示。

图 9.75 动画效果

知识点

1. 蒙版路径
2. 中继器
3. 表达式

视频文件

9.7.1 制作开场背景

1 执行菜单栏中的“合成”|“新建合成”命令，打开“合成设置”对话框，新建一个“合成名称”为“开场”、“宽度”为720、“高度”为405、“帧速率”为25、“持续时间”为0:00:10:00、“背景颜色”为黑色的合成，如图9.76所示。

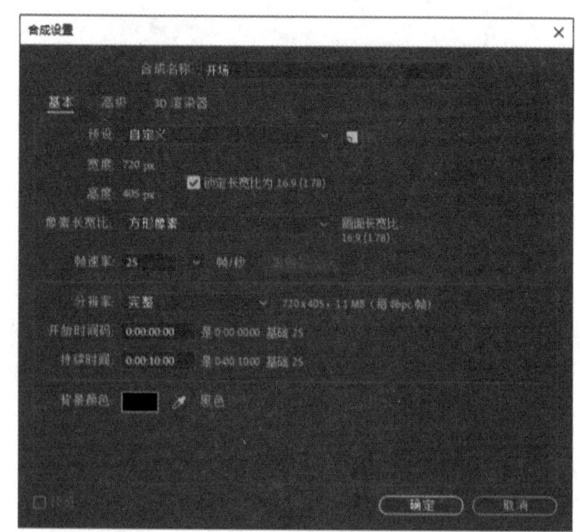

图 9.76 新建合成

2 执行菜单栏中的“文件”|“导入”|“文件”命令，打开“导入文件”对话框，选择“工程文件\第9章\主播个人主页视觉设计\背景.jpg、蝴蝶.psd、人物.png、图标.psd、主播.jpg”素材进行导入，其中“蝴蝶.psd”和“图标.psd”以合成的方式导入，如图9.77所示。

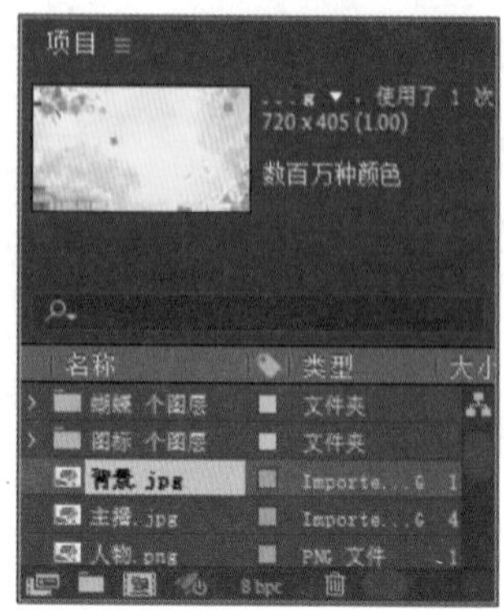

图 9.77 导入素材

3 在“项目”面板中选中“背景.jpg”和“主播.jpg”素材，将其拖至时间轴面板，如图9.78所示。

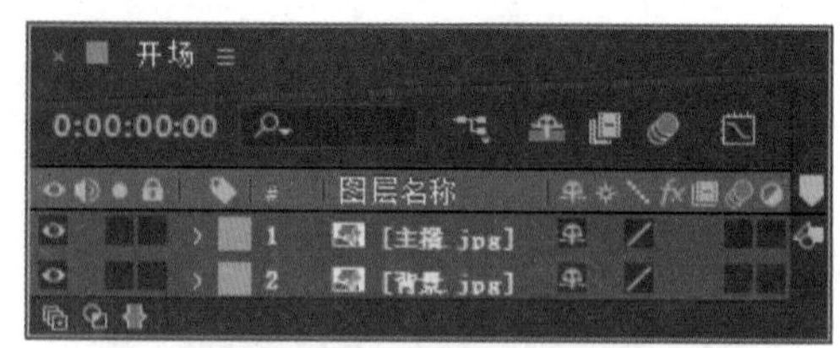

图 9.78 添加素材图像

4 选中工具箱中的“椭圆工具”，选中“主播.jpg”图层，按住Shift+Ctrl组合键在主播图像位置绘制一个正圆蒙版路径，如图9.79所示。

5 选中工具箱中的“椭圆工具”，按住Shift+Ctrl组合键，在主播头像位置绘制一个正圆，设置“填充”为白色，“描边”为无，如图9.80所示，生成一个“形状图层1”图层，将其移至“主播.jpg”图层下方。

图 9.79 绘制蒙版

图 9.80 绘制图形

6 在时间轴面板中，同时选中“主播.jpg”及“形状图层1”图层，单击鼠标右键，在弹出的快捷菜单中选择“预合成”选项，将“新合成名称”更改为“头像”，如图9.81所示。

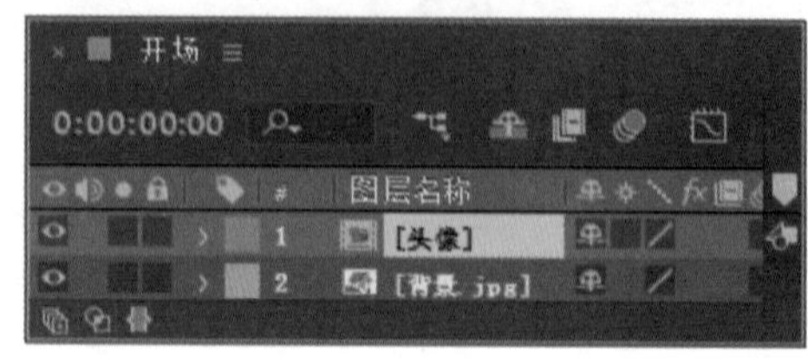

图 9.81 添加预合成

7 在时间轴面板中选中“头像”图层，将时间调整到0:00:00:00的位置，按S键打开“缩放”，单击“缩放”左侧码表，在当前位置添加关键帧，将数值更改为（0,0）。

8 将时间调整到0:00:00:10的位置，将数值更改为（120.0,120.0%）；将时间调整到0:00:01:00的位置，将数值更改为（100.0,100.0%），系统将自动添加关键帧，如图9.82所示。

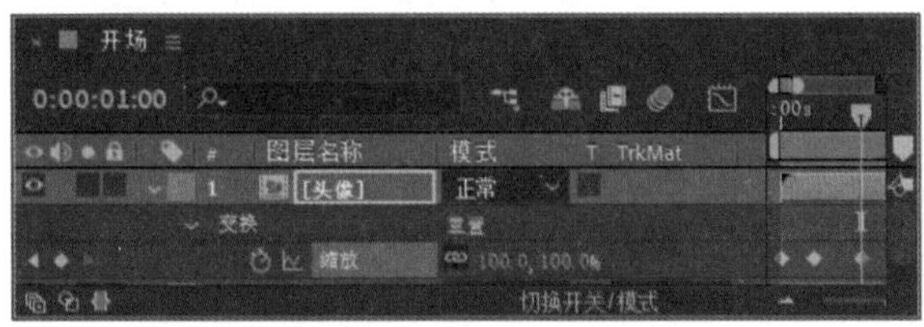

图9.82 制作缩放动画

9 在时间轴面板中选中“头像”图层，在“效果和预设”面板中展开“透视”特效组，然后双击“投影”特效。

10 在“效果控件”面板中修改“投影”特效的参数，设置“阴影颜色”为红色（R:206;G:136;B:147），“距离”为5.0，“柔和度”为10.0，如图9.83所示。

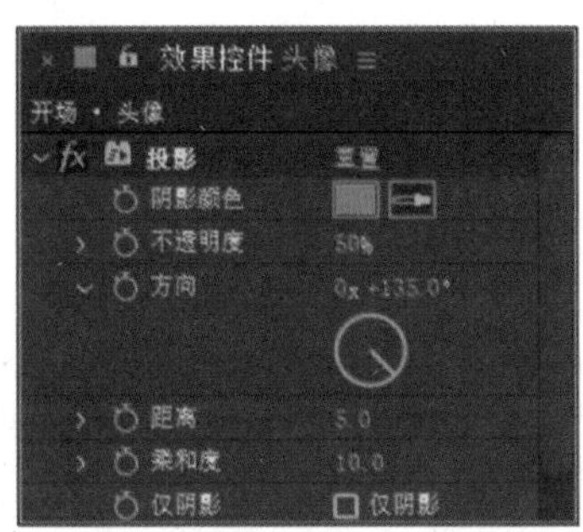

图9.83 设置投影

11 选择工具箱中的“横排文字工具”，在图像中添加文字，如图9.84所示。

图9.84 添加文字

12 在时间轴面板中选中“文字”图层，将时间调整到0:00:00:10的位置，按S键打开“缩放”，单击“约束比例”图标，单击“缩放”左侧码表，在当前位置添加关键帧，将数值更改为（0.0,100.0%）。

13 将时间调整到0:00:01:00的位置，将“缩放”更改为(100.0,100.0%)，系统将自动添加关键帧，制作缩放动画效果，如图9.85所示。

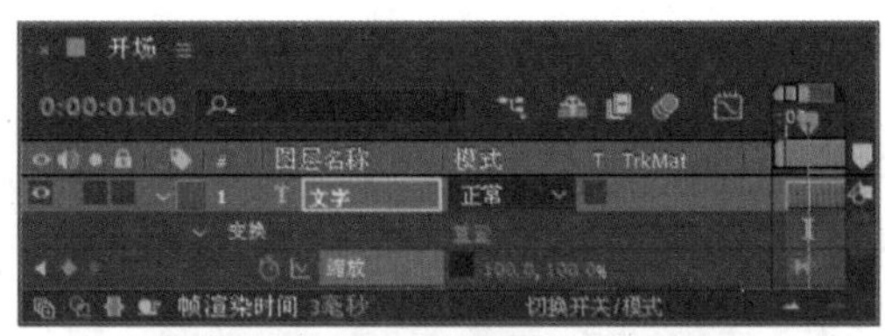

图9.85 制作缩放动画

9.7.2 制作舞动蝴蝶

1 执行菜单栏中的“合成”|“新建合成”命令，打开“合成设置”对话框，新建一个“合成名称”为“舞动的蝴蝶”，“宽度”为200，“高度”为200，“帧速率”为25，“持续时间”为0:00:10:00，“背景颜色”为黑色的合成，如图9.86所示。

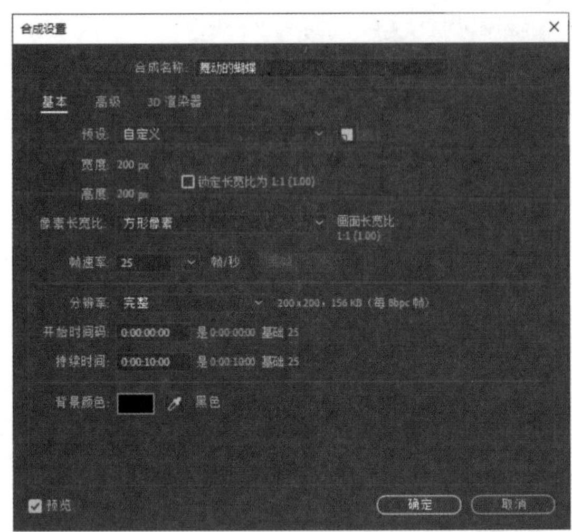

图 9.86 新建合成

2 在“项目”面板中选中“蝴蝶 个图层”文件夹素材，将其拖至时间轴面板中，同时选中 3 个图层，单击三维图层按钮，开启图层三维显示效果，如图 9.87 所示。

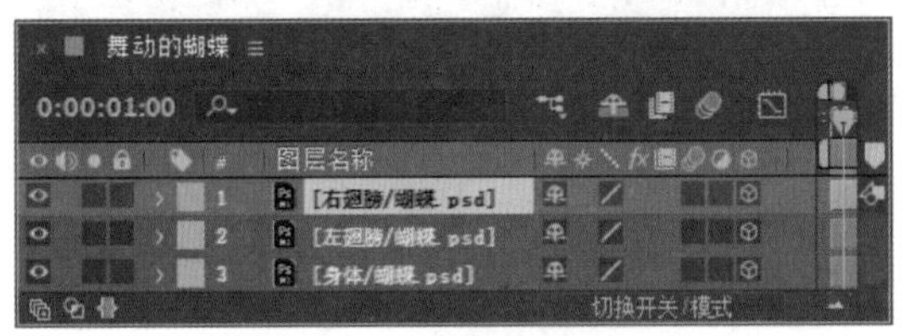

图 9.87 添加素材图像

3 在时间轴面板中选中“左翅膀 / 蝴蝶 .psd”，使用工具箱中的“向后平移锚点工具”，将图像中心点移至其右侧边缘位置。

4 以同样的方法将“右翅膀 / 蝴蝶 .psd”图层控制点移至左侧边缘位置，如图 9.88 所示。

图 9.88 更改中心点

提示 在移动控制点时，为了方便观察移动效果，可以先将图层三维显示效果关闭。

5 在时间轴面板中选中“右翅膀 / 蝴蝶 .psd”图层，将时间调整到 0:00:00:00 的位置，按 R 键打开“旋转”，单击“Y 轴旋转”左侧码表，在当前位置添加关键帧，将数值更改为 0x-60.0°。

6 选中“左翅膀 / 蝴蝶 .psd”图层，按 R 键打开“旋转”，单击“Y 轴旋转”左侧码表，在当前位置添加关键帧，将数值更改为 0x+60.0°，如图 9.89 所示。

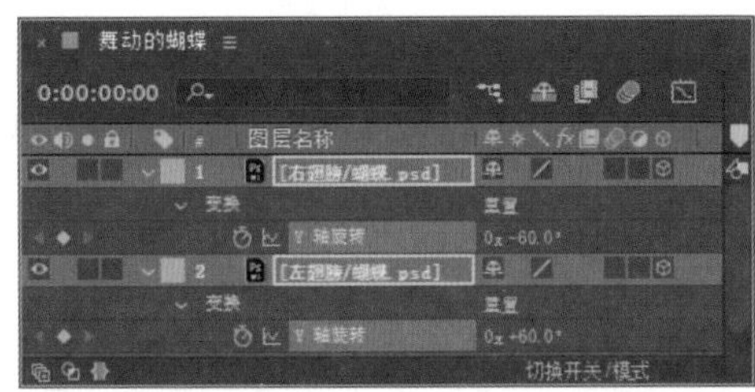

图 9.89 添加旋转关键帧

7 将时间调整到 0:00:00:10 的位置，将“右翅膀 / 蝴蝶 .psd”图层中的“Y 轴旋转”数值更改为 0x+60.0°，将“左翅膀 / 蝴蝶 .psd”图层中的“Y 轴旋转”数值更改为 0x-60.0°，系统将自动添加关键帧，如图 9.90 所示。

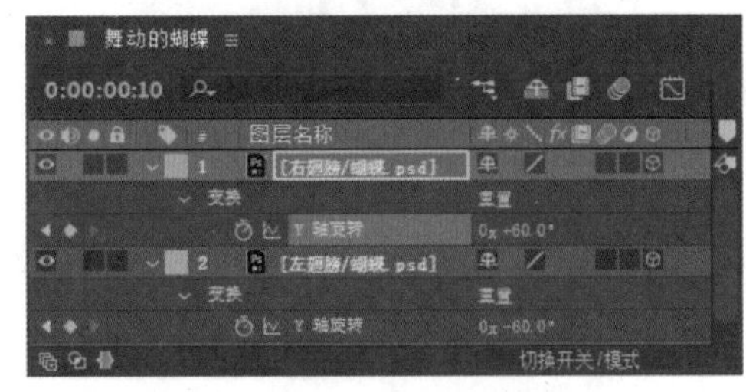

图 9.90 更改旋转数值

8 将时间调整到 0:00:00:20 的位置，将“左翅膀 / 蝴蝶 .psd”图层中 “Y 轴旋转”的数值更改为 0x+60.0°，将“右翅膀 / 蝴蝶 .psd”图层中 “Y 轴旋转”的数值更改为 0x-60.0°，系统将自动添加关键帧，如图 9.91 所示。

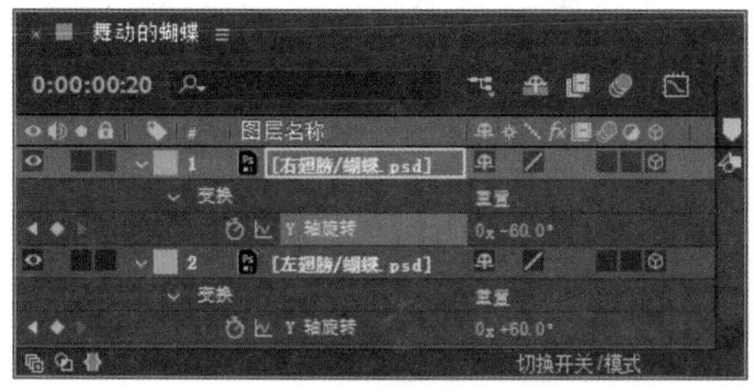

图 9.91　再次更改旋转数值

9 在时间轴面板中选中“左翅膀 / 蝴蝶 .psd”图层，按住 Alt 键单击“Y 轴旋转”左侧码表，输入 loopOutDuration(type = “cycle”, duration = 0)，为当前图层添加表达式，如图 9.92 所示。

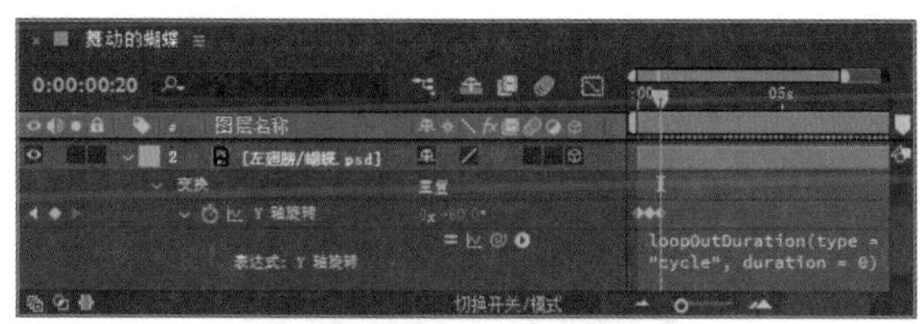

图 9.92　添加表达式

10 在时间轴面板中，选中“右翅膀 / 蝴蝶 .psd”图层，按住 Alt 键单击“Y 轴旋转”左侧码表，输入 loopOutDuration(type = “cycle”, duration = 0)，为当前图层添加表达式，如图 9.93 所示。

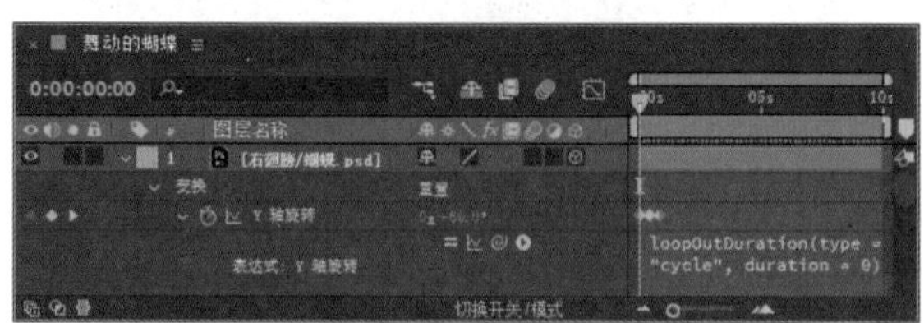

图 9.93　再次添加表达式

9.7.3　添加舞动蝴蝶动画

1 在“项目”面板中选中“舞动的蝴蝶”合成，将其拖至时间轴面板，在视图中将蝴蝶图像等比缩小，如图 9.94 所示。

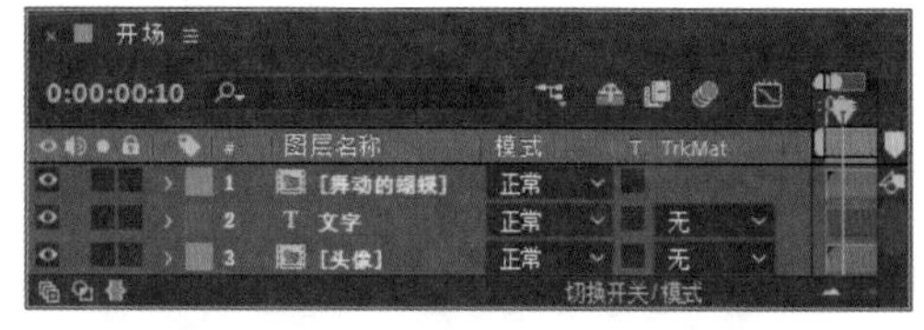

图 9.94　添加素材图像

2 在时间轴面板中选中“舞动的蝴蝶”图层，将时间调整到 0:00:00:10 的位置，按 P 键打开“位置”，单击“位置”左侧码表，在当前位置添加关键帧，如图 9.95 所示。

图 9.95　添加位置关键帧

3 将时间调整到 0:00:02:00 的位置，在视图中对其进行移动，系统将自动添加关键帧，如图 9.96 所示。

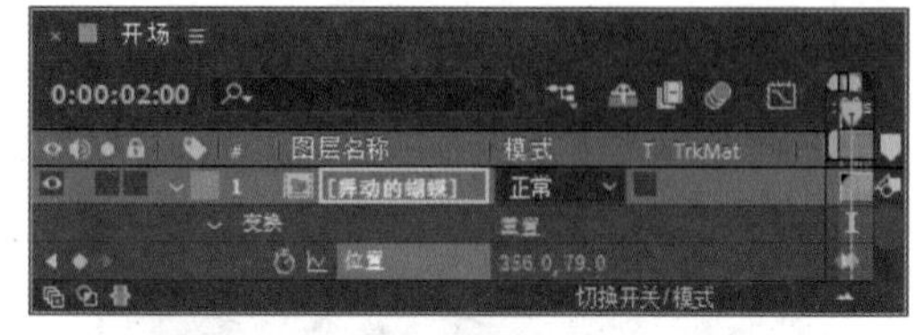

图 9.96　移动图像

4 在图像中调整位置动画轨迹，如图 9.97 所示。

图 9.97　调整位置动画轨迹

5 在时间轴面板中，将时间调整到 0:00:00:00 的位置，选中“舞动的蝴蝶”图层，按 T 键打开“不透明度”，将“不透明度”更改为 0，单击“不透明度”左侧码表，在当前位置添加关键帧。

6 将时间调整到 0:00:00:10 的位置，将数值更改为 100%，系统将自动添加关键帧，如图 9.98 所示。

图 9.98　制作不透明度动画

7 在时间轴面板中选中“舞动的蝴蝶”图层，将时间调整到 0:00:00:10 的位置，按 S 键打开“缩放”，单击“缩放”左侧码表，在当前位置添加关键帧，如图 9.99 所示。

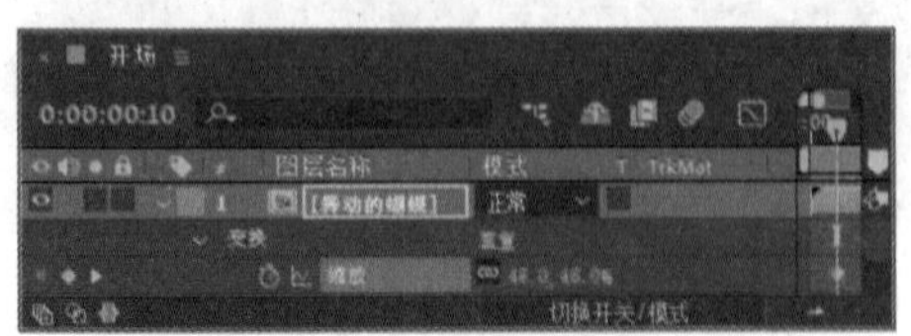

图 9.99　添加缩放关键帧

8 将时间调整到 0:00:02:00 的位置，在视图中缩小蝴蝶图像，系统将自动添加关键帧，制作缩放动画，如图 9.100 所示。

图 9.100　制作缩放动画

9 在时间轴面板中选中“舞动的蝴蝶”图层，按 Ctrl+D 组合键复制一个“舞动的蝴蝶 2”图层，将“舞动的蝴蝶 2”图层移至时间线面板，如图 9.101 所示。

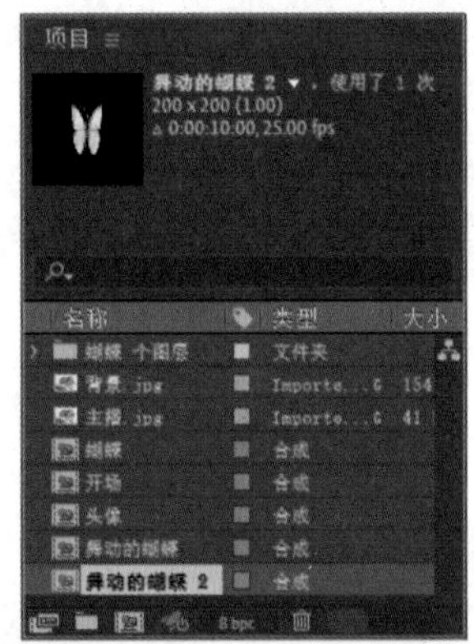

图 9.101　添加素材

10 以同样的方法为“舞动的蝴蝶 2”图层中的蝴蝶图像制作与刚才相似的动画效果，如图 9.102 所示。

11 在时间轴面板中，将时间调整到 0:00:00:00 的位置，执行菜单栏中的“图层”|“新建”|“调整图层”命令，新建一个“调整图层 1”图层，如图 9.103 所示。

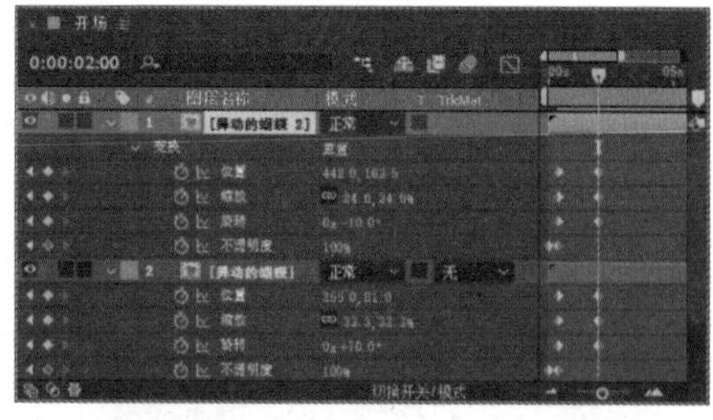

图 9.102　制作动画

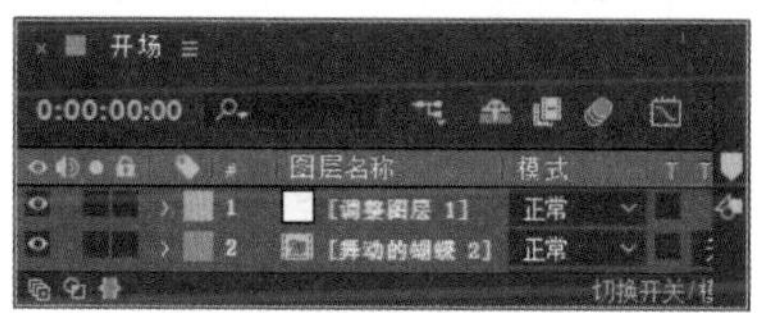

图 9.103　新建调整图层

12 在时间轴面板中，选中“调整图层 1”图层，在“效果和预设”面板中展开“模糊和锐化”特效组，然后双击“摄像机镜头模糊”特效。

13 在“效果控件”面板中修改“摄像机镜头模糊”特效的参数，设置“模糊半径”为 5.0，单击其左侧码表，在当前位置添加关键帧，勾选“重复边缘像素”复选框，如图 9.104 所示。

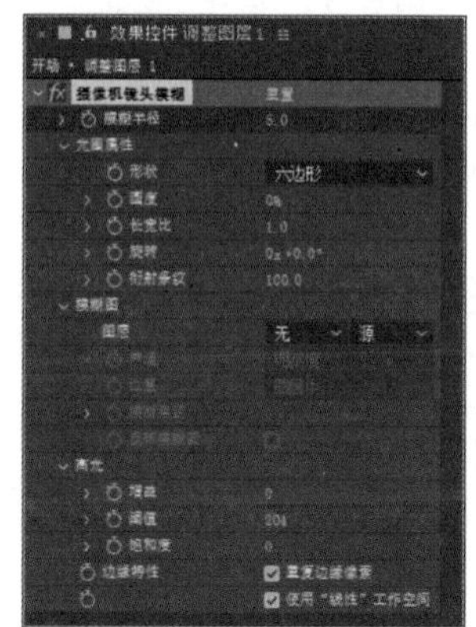

图 9.104　设置摄像机镜头模糊

14 在时间轴面板中选中“调整图层 1”图层，将时间调整到 0:00:00:10 的位置，将“模糊半径”更改为 0，系统将自动添加关键帧，如图 9.105 所示。

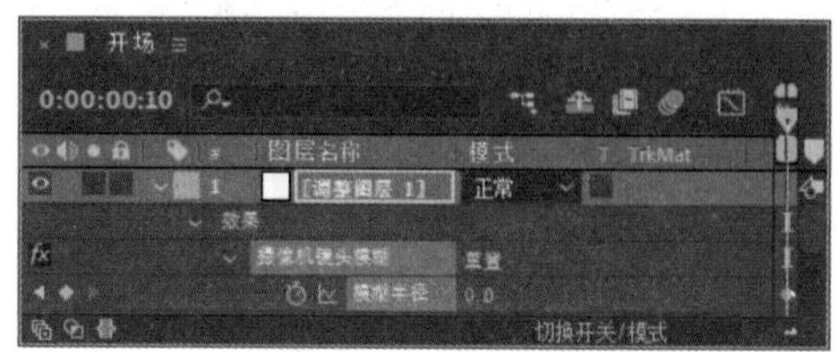

图 9.105　更改数值

9.7.4　制作人物界面动画

1 执行菜单栏中的“合成”|“新建合成”命令，打开“合成设置”对话框，新建一个“合成名称”为“人物界面动画”、“宽度”为 720、“高度”为 405、“帧速率”为 25、“持续时间”为 0:00:10:00、“背景颜色”为黑色的合成，如图 9.106 所示。

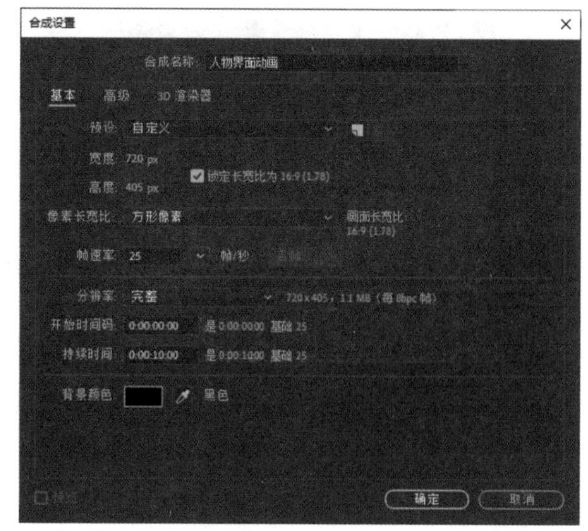

图 9.106　新建合成

2 执行菜单栏中的“图层”|“新建”|“纯色”命令，在弹出的对话框中将“名称”更改为“底色”，将“颜色”更改为紫色（R:215;G:56;B:125），完成后单击“确定”按钮，如图 9.107 所示。

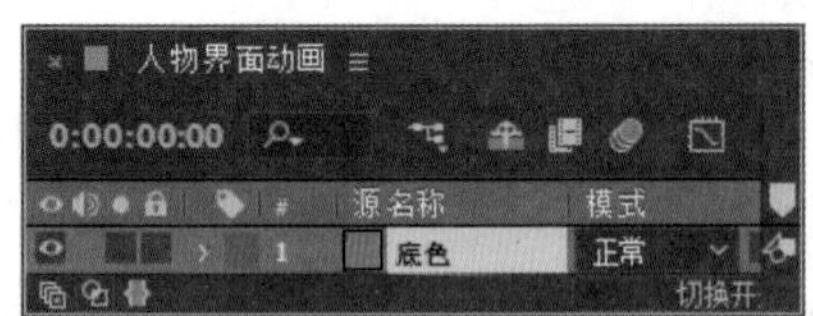

图 9.107 新建纯色层

3 选中工具箱中的“椭圆工具”，绘制一个椭圆，设置“填充”为紫色（R:193;G:49;B:113），“描边”为无，生成一个“形状图层 1”图层，如图 9.108 所示。

图 9.108 绘制椭圆

4 选中“形状图层 1”图层，在图像中椭圆的下方再次绘制一个椭圆，如图 9.109 所示。

图 9.109 再次绘制椭圆

提示

再次绘制椭圆时不会生成新图层。

5 在时间轴面板中选中“形状图层 1”图层，按 Ctrl+D 组合键两次，复制出“形状图层 2”及“形状图层 3”两个新图层，适当调整其颜色和大小，如图 9.110 所示。

6 在时间轴面板中同时选中 3 个形状图层，将时间调整到 0:00:00:10 的位置，按 S 键打开“缩放”，单击“缩放”左侧码表，在当前位置添加关键帧，将数值更改为（0.0,0.0%）。

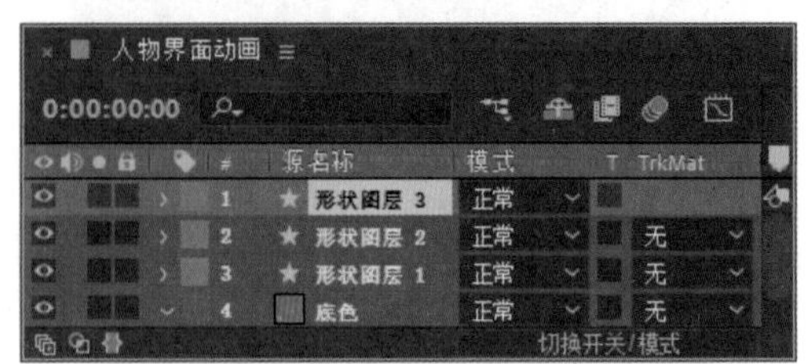

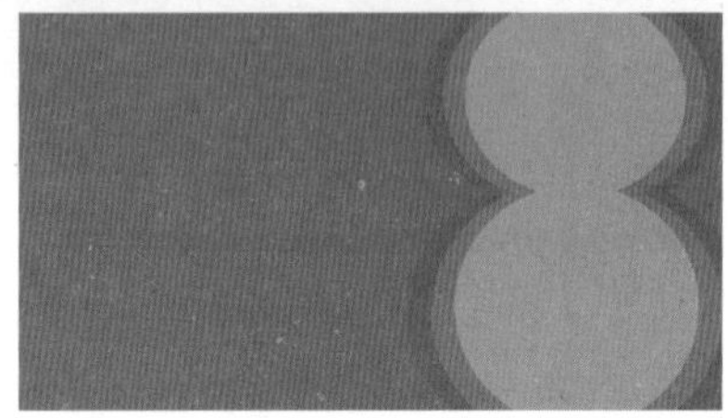

图 9.110 绘制图形

7 将时间调整到 0:00:01:00 的位置，将数值更改为（100.0,100.0%），系统将自动添加关键帧，制作缩放动画，如图 9.111 所示。

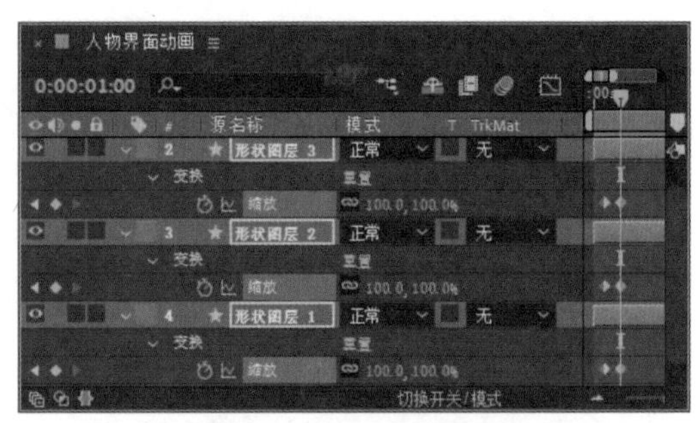

图 9.111 制作缩放动画

8 在“项目”面板中选中“人物 .png”素材，将其拖至时间轴面板，如图 9.112 所示。

图 9.112 添加素材图像

9 在时间轴面板中选中“人物.png”图层，将时间调整到0:00:01:00的位置，按P键打开“位置”，单击“位置”左侧码表，在当前位置添加关键帧。

10 将时间调整到0:00:03:00的位置，在视图中将其向右侧平移，系统将自动添加关键帧，为其制作位置动画，如图9.113所示。

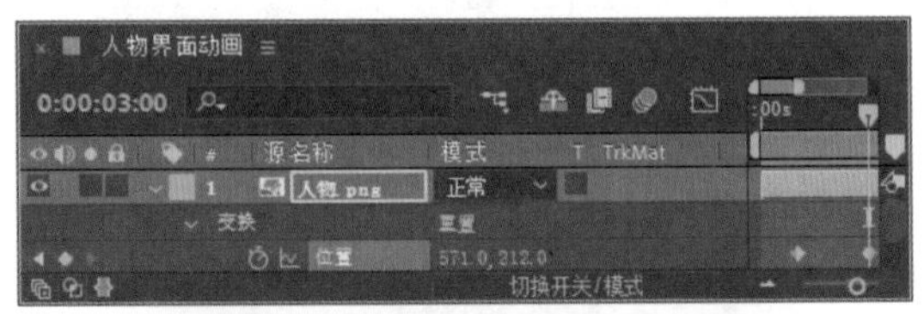

图9.113 制作位置动画

11 在时间轴面板中选中“人物.png”图层，将时间调整到0:00:01:00的位置，在“效果和预设”面板中展开“透视”特效组，然后双击“投影”特效。

12 在“效果控件”面板中修改“投影”特效的参数，设置“阴影颜色”为紫色（R:142;G:22;B:74），“不透明度”为30%，单击“方向”左侧码表，在当前位置添加关键帧，设置“距离”为20.0，“柔和度”为3.0，如图9.114所示。

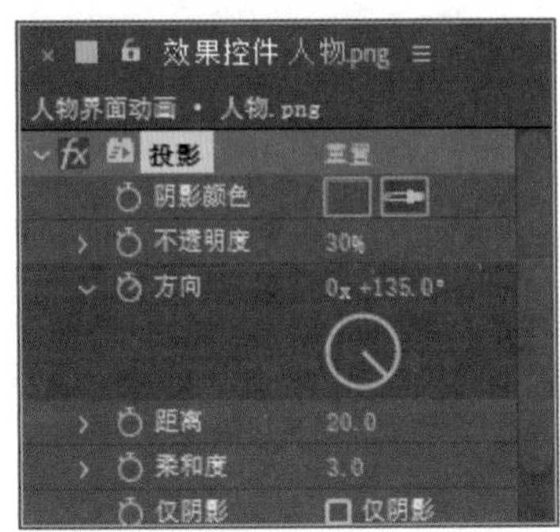

图9.114 设置投影

13 将时间调整到0:00:03:00的位置，将“方向”更改为0x+237.0°，系统将自动添加关键帧，如图9.115所示。

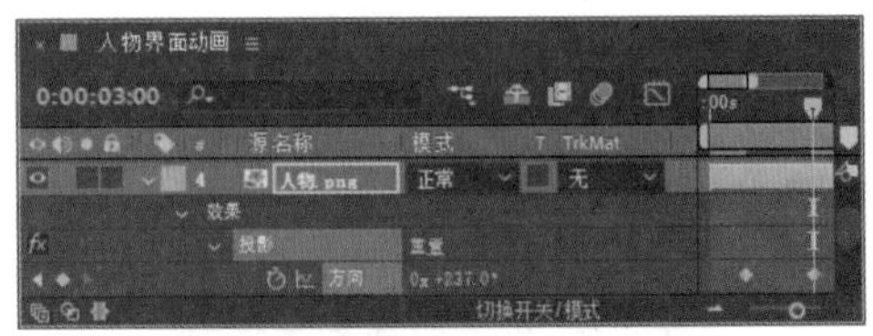

图9.115 更改数值

14 选择工具箱中的“横排文字工具”，在图像中添加文字，如图9.116所示。

图9.116 添加文字

15 在时间轴面板中分别更改文字图层名称，如图9.117所示。

图层名称	模式	TrkMat
1 T 下方文字	正常	
2 T 中部文字	正常	无
3 T 上方文字	正常	无

图9.117 更改图层名称

16 在时间轴面板中选中“下方文字”图层，在“效果和预设”面板中展开“透视”特效组，然后双击“投影”特效。

17 在“效果控件”面板中修改“投影”特效的参数，设置“阴影颜色”为白色，“不透明度”为100%，“方向”为0x+90.0°，“距离”为1.0，如图9.118所示。

18 在时间轴面板中将时间调整到0:00:00:10的位置，展开“上方文字”图层，单击“文本”右侧按钮动画:，在弹出的菜单中选择“行距”选项，展开“动画制作工具 1”，单击“行距”左侧码表，在当前位置添加关键帧，将其数值更改为（0.0,20.0），如图 9.119 所示。

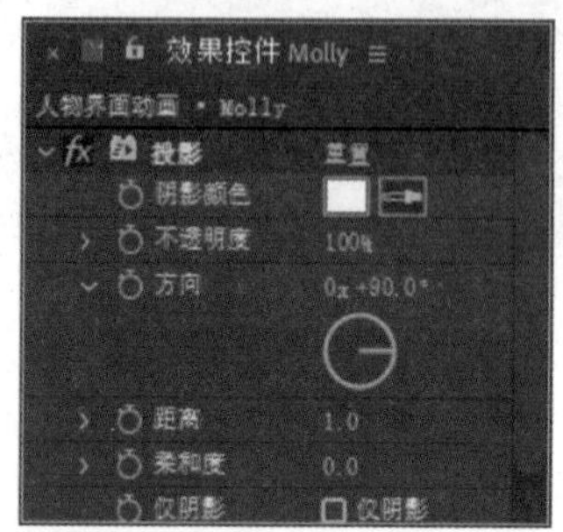

图 9.118　设置投影

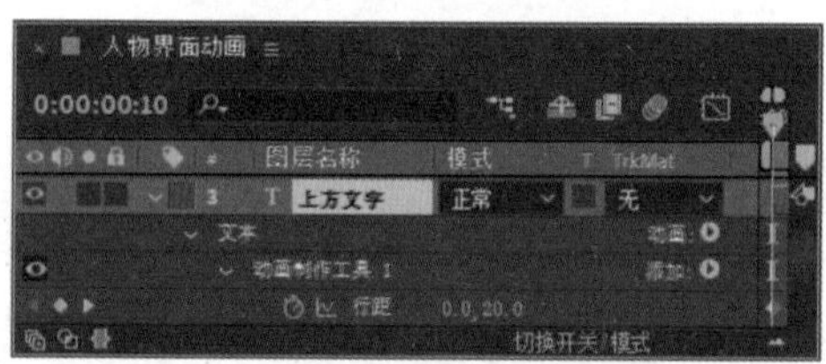

图 9.119　添加行距

19 将时间调整到 0:00:01:00 的位置，将行距更改为(0,0)，系统将自动添加关键帧，如图 9.120 所示。

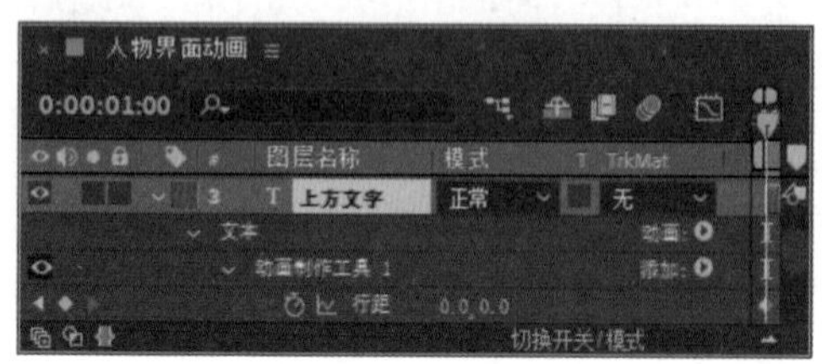

图 9.120　更改数值

20 在时间轴面板中选中“上方文字”图层，将时间调整到 0:00:00:10 的位置，按 P 键打开“位置”，单击“位置”左侧码表，在当前位置添加关键帧。

21 在视图中将文字向下稍微移动，如图 9.121 所示。

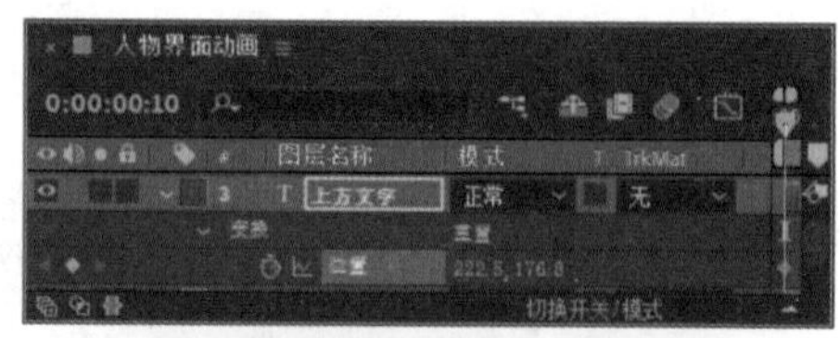

图 9.121　移动文字

22 将时间调整到 0:00:01:00 的位置，在视图中将其向上移动，系统将自动添加关键帧，如图 9.122 所示。

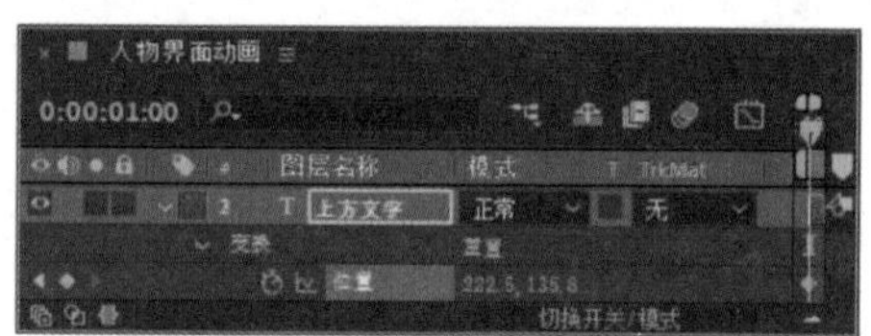

图 9.122　制作位置动画

23 在时间轴面板中将时间调整到 0:00:00:10 的位置，选中“上方文字”图层，按 T 键打开“不透明度”，将“不透明度”更改为 0，单击“不透明度”左侧码表，在当前位置添加关键帧。

24 将时间调整到 0:00:01:00 的位置，将“不透明度”数值更改为 100%，系统将自动添加关键帧，如图 9.123 所示。

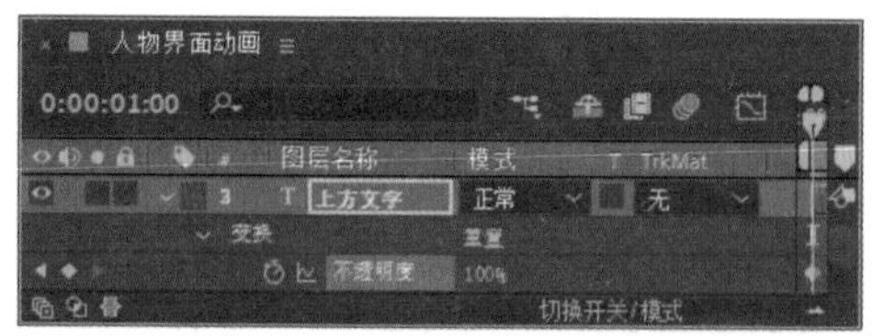

图 9.123 制作不透明度动画

25 在时间轴面板中选中“中部文字”图层，将时间调整到 0:00:00:10 的位置，按 P 键打开“位置”，单击“位置”左侧码表，在当前位置添加关键帧。

26 在视图中将文字向下稍微移动，如图 9.124 所示。

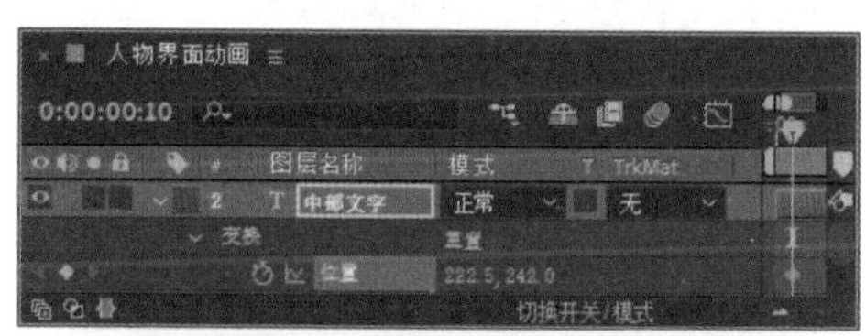

图 9.124 移动文字

27 将时间调整到 0:00:01:00 的位置，在视图中将其向上移动，系统将自动添加关键帧，制作位置动画，如图 9.125 所示。

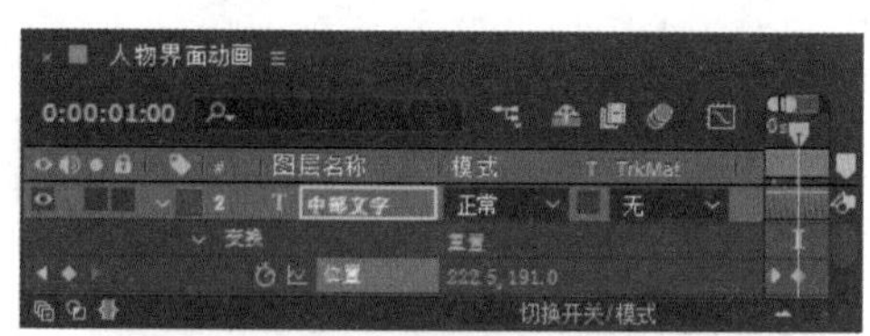

图 9.125 制作位置动画

28 在时间轴面板中，将时间调整到 0:00:00:10 的位置，选中“中部文字”图层，按 T 键打开“不透明度”，将“不透明度”更改为 0，单击“不透明度”左侧码表，在当前位置添加关键帧。

29 将时间调整到 0:00:01:00 的位置，将“不透明度”数值更改为 100%，系统将自动添加关键帧，制作不透明度动画，如图 9.126 所示。

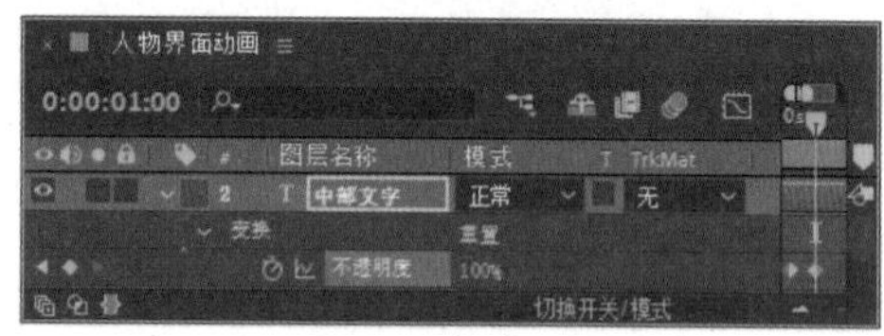

图 9.126 制作不透明度动画

30 在时间轴面板中选中“下方文字”图层，单击三维图层按钮，打开当前图层三维效果。

31 将时间调整到 0:00:00:10 的位置，按 S 键打开“缩放”，单击约束比例图标，取消约束比例，再单击“缩放”左侧码表，在当前位置添加关键帧，将其数值更改为（0.0,100.0,100.0%），如图 9.127 所示。

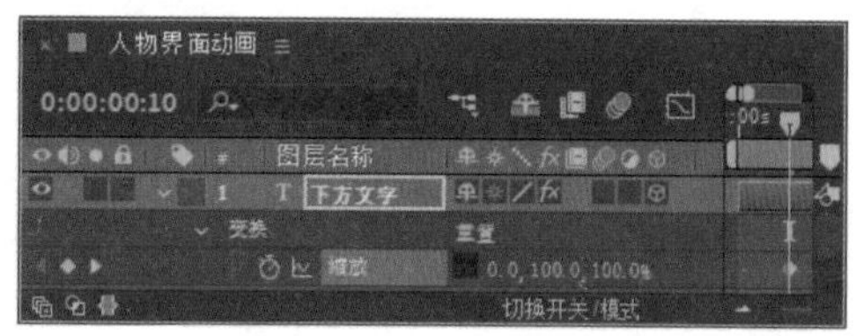

图 9.127 添加缩放关键帧

32 将时间调整到 0:00:01:00 的位置，将“缩放”数值更改为（100.0,100.0,100.0%），如图 9.128 所示。

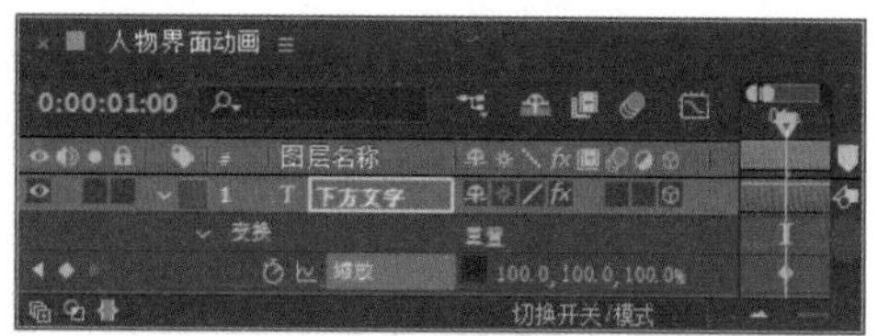

图 9.128 更改缩放数值

33 在时间轴面板中选中“下方文字”图层，将时间调整到0:00:00:10的位置，按R键打开“旋转”，单击“Y轴旋转”左侧码表，在当前位置添加关键帧，将数值更改为0x+77.0°，如图9.129所示。

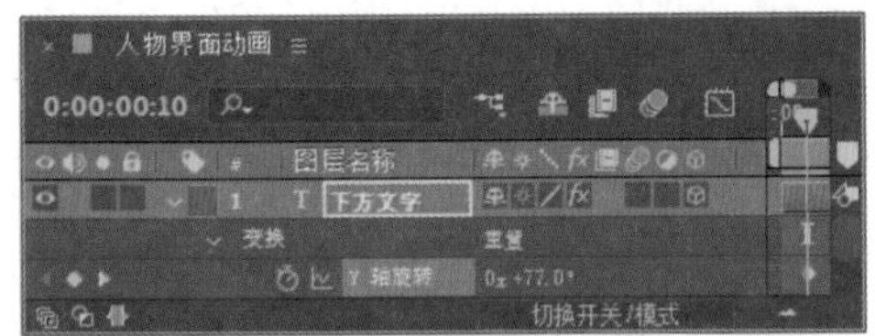

图9.129　添加旋转关键帧

34 将时间调整到0:00:01:00的位置，将“Y轴旋转”数值更改为0x+0.0°，系统将自动添加关键帧，制作旋转动画，如图9.130所示。

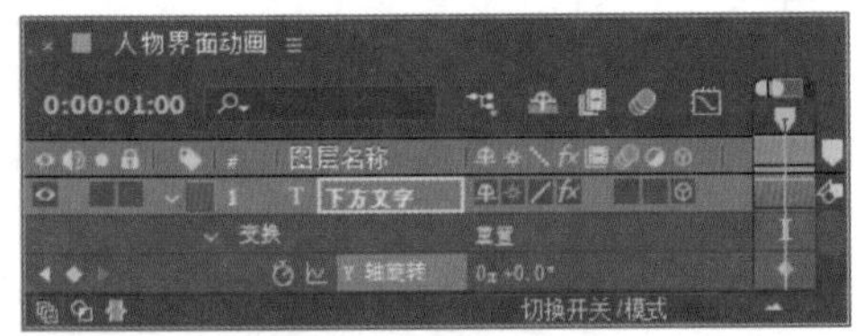

图9.130　制作旋转动画

9.7.5　制作装饰动画

1 选中工具箱中的“椭圆工具”，按住Shift+Ctrl组合键，在图像左侧位置绘制一个小正圆，设置“填充”为白色，“描边”为无，生成一个“形状图层4”图层，如图9.131所示。

图9.131　绘制图形

2 在时间轴面板中选中“形状图层4”图层，将其展开，单击“内容”右侧按钮添加:，在弹出的菜单中选择“中继器”选项，将“副本”更改为25.0，展开“变换：中继器1”选项，将“位置”更改为（10.0,0.0），如图9.132所示。

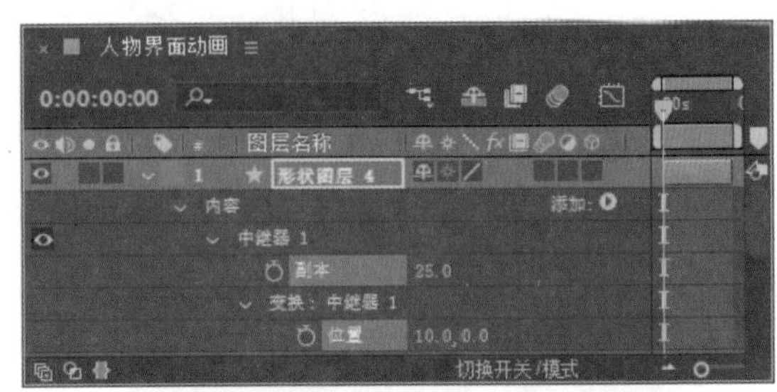

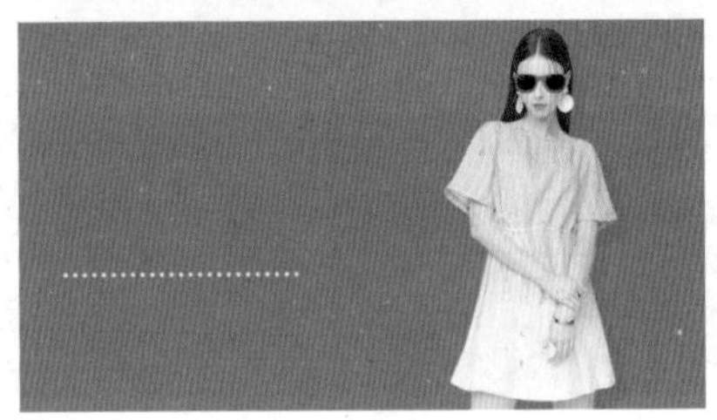

图9.132　添加中继器

3 在时间轴面板中选中“形状图层4”图层，将其展开，再次单击“内容”右侧按钮添加:，在弹出的菜单中选择“中继器”选项，将“副本”更改为4.0，展开“变换：中继器2”选项，将“位置”更改为（0.0,10.0），如图9.133所示。

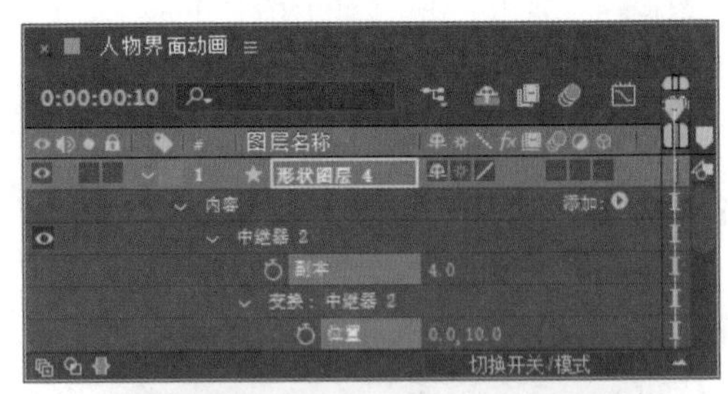

图9.133　再次添加中继器

4 在时间轴面板中选中“形状图层 4”图层，将时间调整到 0:00:00:10 的位置，按 P 键打开“位置”，单击“位置”左侧码表，在当前位置添加关键帧。

5 在视图中将图形向左侧移至图像之外区域，如图 9.134 所示。

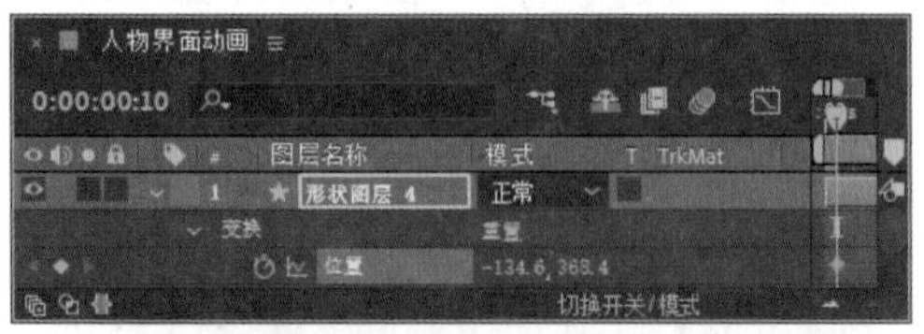

图 9.134　移动图像

6 将时间调整到 0:00:01:00 的位置，在视图中将其向右侧平移，系统将自动添加关键帧，制作位置动画，如图 9.135 所示。

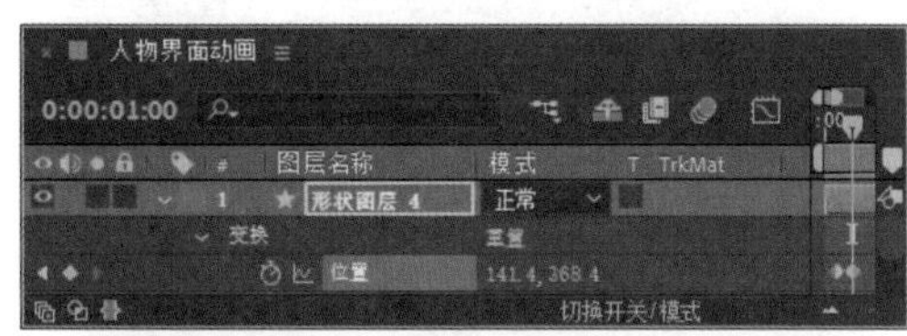

图 9.135　制作位置动画

7 在时间轴面板中，将时间调整到 0:00:00:10 的位置，选中“形状图层 4”图层，按 T 键打开“不透明度”，将“不透明度”更改为 0，单击“不透明度”左侧码表，在当前位置添加关键帧。

8 将时间调整到 0:00:01:00 的位置，将数值更改为 100%，系统将自动添加关键帧，制作不透明度动画，如图 9.136 所示。

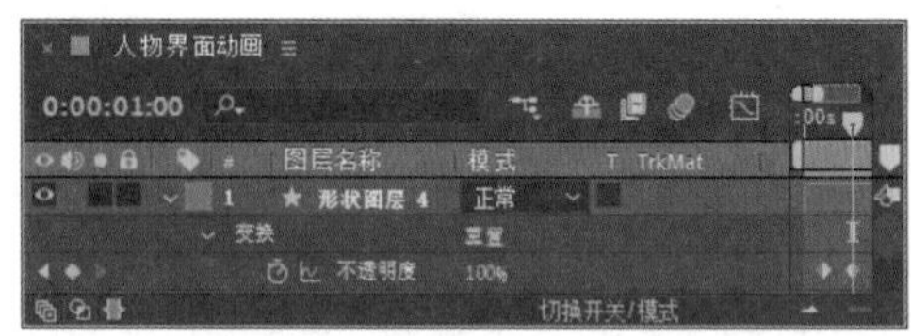

图 9.136　制作不透明度动画

9 在时间轴面板中同时选中“形状图层 4”及 3 个文字图层，按 U 键打开图层动画关键帧。

10 执行菜单栏中的“动画”|“关键帧辅助”|“缓动”命令，为动画添加缓动效果，如图 9.137 所示。

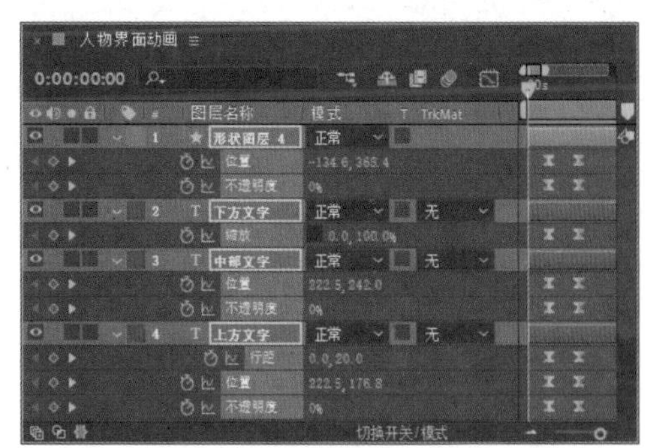

图 9.137　添加缓动效果

11 在“项目”面板中选中“图标 个图层”素材，将其拖至时间轴面板中，并在视图中将其放在不同位置，如图 9.138 所示。

图 9.138　添加素材图像

12 在时间轴面板中，选中“动画 / 图标 .psd”图层，将时间调整到 0:00:00:00 的位置，按 R 键打开“旋转”，单击“旋转”左侧码表，在当前位置添加关键帧，将数值更改为0x+0.0°。

13 将时间调整到0:00:09:24的位置，将数值更改为0x+10.0°，系统将自动添加关键帧，如图9.139所示。

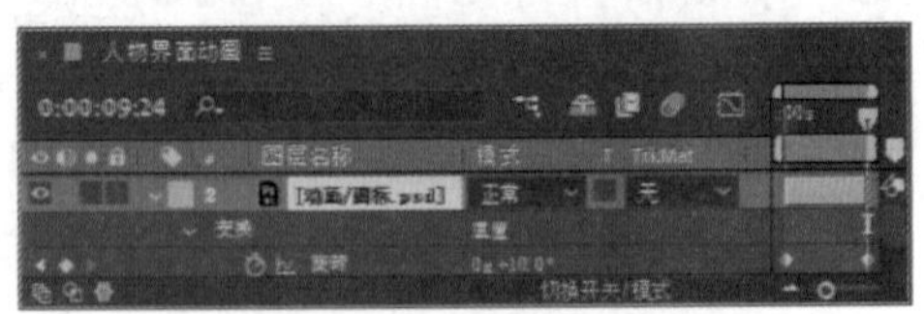

图9.139 添加旋转效果

14 按住Alt键单击“动画/图标.psd”图层中“旋转”左侧的码表，输入wiggle(1,50)，为当前图层添加表达式，如图9.140所示。

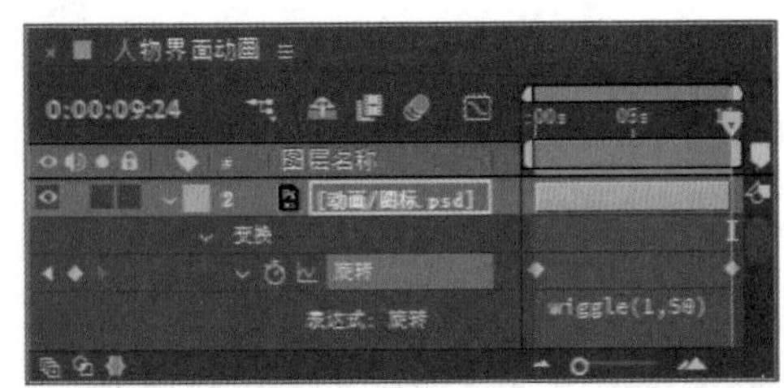

图9.140 添加表达式

15 在时间轴面板中选中“IE/图标.psd”图层，将时间调整到0:00:00:00的位置，按R键打开“旋转”，单击“旋转”左侧码表，在当前位置添加关键帧，将数值更改为0x+0.0°。

16 将时间调整到0:00:09:24的位置，将数值更改为0x-10.0°，系统将自动添加关键帧，如图9.141所示。

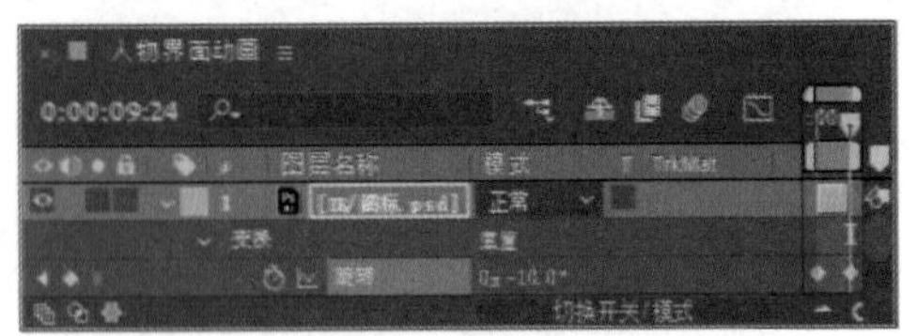

图9.141 添加旋转效果

17 按住Alt键单击“IE/图标.psd”图层中“旋转”左侧的码表，输入wiggle(1,30)，为当前图层添加表达式，如图9.142所示。

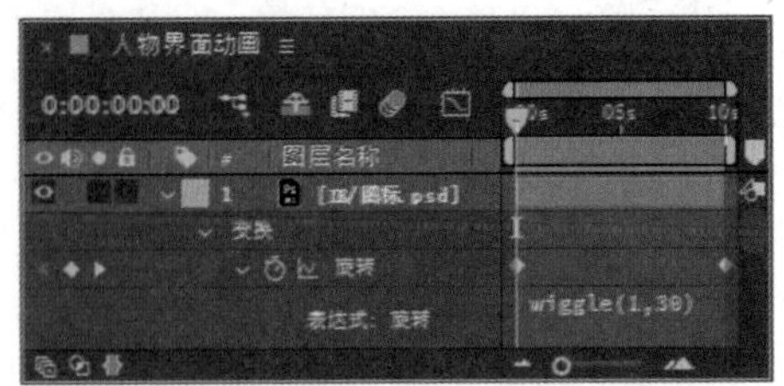

图9.142 添加表达式

18 在时间轴面板中选中“IE/图标.psd”图层，将其展开，选中“旋转”关键帧，按Ctrl+C组合键将其复制，选中“发射/图标.psd”图层，在“效果控件”面板中按Ctrl+V组合键进行粘贴。

19 选中“IE/图标.psd”图层，将其展开，选中“旋转”关键帧，按Ctrl+C组合键将其复制，选中“耳机/图标.psd”图层，在“效果控件”面板中按Ctrl+V组合键进行粘贴，如图9.143所示。

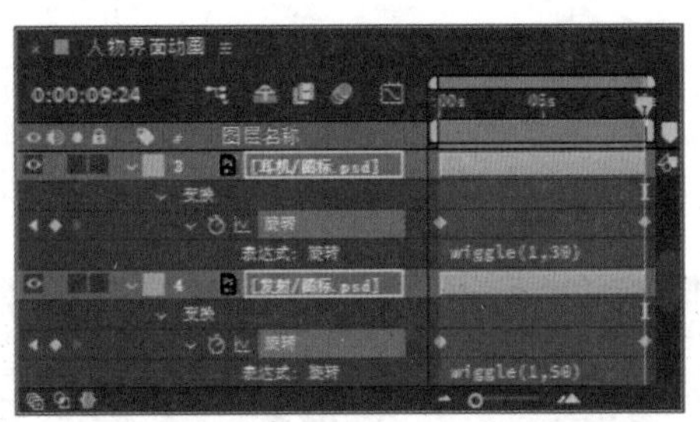

图9.143 复制并粘贴关键帧

9.7.6 制作总合成动画

1 执行菜单栏中的“合成”|“新建合成”命令，打开“合成设置”对话框，新建一个“合成名称”为“总合成动画”、“宽度”为720、“高度”为405、“帧速率”为25、“持续时间”为0:00:10:00、“背景颜色”为紫色（R:215;G:56;B:125）的合成，如图9.144所示。

2 在“项目”面板中，选中“开场”及“人物界面动画”合成，将其拖至时间轴面板中，如图9.145所示。

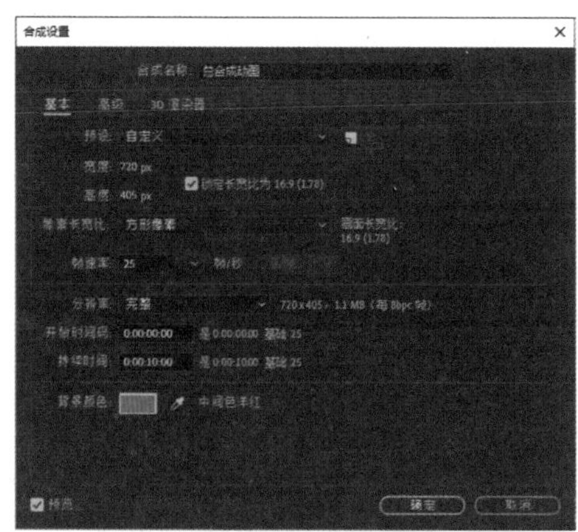
图 9.144　新建合成

图 9.145　添加合成

3 选中工具箱中的“钢笔工具”，在视图顶部位置绘制一个图形，设置“填充”为白色，“描边”为无，生成一个“形状图层 1”图层，如图 9.146 所示。

图 9.146　绘制图形

4 在时间轴面板中选中“形状图层 1”图层，将时间调整到 0:00:03:00 的位置，按 P 键打开“位置”，单击“位置”左侧码表，在当前位置添加关键帧。

5 将时间调整到 0:00:04:00 的位置，在视图中将其向下方拖动，系统将自动添加关键帧，制作位置动画，如图 9.147 所示。

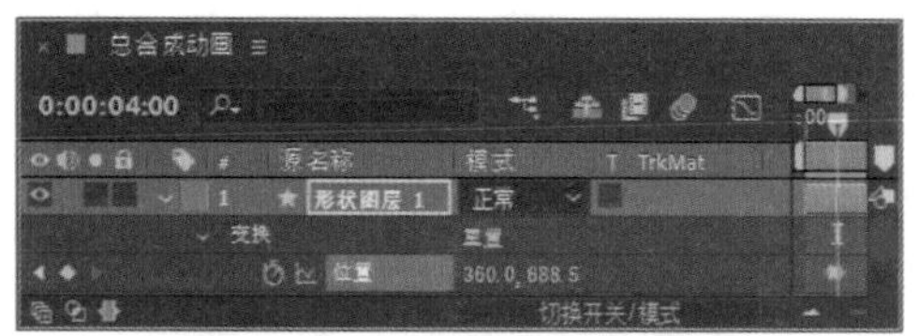

图 9.147　制作位置动画

6 以同样的方法再绘制两个形状图层，并为图形制作位置动画，在绘制中间图形时，将绘制的图形颜色更改为紫色（R:215;G:56;B:125），如图 9.148 所示。

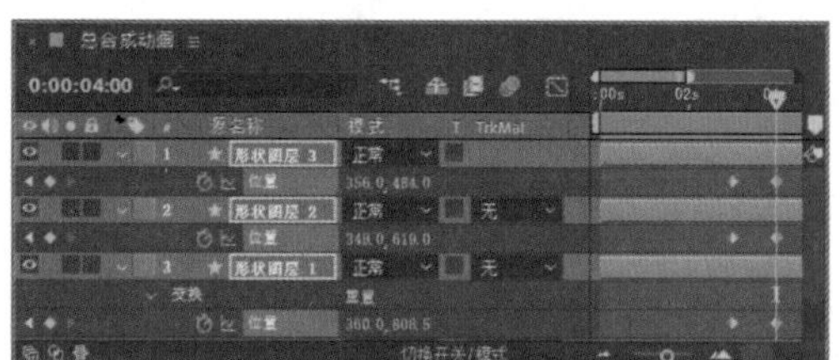

图 9.148　绘制图形并制作动画

7 在时间轴面板中，选中“人物界面动画”图层，将时间调整到 0:00:03:00 的位置，按 P 键打开“位置”，单击“位置”左侧码表，在当前位置添加关键帧。

8 在视图中，将其向上移至刚才绘制的图形上方位置，如图 9.149 所示。

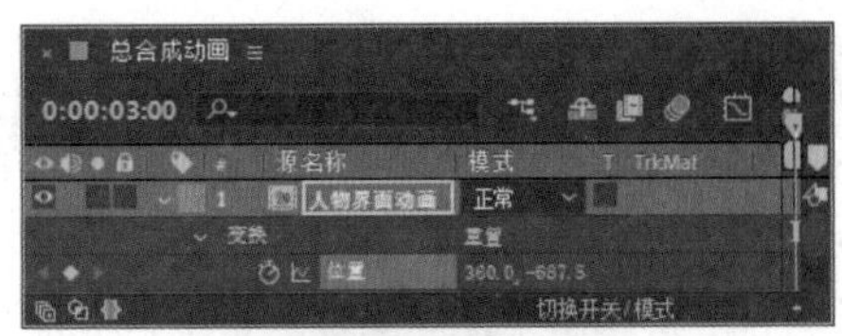

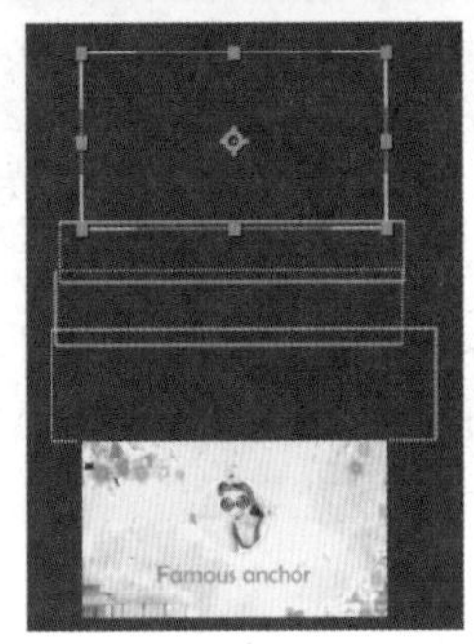

图 9.149　移动图像

9 将时间调整到 0:00:04:00 的位置，在视图中将其向下方拖动至与合成图像相同的位置，系统将自动添加关键帧，制作位置动画，如图 9.150 所示。

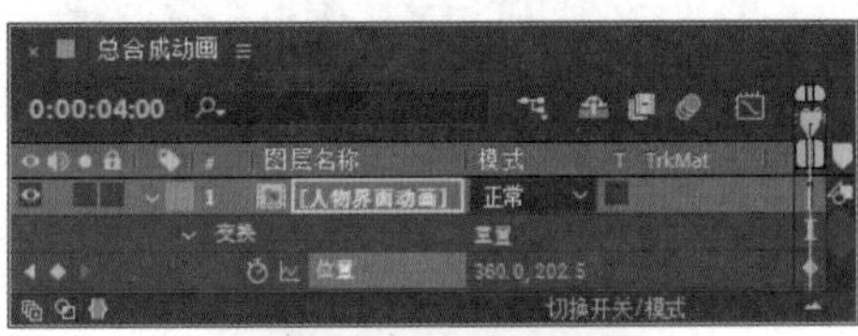

图 9.150　制作位置动画

10 在时间轴面板中执行菜单栏中的“图层”|“新建”|“调整图层”命令，新建一个“调整图层 2”调整图层，如图 9.151 所示。

11 在时间轴面板中将时间调整到 0:00:06:00 的位置，选中“调整图层 2”图层，在“效果和预设”面板中展开“模糊和锐化”特效组，然后双击“摄像机镜头模糊”特效。

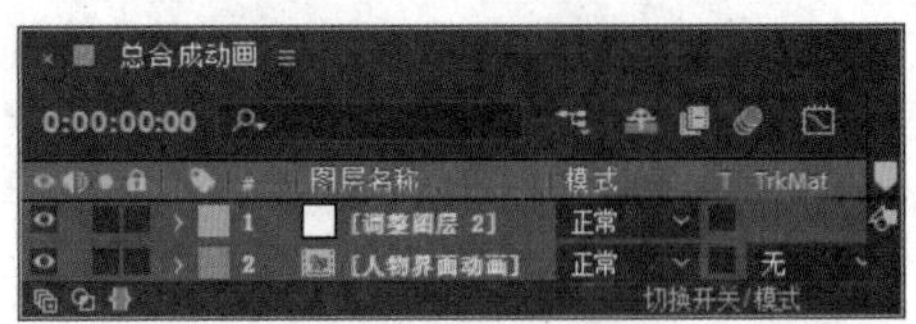

图 9.151　新建调整图层

12 在“效果控件”面板中，修改“摄像机镜头模糊”特效的参数，设置“模糊半径”为 0，单击其左侧码表，在当前位置添加关键帧，勾选“重复边缘像素”复选框，如图 9.152 所示。

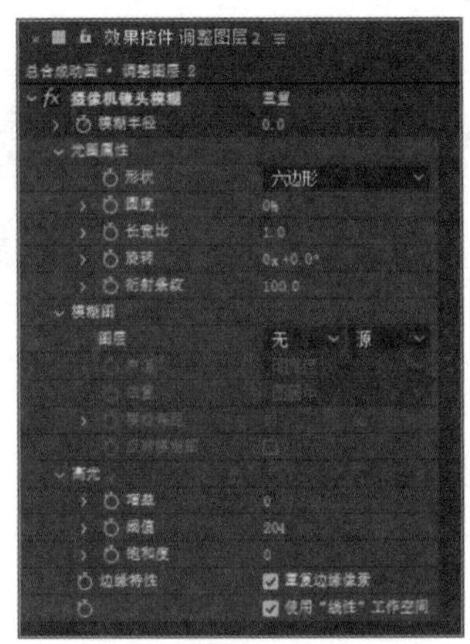

图 9.152　设置摄像机镜头模糊

13 在时间轴面板中选中“调整图层 2”图层，将时间调整到 0:00:06:24 的位置，将“模糊半径”更改为 5.0，系统将自动添加关键帧，如图 9.153 所示。

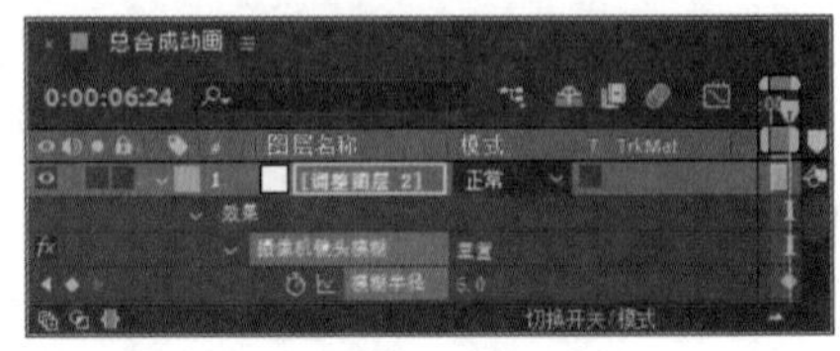

图 9.153　更改数值

14 这样就完成了最终整体效果的制作，按小键盘上的 0 键即可在合成窗口中预览动画。

第 10 章

电影特效表现

内容摘要

本章主要讲解电影特效的制作。现在越来越多的电影加入了特效元素，这使得 After Effects 在影视制作中占有越来越重要的地位。本章将详细讲解几种常见的电影特效的制作方法，通过对本章的学习，读者可以掌握常用电影特效的制作技巧。

教学案例

- 飞船轰炸
- 扭曲空间
- 自然美景

10.1 飞船轰炸

特效解析

本例讲解飞船轰炸效果。通过光束特效以及素材的叠加，制作出逼真的飞船轰炸效果，如图 10.1 所示。

图 10.1　动画效果

知识点

1. “光束”特效
2. “向后平移（锚点）工具”

操作步骤

1 执行菜单栏中的“合成”|“新建合成”命令，打开“合成设置”对话框，设置“合成名称”为“飞船轰炸”，“宽度”为 720，“高度”为 480，“帧速率”为 25，并设置“持续时间”为 0:00:03:00，如图 10.2 所示。

2 执行菜单栏中的“文件”|“导入”|“文件”命令，打开“导入文件”对话框，选择“工程文件 \ 第 10 章 \ 飞船轰炸 \ 飞机 .mov、火 .mov、背景 .jpg、爆炸 .mov”，素材，单击“导入”按钮，如图 10.3 所示，素材将导入“项目”面板中。

3 在“项目”面板中选择“背景 .jpg、爆炸 .mov、飞机 .mov”素材，将其拖到时间线面板中，排列顺序如图 10.4 所示。设置“背景 .jpg”的“位置”为（409.0,193.0），“缩放”为（133.0,133.0%）。

4 将时间调整到 0:00:00:20 的位置，在时间线面板中选择“爆炸 .mov”层，按键盘上的 [键，将“爆炸 .mov”的入点设置在当前位置，如图 10.5 所示。

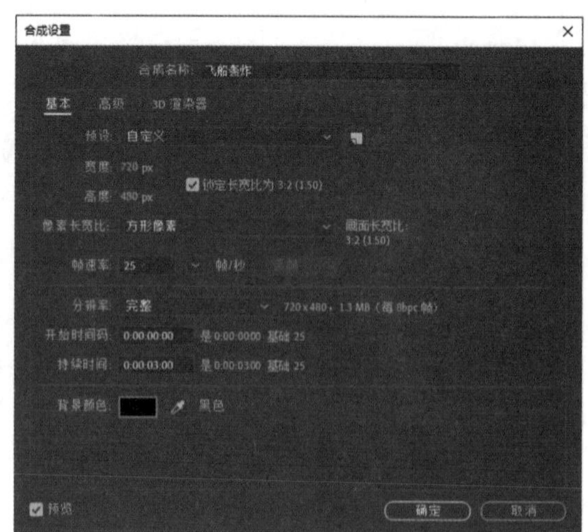

图 10.2　合成设置

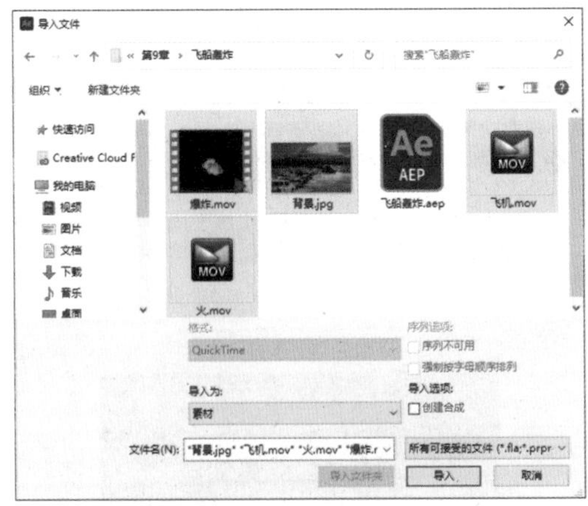

图 10.3　导入素材

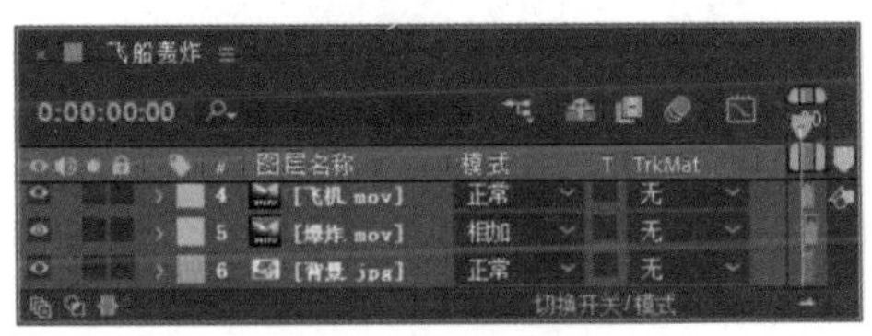

图 10.4　添加素材

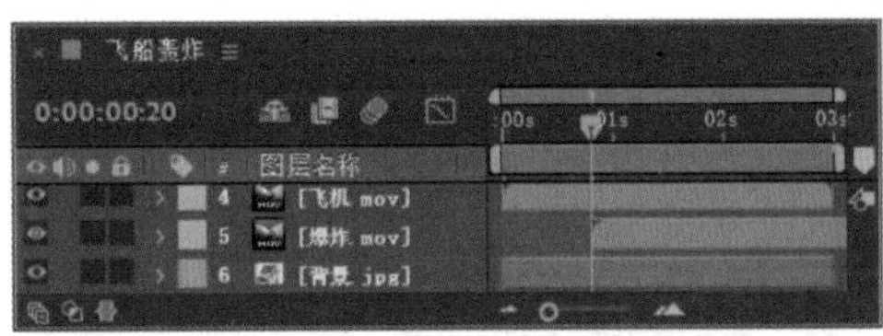

图 10.5　设置入点

5 在时间线面板中选择“爆炸.mov”层，将“模式”更改为“相加”，按键盘上的P键，将“爆炸.mov”素材的“位置”属性的值更改为（214.0,262.0），将“缩放”属性的值更改为（65.0,65.0%），如图 10.6 所示。此时合成窗口中的效果如图 10.7 所示。

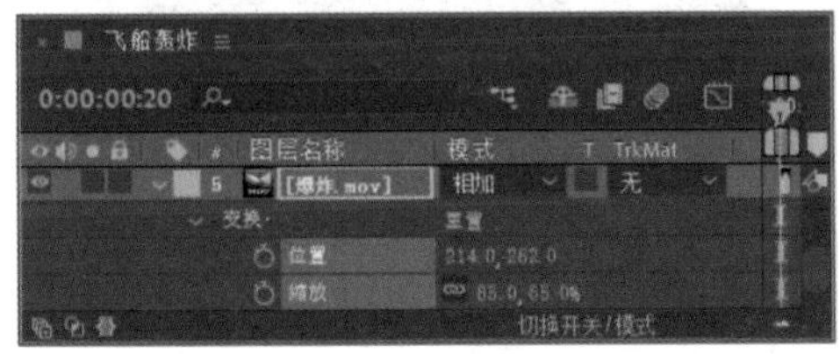

图 10.6　设置位置、缩放属性的参数

图 10.7　设置参数后的效果

6 执行菜单栏中的“图层”|“新建”|“纯色”命令，打开“纯色设置”对话框，设置“名称”为“激光”，如图 10.8 所示。

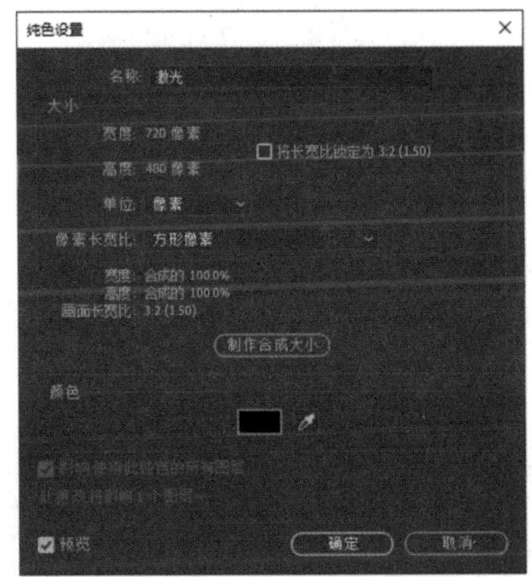

图 10.8　创建纯色层的参数

7 将时间调整到 0:00:00:00 的位置，在时间线面板中选择“激光”层，在“效果和预设”面板中展开“生成”特效组，然后双击“光束”特效，如图 10.9 所示。

图 10.9　添加光速特效

8 在“效果控件”面板中设置“内部颜色”为蓝色(18,0,255)，“外部颜色”为青色(0,255,252)。

9 将时间调整到 0:00:00:12 的位置，在时间线面板中，选择“激光”层，在“效果控件”面板中设置“起始点”为（351.0,122.0），“结束点”为（227.0,271.0），“长度”为 15.0%，“时间”为 0.0%，“起始厚度”为 0.00，单击“时间”和“起始厚度”左侧的码表，在当前时间设置一个关键帧，如图 10.10 所示。

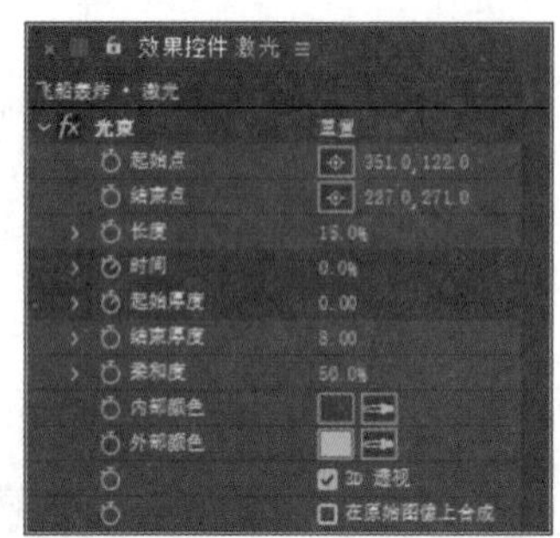

图 10.10 设置“时间”和“起始厚度”的关键帧

10 将时间调整到 0:00:00:23 的位置，在时间线面板中选择“激光”层，按 Alt+] 组合键，将“激光”层的结束点设置在当前位置，如图 10.11 所示。

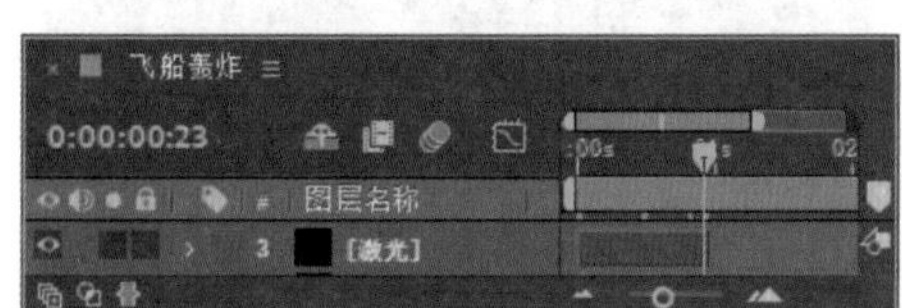

图 10.11 设置“激光”层的结束点

11 将“时间”的值改为 100.0%，设置“起始厚度”的值为 5.00，系统将自动设定一个关键帧，如图 10.12 所示。

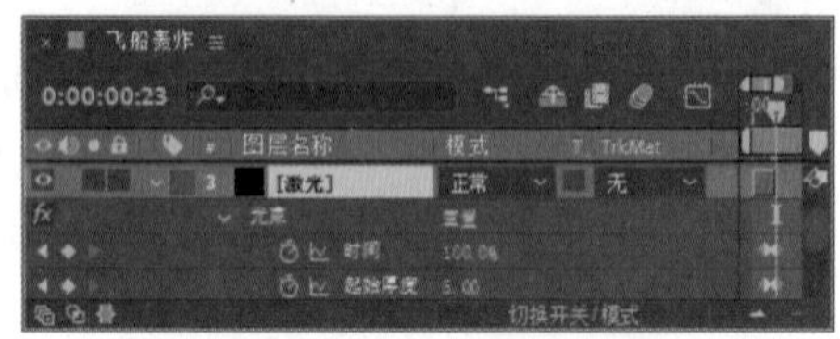

图 10.12 修改属性值

12 在时间线面板中选择“背景 .jpg”层，按 Ctrl+D 组合键，复制背景层，修改名称为“背景蒙版”，如图 10.13 所示，放在时间线面板的最上层。单击工具栏中的“钢笔工具”，绘制路径，如图 10.14 所示。

图 10.13 复制图层

图 10.14 绘制蒙版路径

13 在“项目”面板中选择“火 .mov”素材，将其拖动到时间面板，放在“激光”层的上方，如图 10.15 所示。

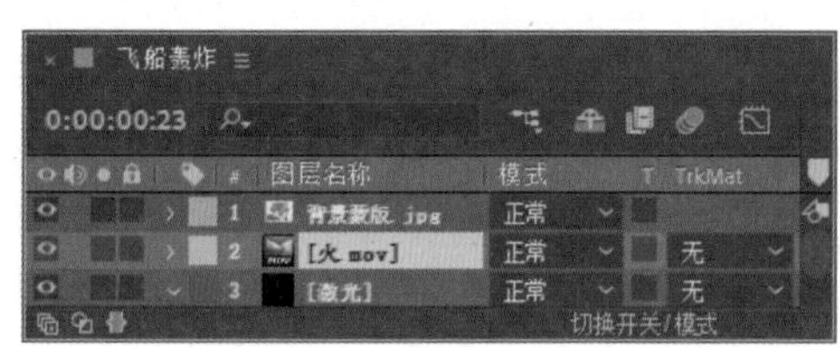

图 10.15 排列顺序

14 按 Ctrl+Alt+F 组合键，将“火 .mov”层与合成匹配，然后在工具栏中单击“向后平移（锚点）工具”按钮，将“火 .mov”的中心点拖动到火的下边边缘，如图 10.16 所示。

图 10.16 调节“火 .mov”的中心点位置

15 将时间调整到0:00:01:02的位置，按键盘上的[键，将“火.mov”的入点设置在当前位置，如图10.17所示。

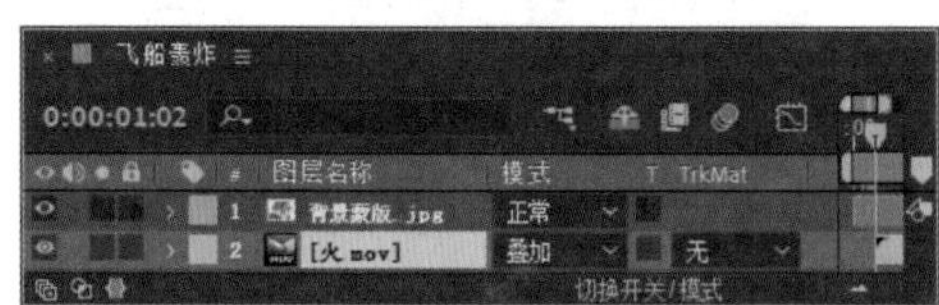

图10.17 设置“火.mov”的入点

16 按P键，将“火.mov”的“位置”属性的值改成（216.0,313.0），按S键，将“缩放”属性的值改成（0.0,0.0%），取消等比缩放，然后单击左侧的码表，在当前时间设置一个关键帧，如图10.18所示。

17 调整时间到0:00:01:12的位置，将“缩放”属性的值改为（12.0,30.0%），如图10.19所示。

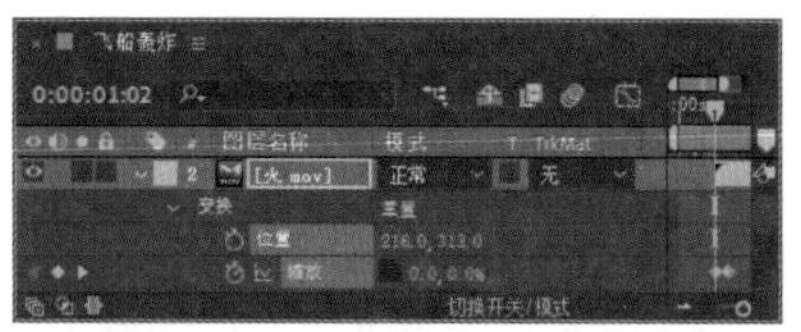

图10.18 修改“位置”和“缩放”属性值

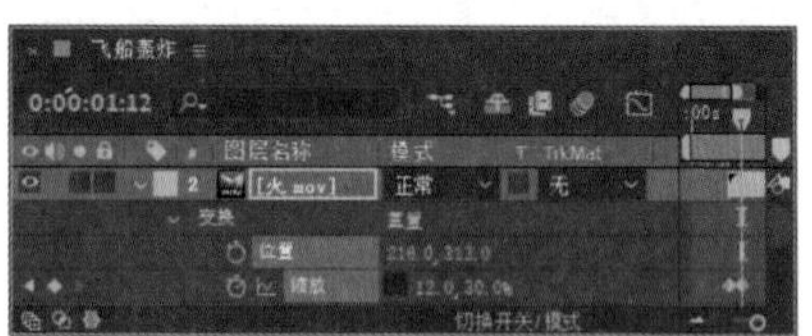

图10.19 修改“缩放”属性值

18 选中“火.mov”层，将“模式”改为“叠加”。

19 这样，就完成了“飞船轰炸”的制作。按空格键或小键盘上的0键，可以在合成窗口中预览动画的效果。

10.2 扭曲空间

特效解析

本例主要讲解利用CC Flo Motion（CC两点扭曲）特效制作扭曲空间效果，如图10.20所示。

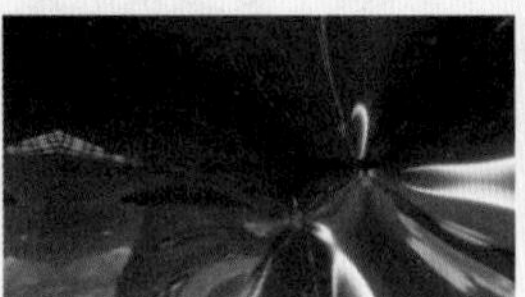

图10.20 动画效果

知识点

CC Flo Motion（CC两点扭曲）特效

视频文件

操作步骤

1 执行菜单栏中的“文件”|“打开项目”命令，选择“工程文件\第 10 章\扭曲空间\扭曲空间练习 .aep”文件，将“扭曲空间练习 .aep”文件打开。

2 为“银河”层添加 CC Flo Motion（CC 两点扭曲）特效。在“效果和预设”中展开“扭曲”特效组，然后双击 CC Flo Motion（CC 两点扭曲）特效，如图 10.21 所示，合成窗口效果如图 10.22 所示。

图 10.21 添加特效

图 10.22 添加特效后的效果

3 在“效果控件”面板中修改 CC Flo Motion（CC 两点扭曲）特效的参数，设置 Knot 1 的值为（507.0,214.0），Knot 2 的值为（423.0,283.0），将时间调整到 0:00:00:00 的位置，设置 Amount 1 的值为 0，Amount 2 的值为 0，单击 Amount 1 和 Amount 2 左侧的码表，在当前位置设置关键帧，如图 10.23 所示，合成窗口效果如图 10.24 所示。

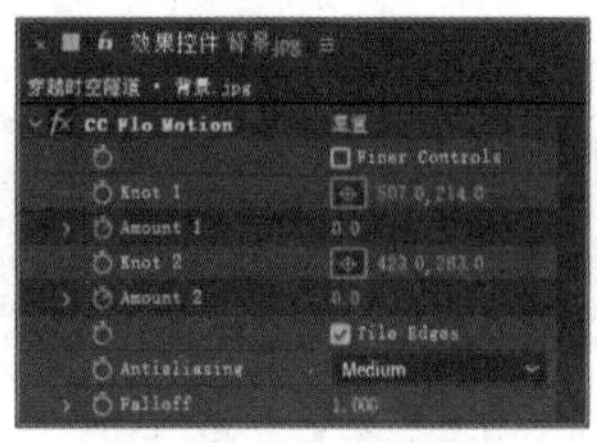

图 10.23 设置关键帧

图 10.24 设置关键帧后的效果

4 将时间调整到 0:00:03:19 的位置，设置 Amount 1 的值为 138.0，Amount 2 的值为 114.0，系统会自动设置关键帧，如图 10.25 所示，合成窗口效果如图 10.26 所示。

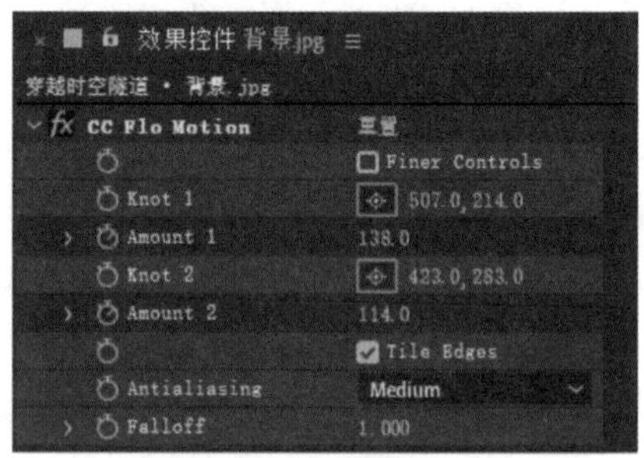

图 10.25 设置参数

图 10.26 设置参数后的效果

5 这样就完成了“扭曲空间”案例的制作，按小键盘上的 0 键，即可在合成窗口中预览动画。

10.3 自然美景

特效解析

本例主要讲解利用 CC Hair（CC 毛发）、CC Rainfall（CC 下雨）特效制作自然美景，如图 10.27 所示。

图 10.27　动画效果

知识点

1. “分形杂色”特效
2. CC Hair（CC 毛发）特效
3. CC Rainfall（CC 下雨）特效

操作步骤

10.3.1　制作风效果

1 执行菜单栏中的“合成”|“新建合成”命令，打开“合成设置”对话框，设置“合成名称”为“风”，“宽度”为720，“高度”为480，“帧速率”为25，并设置“持续时间”为0:00:05:00，如图10.28所示。

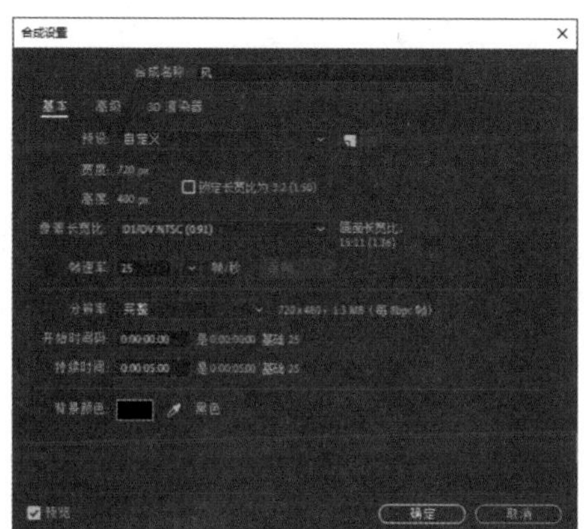

图 10.28　合成设置

2 执行菜单栏中的“图层”|“新建”|“纯色”命令，打开“纯色设置”对话框，设置“名称”为“风”，“颜色”为黑色，如图10.29所示。

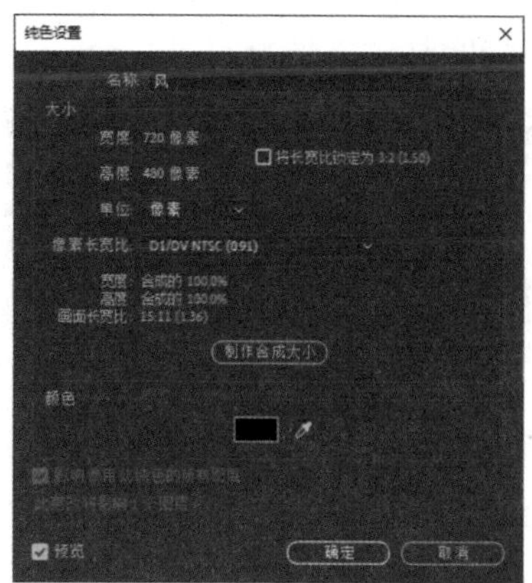

图 10.29　新建纯色图层

3 选中“风”层，在效果和预设特效面板中展开“杂色和颗粒”特效组，双击“分形杂色”特效，如图10.30所示。

图 10.30　添加“分形杂色”特效

4 将时间调整到0:00:00:00的位置，在“效果控件”面板中，展开“变换”选项栏，设置“缩放”的值为20.0，单击“演化”左侧的码表，在当前位置添加关键帧，如图10.31所示。

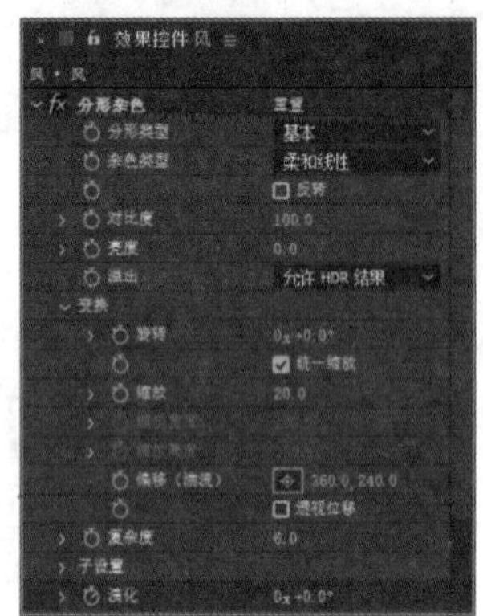

图 10.31 设置参数

5 将时间调整到0:00:04:24的位置，设置“演化”的值为2x+0.0°，系统会自动添加关键帧，如图10.32所示。

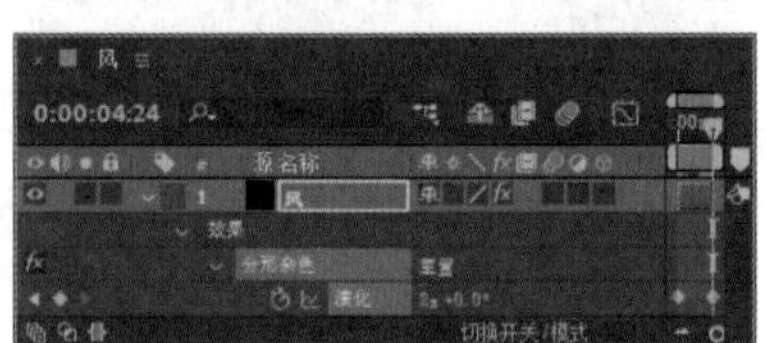

图 10.32 设置“演化”

10.3.2 制作动态效果

1 执行菜单栏中的“合成”|“新建合成”命令，打开“合成设置”对话框，设置“合成名称”为“自然美景”，“宽度”为720，“高度”为480，“帧速率”为25，设置“持续时间”为0:00:05:00，如图10.33所示。

2 执行菜单栏中的“文件”|“导入”|“文件”命令，打开“导入文件”对话框，选择“工程文件\第10章\自然美景\背景.jpg”素材，单击“导入”按钮，“背景.jpg”素材将被导入“项目”面板中，如图10.34所示。

3 在“项目”面板中选择“背景.jpg”素材和“风”合成，将其拖动到“自然美景”合成的时间线面板中。

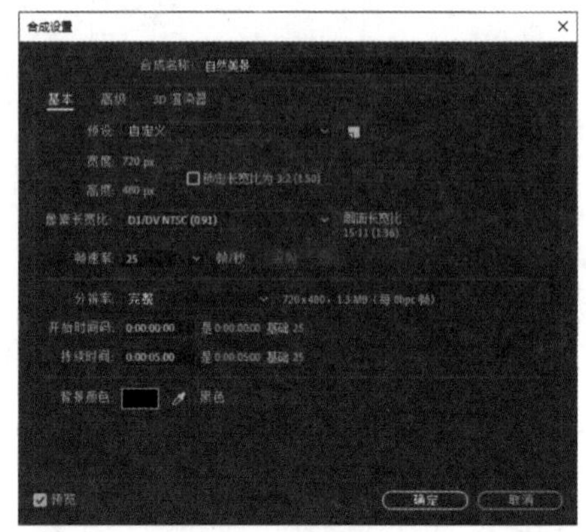

图 10.33 合成设置

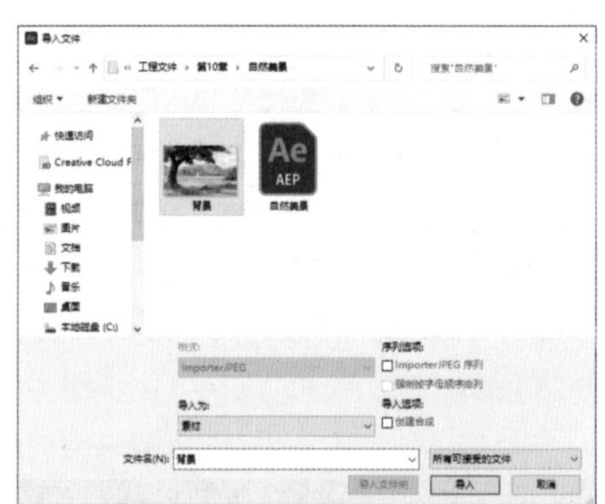

图 10.34 “导入文件”对话框

4 执行菜单栏中的“图层”|“新建”|“纯色”命令，打开“纯色设置”对话框，设置“名称”为“草”，“颜色”为黑色，如图10.35所示。

5 选中“风”层，单击左侧图层开关按钮，将此图层关闭，如图10.36所示。

6 选中“草”层，单击工具栏中的“矩形工具”按钮，在“合成”窗口中拖动绘制一个矩形蒙版区域，如图10.37所示。

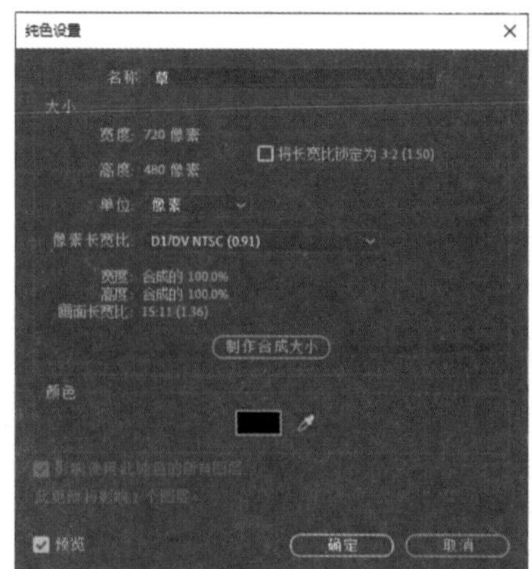

图 10.35 纯色设置

图 10.36 图层设置

图 10.37 创建矩形蒙版

7 选中“草”层，在效果和预设特效面板中展开“模拟”特效组，双击 CC Hair（CC 毛发）特效，如图 10.38 所示。

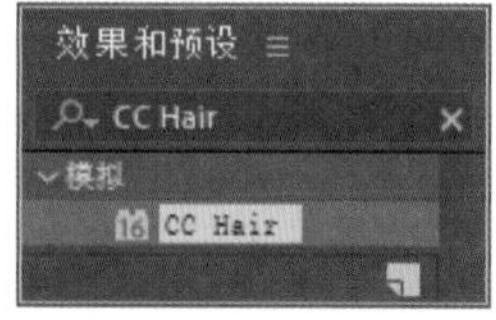

图 10.38 添加 CC Hair（CC 毛发）特效

8 在“效果控件”面板中设置 Length（长度）的值为 50.0，Thickness（粗度）的值为 1.00，Weight（重量）的值为 -0.100，Density（密度）的值为 250.0；展开 Hairfall Map（毛发贴图）选项栏，从 Map Layer（贴图层）右侧的下拉菜单中选择“2. 风”，设置 Add Noise（噪波叠加）的值为 25.0%；展开 Hair Color（毛发颜色）选项栏，设置 Color（颜色）为绿色（R:155;G:219;B:0），Opacity（不透明度）的值为 100.0%；展开 Light（灯光）选项栏，设置 Light Direction（灯光方向）的值为 0x+135.0°，展开 Shading（阴影）选项栏，设置 Specular（镜面）的值为 45.0，如图 10.39 所示。

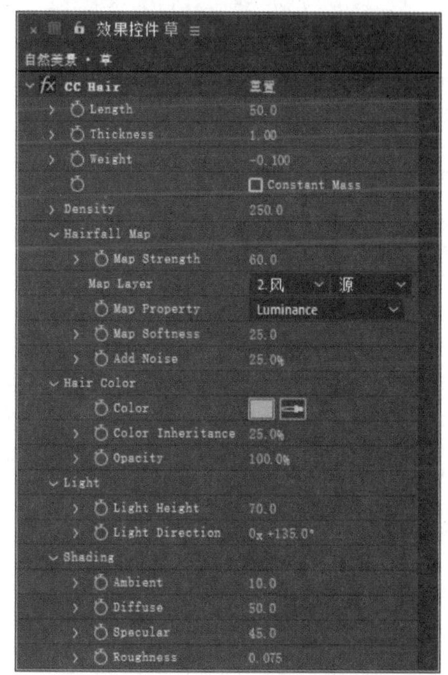

图 10.39 参数设置

9 选中“背景”层，在“效果和预设”面板中展开“模拟”特效组，然后双击 CC Rainfall（CC 下雨）特效，如图 10.40 所示。

图 10.40 添加 CC Rainfall（CC 下雨）特效

10 在“效果控件”面板中为CC Rainfall（CC下雨）设置参数。修改Speed（速度）的值为4000，Opacity（不透明度）的值为50.0，如图10.41所示。

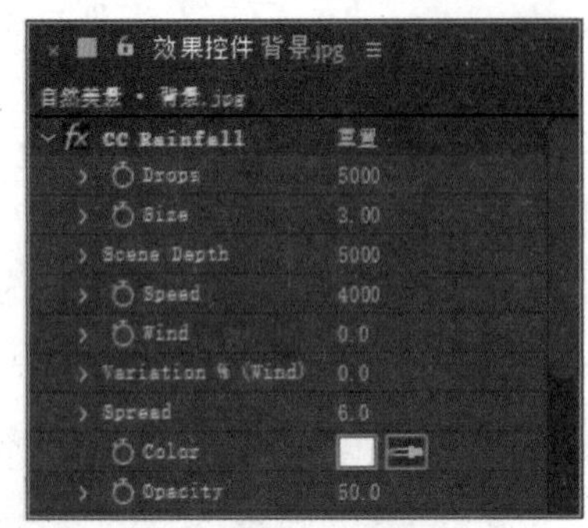

图10.41 修改参数

11 这样就完成了“自然美景”案例的制作，按小键盘上的0键，可在合成窗口中预览当前动画效果。

课后练习

1. 制作一个相册翻开的动画效果。

2. 制作一个爆炸冲击波效果。

（制作过程可参考资源包中的“课后练习”文件夹。）

第 11 章 商业主题宣传片设计

内容摘要

本章讲解商业主题宣传片设计。商业主题宣传片动画十分常见，如电视广告、各类影视宣传广告、片头片尾的动画等，可以说商业主题宣传片在日常的生活娱乐中无处不在。本章列举了可爱小花主题动画设计、典礼开幕动画设计等。通过对本章的学习，读者可以掌握大多数的商业主题宣传片动画设计。

教学案例

- 可爱小花主题动画设计
- 典礼开幕动画设计
- 特色美味视频设计
- 快乐时光相册视频设计

11.1 可爱小花主题动画设计

特效解析

本例主要讲解可爱小花主题动画设计。本例以小花图像作为主视觉元素，通过为其制作动画并添加装饰元素制作成完整的动画效果，如图 11.1 所示。

图 11.1　动画流程画面

知识点

1. “旋转”效果
2. 表达式

视频文件

11.1.1 制作旋转小花

1 执行菜单栏中的“合成”|“新建合成”命令，打开“合成设置”对话框，新建一个“合成名称”为“小花动画”，“宽度”为 720，“高度”为 405，“帧速率”为 25，“持续时间”为 0:00:10:00，“背景颜色”为黄色（R:250;G:200;B:0）的合成，如图 11.2 所示。

2 执行菜单栏中的“文件”|“导入”|“文件”命令，打开“导入文件”对话框，选择“工程文件 \ 第 11 章 \ 可爱小花主题动画设计 \ 花朵 .png、花朵 2.png、花朵 3.png、木牌 .png”素材，单击“导入”按钮，如图 11.3 所示。

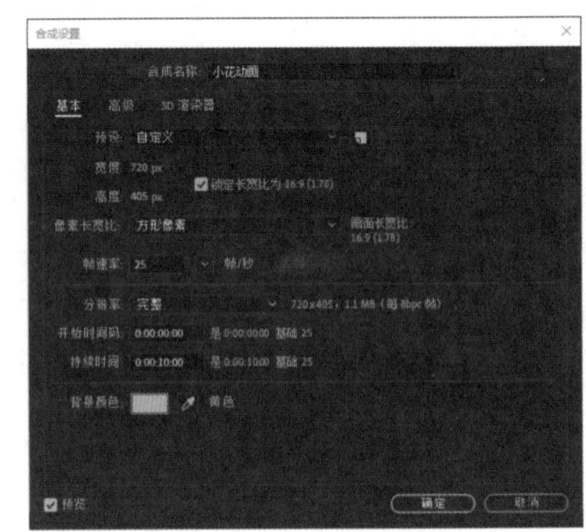

图 11.2　新建合成

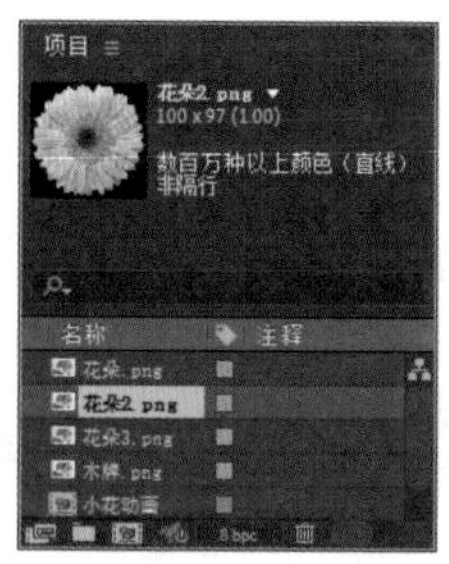

图 11.3 导入素材

3 在“项目”面板中同时选中“花朵.png”“花朵2.png” “花朵3.png” 素材，将其拖至时间轴面板中，如图11.4所示。

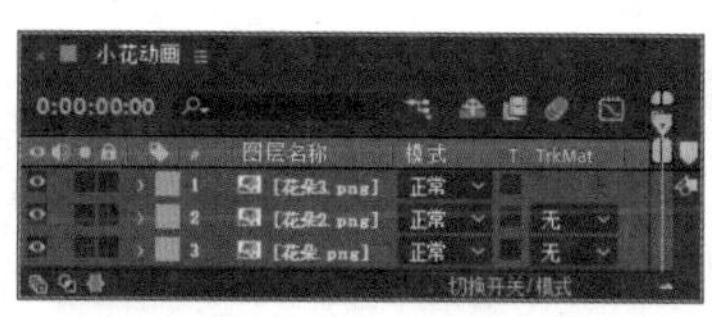

图 11.4 添加素材图像

4 在时间轴面板中选中“花朵.png”图层，在“效果和预设”面板中展开“透视”特效组，然后双击“投影”特效。

5 在“效果控件”面板中修改“投影”特效的参数，设置“阴影颜色”为黄色（R:255;G:180;B:0），“不透明度”为100%，“方向”为0x+135.0°，“距离”为15.0，“柔和度”为25.0，如图11.5所示。

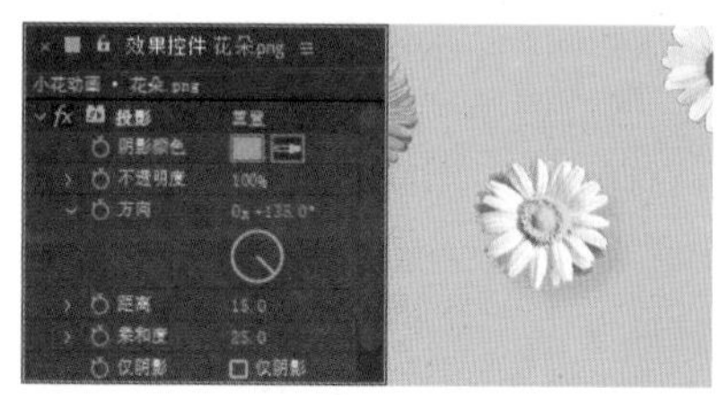

图 11.5 设置投影

6 在时间轴面板中选中“花朵.png”图层，在“效果控件”面板中选中“投影”效果，按Ctrl+C组合键对其进行复制，选中其他两个花朵图层，在“效果控件”面板中按Ctrl+V组合键进行粘贴，效果如图11.6所示。

图 11.6 复制并粘贴效果

7 在时间轴面板中选中“花朵.png”图层，将时间调整到0:00:00:00的位置，按S键打开“缩放”，单击“缩放”左侧码表，在当前位置添加关键帧，将数值更改为（0.0,0.0%），如图11.7所示。

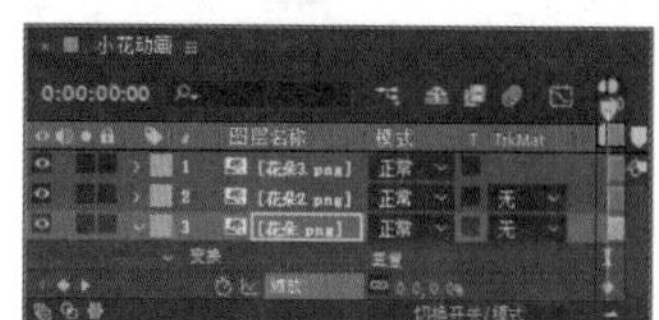

图 11.7 制作缩放动画

8 将时间调整到0:00:00:10的位置，将数值更改为（100.0,100.0%）；将时间调整到0:00:00:20的位置，将数值更改为（50.0,50.0%）；将时间调整到0:00:01:05的位置，将数值更改为（100.0,100.0%），系统将自动添加关键帧。

9 在时间轴面板中选中“花朵.png”图层，将时间调整到0:00:00:00的位置，按R键打开“旋转”，单击“旋转”左侧码表，在当前位置添加关键帧。

10 将时间调整到0:00:00:10的位置，将数值更改为0x+30.0°，系统将自动添加关键帧，如图11.8所示。

11 将时间调整到0:00:00:20帧的位置，将数值更改为0x-30.0°；将时间调整到0:00:01:05的位置，将数值更改为0x+50.0°；将时间调整到

0:00:01:15 的位置，将数值更改为 0x-50.0°；将时间调整到 0:00:02:00 的位置，将数值更改为 0x-100.0°；将时间调整到 0:00:02:10 的位置，将数值更改为 0x+50.0°；将时间调整到 0:00:02:20 的位置，将数值更改为 0x-50.0°，系统将自动添加关键帧，如图 11.9 所示。

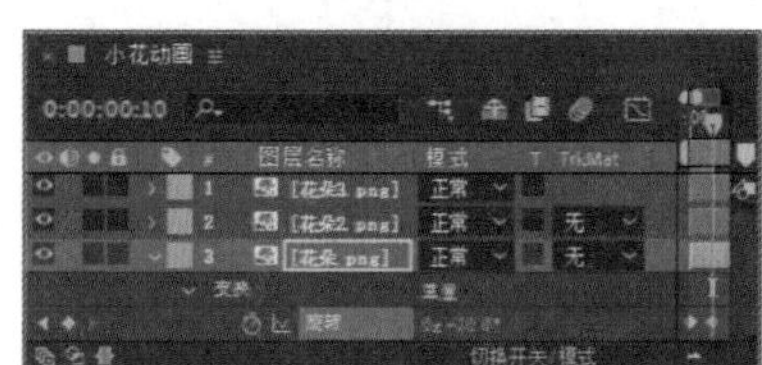

图 11.8 添加旋转效果

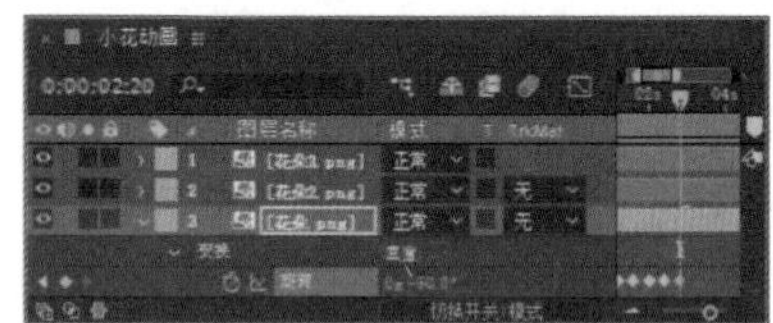

图 11.9 更改旋转数值

12 以同样的方法多次更改旋转数值，如图 11.10 所示。

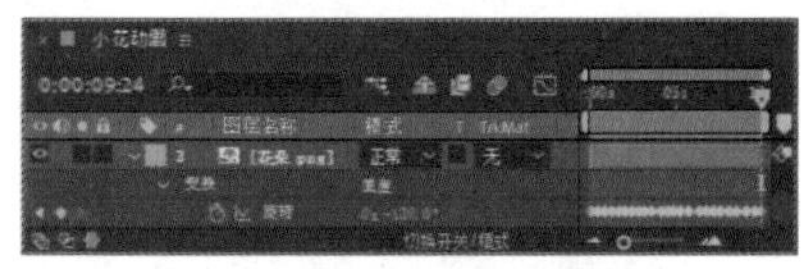

图 11.10 再次更改旋转数值

13 在时间轴面板中同时选中“花朵 .png”图层中的所有关键帧，按 Ctrl+C 组合键对其进行复制，再同时选中“花朵 2.png”及“花朵 3.png”图层，按 Ctrl+V 组合键进行粘贴，如图 11.11 所示。

图 11.11 粘贴关键帧

14 在时间轴面板中选中“花朵 2.png”图层中的所有关键帧，执行菜单栏中的“动画”|“辅助”|“时间反向关键帧”命令，如图 11.12 所示。

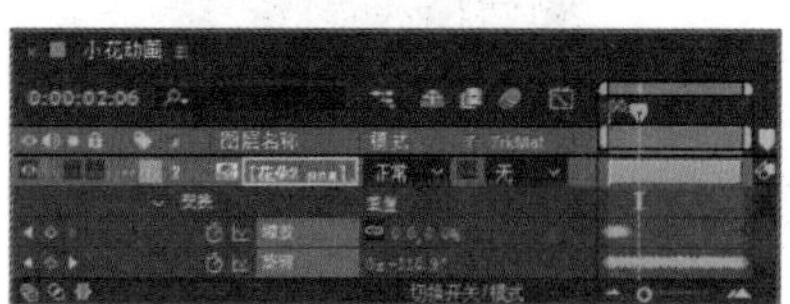

图 11.12 添加时间反向关键帧

15 在时间轴面板中选中“花朵 3.png”图层，按 Ctrl+D 组合键复制一个“花朵 3.png”图层，并将其图层名称重新命名为“花朵 3-2.png”，在图像中将其向左下角移动，如图 11.13 所示。

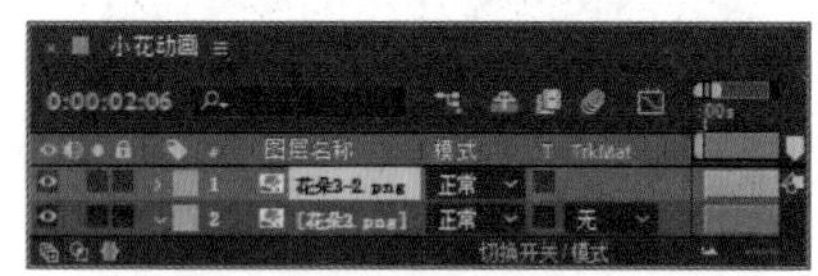

图 11.13 复制图层

16 将图层复制多份并放在图像的不同位置，如图 11.14 所示。

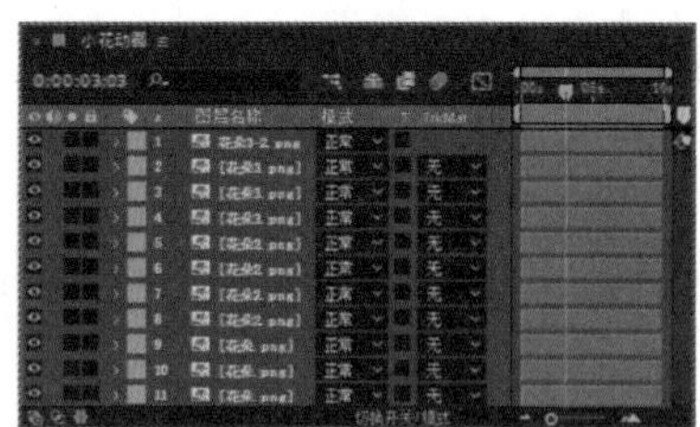

图 11.14 多次复制图层

11.1.2 制作旋转木牌

1 在“项目”面板中选中“木牌 .png”素材，将其拖至时间轴面板中，如图 11.15 所示。

图 11.15 添加素材图像

2 选中工具箱中的“椭圆工具”，按住 Shift+Ctrl 组合键，在木牌上方绳子位置绘制一个正圆，设置“填充”为黑色，“描边”为无，生成一个“形状图层 1”图层，如图 11.16 所示。

图 11.16 绘制正圆

3 在时间轴面板中选中“形状图层 1”图层，在“效果和预设”面板中展开“生成”特效组，然后双击“梯度渐变”特效。

4 在“效果控件”面板中修改“梯度渐变”特效的参数，设置“渐变起点”为（360.0,32.0），“起始颜色”为白色，“渐变终点”为（365.0,37.0），“结束颜色”为灰色（R:95;G:95;B:95），“渐变形状”为“径向渐变”，如图 11.17 所示。

5 在“效果和预设”面板中展开“透视”特效组，然后双击“投影”特效。

6 在“效果控件”面板中修改“投影”特效的参数，设置“不透明度”为 50%，“距离”为 5.0，“柔和度”为 5.0，如图 11.18 所示。

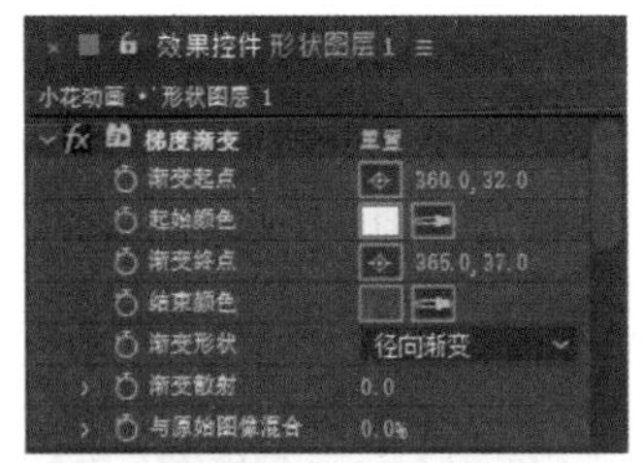

图 11.17 添加梯度渐变

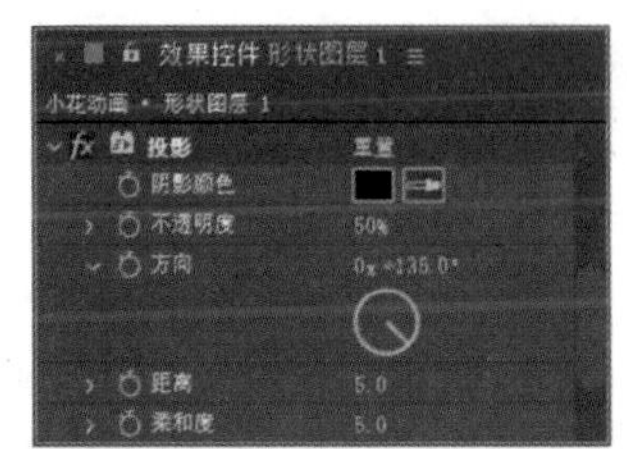

图 11.18 设置投影

7 在时间轴面板中选中“形状图层 1”图层，在“效果控件”面板中选中“投影”效果，按 Ctrl+C 组合键对其进行复制，选中“木牌”图层，在“效果控件”面板中按 Ctrl+V 组合键进行粘贴，将“不透明度”更改为 20%，将“距离”更改为 15.0，将“柔和度”更改为 10.0，如图 11.19 所示。

8 选择工具箱中的“横排文字工具”，在图像中添加文字，如图 11.20 所示。

9 在图层中选中文字图层，单击鼠标右键，在弹出的快捷菜单中选择“图层样式”|“斜面和浮雕”选项，将“技术”更改为“平滑”，将“方

向”更改为“向下”，将“大小”更改为1.0，如图11.21所示。

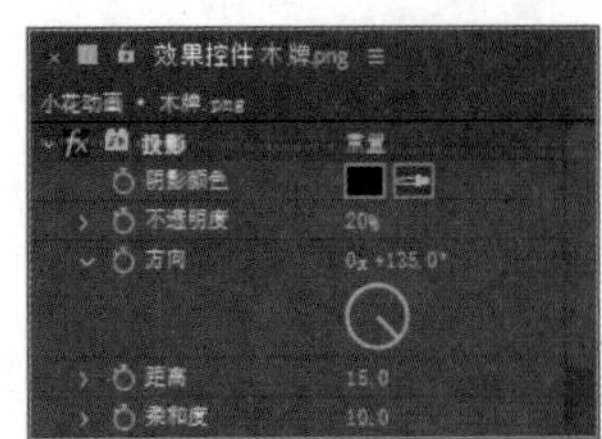

图 11.19　更改投影参数

图 11.20　添加文字

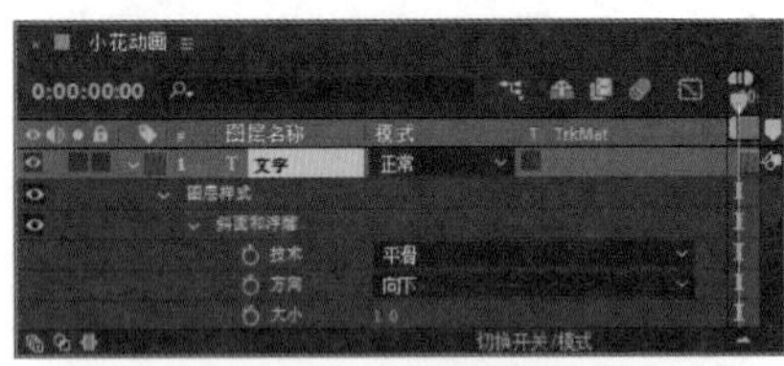

图 11.21　设置斜面和浮雕

10 同时选中“木牌”“形状图层1”“文字”图层，单击鼠标右键，在弹出的快捷菜单中选择“预合成”选项，在弹出的对话框中将名称更改为“旋转的木牌”，如图11.22所示。

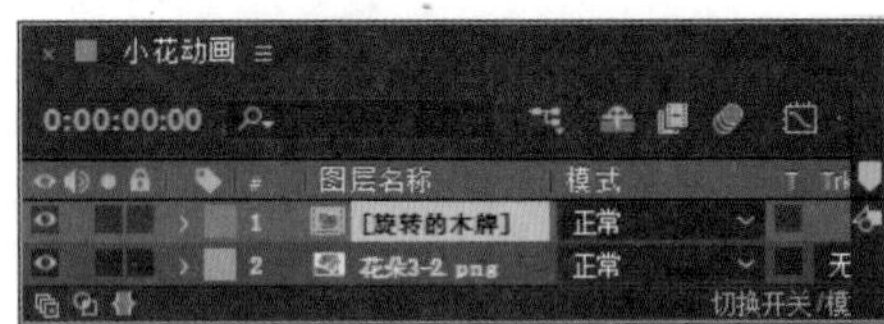

图 11.22　添加预合成

11 选中工具箱中的“向后平移锚点工具”，将木牌图像旋转中心点移至顶部圆形图像位置，如图11.23所示。

图 11.23　移动旋转中心点

12 在时间轴面板中选中“旋转的木牌”图层，将时间调整到0:00:00:00的位置，按R键打开“旋转”，按住Alt键单击“旋转”左侧码表，输入Math.sin(time*2*Math.PI/3)*30，为当前图层添加表达式，如图11.24所示。

图 11.24　添加表达式

13 这样就完成了最终整体动画效果的制作，按小键盘上的0键即可在合成窗口中预览动画。

11.2 典礼开幕动画设计

特效解析

本例主要讲解典礼开幕动画设计。本例中的动画以闪光耀眼的视频素材作为主视觉，与精致的特效文字相结合构成了非常典雅的典礼开幕动画效果，如图 11.25 所示。

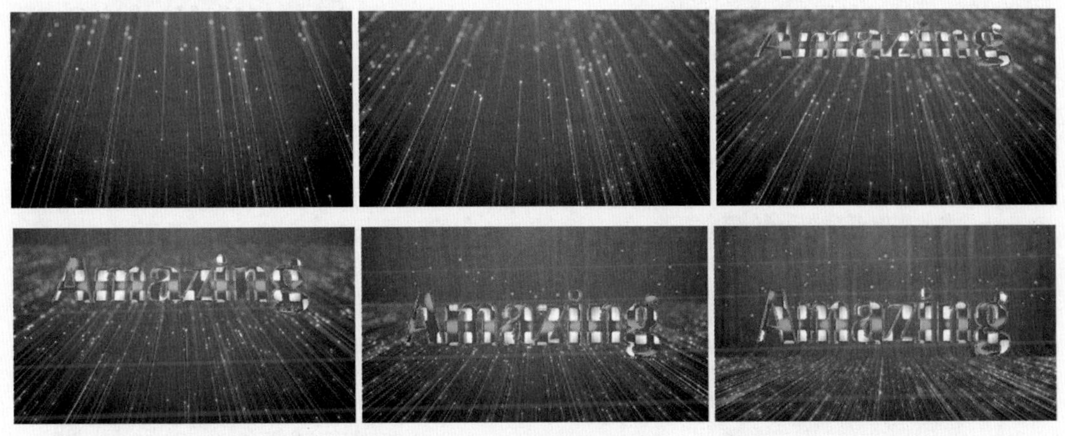

图 11.25 动画流程画面

知识点

1. “动态拼贴”特效
2. “梯度渐变”特效
3. “湍流杂色”特效
4. CC Particle World（CC 粒子世界）特效
5. CC Blobbylize（CC 融化）特效
6. CC Toner（CC 碳粉）特效

视频文件

操作步骤

11.2.1 制作文字效果

1 执行菜单栏中的“合成”|“新建合成”命令，打开“合成设置”对话框，设置“合成名称”为“文字纹理”，“宽度”为 720，“高度”为 405，“帧速率”为 25，并设置“持续时间”为 0:00:10:00，“背景颜色”为黑色，完成后单击“确定”按钮，如图 11.26 所示。

2 执行菜单栏中的“文件”|“导入”|“文件”命令，打开“导入文件”对话框，选择“工程文件\第 11 章\典礼开幕动画设计\流光.avi、纹理.jpg”素材，单击“导入”按钮，如图 11.27 所示。

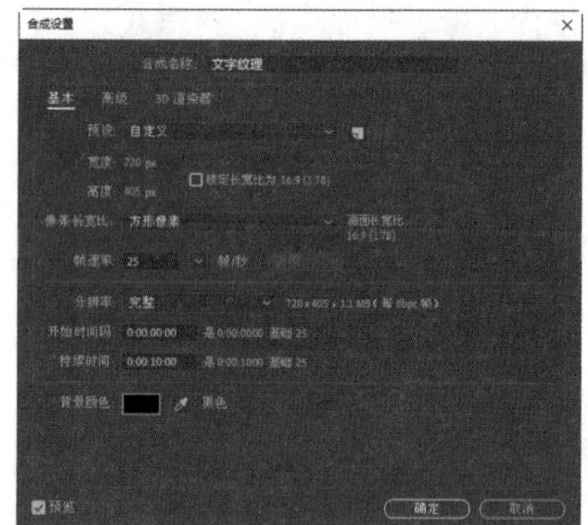
图 11.26　新建合成

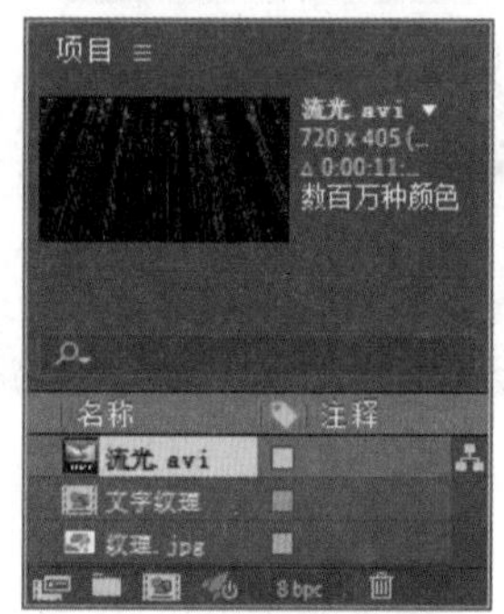
图 11.27　导入素材

3 在“项目”面板中选中“纹理.jpg”素材，将其拖至时间轴面板中，如图 11.28 所示。

图 11.28　添加素材图像

4 在时间轴面板中选中“纹理.jpg”图层，在“效果和预设”面板中展开“风格化”特效组，然后双击“动态拼贴”特效。

5 在“效果控件”面板中修改“动态拼贴”特效的参数，设置“拼贴宽度”为 30.0，“拼贴高度”为 35.0，“输出宽度”为 500.0，“输出高度”为 200.0，勾选“镜像边缘”复选框，如图 11.29 所示。

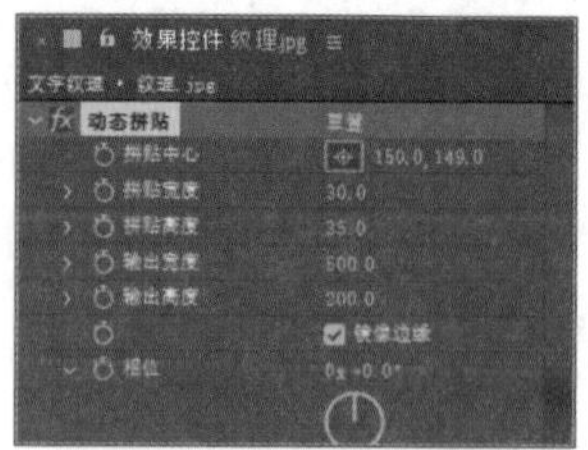

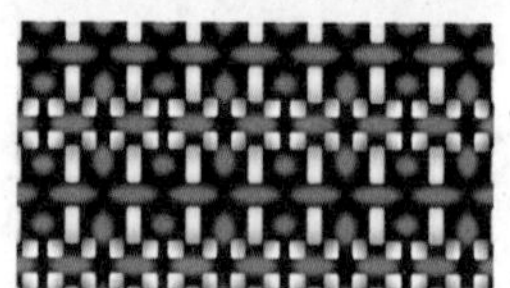
图 11.29　设置动态拼贴

6 按住 Alt 键单击“拼贴中心”左侧码表，输入 [time*40,200]，为当前图层添加表达式，如图 11.30 所示。

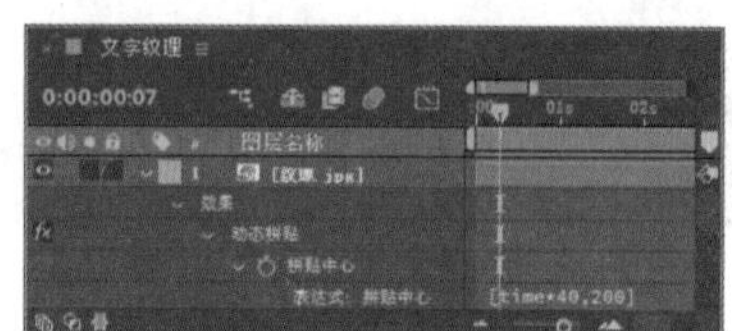
图 11.30　添加表达式

7 执行菜单栏中的“合成”|“新建合成”命令，打开“合成设置”对话框，设置“合成名称”为“文字主体”，“宽度”为 720，“高度”为 405，“帧速率”为 25，并设置“持续时间”为 0:00:10:00，“背景颜色”为黑色，完成后单击“确定”按钮，如图 11.31 所示。

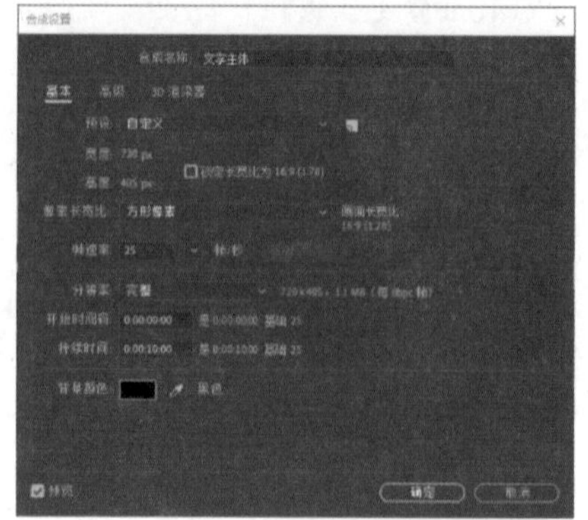
图 11.31　新建合成

8 选择工具箱中的“横排文字工具”，在图像中添加文字，如图11.32所示。

图11.32 添加文字

11.2.2 为文字添加质感

1 执行菜单栏中的“合成”|“新建合成”命令，打开“合成设置”对话框，设置“合成名称”为“动态文字”，“宽度”为720，“高度”为405，“帧速率”为25，并设置“持续时间”为0:00:10:00，“背景颜色”为黑色，完成后单击“确定”按钮，如图11.33所示。

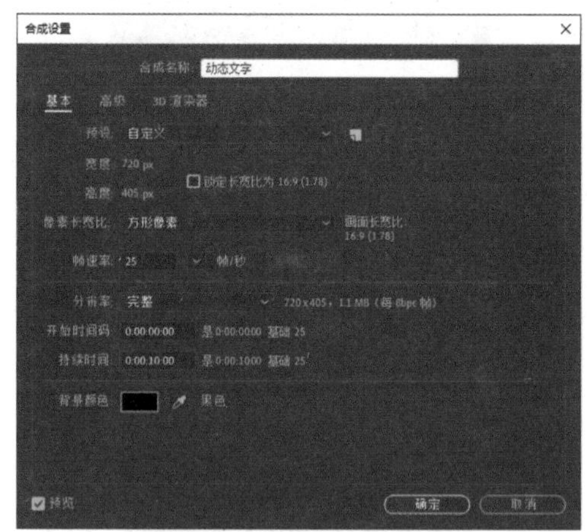

图11.33 新建合成

2 在“项目”面板中，同时选中“文字纹理”及“文字主体”合成，将其拖至时间轴面板中，并单击“文字主体”前方的图标，将其暂时隐藏，如图11.34所示。

3 在时间轴面板中选中“文字纹理”图层，在“效果和预设”面板中展开“扭曲”特效组，然后双击CC Blobbylize（CC融化）特效。

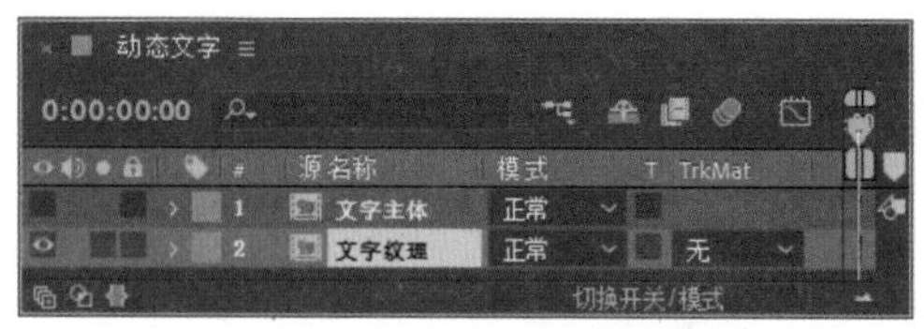

图11.34 添加合成

4 在“效果控件”面板中，修改CC Blobbylize（CC融化）特效的参数，设置Blob Layer（Blob层）为“文字主体”，Softness（柔度）的值为2.0，Cut Away（切断）的值为1.0，Light Height（高光）的值为75.0，如图11.35所示。

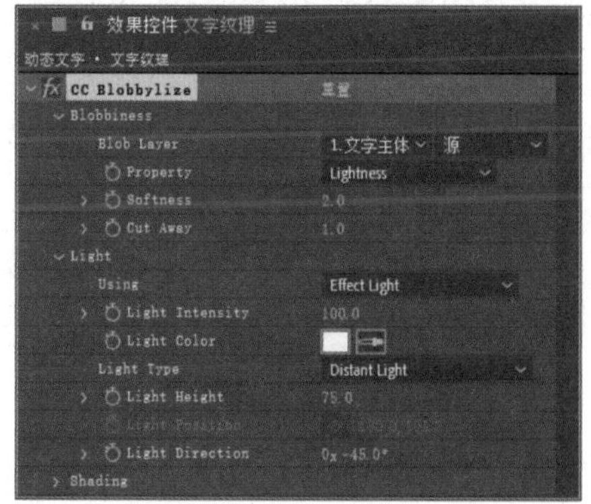

图11.35 设置CC Blobbylize（CC融化）参数

5 在“效果和预设”面板中展开“颜色校正”特效组，然后双击CC Toner（CC碳粉）特效。

6 在“效果控件”面板中修改CC Toner（CC碳粉）特效的参数，设置Midtones（中间调）为橙色（R:255;G:132;B:0），如图11.36所示。

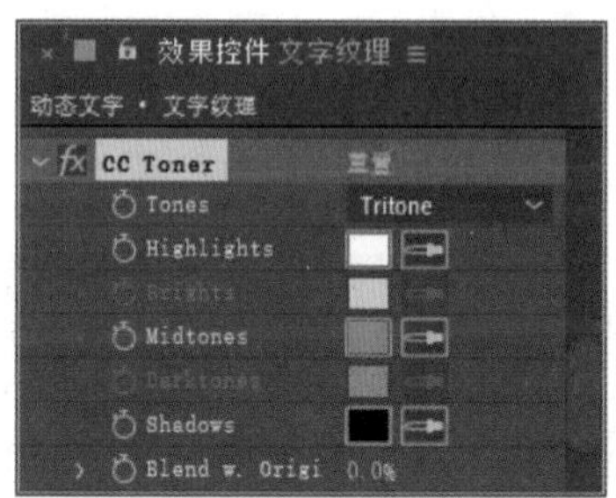

图11.36 设置CC Toner（CC碳粉）参数

11.2.3 制作整体效果

1 执行菜单栏中的“合成”|“新建合成”命令，打开“合成设置”对话框，设置“合成名称”为“整体效果”，“宽度”为720，“高度”为405，“帧速率”为25，并设置“持续时间”为0:00:10:00，“背景颜色”为黑色，完成后单击“确定”按钮，如图11.37所示。

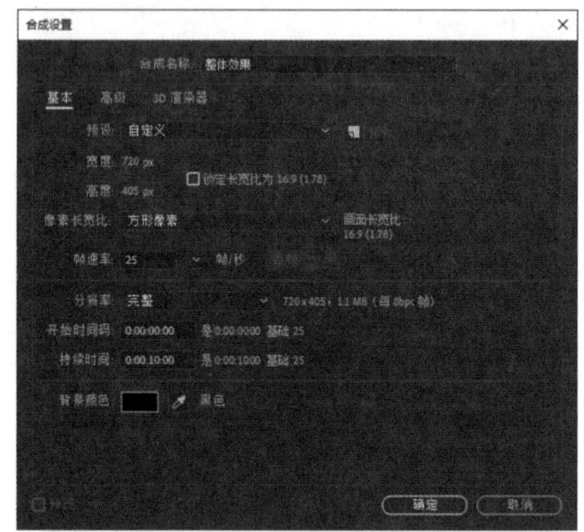

图11.37 新建合成

2 在“项目”面板中选中“流光 .avi”素材，将其拖至时间轴面板中，如图11.38所示。

图11.38 添加素材图像

3 执行菜单栏中的“图层”|“新建”|“纯色”命令，在弹出的对话框中将“名称”更改为“发光粒子”，将“颜色”更改为黑色，然后单击“确定”按钮，如图11.39所示。

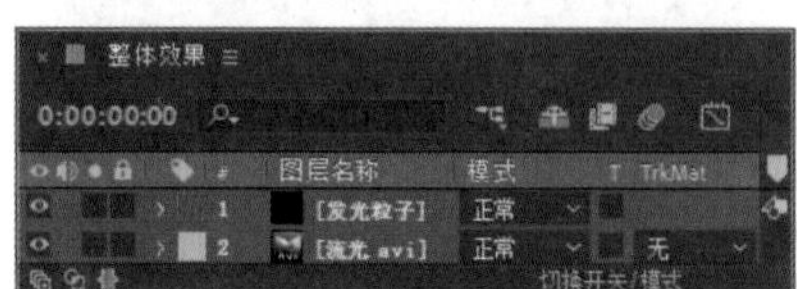

图11.39 新建纯色图层

4 在时间轴面板中选中“发光粒子”图层，在“效果和预设”面板中展开“模拟”特效组，然后双击CC Particle World（CC粒子世界）特效。

5 在“效果控件”面板中修改CC Particle World（CC粒子世界）特效的参数，设置Birth Rate（生长速率）为0.1，Longevity(sec)（寿命）为8.00。

6 展开Producer（生产者）选项，设置Position X（X轴位置）为0.00，Position Y（Y轴位置）为-0.25，Position Z（Z轴位置）为3.00，Radius X（X轴半径）为3.000，Radius Y（Y轴半径）为0.400，Radius Z（Z轴半径）为0.025，如图11.40所示。

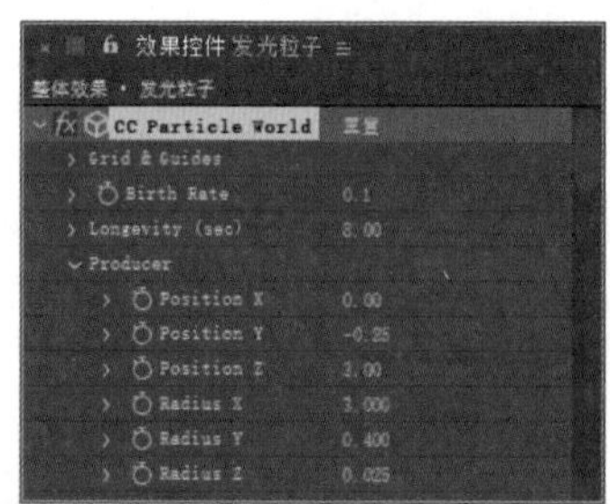

图11.40 设置Producer（生产者）参数

7 展开Physics（物理）选项，设置Animation（动画）为Viscouse（黏性），展开Gravity Vector（重力矢量）选项，将Gravity Y（Y轴重力）更改为-0.100，如图11.41所示。

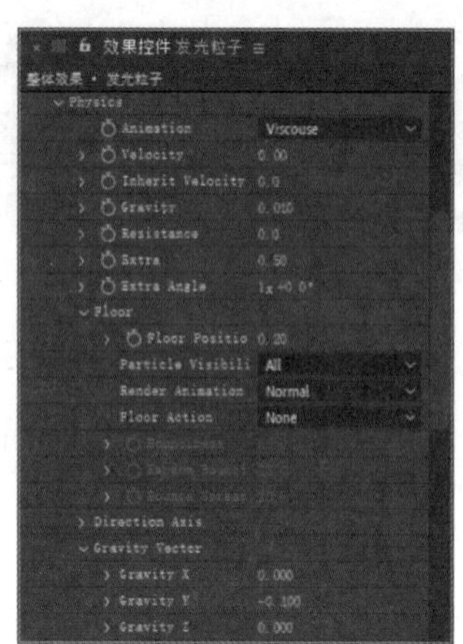

图11.41 设置Physics（物理）

8 展开 Particle（粒子）选项组，设置 Particle Type（粒子类型）为 Shaded Sphere（阴影球体），Birth Size（出生大小）为 0.500，Death Size（死亡大小）为 0.200，Size Variation（尺寸变化）为 30.0%，Max Opacity（最大不透明度）为 100.0%，Birth Color（出生颜色）为橙色（R:255;G:132;B:0），Death Color（死亡颜色）为黄色（R:255;G:174;B:0），如图 11.42 所示。

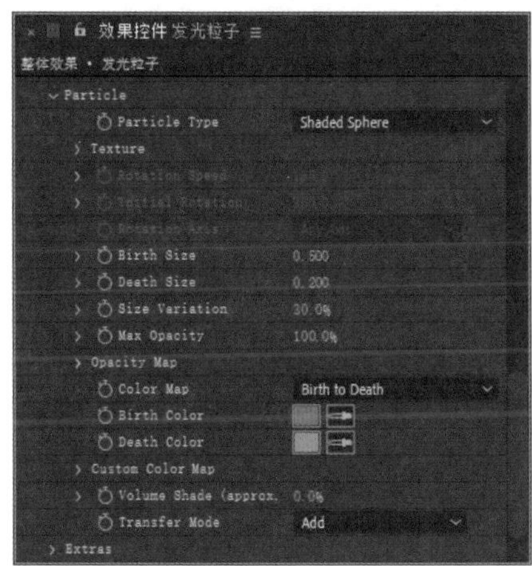

图 11.42 设置 Particle（粒子）参数

9 在“效果和预设”面板中展开“风格化”特效组，然后双击“发光”特效。

10 在“效果控件”面板中修改“发光”特效的参数，设置“发光阈值”为 80.0%，“发光半径”为 5.0，“颜色 B”为白色，如图 11.43 所示。

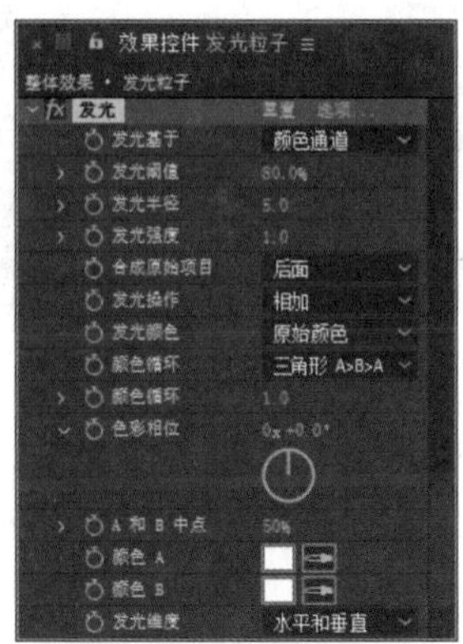

图 11.43 设置发光

11 将时间调整到 00:00:04:00 的位置，在时间轴面板中选中“发光粒子”图层，按 [键设置动画的入场，如图 11.44 所示。

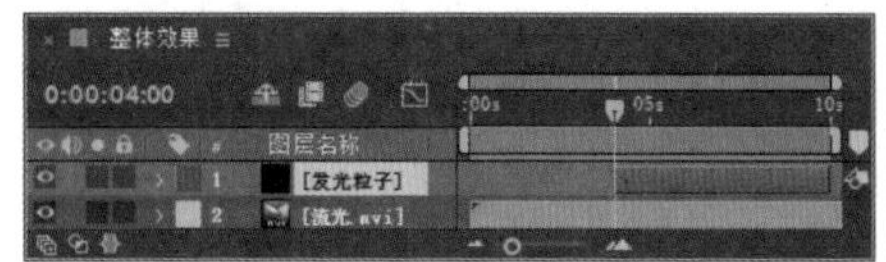

图 11.44 设置动画入场

11.2.4 整合动画效果

1 在“项目”面板中选中“动态文字”素材，将其拖至时间轴面板中，单击三维图标，将其打开，在视图中将其移至靠上方位置，如图 11.45 所示。

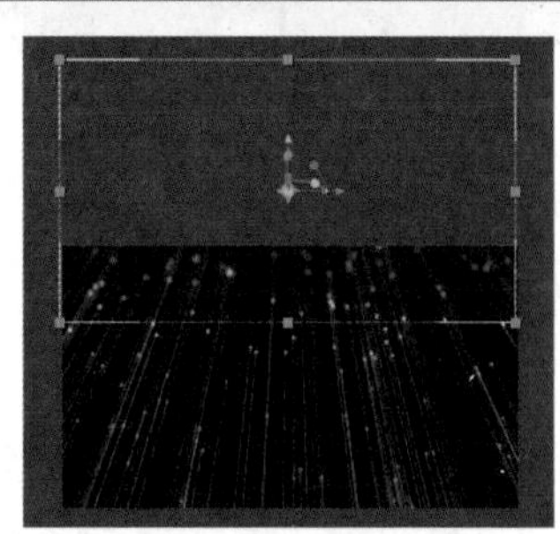

图 11.45 添加素材图像

2 在时间轴面板中选中“动态文字”图层，将时间调整到 0:00:02:00 的位置，按 P 键打开“位置”，单击“位置”左侧码表，在当前位置添加关键帧。

3 将时间调整到 0:00:04:00 的位置，在视图中将其向下方移动，系统将自动添加关键帧，如图 11.46 所示。

4 在时间轴面板中选中“动态文字”图层，将时间调整到 0:00:02:00 的位置，按 R 键打开“旋转”，单击“旋转”左侧码表，在当前位置添加关键帧，将“X 轴旋转”数值更改为 0x-90.0°，如图 11.47 所示。

图 11.46　移动文字

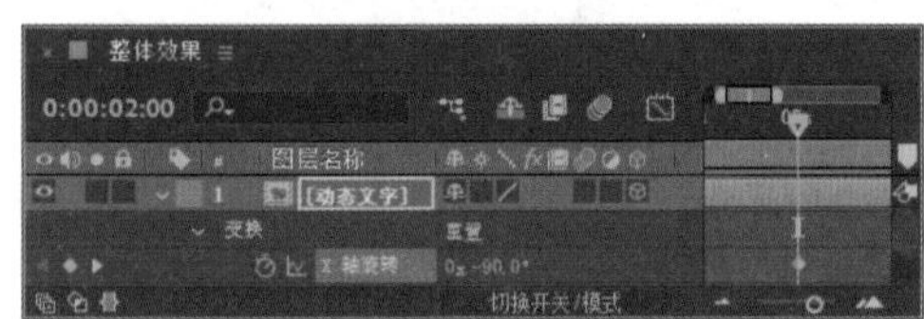

图 11.47　添加旋转关键帧

5 将时间调整到 0:00:04:00 的位置，将数值更改为 0x+0.0°，系统将自动添加关键帧，如图 11.48 所示。

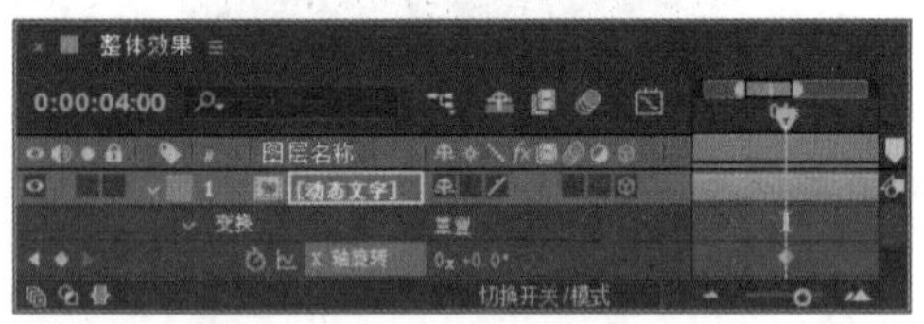

图 11.48　更改数值

11.2.5　对画面调色

1 执行菜单栏中的“图层”|“新建”|“纯色”命令，在弹出的对话框中将“名称”更改为“调色”，将“颜色”更改为黑色，完成之后单击“确定”按钮。

2 在时间轴面板中选中“调色”图层，在“效果和预设”面板中展开“生成”特效组，然后双击“梯度渐变”特效。

3 在“效果控件”面板中修改“梯度渐变”特效的参数，设置“渐变起点”为（360.0,0.0），“起始颜色”为蓝色（R:0;G:108;B:255），“渐变终点”为（720.0,405.0），“结束颜色”为黑色，“渐变形状”为“径向渐变”，如图 11.49 所示。

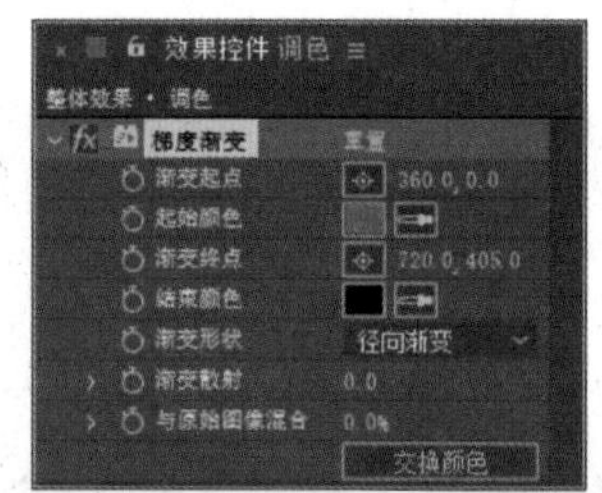

图 11.49　添加梯度渐变

4 在时间轴面板中选中“调色”层，将其图层模式更改为“屏幕”，如图 11.50 所示。

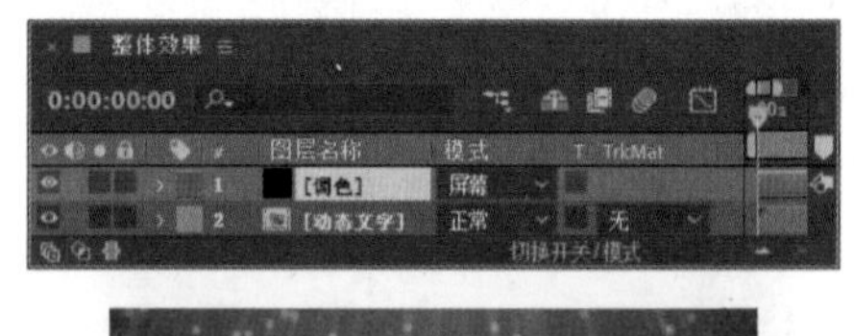

图 11.50　更改图层模式

5 在“效果和预设”面板中展开“杂色和颗粒”特效组，然后双击“湍流杂色”特效。

6 在“效果控件”面板中修改“湍流杂色”特效的参数，设置“对比度”为 200.0，将时间调整到0:00:04:00的位置，设置“不透明度”为0.0%，单击左侧码表，在当前位置添加关键帧，如图11.51所示。

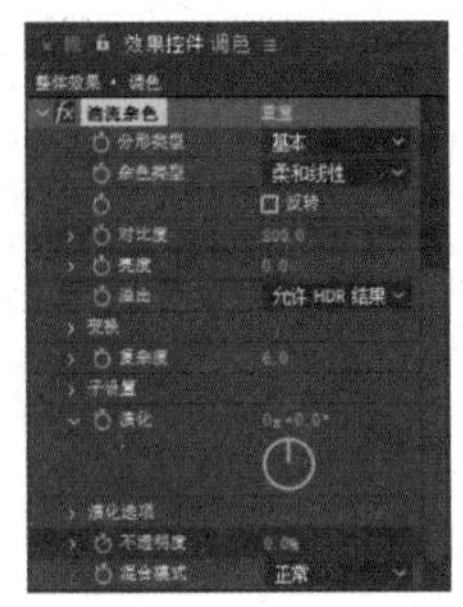

图 11.51 设置湍流杂色

7 在时间轴面板中将时间调整到0:00:09:24的位置，将“不透明度”更改为10%，系统将自动添加关键帧，如图11.52所示。

图 11.52 更改不透明度

8 这样就完成了最终整体动画效果的制作，按小键盘上的0键即可在合成窗口中预览动画。

11.3 特色美味视频设计

特效解析

本例主要讲解特色美味视频动画设计。本例将各类美食图像相结合，形成一个具有特色的美味视频动画效果，整体动画表现力丰富，视觉效果出色，如图11.53所示。

图 11.53 动画流程画面

视频文件

知识点

1. 三维图层
2. 摄像机
3. “缓动”命令

操作步骤

11.3.1 制作场景动画

1 执行菜单栏中的“合成”|“新建合成”命令，打开“合成设置”对话框，新建一个“合成名称”为“美食”、“宽度”为800、“高度”为450、“帧速率”为25、“持续时间”为0:00:10:00、“背景颜色”为黑色的合成，如图11.54所示。

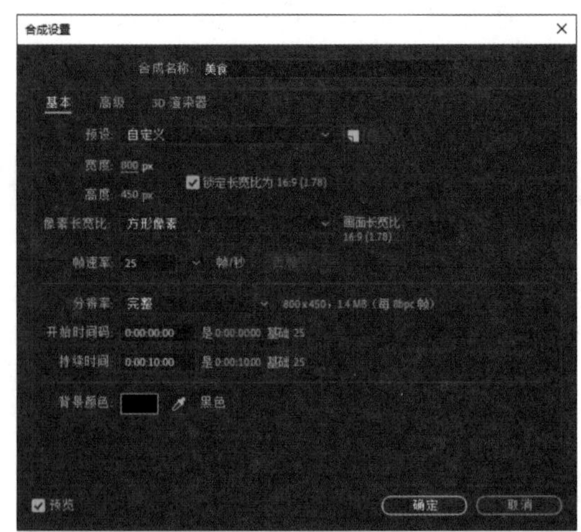

图 11.54 新建合成

2 执行菜单栏中的“文件”|“导入”|“文件”命令，打开“导入文件”对话框，选择“工程文件\第11章\特色美味视频设计\美食.png、美食2.png、标志.png、蔬菜.psd”素材，单击“导入”按钮。

3 执行菜单栏中的“图层”|“新建”|“纯色”命令，在弹出的对话框中将“名称”更改为“背景”，将“颜色”更改为黑色，完成之后单击“确定”按钮。

4 在时间轴面板中选中“背景”图层，在“效果和预设”面板中展开“生成”特效组，然后双击“梯度渐变”特效。

5 在“效果控件”面板中修改“梯度渐变”特效的参数，设置“渐变起点”为（400.0,224.0），“起始颜色”为白色，“渐变终点”为（800.0,225.0），“结束颜色”为灰色（R:201;G:201;B:201），“渐变形状”为“径向渐变”，如图11.55所示。

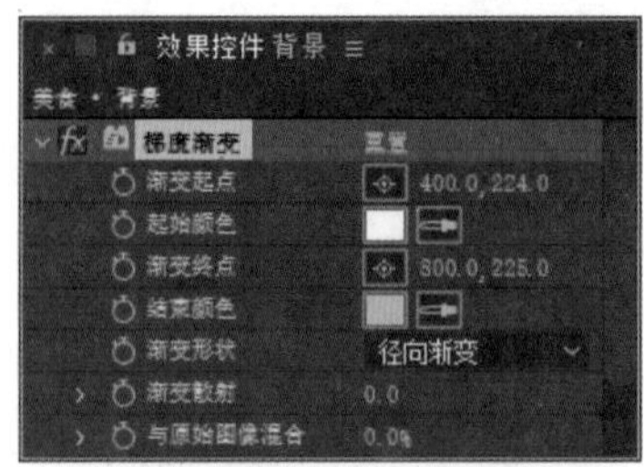

图 11.55 添加梯度渐变

6 选中工具箱中的“椭圆工具”，按住Shift+Ctrl组合键在视图右上角位置绘制一个大正圆，设置“填充”为无，“描边”为浅红色（R:254;G:178;B:178），“描边宽度”为100，生成一个“形状图层1”图层，效果如图11.56所示。

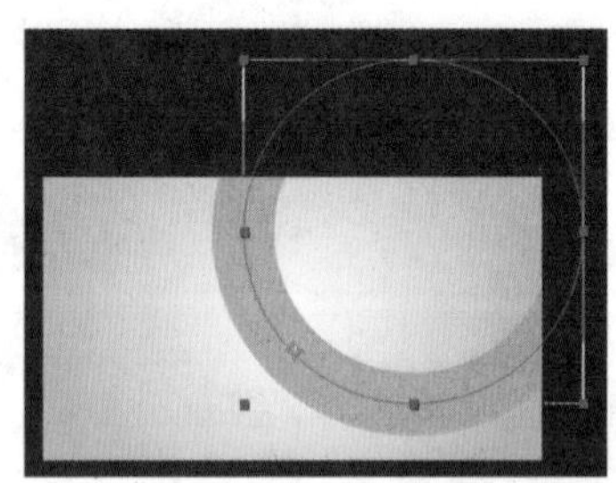

图 11.56 绘制正圆

7 在时间轴面板中选中“形状图层1”图层，按Ctrl+D组合键复制一个“形状图层2”图层。

8 选中“形状图层2”图层，将图形等比缩小，如图11.57所示。

9 在时间轴面板中，选中“形状图层1”图层，将其图层模式更改为“柔光”，如图11.58所示。

10 执行菜单栏中的“文件”|“导入”|“文

件”命令，打开“导入文件”对话框，选择“工程文件\第 11 章\特色美味视频设计\蔬菜.psd”素材，单击“导入”按钮。

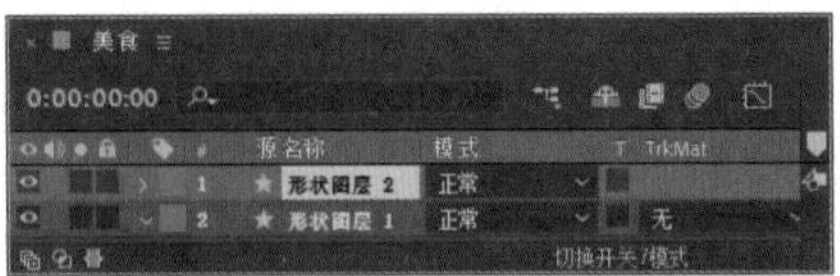

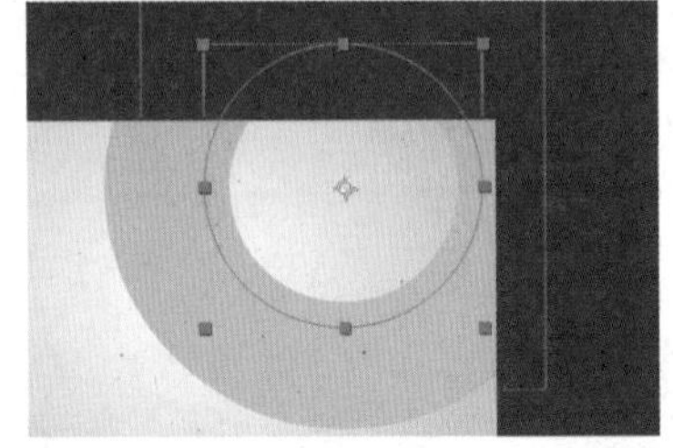

图 11.57 复制图层并缩小图形

图 11.58 更改图层模式

11 在弹出的对话框中选择“导入种类”为“合成”，勾选“合并图层样式到素材”单选按钮，单击“确定”按钮，如图 11.59 所示。

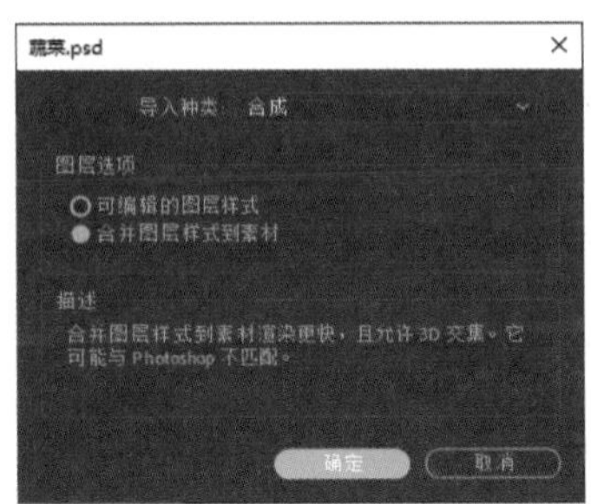

图 11.59 导入素材

12 在“项目”面板中选中“美食”“蔬菜”两个图层素材，将其拖至时间轴面板中，并分别将图像放在视图中的适当位置，如图 11.60 所示。

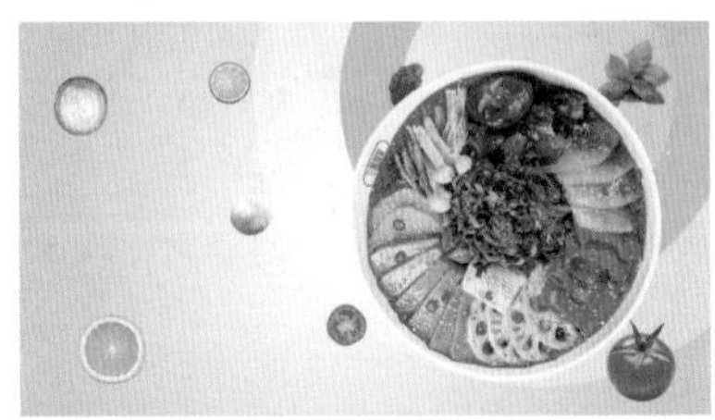

图 11.60 添加素材图像

13 在时间轴面板中，选中部分蔬菜图层，按 Ctrl+D 组合键复制图层，在视图中将复制的图像放在适当位置并缩小，如图 11.61 所示。

图 11.61 复制图像

14 在时间轴面板中选中“洋葱”图层，在“效果和预设”面板中展开“模糊和锐化”特效组，然后双击“高斯模糊”特效。

15 在“效果控件”面板中修改“高斯模糊”特效的参数，设置“模糊度”为20.0，如图 11.62 所示。

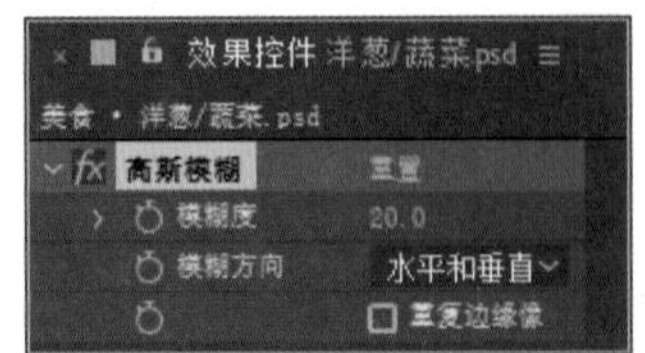

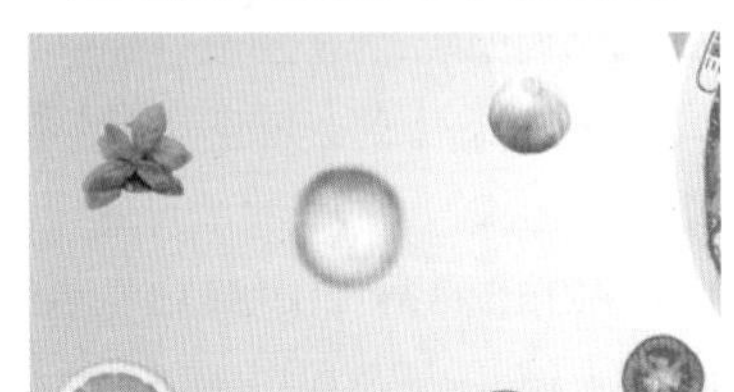

图 11.62 添加高斯模糊 1

16 以同样的方法为其他几个蔬菜图像添加高斯模糊效果，制作空间立体效果，如图11.63所示。

图 11.63　添加高斯模糊 2

提示　在为蔬菜添加高斯模糊效果时，需要注意图中内容的远近差异，可以为其设置不同的模糊度。

17 在时间轴面板中选中“美食 .png”图层，按 R 键打开“旋转”，按住 Alt 键单击“旋转”左侧码表，输入 time*40，为当前图层添加表达式，如图 11.64 所示。

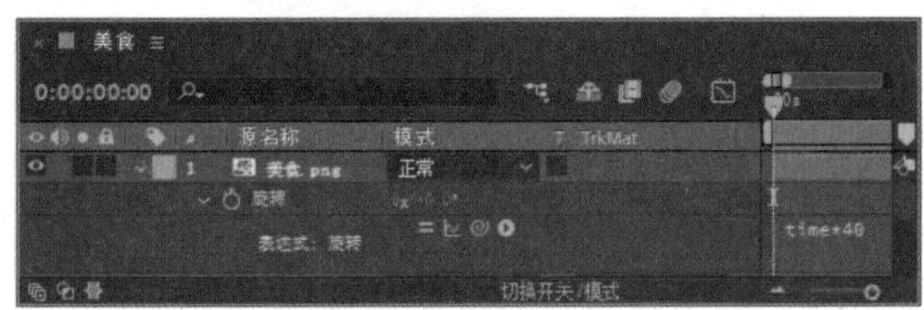

图 11.64　添加表达式

11.3.2　制作标签

1 执行菜单栏中的“合成”|“新建合成”命令，打开“合成设置”对话框，新建一个“合成名称”为“标签”、“宽度”为 200、“高度”为200、“帧速率”为 25、“持续时间”为 0:00:10:00、“背景颜色”为黑色的合成，如图 11.65 所示。

2 选中工具箱中的“椭圆工具”，按住Shift+Ctrl 组合键绘制一个正圆，设置“填充”为绿色（R:186;G:215;B:49），“描边”为无，生成一个“形状图层 1”图层，如图 11.66 所示。

3 选中工具箱中的“钢笔工具”，选中“形状图层 1”图层，在图形右上角位置绘制一个三角形，如图 11.67 所示。

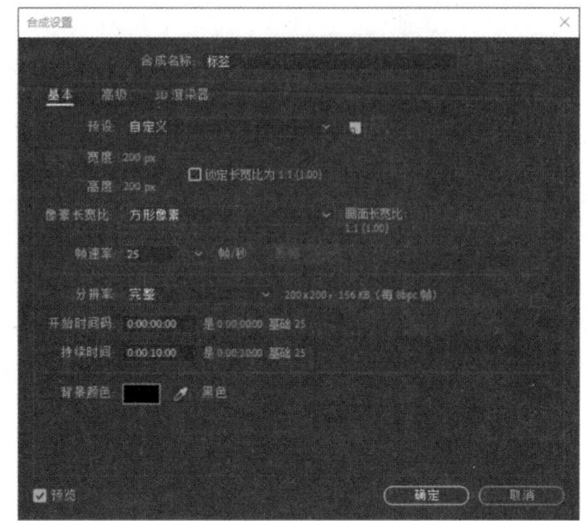

图 11.65　新建合成

图 11.66　绘制正圆

图 11.67　绘制三角形

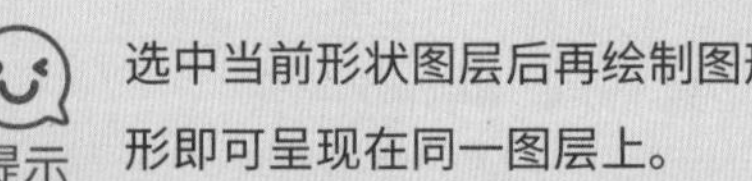

提示　选中当前形状图层后再绘制图形，两个图形即可呈现在同一图层上。

4 在时间轴面板中选中“形状图层 1”图层，按 Ctrl+D 组合键复制一个“形状图层 2”图层。

5 将“形状图层 2”图层中的小三角形删除，再将其“填充”更改为无，将“描边”更改为白色，将“描边宽度”更改为 2，再将其等比缩小，如图 11.68 所示。

6 在时间轴面板中选中“形状图层 2”图层，依次展开“内容”|“椭圆 1”|“描边 1”|“虚线”，单击图标，将“虚线”更改为 8.0，如图 11.69 所示。

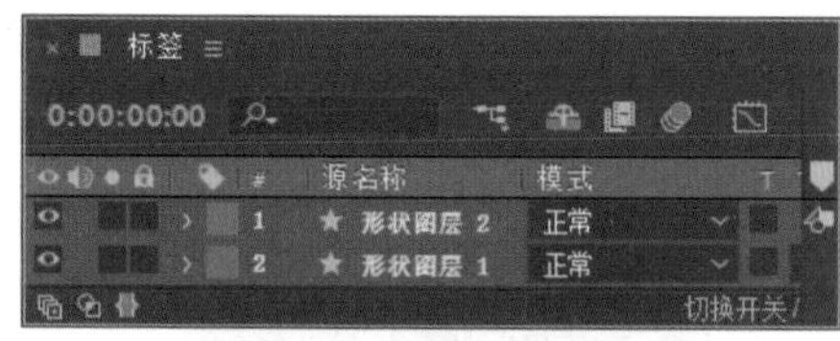

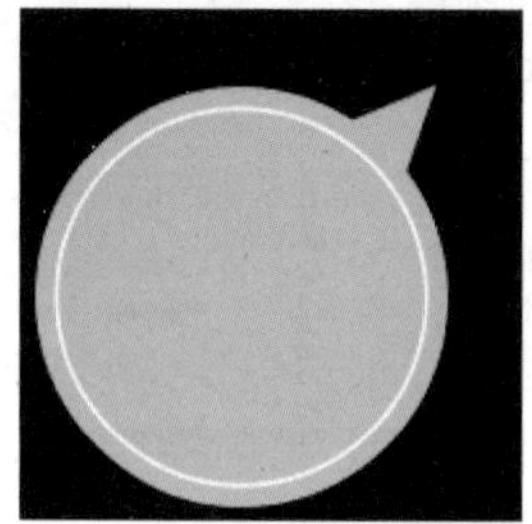

图 11.68　复制图形并调整参数

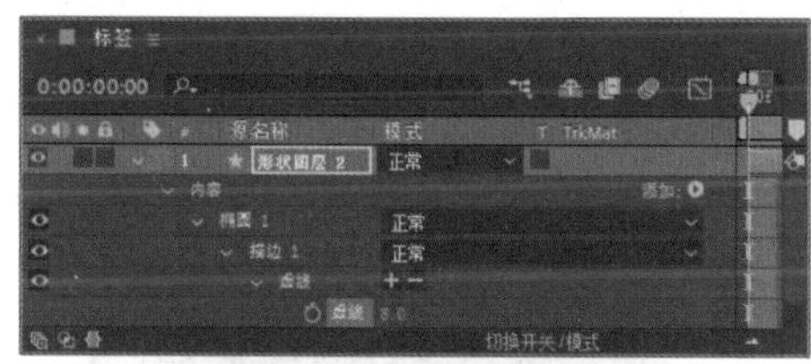

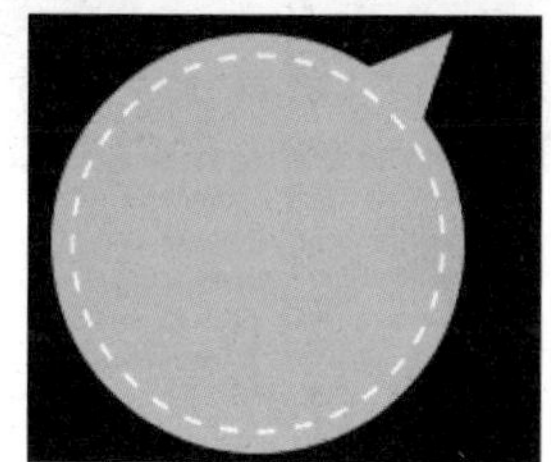

图 11.69　添加虚线效果

11.3.3　添加标签装饰

1 在“项目”面板中选中“标签”合成，将其拖至时间轴面板中，在图像中将其放在适当位置，如图 11.70 所示。

2 在时间轴面板中选中“标签”合成，将时间调整到0:00:00:10的位置，按S键打开“缩放”，单击“缩放”左侧码表，在当前位置添加关键帧，将数值更改为（0.0,0.0%），如图 11.71 所示。

3 将时间调整到 0:00:00:20 的位置，将“缩放”更改为（120.0,120.0%）；将时间调整到 0:00:01:00 的位置，将“缩放”更改为（100.0,100.0%），系统将自动添加关键帧，如图 11.72 所示。

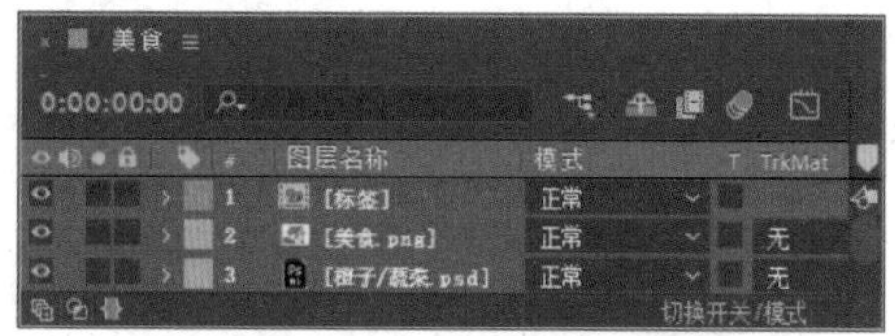

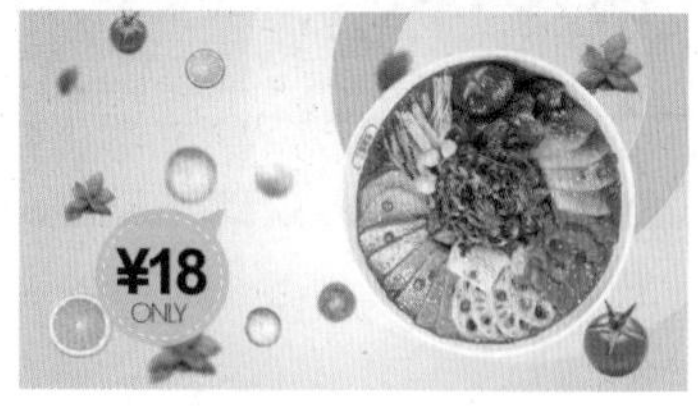

图 11.70　添加素材图像

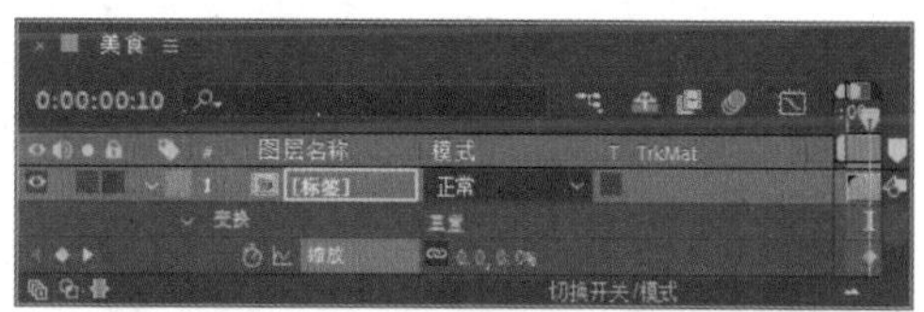

图 11.71　添加缩放关键帧

图 11.72　制作缩放动画

4 选中当前图层关键帧，执行菜单栏中的“动画”|“关键帧辅助”|“缓动”命令。

11.3.4　制作标签 2

1 执行菜单栏中的“合成”|“新建合成”命令，打开“合成设置”对话框，新建一个“合成名称”为“标签 2”、“宽度”为 200、“高度”为 100、“帧速率”为 25、“持续时间”为 0:00:10:00，“背景颜色”为黑色的合成，如图 11.73 所示。

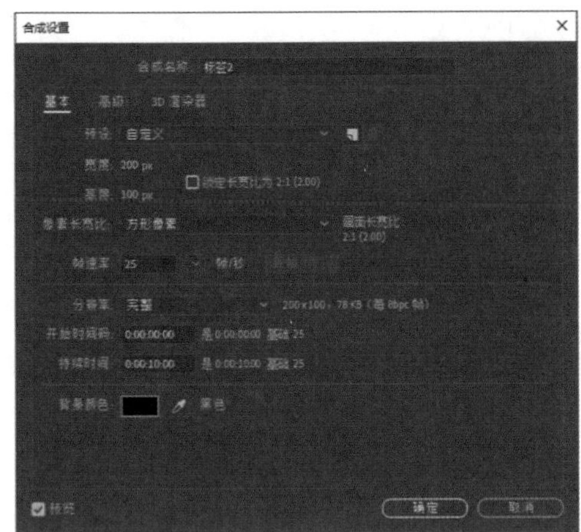

图 11.73 新建合成

2 选中工具箱中的“矩形工具”，绘制一个矩形，设置“填充”为浅绿色（R:234;G:241;B:201），“描边”为无，生成一个“形状图层 1”图层，效果如图 11.74 所示。

图 11.74 绘制矩形

3 选择工具箱中的“横排文字工具”，在图像中添加文字，如图 11.75 所示。

图 11.75 添加文字

4 在“项目”面板中选中“标签 2”合成，将其拖至时间轴面板中，在图像中将其放在适当位置，如图 11.76 所示。

5 在时间轴面板中选中“标签 2”图层，单击三维图层按钮，开启 3D 效果。

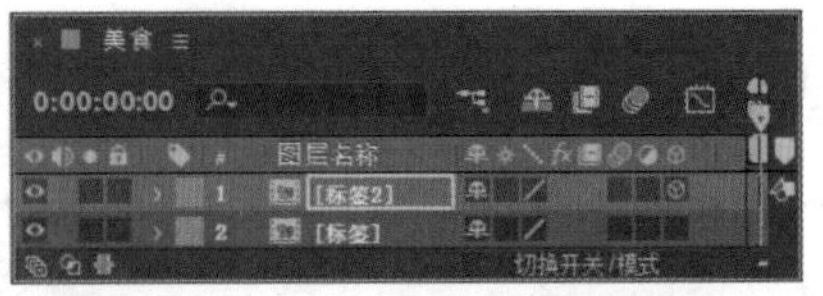

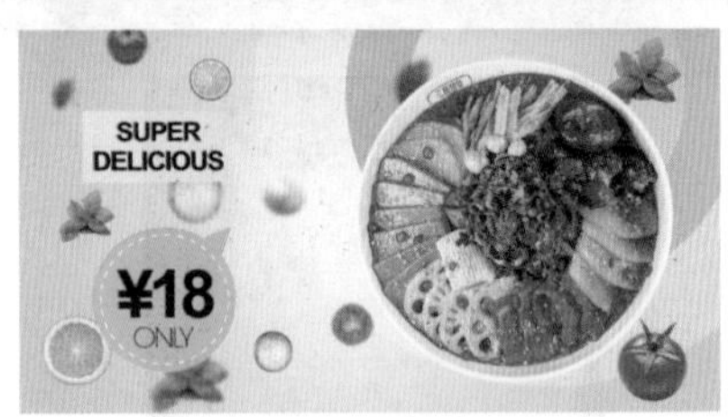

图 11.76 添加素材图像

6 在时间轴面板中选中“标签 2”图层，将时间调整到 0:00:00:10 的位置，按 R 键打开“旋转”，单击“Y 轴旋转”左侧码表，在当前位置添加关键帧，将数值更改为 0x+77.0°，如图 11.77 所示。

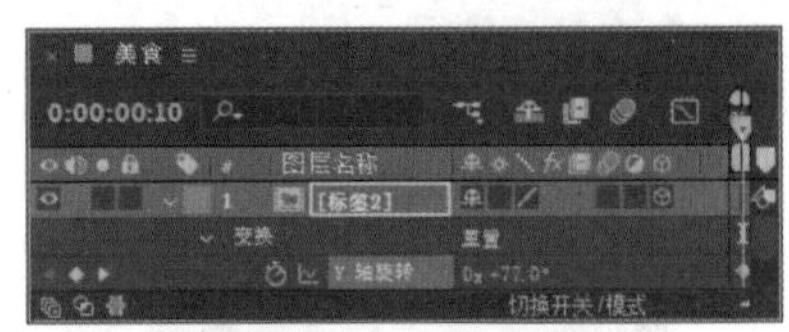

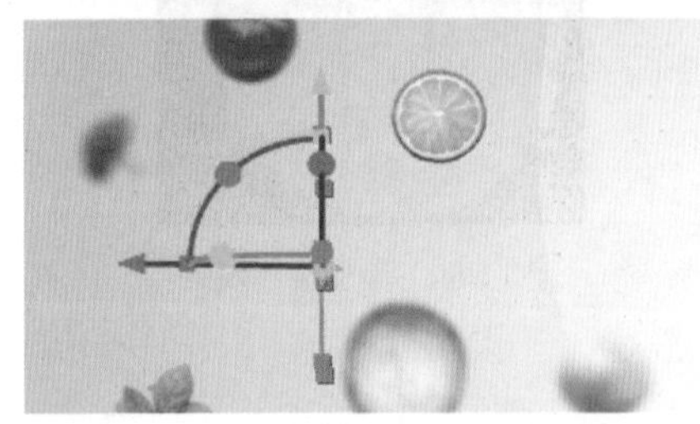

图 11.77 添加 Y 轴旋转效果

7 将时间调整到 0:00:01:00 的位置，将数值更改为 0x+0.0°，系统将自动添加关键帧，如图 11.78 所示。

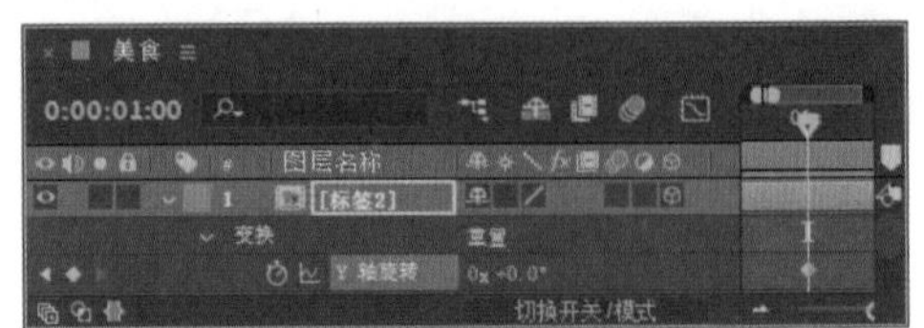

图 11.78 更改数值

11.3.5 制作美食 2 动画

1 在“项目”面板中选中“美食”合成，按 Ctrl+D 组合键复制一个“美食 2”合成，如图 11.79 所示。

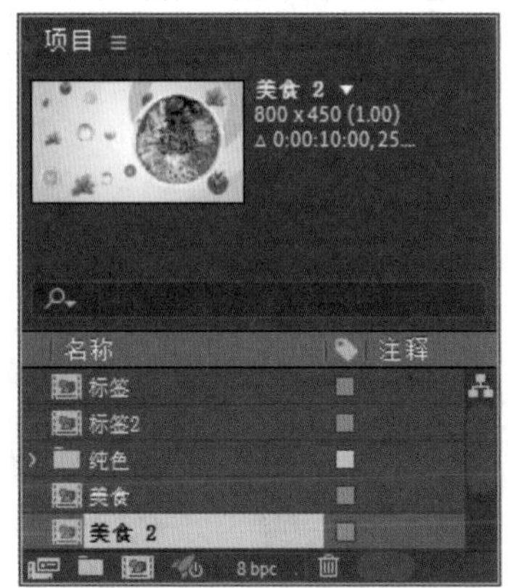

图 11.79 复制合成

2 选择“背景”层，在“效果控件”面板中修改“梯度渐变”特效的参数，设置“渐变起点”为（400.0,224.0），“起始颜色”为白色，“渐变终点”为（800.0,225.0），“结束颜色”为灰色（R:206;G:178;B:148），“渐变形状”为“径向渐变”，如图 11.80 所示。

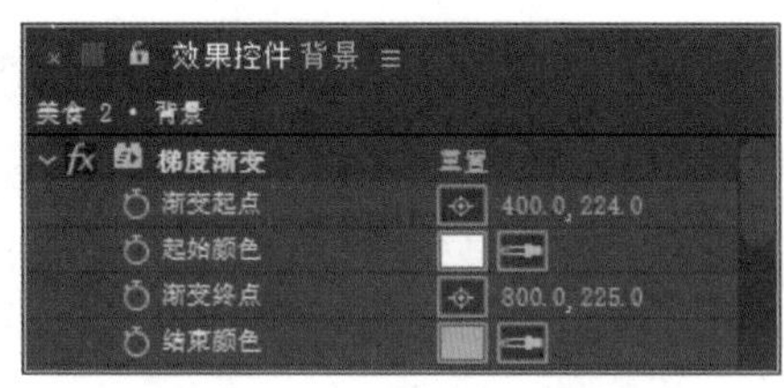

图 11.80 设置梯度渐变

3 在时间轴面板中，同时选中“形状图层 1”及“形状图层 2”图层，在选项栏中将其描边颜色更改为深黄色（R:194;G:136;B:84），在图像中将其向左下角移动，如图 11.81 所示。

图 11.81 更改描边颜色

4 在时间轴面板中选中“美食 .png”“标签”“标签 2”图层，将其删除，再分别选中其他几个蔬菜图像，移动位置，如图 11.82 所示。

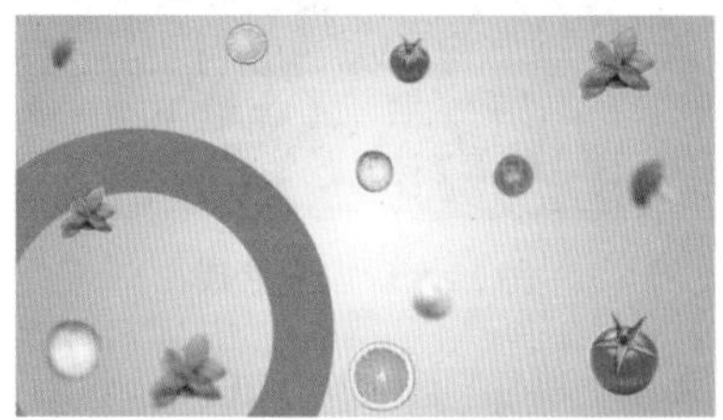

图 11.82 移动图像

5 在“项目”面板中选中“美食 2.png”素材，将其拖至时间轴面板中，如图 11.83 所示。

图 11.83 添加素材图像

6 在时间轴面板中选中“美食 2.png”图层，按 R 键打开“旋转”，按住 Alt 键单击“旋转”左侧码表，输入 time*40，为当前图层添加表达式，如图 11.84 所示。

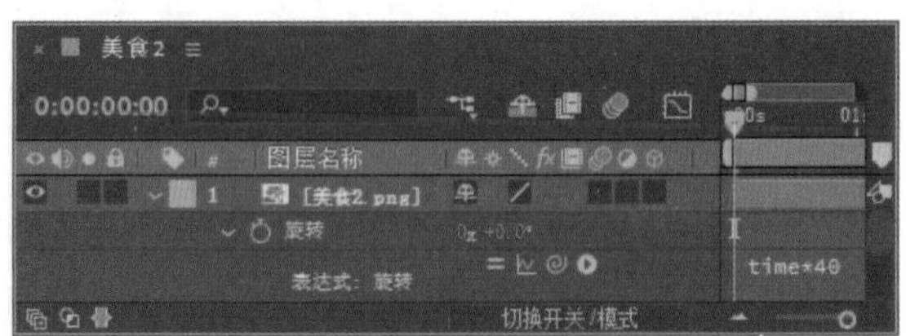

图 11.84 添加表达式

7 在“项目”面板中同时选中“标签”及“标签 2”合成，按 Ctrl+D 组合键复制，分别将其名称更改为“标签 2-2”及“标签 3”，如图 11.85 所示。

图 11.85 复制合成

8 在“项目”面板中双击“标签 2-2”合成，选中“形状图层 1”图层中图形右上角的三角形，将其移至左上角位置，再更改文字信息。

9 选中“形状图层 1”图层，将图形“填充”更改为绿色（R:94;G:198;B:0），如图 11.86 所示。

图 11.86 更改图文信息

10 在“项目”面板中，双击“标签 3”合成，更改文字信息，如图 11.87 所示。

图 11.87 更改文字信息

11 在“项目”面板中，同时选中“标签 3”及“标签 2-2”合成，将其拖至“美食 2”合成时间轴面板中，在图像中调整其位置，如图 11.88 所示。

图 11.88 添加素材

12 在时间轴面板中选中“标签 2-2”合成，将时间调整到 0:00:00:10 的位置，按 S 键打开“缩放”，单击“缩放”左侧码表，在当前位置添加关键帧，将数值更改为（0.0,0.0%），如图 11.89 所示。

图 11.89 添加缩放关键帧

13 将时间调整到 0:00:00:20 的位置，将“缩放”更改为（120.0,120.0%）；将时间调整到 0:00:01:00 的位置，将“缩放”更改为（100.0,100.0%），系统将自动添加关键帧。

14 选中当前图层关键帧，执行菜单栏中的“动画”|“关键帧辅助”|“缓动”命令，如图 11.90 所示。

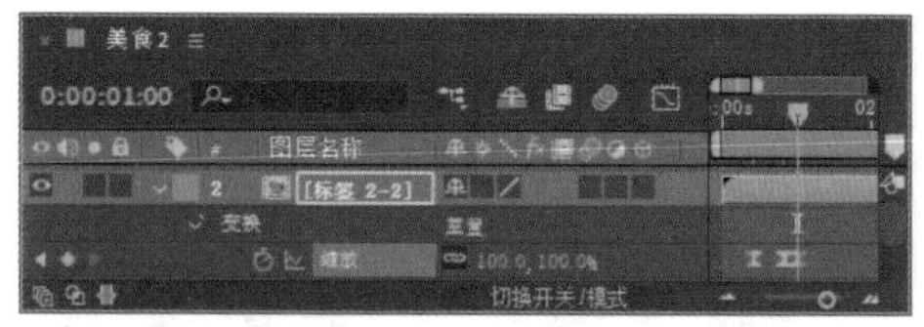
图 11.90　为关键帧添加缓动效果

15 在时间轴面板中选中“标签 3”图层，单击三维图层按钮，开启 3D 效果。

16 在时间轴面板中选中“标签 3”图层，将时间调整到 0:00:00:10 的位置，按 R 键打开“旋转”，单击“Y 轴旋转”左侧码表，在当前位置添加关键帧，将数值更改为 0x+102.0°，如图 11.91 所示。

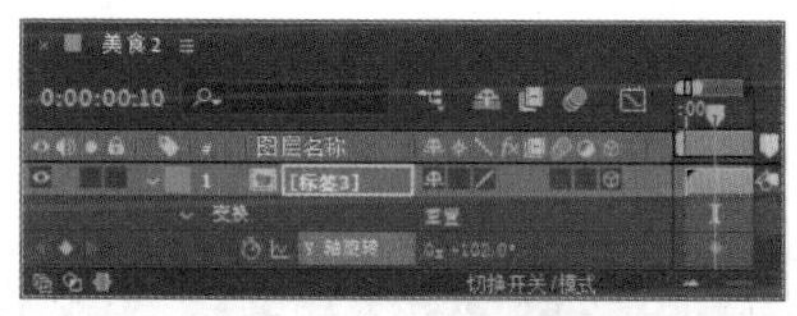
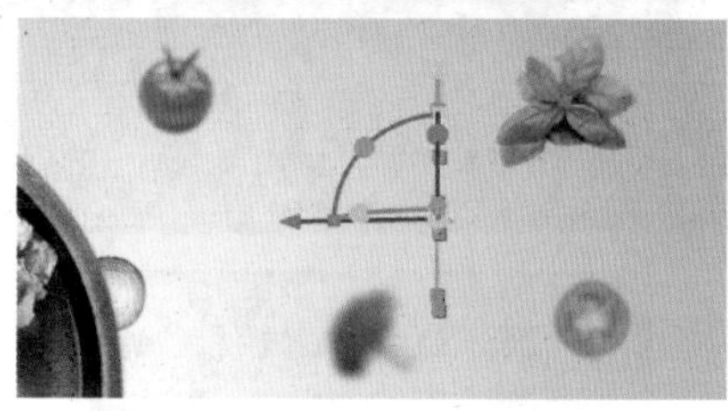
图 11.91　添加 Y 轴旋转效果

17 将时间调整到 0:00:01:00 的位置，将数值更改为 0x+0.0°，系统将自动添加关键帧，如图 11.92 所示。

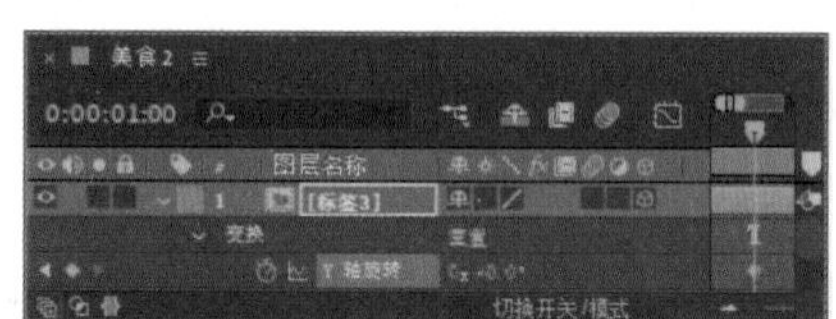
图 11.92　更改数值

11.3.6　制作结尾动画

1 执行菜单栏中的“合成”|“新建合成”命令，打开“合成设置”对话框，新建一个“合成名称”为“结尾动画”、“宽度”为 800、“高度”为 450、“帧速率”为 25、“持续时间”为 0:00:10:00，“背景颜色”为黑色的合成，如图 11.93 所示。

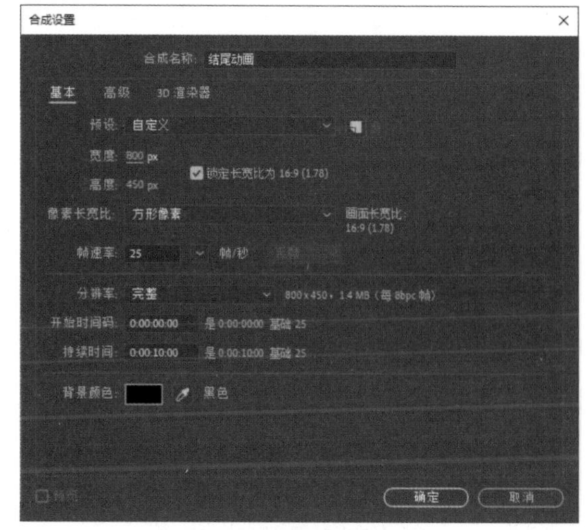

图 11.93　新建合成

2 执行菜单栏中的“图层”|“新建”|“纯色”命令，在弹出的对话框中将“名称”更改为“背景”，将“颜色”更改为黑色，完成之后单击“确定”按钮。

3 在时间轴面板中选中“背景”图层，在“效果和预设”面板中展开“生成”特效组，然后双击“梯度渐变”特效。

4 在“效果控件”面板中修改“梯度渐变”特效的参数，设置“渐变起点”为（400.0,224.0），“起始颜色”为白色，“渐变终点”为（800.0,225.0），“结束颜色”为灰色（R:201;G:201;B:201），“渐变形状”为“径向渐变”，如图 11.94 所示。

5 在“项目”面板中选中“标志 .png”素材，将其拖至时间轴面板中。

6 选择工具箱中的“横排文字工具”，在图像中添加文字，如图 11.95 所示。

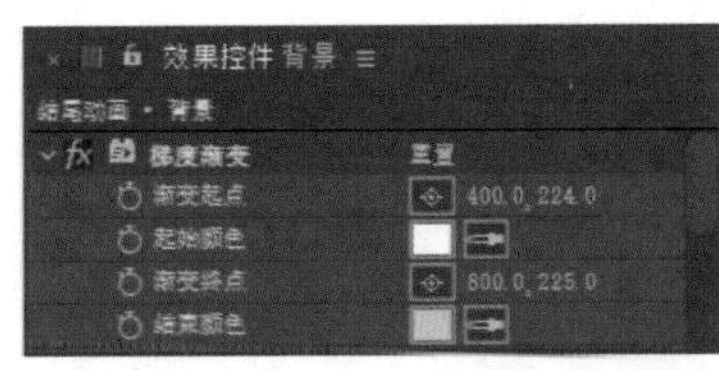

图 11.94　添加梯度渐变

图 11.95　添加文字

11.3.7　制作总合成动画

1 执行菜单栏中的“合成”|“新建合成”命令，打开“合成设置”对话框，新建一个“合成名称”为“总合成动画”、“宽度”为 720、“高度”为 405、“帧速率”为 25、“持续时间”为 0:00:10:00、“背景颜色”为黑色的合成，如图 11.96 所示。

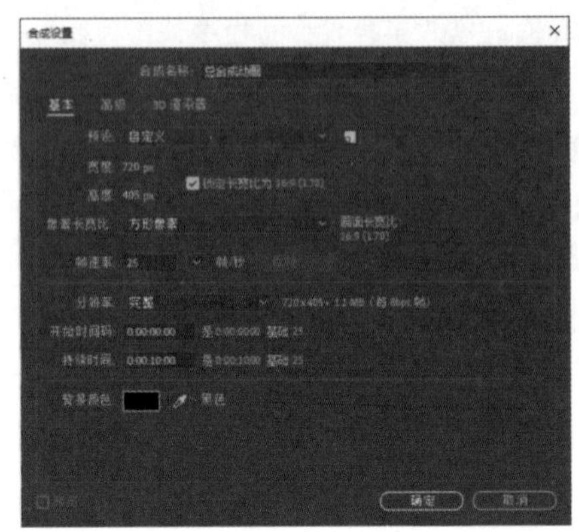

图 11.96　新建合成

2 在“项目”面板中选中“美食”合成，将其拖至时间轴面板中，如图 11.97 所示。

图 11.97　添加合成

3 在时间轴面板中选中“美食”合成，将时间调整到 0:00:02:00 的位置，按 P 键打开“位置”，单击“位置”左侧码表，在当前位置添加关键帧。

4 将时间调整到 0:00:02:15 的位置，在视图中将其向上移至图像之外的区域，系统将自动添加关键帧，如图 11.98 所示。

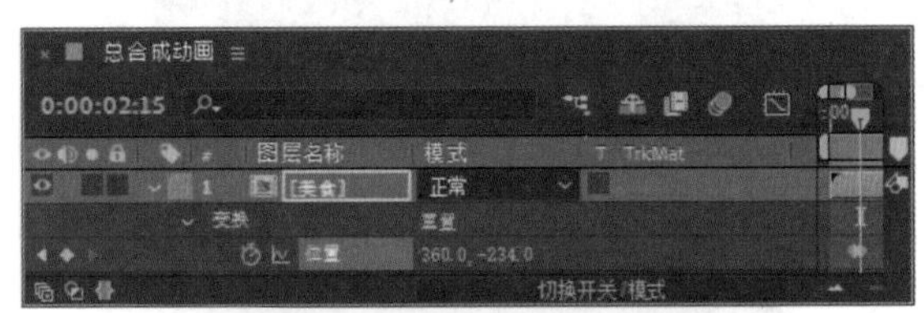

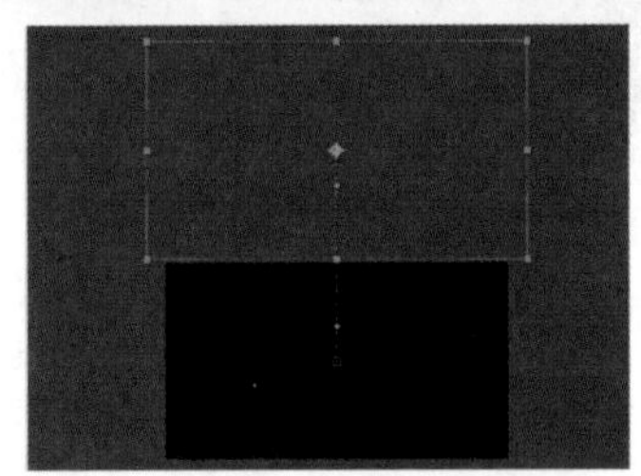

图 11.98　制作位置动画

5 在“项目”面板中选中“美食 2”合成，将其拖至时间轴面板中，如图 11.99 所示。

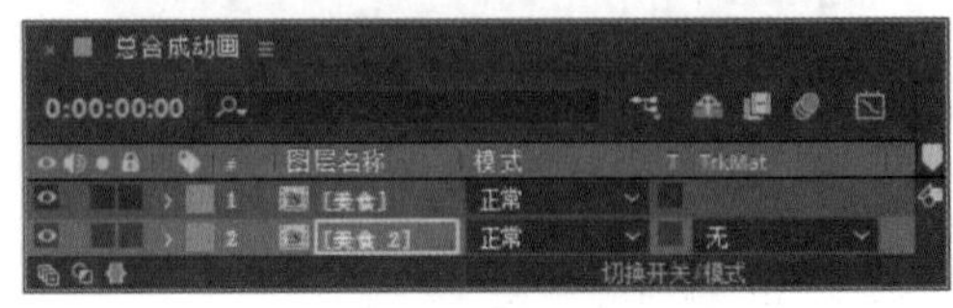

图 11.99　添加合成

6 在时间轴面板中选中“美食 2”合

成，将其移至“美食”图层下方，将时间调整到0:00:02:00的位置，按[键设置动画入场，如图11.100所示。

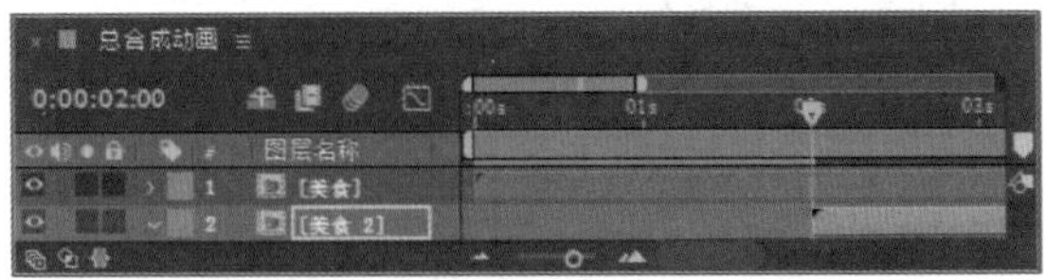

图 11.100 设置动画入场

7 将时间调整到0:00:02:00的位置，按P键打开“位置”，单击“位置”左侧码表，在当前位置添加关键帧。

8 将时间调整到0:00:02:15的位置，在视图中将其向上方移动，系统将自动添加关键帧，如图11.101所示。

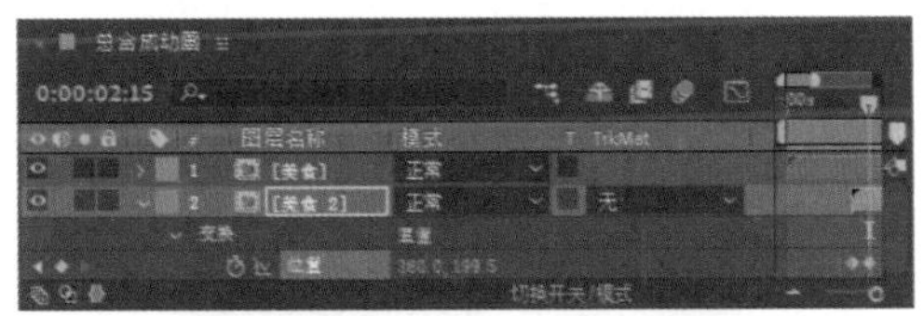

图 11.101 制作位置动画

9 将时间调整到0:00:04:00的位置，在“美食2”图层中位置关键帧的左侧单击图标，在当前位置添加一个延时帧，如图11.102所示。

图 11.102 添加延时帧

10 将时间调整到0:00:04:15的位置，在视图中将其向上拖动至图像之外的区域，系统将自动添加关键帧，如图11.103所示。

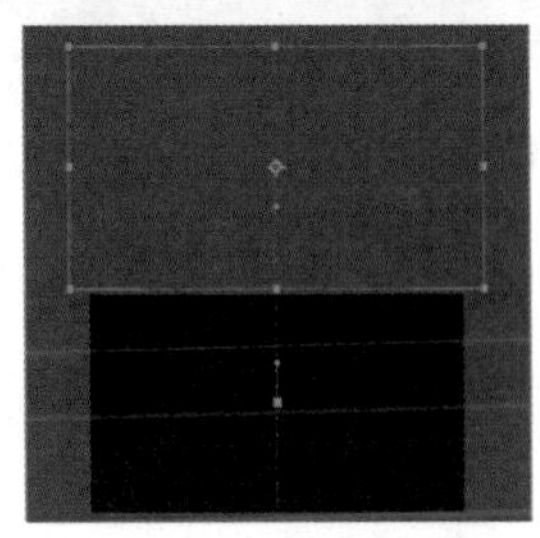

图 11.103 添加位置动画

11 在时间轴面板中选中“结尾动画”合成，将其移至所有图层下方，将时间调整到0:00:04:00的位置，按[键设置动画入场，如图11.104所示。

图 11.104 设置动画入场

12 在时间轴面板中选中“结尾动画”图层，将时间调整到0:00:04:00的位置，按P键打开“位置”，单击“位置”左侧码表，在当前位置添加关键帧，在视图中将其向下移至图像之外的区域，如图11.105所示。

13 将时间调整到0:00:04:15的位置，在视图中将其向上方移动，系统将自动添加关键帧，如图11.106所示。

14 执行菜单栏中的“图层”|“新建”|“摄像机”命令，新建一个“摄像机1”图层。

图 11.105　移动图像 1

图 11.106　移动图像 2

15 在时间轴面板中同时选中所有图层，单击图标，开启三维图层，如图 11.107 所示。

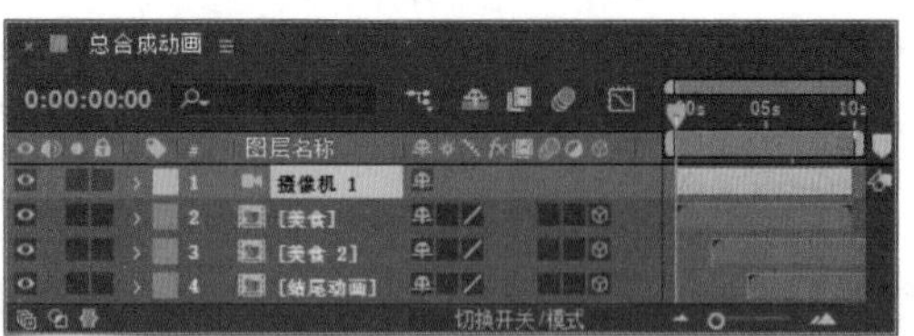

图 11.107　开启三维图层

16 在时间轴面板中选中“摄像机 1”图层，将时间调整到 0:00:00:00 的位置，按 P 键打开“位置”，单击“位置”左侧码表，在当前位置添加关键帧，如图 11.108 所示。

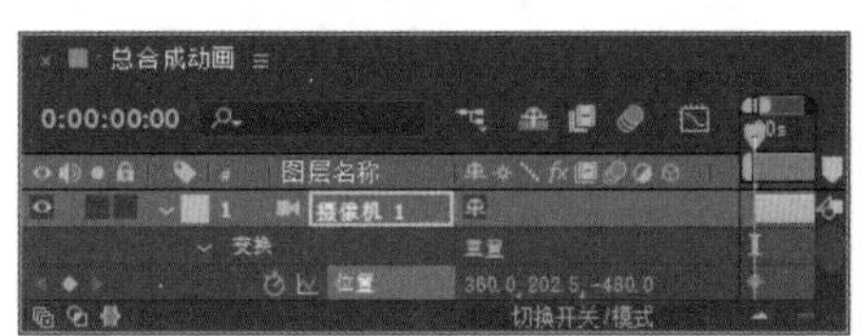

图 11.108　添加位置关键帧

17 将时间调整到 0:00:04:15 的位置，将“位置”更改为（360.0,202.5,−530.0），系统将自动添加关键帧，如图 11.109 所示。

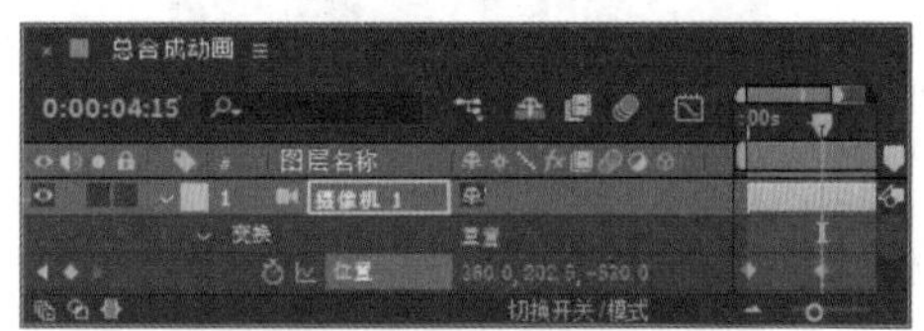

图 11.109　更改数值

18 这样就完成了最终整体动画效果的制作，按小键盘上的 0 键即可在合成窗口中预览动画。

11.4　快乐时光相册视频设计

特效解析

本例主要讲解快乐时光相册动画设计。该动画设计突出了欢乐的色调与气氛，整个视频动画主题鲜明，如图 11.110 所示。

图 11.110　动画流程画面

知识点

1. “投影”特效
2. “梯度渐变”特效
3. “摄像机镜头模糊”特效

操作步骤

11.4.1　制作标签动画

1 执行菜单栏中的“合成”|“新建合成”命令，打开“合成设置”对话框，新建一个“合成名称”为“标签”、“宽度”为 600、“高度”为 338、“帧速率”为 25、“持续时间”为 0:00:10:00、“背景颜色”为黑色的合成，如图 11.111 所示。

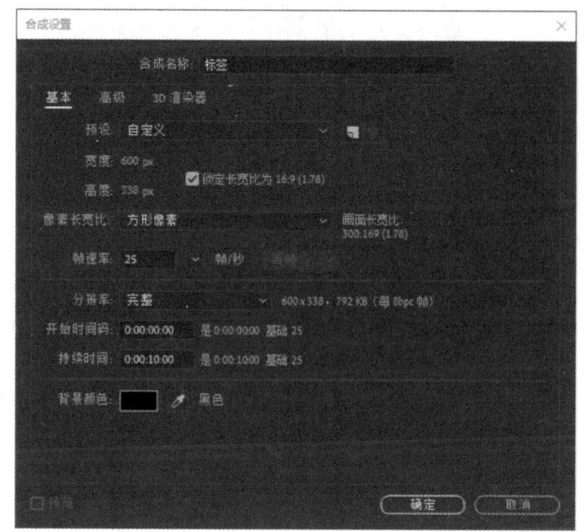

图 11.111　新建合成

2 执行菜单栏中的“文件”|“导入”|“文件”命令，打开“导入文件”对话框，选择“工程文件\第 11 章\快乐时光相册视频设计\光晕 .mov、气球 .png、气球 2.png、头像 .jpg、照片 .jpg”素材，单击“导入”按钮，如图 11.112 所示。

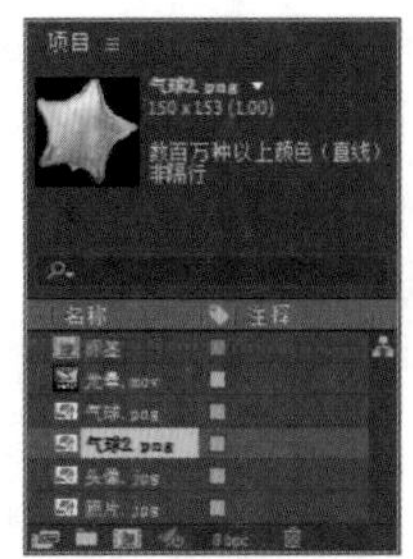

图 11.112　导入素材

3 选中工具箱中的“圆角矩形工具”，绘制一个圆角矩形，设置“填充”为无，“描边”为无，生成一个“形状图层 1”图层，效果如图 11.113 所示。

图 11.113　绘制图形

技巧　在绘制图形的过程中按键盘的↑↓(上下)键可以更改图形圆角大小。

4 在时间轴面板中选中“形状图层 1”图层，按 Ctrl+D 组合键复制一个“形状图层 2”图层。

5 选中“形状图层 2”图层，在选项栏中设置“填充”为无，“描边”为紫色(R:209;G:79;B:201)，“描边宽度”为 2，再将其等比缩小，如图 11.114 所示。

图 11.114　缩小图形

提示　在缩小图形时，应当注意先缩小宽度再缩小高度，这样可以等比缩小。

6 在“项目”面板中选中“头像 .jpg”素材，将其拖至时间轴面板，如图 11.115 所示。

7 选中工具箱中的“椭圆工具”，按住 Shift+Ctrl 组合键在图像中绘制一个正圆蒙版，完成之后再选中“头像 .jpg”，将其等比缩小，如图 11.116 所示。

图 11.115　添加素材

图 11.116　绘制蒙版

8 选中工具箱中的“椭圆工具”，按住 Shift+Ctrl 组合键在头像位置绘制一个正圆，设置“填充”为白色，“描边”为紫色(R:209;G:79;B:201)，“描边宽度”为 2，生成一个“形状图层 3”图层，并将其移至“头像 .jpg”图层下方，如图 11.117 所示。

图 11.117　绘制正圆

9 在时间轴面板中选中“形状图层 3”图层，在“效果和预设”面板中展开“透视”特效组，然后双击“投影”特效。

10 在“效果控件”面板中修改“投影”特效的参数，设置“阴影颜色”为紫色(R:209;G:79;B:201)，

“不透明度”为40%，“距离”为3.0，“柔和度”为30.0，如图11.118所示。

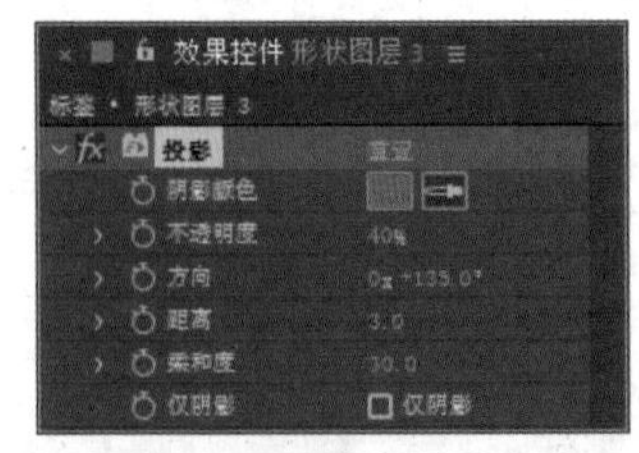

图11.118　设置投影

11 选择工具箱中的“横排文字工具”，在图像中添加文字，如图11.119所示。

图11.119　添加文字

12 在时间轴面板中选中Angle lin图层，在“效果和预设”面板中展开“生成”特效组，然后双击“梯度渐变”特效。

13 在“效果控件”面板中修改“梯度渐变”特效的参数，设置“渐变起点”为（193.0,242.0），“起始颜色”为紫色（R:255;G:180;B:250），“渐变终点”为（414.0,243.0），“结束颜色”为紫色（R:235;G:72;B:225），如图11.120所示。

14 在时间轴面板中展开Angle lin图层，单击“文本”右侧的按钮动画:，在弹出的菜单中选择“缩放”选项，设置“缩放”的值为(300.0,300.0%)，单击“动画制作工具1”右侧的按钮添加:，从菜单中选择“属性”|“不透明度”和“属性”|“模糊”选项，设置“不透明度”的值为0，“模糊”的值为（200.0,200.0），如图11.121所示。

图11.120　添加梯度渐变

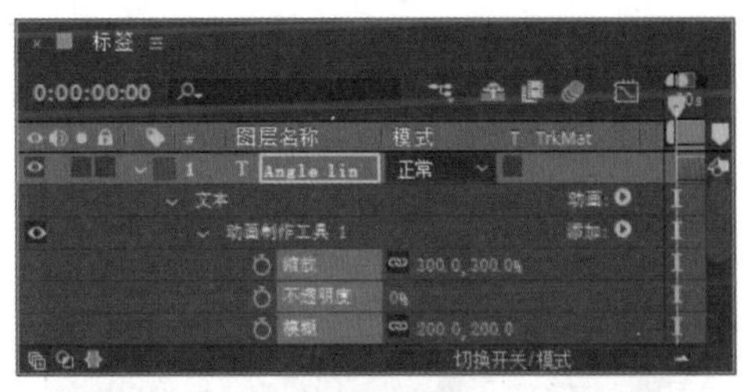

图11.121　设置属性参数

15 展开“动画制作工具1”|“范围选择器1”|“高级”选项，在“单位”右侧的下拉列表中选择“索引”，在“形状”右侧的下拉列表中选择“上斜坡”，设置“缓和低”的值为100%，“随机排序”为“开”，如图11.122所示。

16 调整时间到0:00:00:10的位置，展开“范围选择器1”选项，设置“结束”的值为10，“偏移”的值为-10.0，单击“偏移”左侧的码表，在此位置设置关键帧。

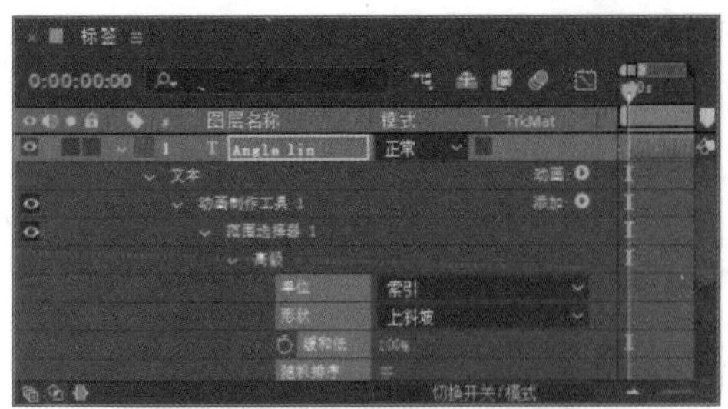

图 11.122 设置“高级”参数

17 调整时间到 0:00:03:00 的位置，设置“偏移”的值为 20，系统将自动添加关键帧，如图 11.123 所示。

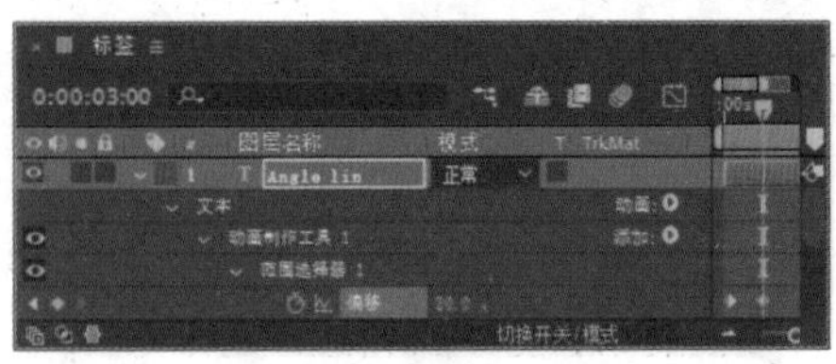

图 11.123 添加关键帧

11.4.2 制作开始动画

1 执行菜单栏中的“合成”|“新建合成”命令，打开“合成设置”对话框，新建一个“合成名称”为“开始动画”、“宽度”为 720、“高度”为 405、“帧速率”为 25、“持续时间”为 0:00:10:00，“背景颜色”为黑色的合成，如图 11.124 所示。

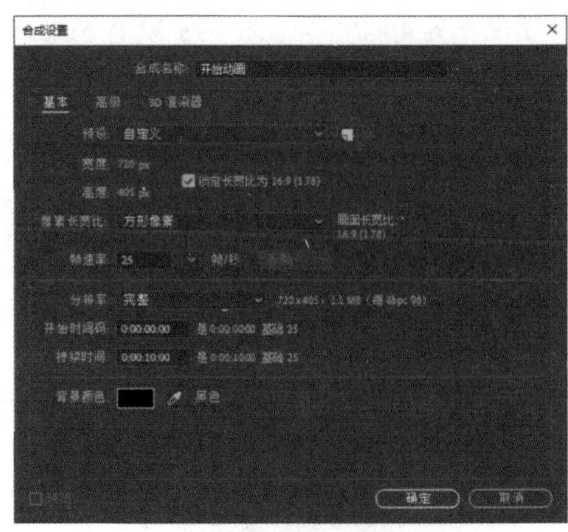

图 11.124 新建合成

2 执行菜单栏中的“图层”|“新建”|“纯色”命令，在弹出的对话框中将“名称”更改为“背景”，将“颜色”更改为黑色，完成之后单击“确定”按钮。

3 在时间轴面板中选中“背景”图层，在“效果和预设”面板中展开“生成”特效组，然后双击“梯度渐变”特效。

4 在“效果控件”面板中修改“梯度渐变”特效的参数，设置“渐变起点”为（360.0,200.0），“起始颜色”为浅紫色（R:255;G:180;B:196），“渐变终点”为（720.0,200.0），“结束颜色”为紫色（R:245;G:65;B:135），“渐变形状”为“径向渐变”，如图 11.125 所示。

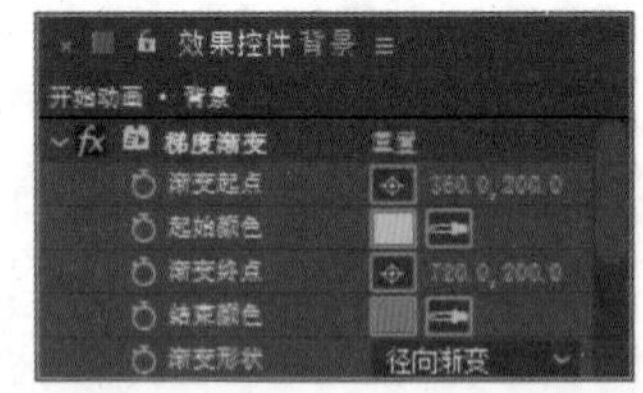

图 11.125 添加梯度渐变

5 选择工具箱中的“矩形工具”，绘制一个细长矩形，设置“填充”为白色，“描边”为无，生成一个“形状图层 1”图层，如图 11.126 所示。

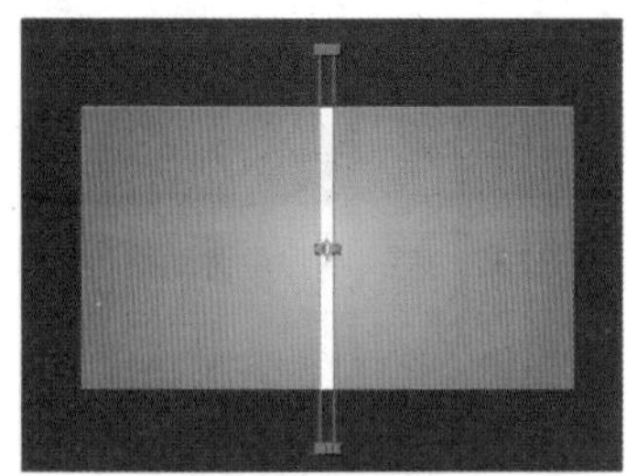

图 11.126 绘制矩形

6 在时间轴面板中选中“形状图层 1”图层，将其展开，单击右侧的按钮添加:，在弹出的下拉列表中选择“中继器”，将“副本”的值更改为 3，展开“变换：中继器 1”选项，将“位置”更改为（40.0,0.0），如图 11.127 所示。

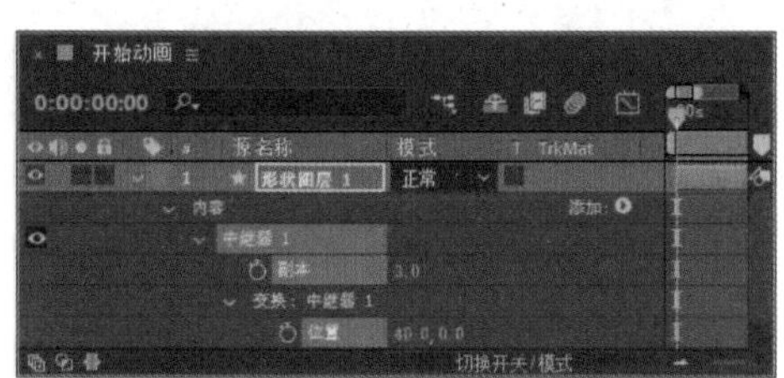

图 11.127 添加中继器

7 在时间轴面板中选中“形状图层 1”图层，将其图层模式更改为“柔光”，再将图形适当旋转并移至左上角位置，如图 11.128 所示。

8 在时间轴面板中选中“形状图层 1”图层，按 Ctrl+D 组合键复制一个“形状图层 2”图层。

9 在图像中将形状移至右下角位置，如图 11.129 所示。

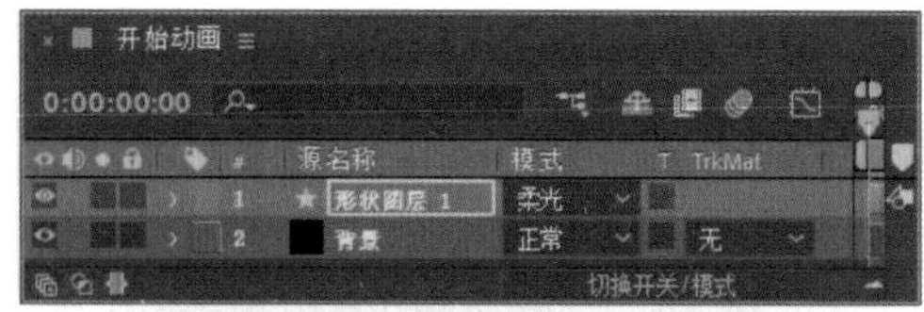

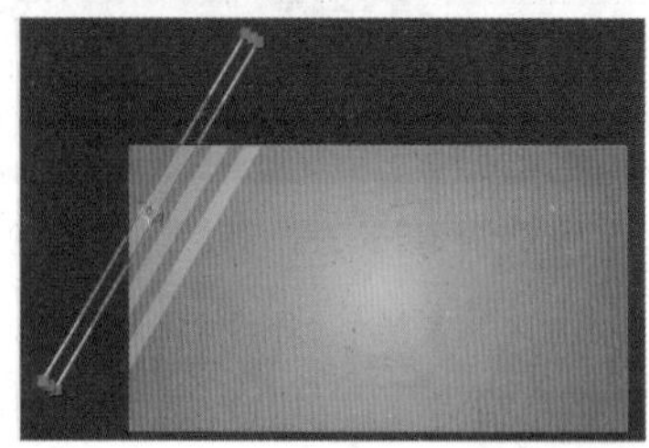

图 11.128 更改图层模式并移动图形

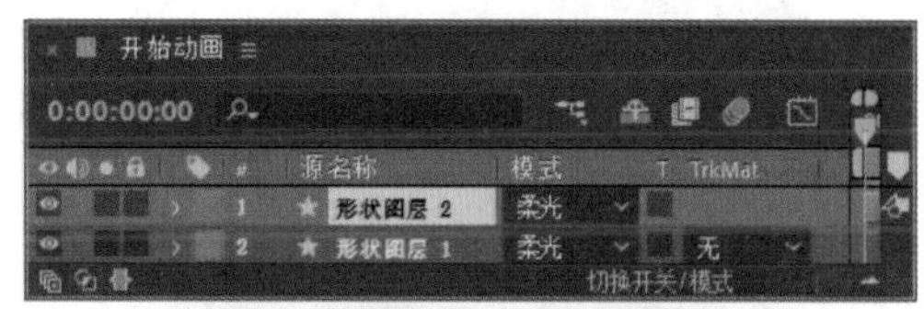

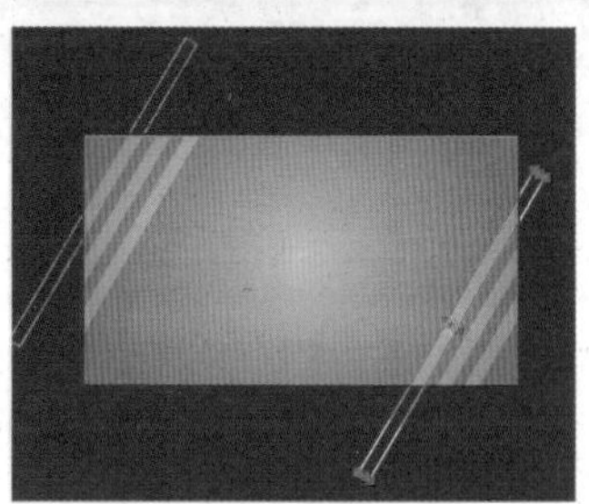

图 11.129 复制并移动图形

10 在时间轴面板中选中“形状图层 1”图层，将时间调整到 0:00:00:10 的位置，按 P 键打开“位置”，单击“位置”左侧码表，在当前位置添加关键帧。

11 在视图中将图形向左上角移动至图像之外的区域，如图 11.130 所示。

12 将时间调整到 00:00:02:00 的位置，在视图中将其向右下角移动，系统将自动添加关键帧，如图 11.131 所示。

13 在时间轴面板中选中“形状图层 2”图层，将时间调整到 0:00:00:10 的位置，按 P 键打开“位置”，单击“位置”左侧码表，在当前位置添加关键帧。

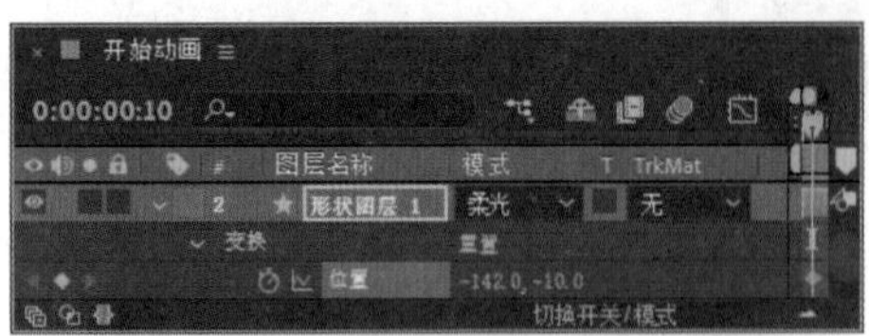

图 11.130 移动图形

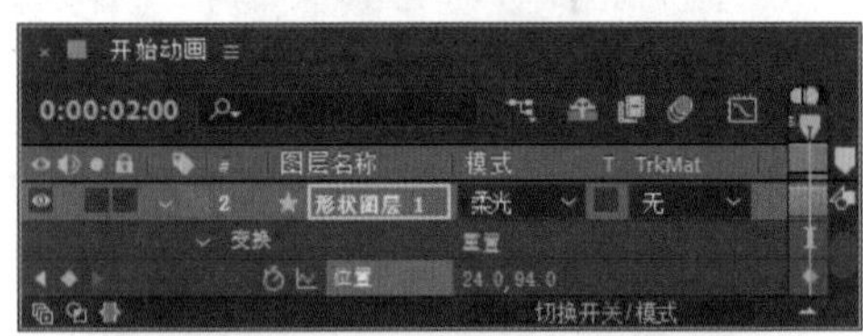

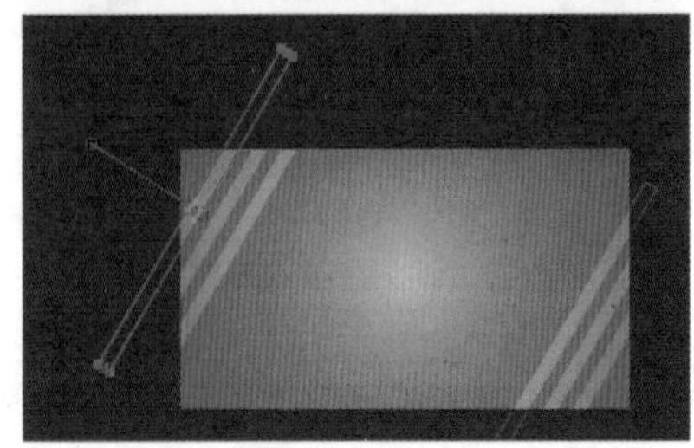

图 11.131 制作位置动画

14 将时间调整到 0:00:02:00 的位置，在视图中将其向左上角移动，系统将自动添加关键帧，如图 11.132 所示。

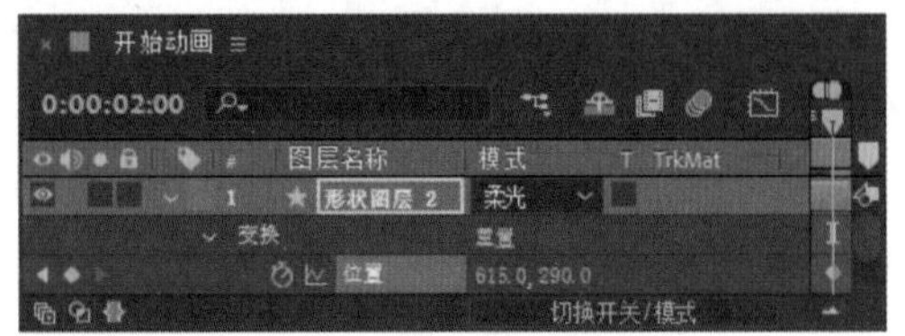

图 11.132 再次制作位置动画

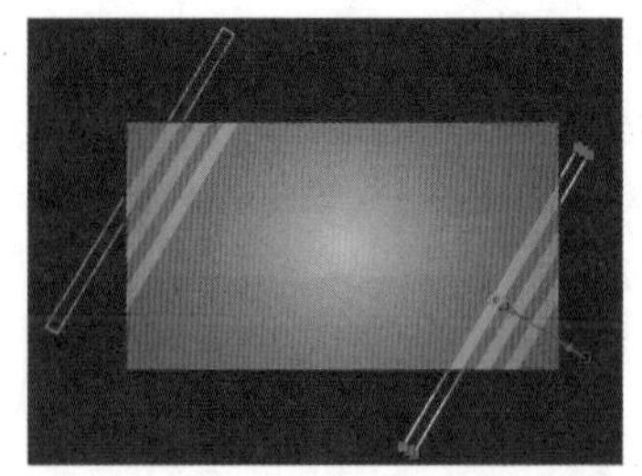

图 11.132 再次制作位置动画（续）

11.4.3 添加主题图文

1 选中两个图层关键帧，执行菜单栏中的“动画”|“关键帧辅助”|“缓动”命令，如图 11.133 所示。

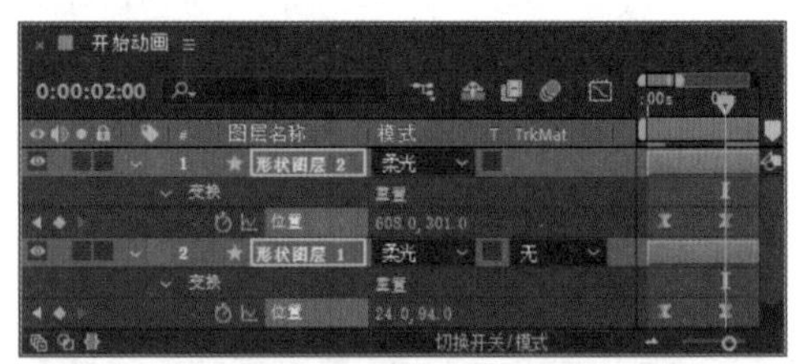

图 11.133 添加缓动效果

2 在“项目”面板中选中“标签”素材，将其拖至时间轴面板，如图 11.134 所示。

图 11.134 添加素材

3 在时间轴面板中选中“标签”图层，将时间调整到 0:00:00:10 的位置，按 S 键打开“缩放”，单击“缩放”左侧码表，在当前位置添加关键帧，将数值更改为（0.0,0.0%）。

4 将时间调整到 0:00:02:00 的位置，将“缩放”更改为（100.0,100.0%），系统将自动添加关键帧，如图 11.135 所示。

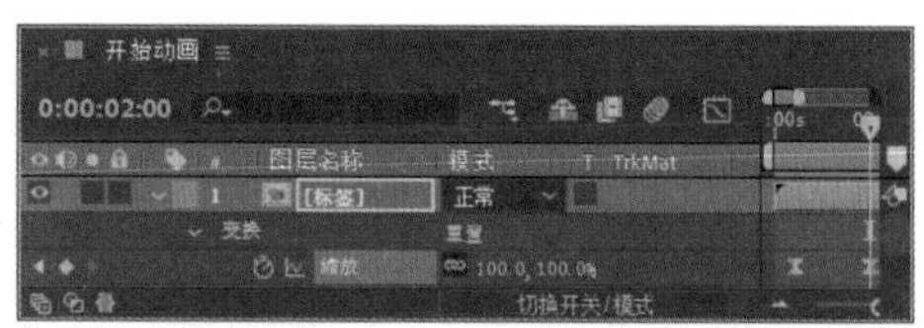

图 11.135 制作缩放动画

5 在“项目”面板中选中“气球.png”素材，将其拖至时间轴面板，在视图中将其移至左下角位置，如图 11.136 所示。

图 11.136 添加素材图像

6 在时间轴面板中选中“气球.png”图层，将时间调整到 0:00:00:10 的位置，按 P 键打开“位置”，单击“位置”左侧码表，在当前位置添加关键帧。

7 在视图中将气球向下方移出图像之外区域，如图 11.137 所示。

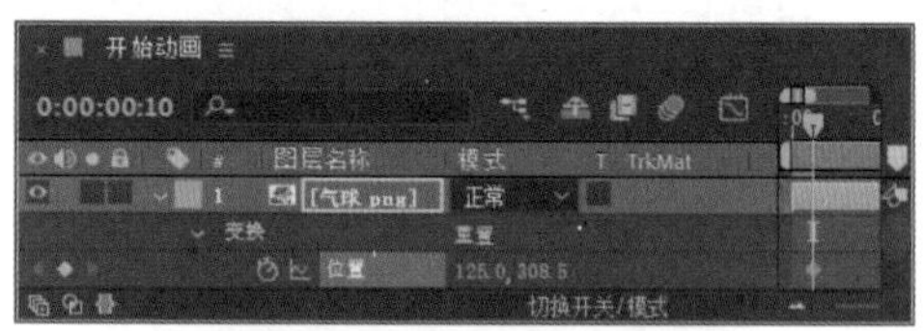

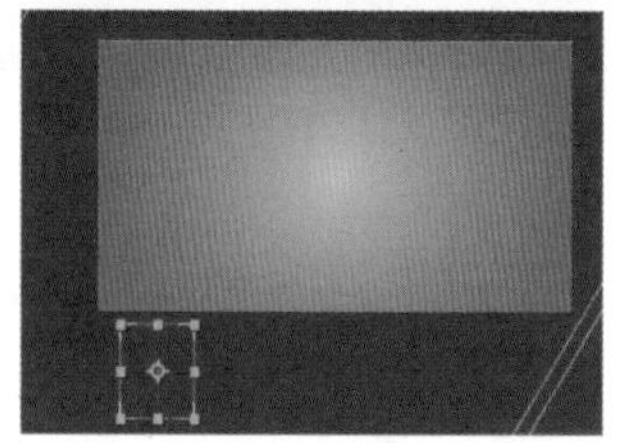

图 11.137 移动气球

8 将时间调整到 0:00:02:00 的位置，在图像中将其向上方移动，系统将自动添加关键帧，如图 11.138 所示。

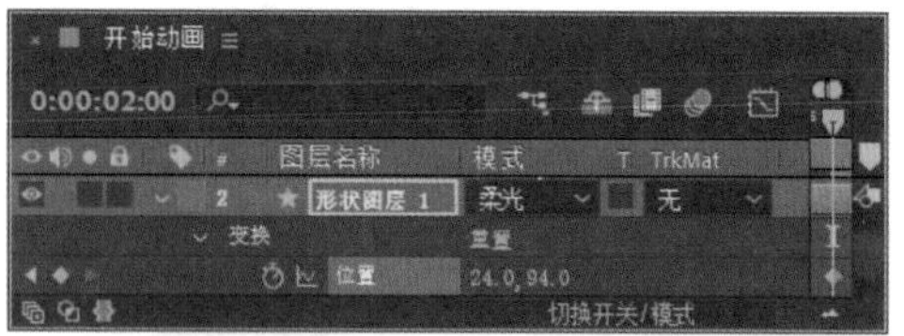

图 11.138 制作位置动画

9 调整气球的移动路径，如图 11.139 所示。

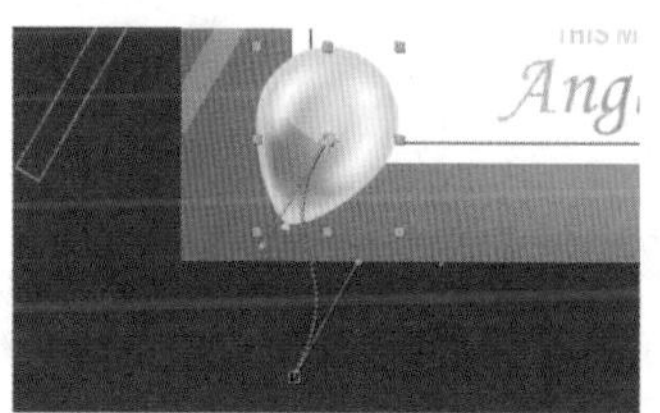

图 11.139 调整移动路径

10 在时间轴面板中选中“气球.png”图层，将时间调整到 0:00:00:10 的位置，按 R 键打开“旋转”，单击“旋转”左侧码表，在当前位置添加关键帧，如图 11.140 所示。

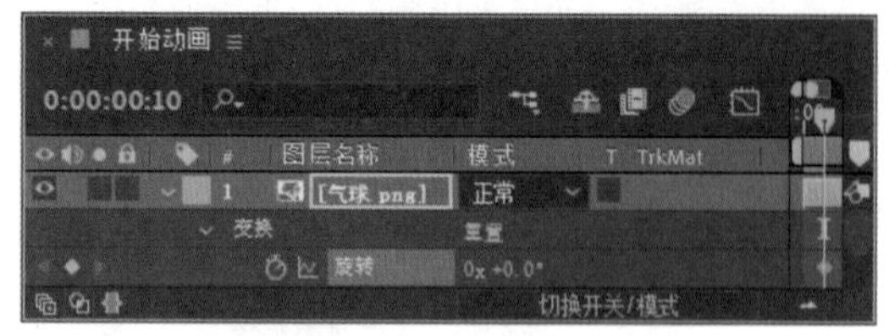

图 11.140 添加旋转关键帧

11 将时间调整到 0:00:01:06 的位置，将“旋转”更改为 0x-20.0°，系统将自动添加关键帧，如图 11.141 所示。

12 将时间调整到 0:00:02:00 的位置，将“旋转”更改为 0x-12.0°，系统将自动添加关键帧，如图 11.142 所示。

图 11.141 更改数值

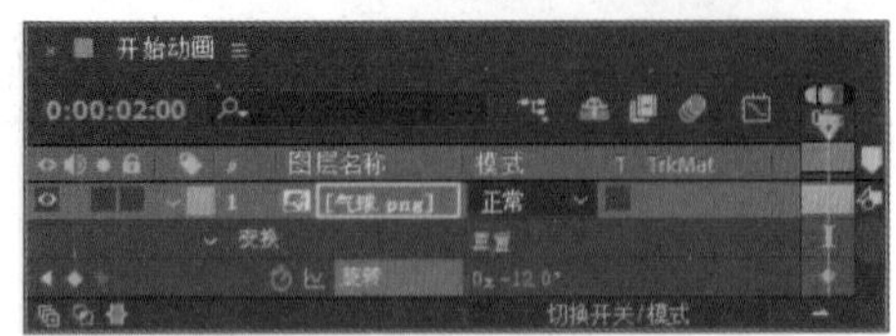

图 11.142 再次更改数值

13 选中“气球 .png”图层关键帧，执行菜单栏中的“动画”|“关键帧辅助”|“缓动”命令，为动画添加缓动效果，如图 11.143 所示。

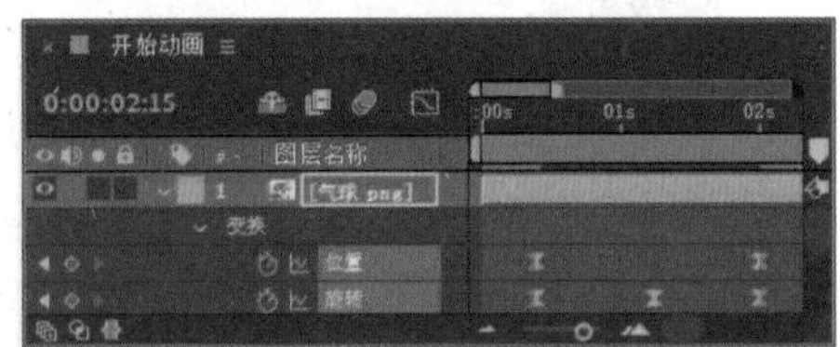

图 11.143 添加缓动效果

14 在“项目”面板中选中“气球 2.png”素材，将其拖至时间轴面板中，在视图中将其移至左下角位置并适当缩小，如图 11.144 所示。

图 11.144 添加素材图像

15 在时间轴面板中选中“气球 2.png”图层，将时间调整到 0:00:00:10 的位置，按 P 键打开“位置”，单击“位置”左侧码表，在当前位置添加关键帧。

16 在视图中将气球 2 向下方移出图像之外区域，如图 11.145 所示。

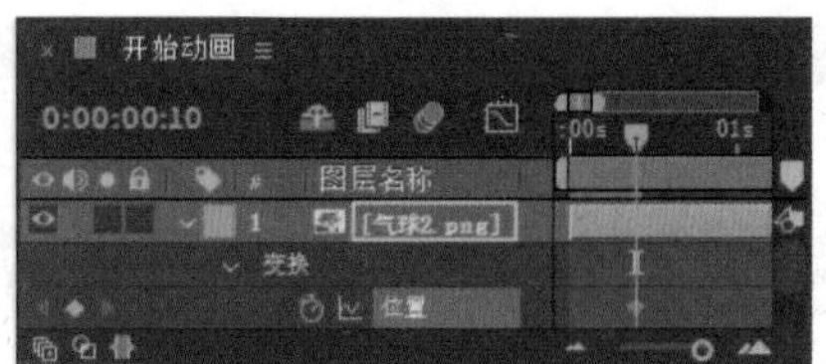

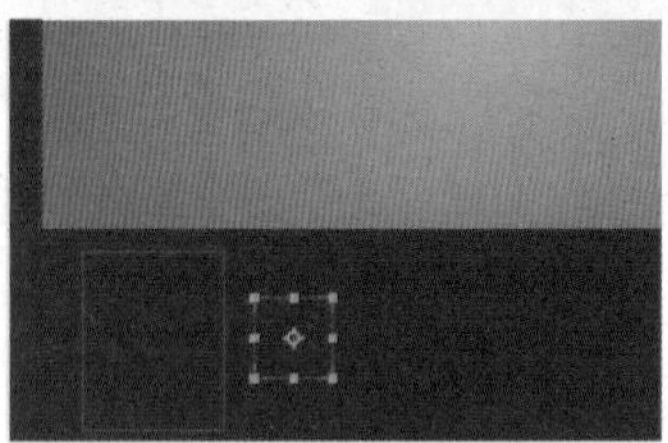

图 11.145 移动图像

17 将时间调整到 0:00:02:00 的位置，在视图中将其向上方移动，系统将自动添加关键帧，如图 11.146 所示。

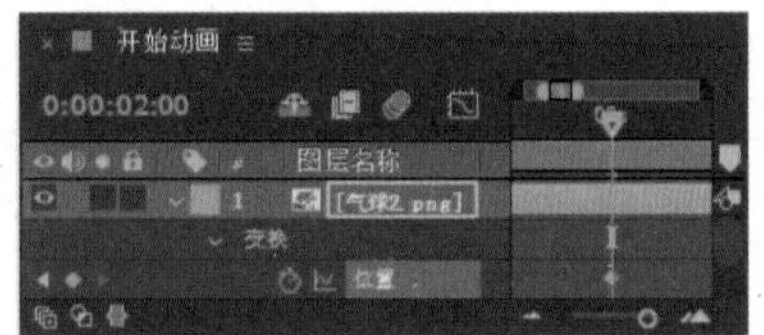

图 11.146 制作位置动画

18 以同样的方法调整图像运动轨迹，如图 11.147 所示。

图 11.147 调整图像运动轨迹

19 以同样的方法为气球 2 图像制作旋转动

画，并为其所有动画关键帧添加缓动效果，如图 11.148 所示。

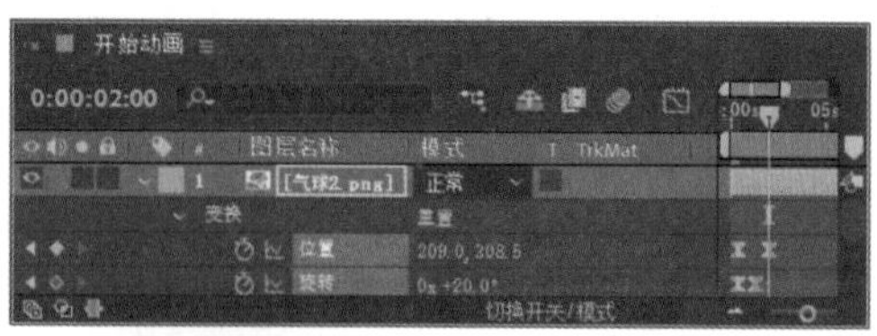

图 11.148 制作旋转动画并添加缓动效果

20 在时间轴面板中选中“气球 .png”图层，在“效果和预设”面板中展开“透视”特效组，然后双击“投影”特效。

21 在“效果控件”面板中，修改“投影”特效的参数，设置“阴影颜色”为红色（R:191;G:19;B:86），“距离”为 18.0，“柔和度”为 40.0，如图 11.149 所示。

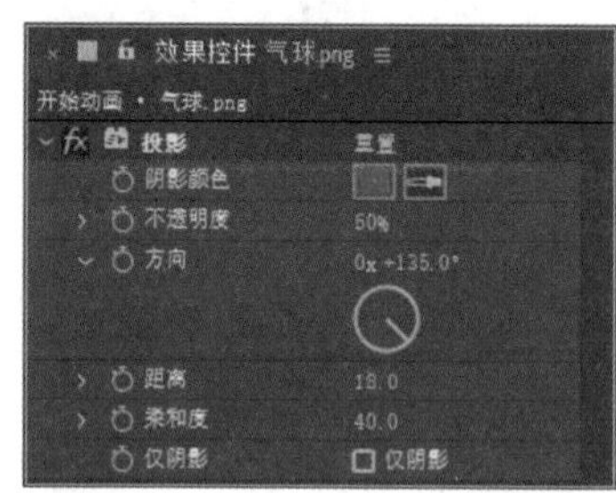

图 11.149 添加投影

22 在时间轴面板中选中“气球 .png”图层，在“效果控件”面板中选中“投影”效果，按 Ctrl+C 组合键对其进行复制，选中“气球 2.png”图层，在“效果控件”面板中按 Ctrl+V 组合键进行粘贴，如图 11.150 所示。

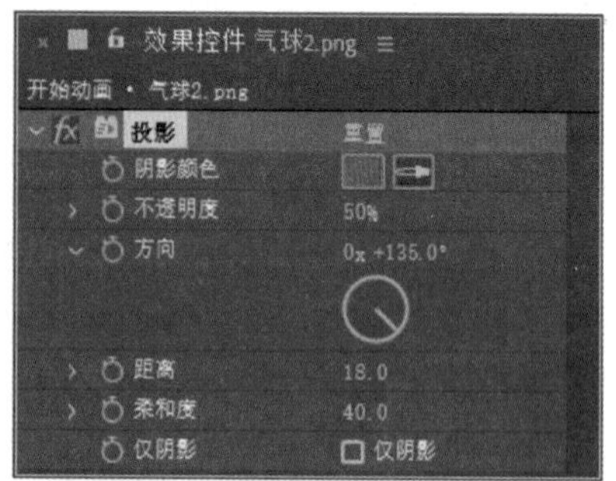

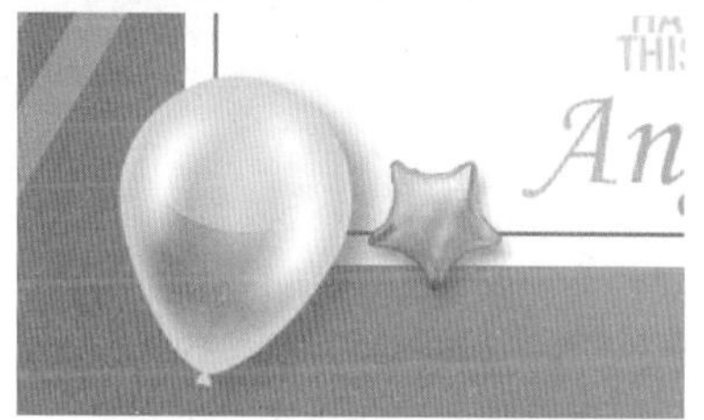

图 11.150 复制并粘贴效果

11.4.4 制作气球动画

1 在“项目”面板中选中“气球 .png”，按 Ctrl+D 组合键复制一个“气球 .png2”素材，如图 11.151 所示。

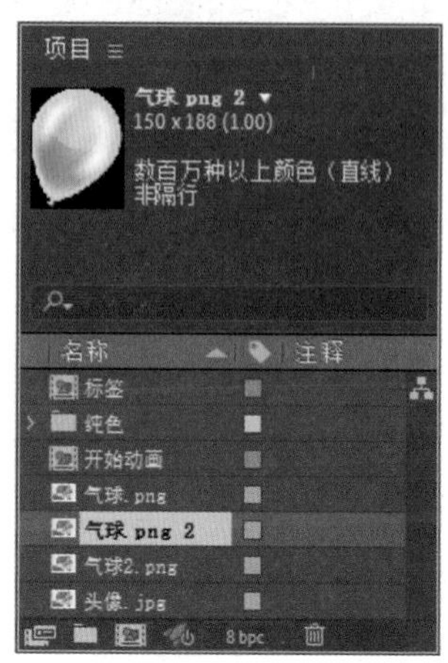

图 11.151 复制素材

2 在“项目”面板中选中“气球 .png2”素材，将其拖至时间轴面板中，在视图中将其适当等比缩小，如图 11.152 所示。

图 11.152　添加素材图像

3 在时间轴面板中选中“气球 .png2”图层，在“效果和预设”面板中展开“颜色校正”特效组，然后双击“色相 / 饱和度”特效。

4 在“效果控件”面板中修改“色相 / 饱和度”特效的参数，设置“主色相”为 0x+243.0°，“主饱和度”为 -15，如图 11.153 所示。

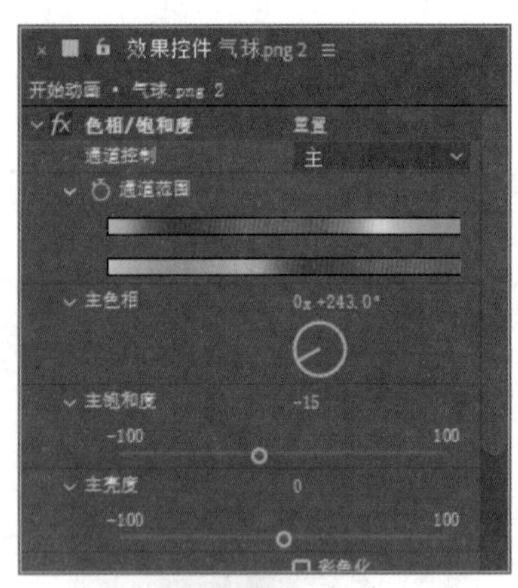

图 11.153　调整“色相 / 饱和度”

5 在视图中将气球适当旋转，如图 11.154 所示。

图 11.154　旋转图像

6 采用上述方法为气球制作位置及旋转动画，并为关键帧添加缓动效果，如图 11.155 所示。

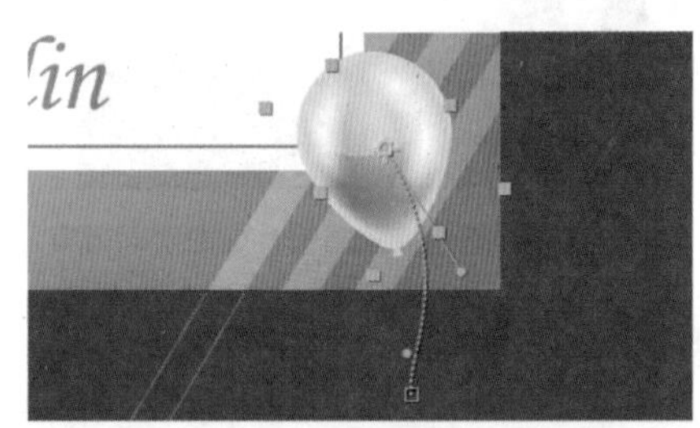

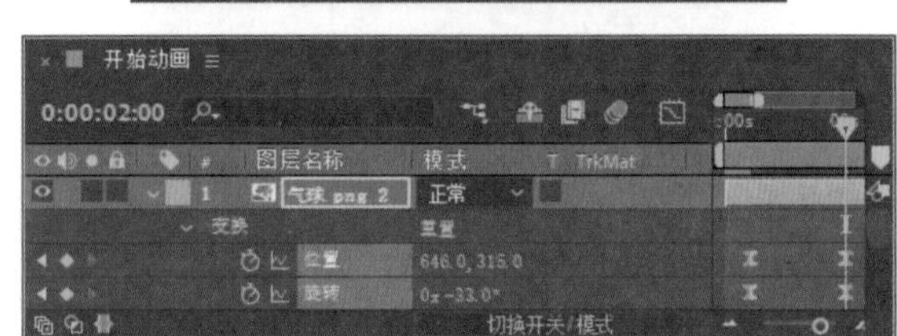

图 11.155　制作位置及旋转动画

7 采用同样的方法再将“项目”面板中的两个气球素材复制多份并拖至时间轴面板中，在视图中制作位置及旋转动画，并为部分气球图像添加“色相 / 饱和度”效果控件，同时调整部分素材大小，如图 11.156 所示。

图 11.156　制作气球动画效果

提示

为了便于使用素材，可将复制生成的“气球 2.png”素材名称重新命名为“气球 2.png 星形”。

8 选中图像左上角和右上角气球图像所在的图层，将其移至“标签”合成下方，如图 11.157 所示。

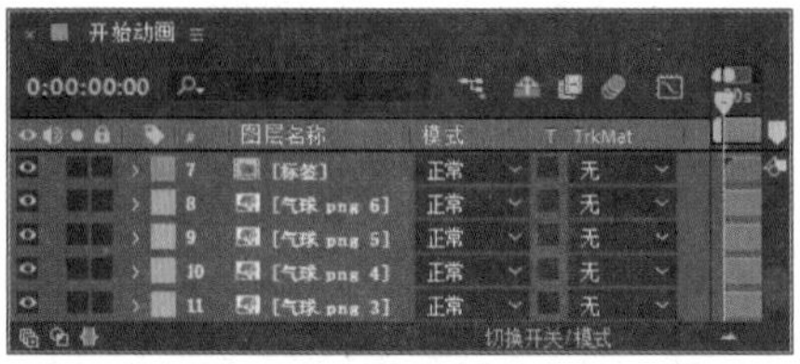

图 11.157 更改图层顺序

9 在时间轴面板中选中“气球 .png”图层，将时间调整到 0:00:00:00 的位置，按 R 键打开“旋转”，按住 Alt 键单击“旋转”左侧码表，输入 wiggle(1,20)，为当前图层添加表达式，如图 11.158 所示。

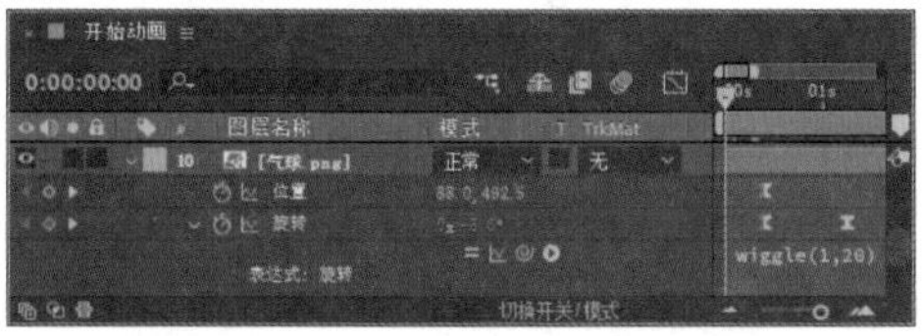

图 11.158 添加旋转表达式

10 按 P 键打开“位置”，按住 Alt 键单击“位置”左侧码表，输入 wiggle(1,5)，为当前图层添加表达式，如图 11.159 所示。

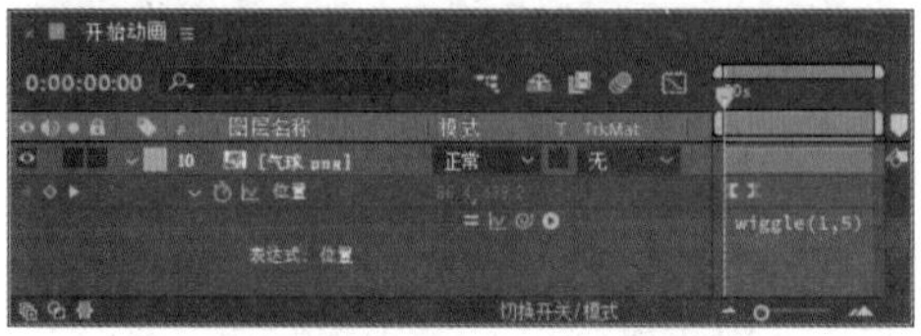

图 11.159 添加位置表达式

11 以同样的方法分别选中其他气球图所在图层，为图层添加旋转及位置表达式，如图 11.160 所示。

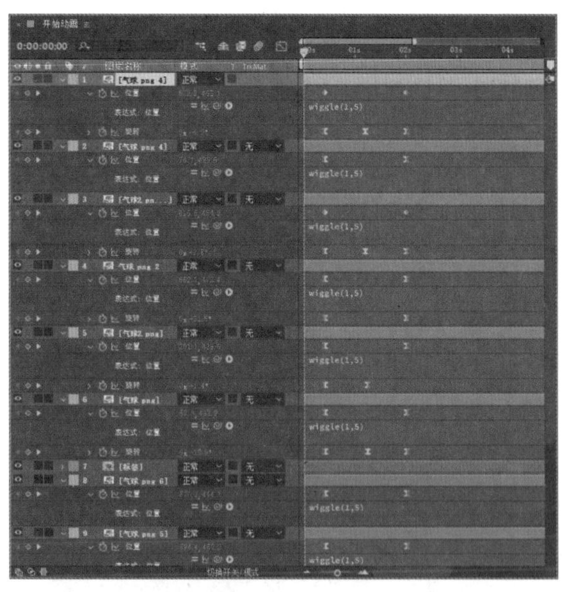

图 11.160 添加表达式

12 在“项目”面板中选中“光晕 .mov”素材，将其拖至时间轴面板中并放在所有图层上方，再将其图层模式更改为“屏幕”，如图 11.161 所示。

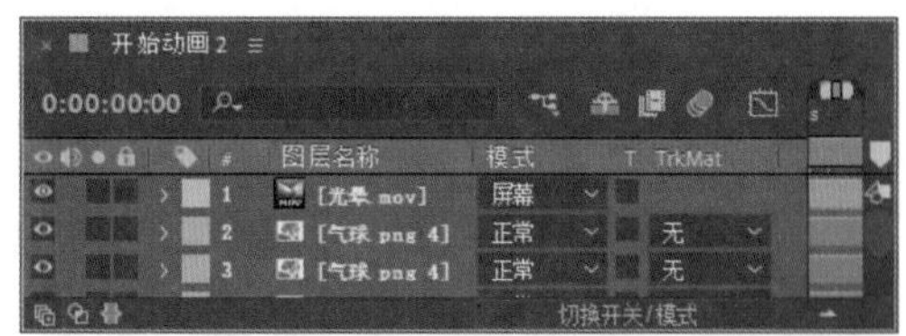

图 11.161 添加素材

11.4.5 制作开始动画 2

1 在时间轴面板中选中“开始动画”图层，按 Ctrl+D 组合键复制一个“开始动画 2”图层。

2 双击“开始动画 2”动画合成，将其中的“标签”合成删除，如图 11.162 所示。

3 在“项目”面板中选中“照片 .jpg”素材，将其拖至时间轴面板，放在“标签”合成上方，如图 11.163 所示。

4 在时间轴面板中选中“标签”合成，按 Ctrl+D 组合键复制一个“标签”图层，将复制生成的“标签”图层移至“照片.jpg”图层上方。

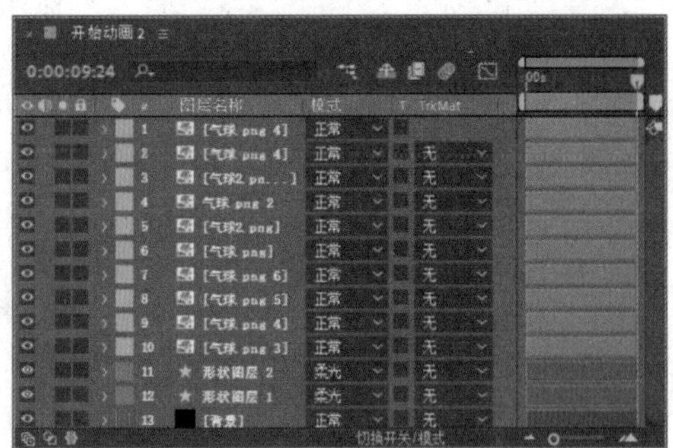

图 11.162 删除合成

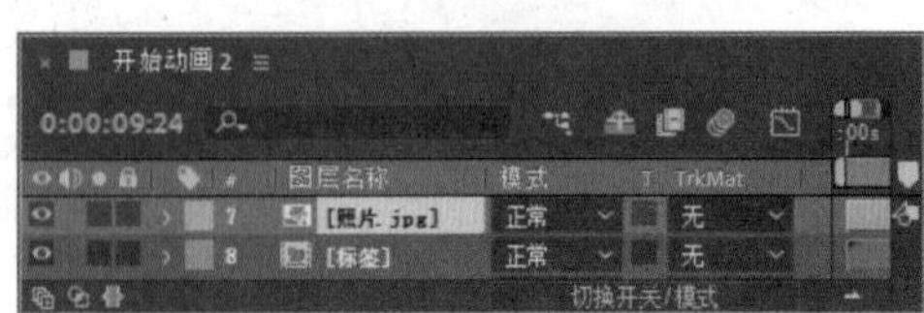

图 11.163 添加素材

5 在时间轴面板中设置“照片.jpg”层的“轨道遮罩”为“Alpha 遮罩‘标签’”，如图 11.164 所示。

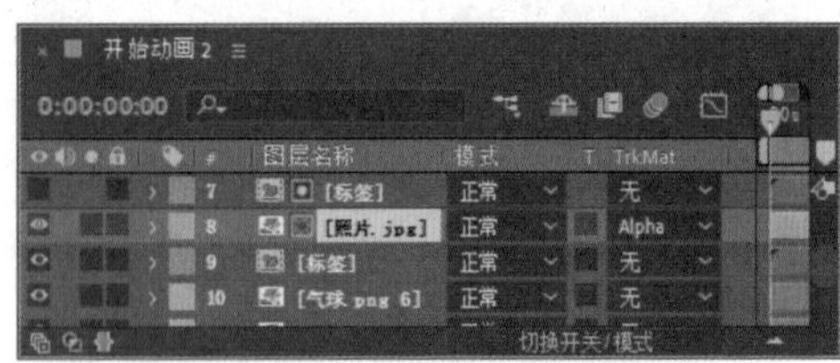

图 11.164 设置轨道遮罩

6 在时间轴面板中选中“标签”合成，在“效果和预设”面板中展开“透视”特效组，然后双击“投影”特效。

7 在“效果控件”面板中修改“投影”特效的参数，设置“阴影颜色”为紫色（R:133;G:6;B:55），“距离”为 20.0，“柔和度”为 30.0，如图 11.165 所示。

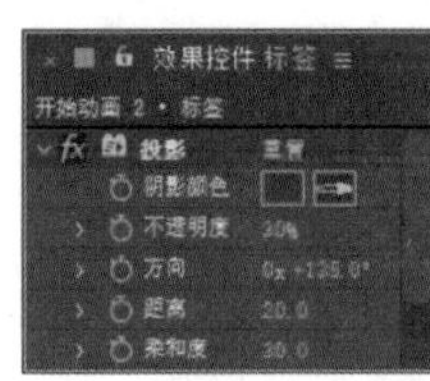

图 11.165 设置投影

8 在“项目”面板中，选中“光晕.mov”素材，将其拖至时间轴面板中并放在所有图层上方，再将其图层模式更改为“屏幕”，如图 11.166 所示。

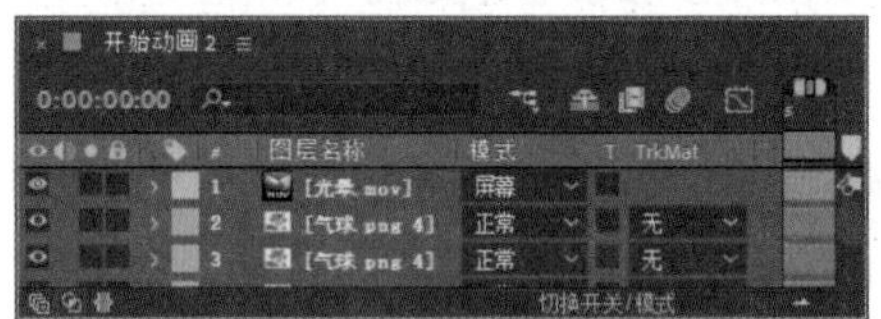

图 11.166 添加素材

11.4.6 制作总合成动画

1 执行菜单栏中的“合成”|“新建合成”命令，打开“合成设置”对话框，新建一个“合成名称”为“总合成动画”、“宽度”为 720、“高度”为 405、“帧速率”为 25、“持续时间”为 0:00:10:00、“背景颜色”为黑色的合成，如图 11.167 所示。

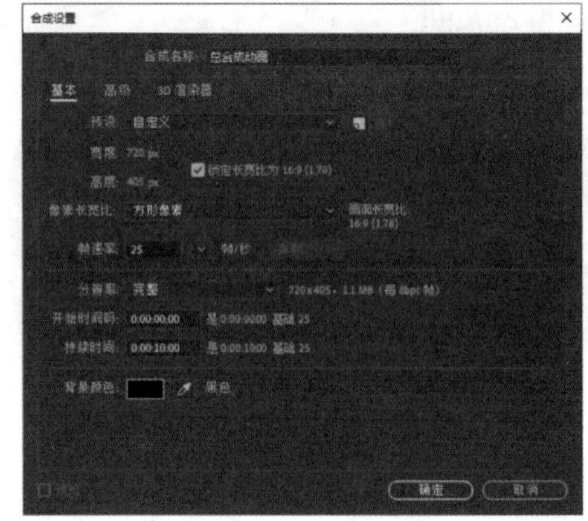

图 11.167 新建合成

2 执行菜单栏中的“图层”|“新建”|“纯色”命令，在弹出的对话框中将“名称”更改为“背景”，将“颜色”更改为黑色，完成后单击“确定”按钮，如图 11.168 所示。

图 11.168 新建纯色层

3 打开“开始动画”合成，选中“背景”图层，在时间轴面板的“效果控件”面板中选中“梯度渐变”效果，按 Ctrl+C 组合键对其进行复制。

4 在“总合成动画”合成时间轴面板中选中“背景”图层，在“效果控件”面板中按 Ctrl+V 组合键进行粘贴，如图 11.169 所示。

图 11.169 复制并粘贴效果

5 在“项目”面板中选中“开始动画”及“开始动画 2”合成，将其拖至时间轴面板中，将“开始动画”图层移至上方，如图 11.170 所示。

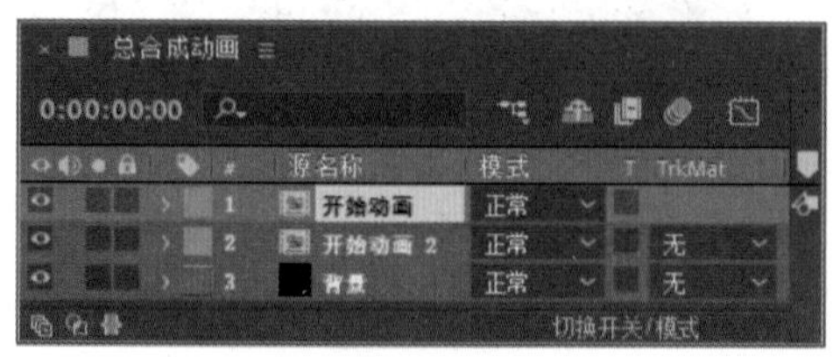

图 11.170 添加素材图像

6 在时间轴面板中选中“开始动画”合成，将时间调整到 0:00:03:00 的位置，按 P 键打开“位置”，单击“位置”左侧码表，在当前位置添加关键帧。

7 将时间调整到 0:00:04:00 的位置，在视图中将其向上方移动，系统将自动添加关键帧，如图 11.171 所示。

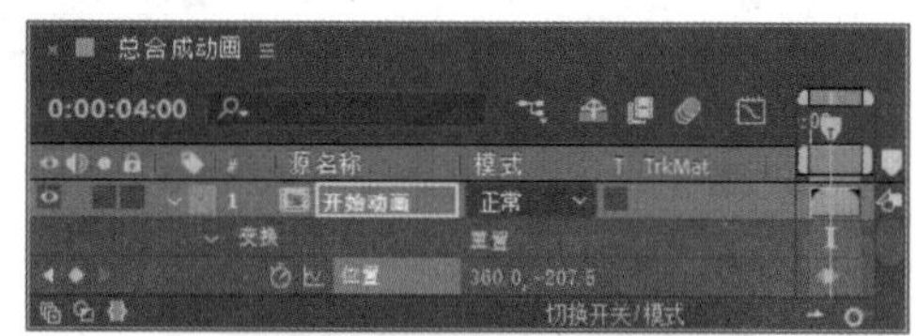

图 11.171 移动图像

8 在时间轴面板中选中“开始动画 2”图层，将时间调整到 0:00:03:15 的位置，按 [键设置动画入场，如图 11.172 所示。

图 11.172 设置动画入场

9 在时间轴面板中选中“开始动画 2”图层，将时间调整到 0:00:03:15 的位置，按 P 键打开“位置”，单击“位置”左侧码表，在当前位置添加关键帧。

10 在视图中将图像向底部移动，如图 11.173 所示。

11 将时间调整到 0:00:05:00 的位置，将图像向上拖动，系统将自动添加关键帧，制作位置动画，如图 11.174 所示。

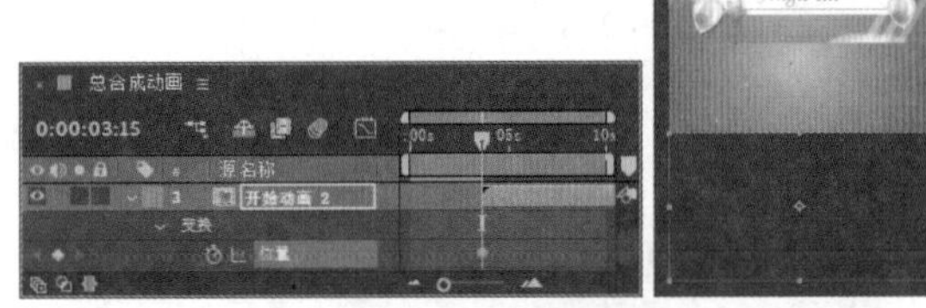

图 11.173　移动图像

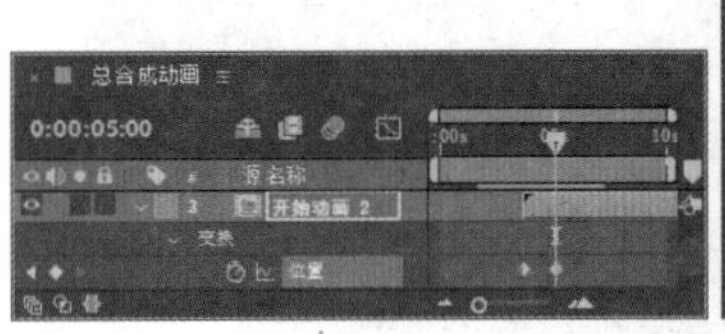

图 11.174　制作位置动画

11.4.7　制作入场及出场动画

1 执行菜单栏中的“图层”|“新建”|“调整图层”命令，新建一个“调整图层 1”调整图层，如图 11.175 所示。

图 11.175　新建调整图层

2 在时间轴面板中选中“调整图层 1”图层，在“效果和预设”面板中展开“模糊和锐化”特效组，然后双击“摄像机镜头模糊”特效。

3 将时间调整到 00:00:00:00 的位置，在“效果控件”面板中修改“摄像机镜头模糊”特效的参数，设置“模糊半径”为 5.0，单击其左侧码表，在当前位置添加关键帧，勾选“重复边缘像素”复选框，如图 11.176 所示。

4 在时间轴面板中选中“调整图层 1”图层，将时间调整到 0:00:02:00 的位置，将“模糊半径”更改为 0.0，系统将自动添加关键帧，如图 11.177 所示。

5 将时间调整到 0:00:08:00 的位置，单击“模糊半径”左侧图标，在当前位置添加一个延时帧；将时间调整到 0:00:09:24 的位置，将“模糊半径”更改为 0.0，系统将自动添加关键帧，如图 11.178 所示。

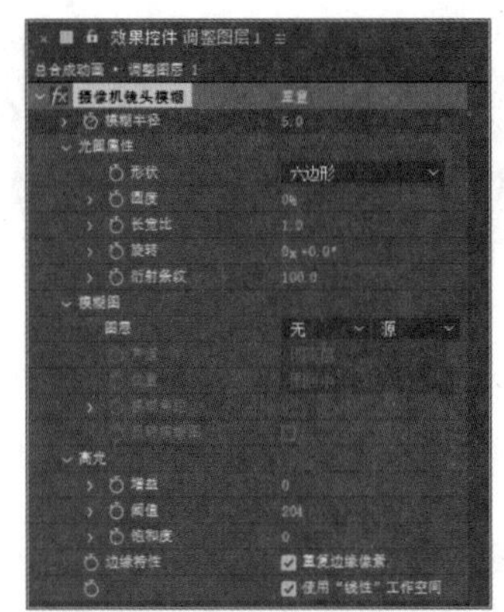

图 11.176　设置摄像机镜头模糊

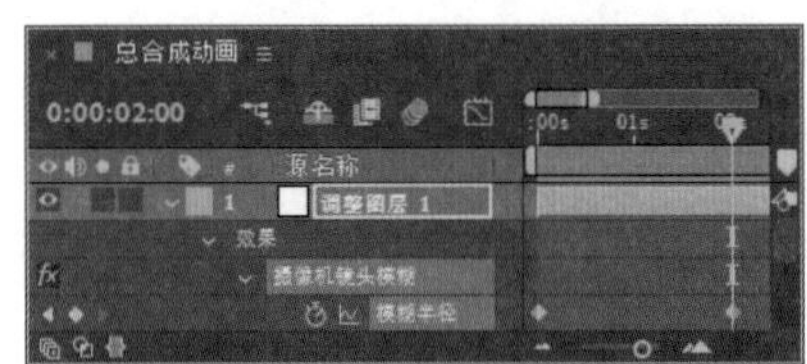

图 11.177　更改数值 1

图 11.178　更改数值 2

6 这样就完成了最终整体效果的制作，按小键盘上的 0 键即可在合成窗口中预览动画。

课后练习

1. 影视频道包装设计。
2. K 歌达人娱乐栏目包装设计。

（制作过程可参考资源包中的“课后练习”文件夹。）

FUN HALLOWEEN

第 12 章

影视后期合成视频设计

内容摘要

本章讲解影视后期合成视频设计。影视后期合成视频设计是 After Effects 动画设计中非常重要的组成部分，包含电影的片头设计、电视剧片头设计、各类短片视频设计、影视宣传片设计等，可以说是一种十分常见的视频设计形式。本章列举了极速狂飙赛车动画设计、万圣节主题视频设计等。通过对本章的学习，读者可以掌握大部分影视特效视频设计的方法。

教学案例

- 极速狂飙赛车动画设计
- 万圣节主题视频设计
- 爆炸火焰视频设计
- 史诗级片头动画设计

12.1 极速狂飙赛车动画设计

特效解析

本例主要讲解极速狂飙赛车动画设计。该动画使用飙车夜景图像作为背景，再添加跑车动画，整体效果非常具有动感，如图 12.1 所示。

图 12.1 动画流程画面

知识点

1. 运动模糊
2. 摄像机

视频文件

12.1.1 制作场景动画

1 执行菜单栏中的“合成”|“新建合成”命令，打开“合成设置”对话框，新建一个“合成名称”为“场景动画”、“宽度”为 720、“高度”为 405、“帧速率”为 25、“持续时间”为 0:00:10:00 的合成，如图 12.2 所示。

2 执行菜单栏中的“文件”|“导入”|“文件”命令，打开“导入文件”对话框，选择“工程文件\第 12 章\极速狂飙赛车动画设计\标志 .png、场景 .jpg、车灯 .jpg、车灯 2.jpg、公路 .jpg、跑车 .png、跑车 2.png”素材，单击“导入”按钮，如图 12.3 所示。

3 在“项目”面板中选中“场景 .jpg”“跑车 .png”素材，将其拖至时间轴面板，如图 12.4 所示。

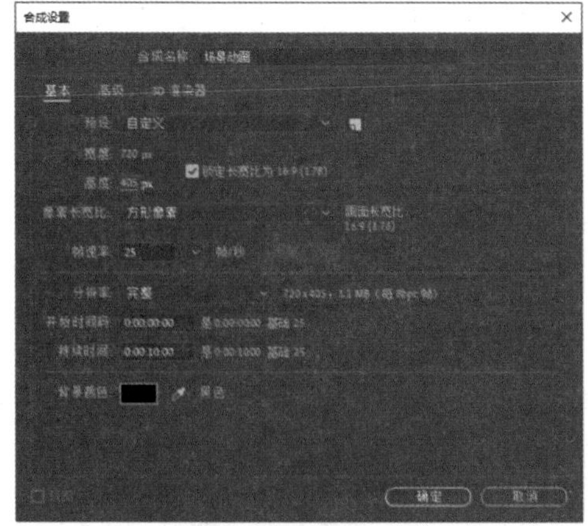

图 12.2　新建合成

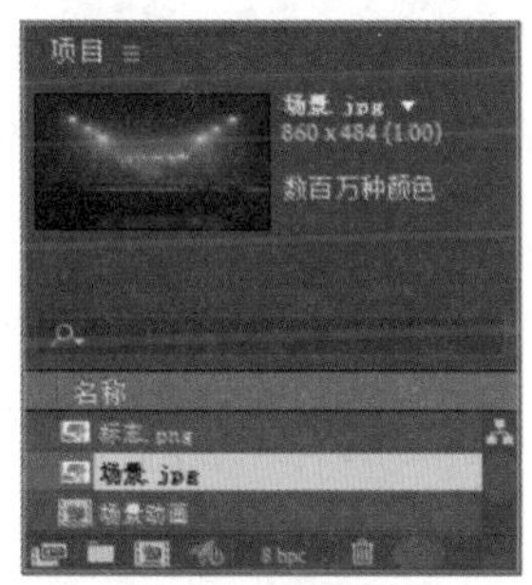

图 12.3　导入素材

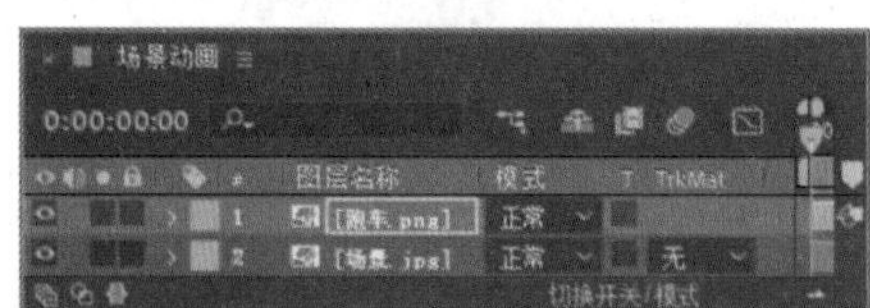

图 12.4　添加素材图像

4 在时间轴面板中选中“跑车”图层，按S键打开“缩放”，将图像等比缩小，效果如图 12.5 所示。

图 12.5　缩小图像

5 在时间轴面板中选中“跑车”图层，在“效果和预设”面板中展开“颜色校正”特效组，然后双击“曲线”特效。

6 在“效果控件”面板中修改“曲线”特效的参数，调整曲线，如图 12.6 所示。

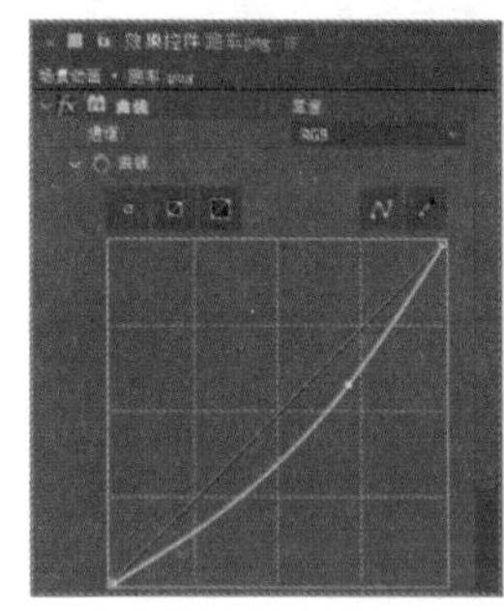

图 12.6　调整曲线

7 在“项目”面板中选中“车灯 .jpg”素材，将其拖至时间轴面板，并将图层模式更改为“屏幕”，如图 12.7 所示。

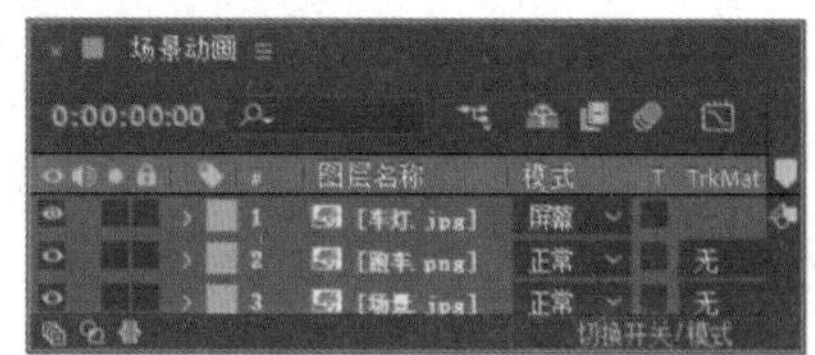

图 12.7　添加素材图像

8 选中“车灯 .jpg”图层，在图像中将其适当缩小并放在适当位置，如图 12.8 所示。

图 12.8　缩小图像

9 在时间轴面板中同时选中“车灯 .jpg”及“跑车 .png”图层，将时间调整到 0:00:00:05 的位置，按 P 键打开“位置”，单击“位置”左侧码表，在当前位置添加关键帧，在视图中将两个图像向右侧平移至视图之外的区域，如图 12.9 所示。

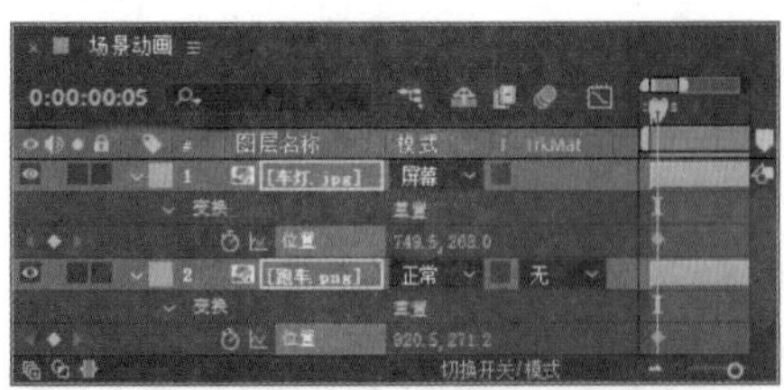

图 12.9 平移图像

10 将时间调整到 0:00:01:00 的位置，在视图中将其向左侧平移至视图左侧之外的区域，系统将自动添加关键帧，如图 12.10 所示。

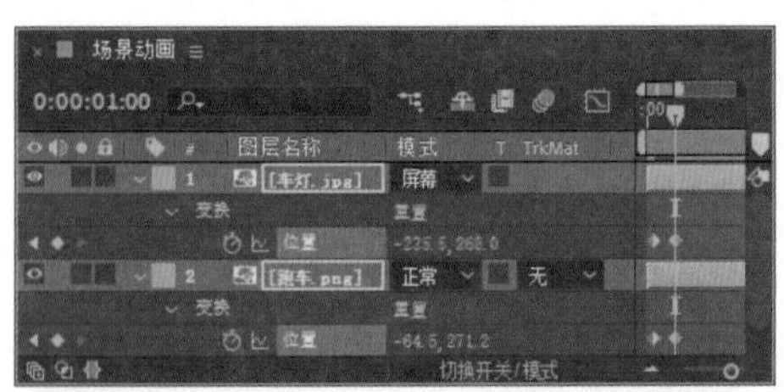

图 12.10 制作位置动画

11 在时间轴面板中同时选中“车灯 .jpg”及“跑车 .png”图层，单击“运动模糊”图标，为图层启用运动模糊效果，如图 12.11 所示。

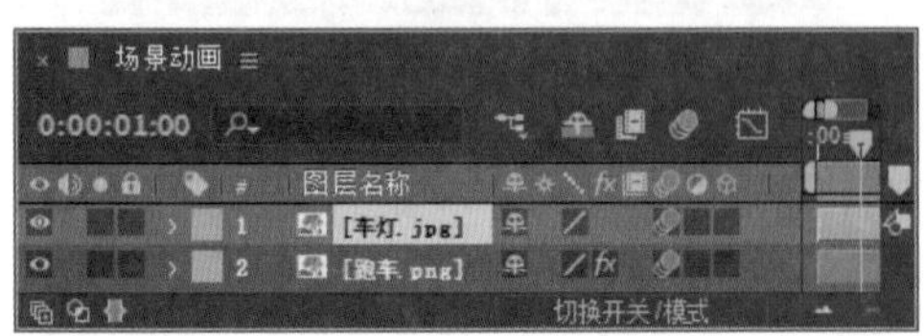

图 12.11 启用运动模糊

12 在时间轴面板中同时选中“车灯 .jpg”及“跑车 .png”图层，按 Ctrl+D 组合键复制出两个新图层，分别将这两个图层名称重新命名为“车灯 2.jpg”及“跑车 2.png”。

13 同时选中“车灯 2.jpg”及“跑车 2.png”图层中的位置关键帧，向后拖动，更改动画的出场时间，如图 12.12 所示。

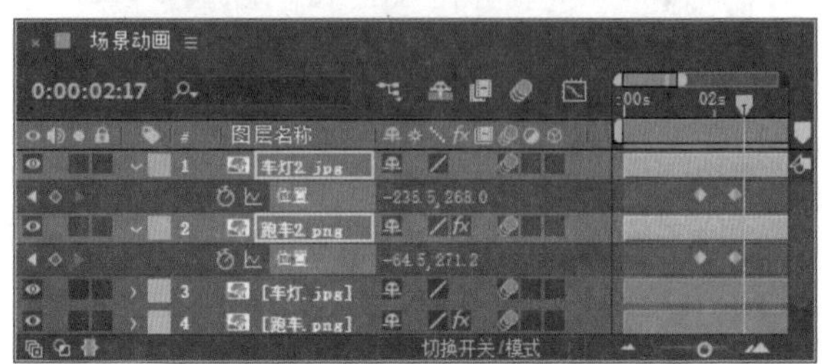

图 12.12 更改动画的出场时间

14 使用同样的方法同时选中“车灯 .jpg”及“跑车 .png”图层，将图层再次复制两份，并拖动图层中的关键帧，更改动画入场顺序，如图 12.13 所示。

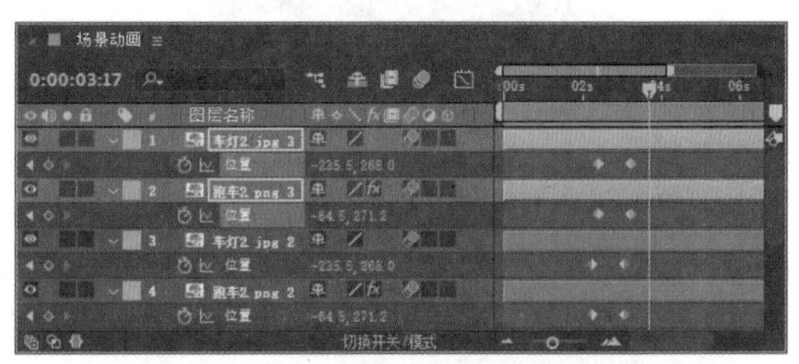

图 12.13 复制图层并更改动画入场顺序

15 在时间轴面板中选中“跑车 2.png”图层，在“效果和预设”面板中展开“颜色校正”特效组，然后双击“色相 / 饱和度”特效。

16 在“效果控件”面板中修改“色相 / 饱和度”特效的参数，设置“主色相”为 0x-166.0°，“主饱和度”为 -26，如图 12.14 所示。

17 以同样的方法再次分别选中“跑车 2.png 2”及“跑车 2.png 3”图层，为其添加“色相 / 饱和度”特效并调整图像颜色，如图 12.15 所示。

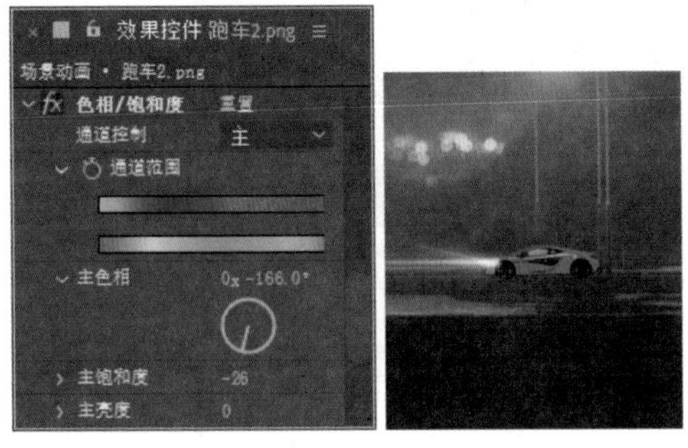

图 12.14 调整“色相 / 饱和度”

图 12.15 调整图层颜色

提示

为了方便观察图像颜色的调整效果，在执行“色相 / 饱和度”命令时，可先将图层中的运动模糊效果关闭，等调整完闭再开启。

18 执行菜单栏中的“图层”|“新建”|“摄像机”命令，在弹出的对话框中单击“确定”按钮，新建一个“摄像机 1”图层，如图 12.16 所示。

图 12.16 新建摄像机图层

19 在时间轴面板中同时选中除“摄像机 1”之外的所有图层，单击图标，开启 3D 效果，如图 12.17 所示。

20 在时间轴面板中选中“摄像机 1”图层，将时间调整到 0:00:00:00 的位置，按 P 键打开“位置”，单击“位置”左侧码表，在当前位置添加关键帧，如图 12.18 所示。

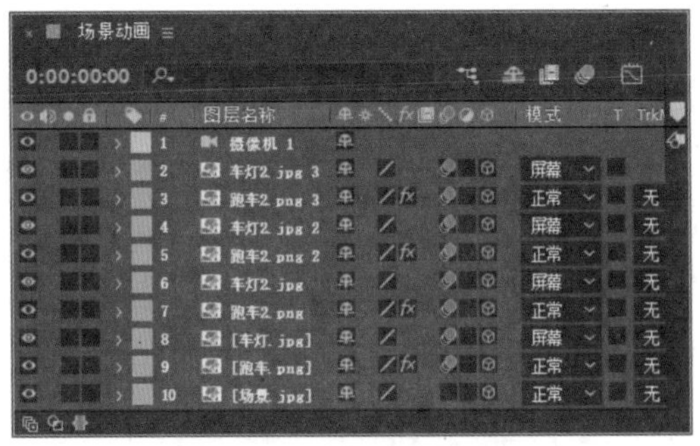

图 12.17 开启 3D 效果

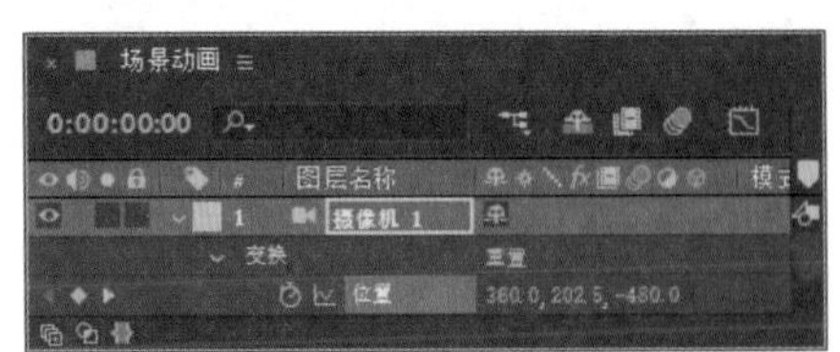

图 12.18 添加位置关键帧

21 将时间调整到 0:00:05:00 的位置，将“位置”数值更改为（360.0;202.5;-566.0），系统将自动添加关键帧，如图 12.19 所示。

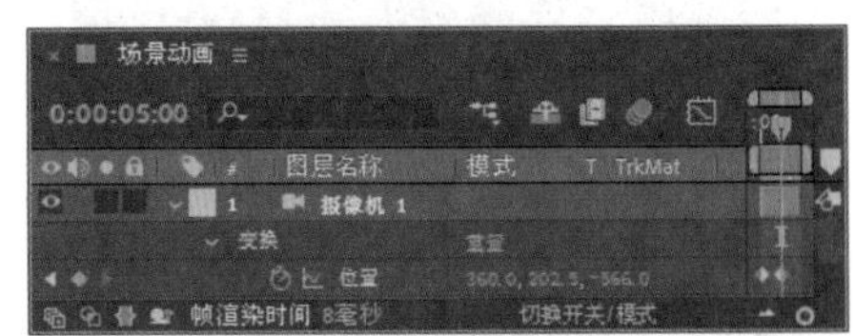

图 12.19 更改数值

12.1.2 制作结尾动画

1 执行菜单栏中的“合成”|“新建合成”命令，打开“合成设置”对话框，新建一个“合成名称”为“结尾动画”、“宽度”为 720、“高度”为 405、“帧速率”为 25、“持续时间”为 0:00:10:00 的合成，如图 12.20 所示。

2 在“项目”面板中同时选中“公路.jpg”“跑车 2.png”“车灯 2.jpg”素材，将其拖至时间轴面板中，并将“车灯 2.jpg”图层模式更改为“屏幕”，如图 12.21 所示。

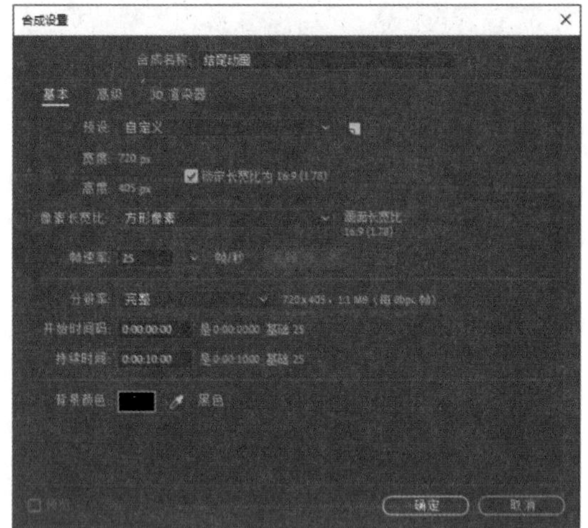

图 12.20　新建合成

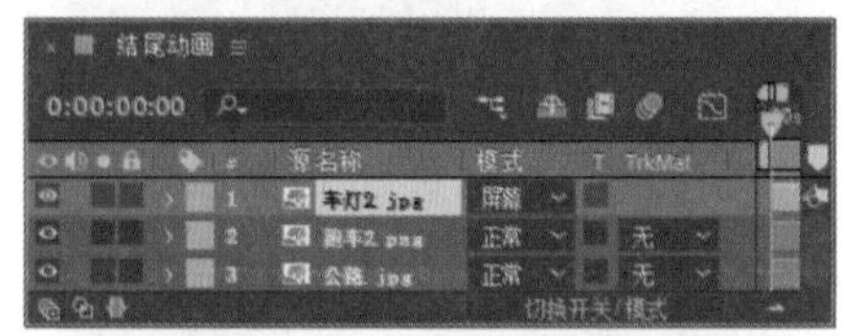

图 12.21　添加素材图像

3 在时间轴面板中同时选中“车灯 2.jpg”及“跑车 2.png”图层，将时间调整到 0:00:00:05 的位置，按 P 键打开“位置”，单击“位置”左侧码表，在当前位置添加关键帧，在视图中将其向左侧平移至视图之外的区域，如图 12.22 所示。

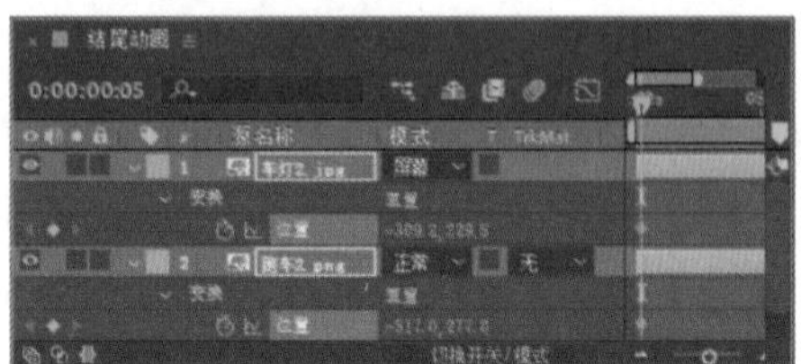

图 12.22　平移图像

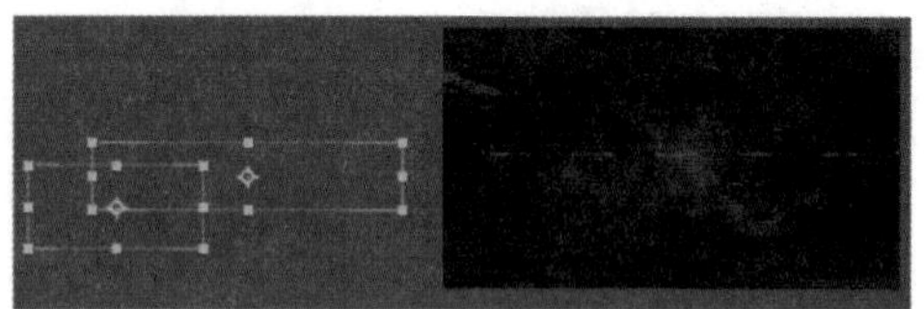

图 12.22　平移图像（续）

4 将时间调整到 0:00:01:00 的位置，在视图中将其向右侧平移，系统将自动添加关键帧，如图 12.23 所示。

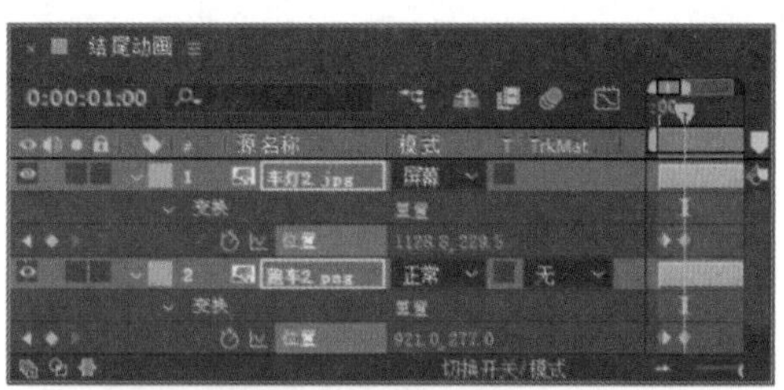

图 12.23　制作位置动画

5 在时间轴面板中选中“车灯 2.jpg”图层，按 Ctrl+D 组合键复制出一个“车灯 2.jpg”图层。

6 将时间调整到 0:00:00:05 的位置，同时选中复制的“车灯 2.jpg”图层的位置关键帧，同时调整图像及关键帧的位置，如图 12.24 所示。

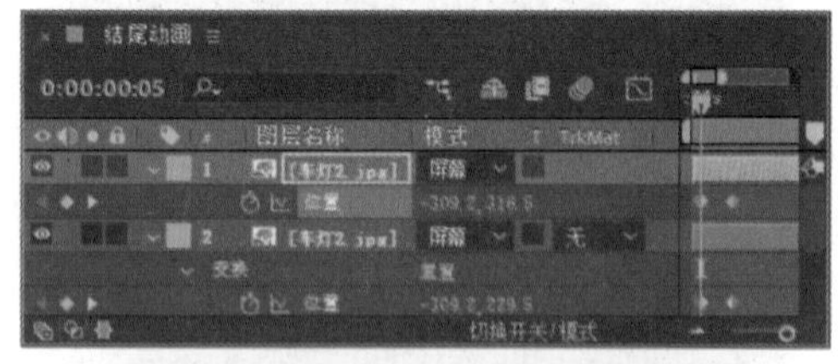

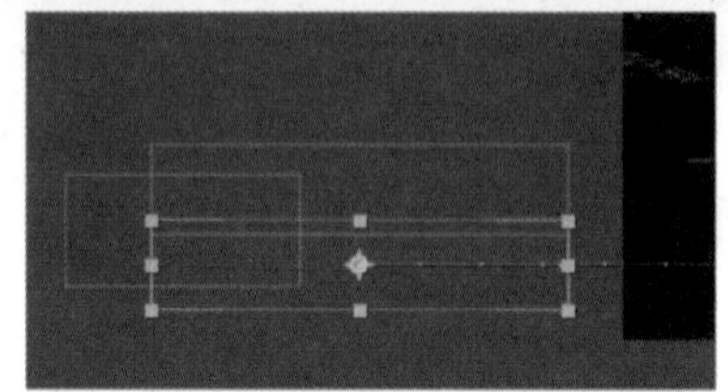

图 12.24　移动图像及关键帧

7 在时间轴面板中同时选中除“背景”之外的 3 个图层，按 Ctrl+D 组合键复制图层。

8 同时选中复制生成的 3 个图层的位置关键帧，对其进行移动，并移动图像，如图 12.25 所示。

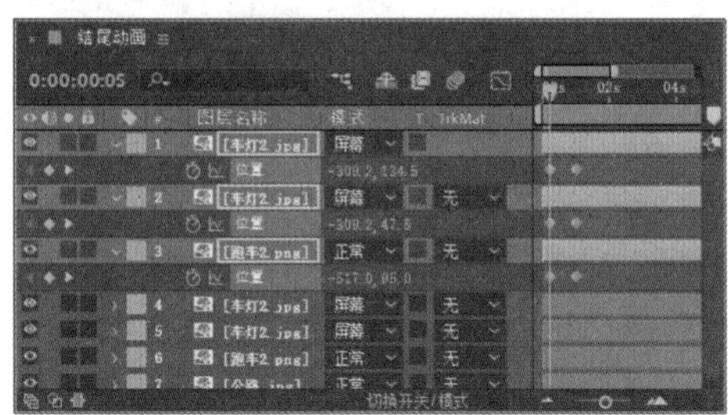

图 12.25 移动图像及关键帧

9 在时间轴面板中分别将复制生成的图层名称依次更改为“车灯 2-2.jpg”“车灯 2-2.jpg”“跑车 2-2.png”，再同时选中其位置关键帧，将其向后方拖动，如图 12.26 所示。

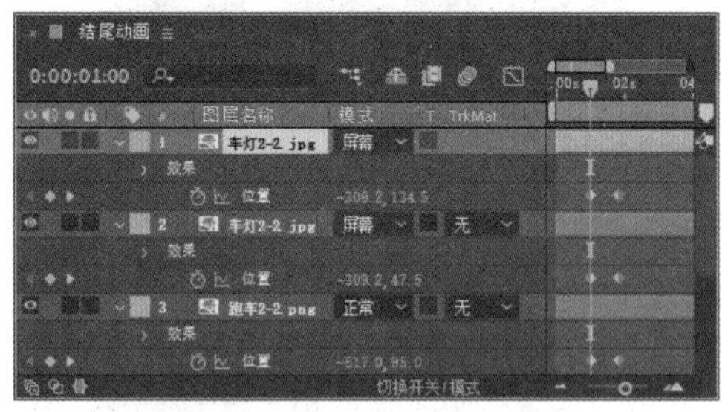

图 12.26 拖动关键帧

10 在时间轴面板中将时间调整到 0:00:01:10 的位置。

11 选中“跑车 2-2.png”图层，在“效果和预设”面板中展开“颜色校正”特效组，然后双击“色相 / 饱和度”特效。

12 在“效果控件”面板中，修改“色相 / 饱和度”特效的参数，设置“主色相”为 0x-196.0°，“主饱和度”为 -26，如图 12.27 所示。

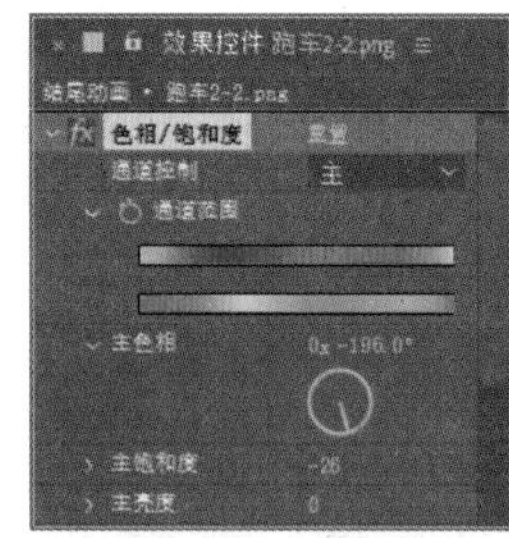

图 12.27 调整“色相 / 饱和度”

提示 更改时间是为了可以在图像中观察调色后的图像效果。

13 在时间轴面板中同时选中 2 个“车灯 2-2.jpg”和 1 个“跑车 2-2.png”共 3 个图层，按 Ctrl+D 组合键复制图层。

14 同时选中复制生成的 3 个图层的位置关键帧，向后方拖动，以更改动画出场顺序，如图 12.28 所示。

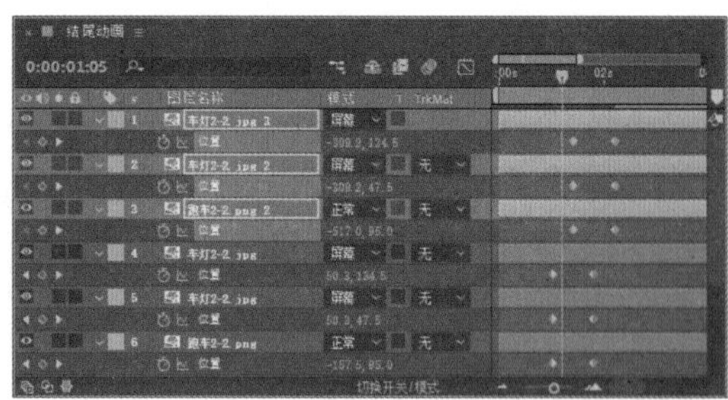

图 12.28 复制图层并更改动画出场顺序

15 选中复制生成的“跑车 2-2.png 2”图层，在“效果和预设”面板中展开“颜色校正”特效组，然后双击“色相 / 饱和度”特效。

16 在“效果控件”面板中，修改“色相 / 饱和度”特效的参数，设置“主色相”为 0x-130.0°，“主饱和度”为 -26，如图 12.29 所示。

17 以同样的方法再次将跑车及车灯图层复制一份并更改图层关键帧及车身颜色，如图 12.30 所示。

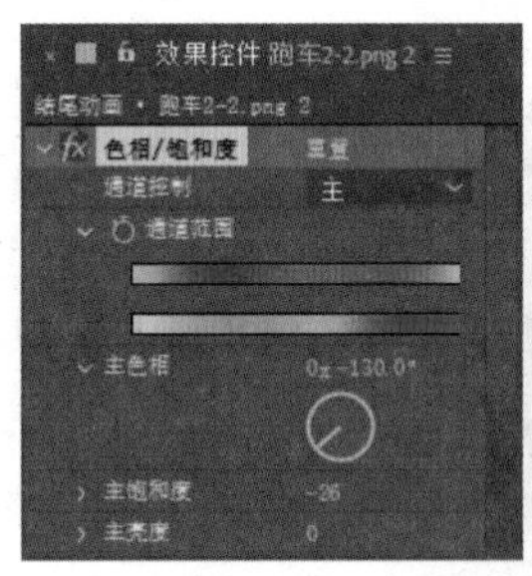

图 12.29　调整色相 / 饱和度

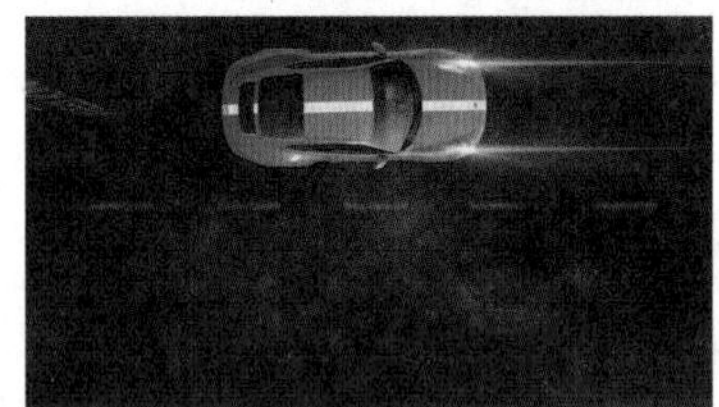

图 12.30　复制图层

18 在时间轴面板中同时选中所有图层，单击“运动模糊”图标，为图层启用运动模糊效果，如图 12.31 所示。

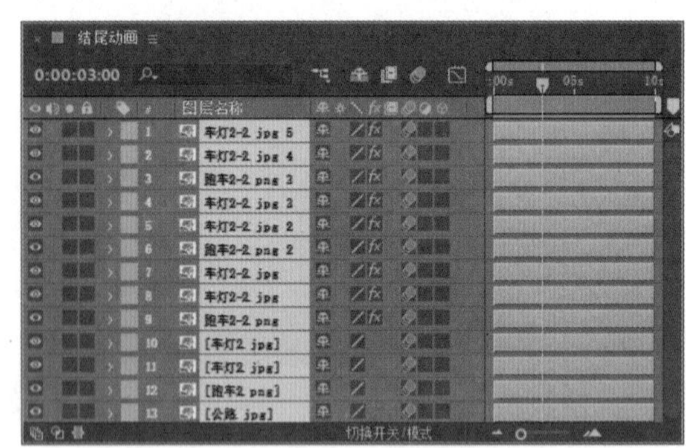

图 12.31　启用运动模糊

19 执行菜单栏中的“图层”|“新建”|“纯色”命令，在弹出的对话框中将“名称”更改为“变亮”，将“颜色”更改为深蓝色（R:3;G:15;B:26），完成之后单击“确定”按钮。

20 在时间轴面板中选中“变亮”层，按 T 键打开“不透明度”，将“不透明度”更改为 50%，再将其图层模式更改为“柔光”，如图 12.32 所示。

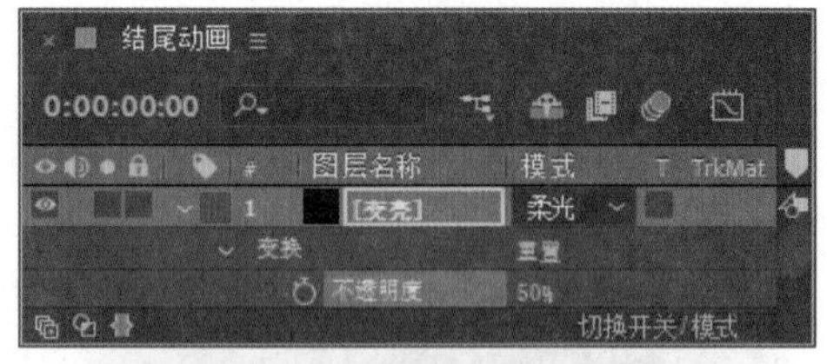

图 12.32　更改不透明度及图层模式

21 选中工具箱中的“椭圆工具”，选中“变亮”图层，按住 Shift+Ctrl 组合键在图像中间位置绘制一个正圆蒙版路径，如图 12.33 所示。

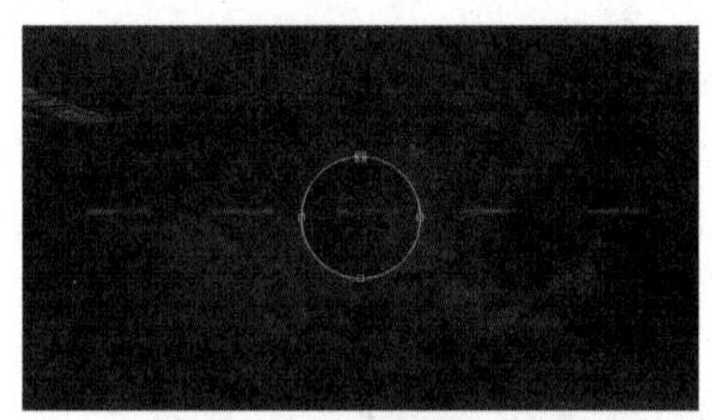

图 12.33　绘制蒙版

22 展开“变亮”图层，勾选“蒙版 1”后方的“反转”复选框，将“蒙版羽化”更改为（100.0,100.0），如图 12.34 所示。

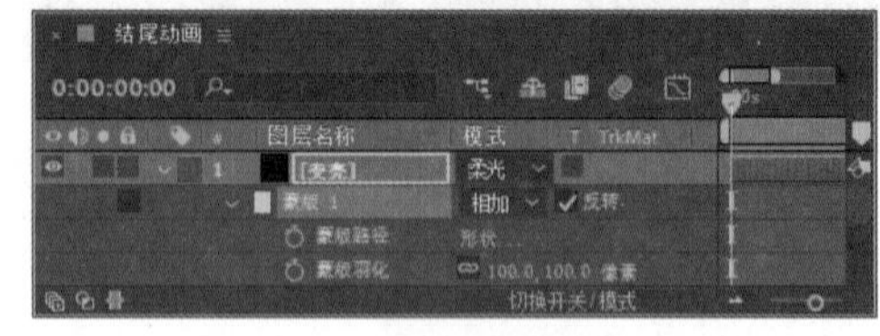

图 12.34　添加蒙版羽化

23 在时间轴面板中选中“变亮”图层，将时间调整到 0:00:00:00 的位置，单击“蒙版扩展”左侧码表，在当前位置添加关键帧，将时间调整到 0:00:03:00 的位置，将“蒙版扩展”更改为 360.0，如图 12.35 所示。

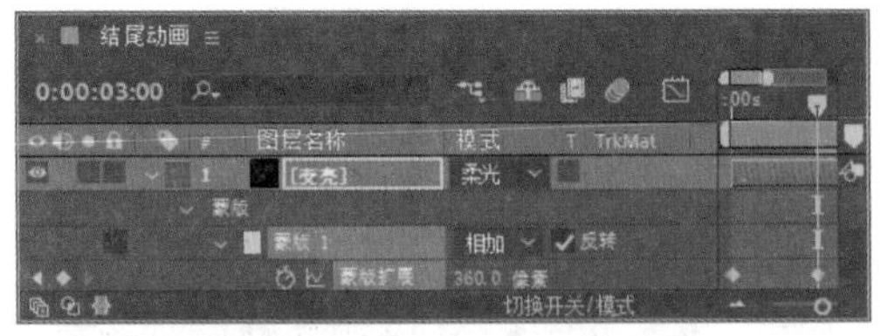

图 12.35 添加蒙版扩展动画

24 在“项目”面板中选中“标志 .png”素材，将其拖至时间轴面板，将其图层模式更改为“叠加”，如图 12.36 所示。

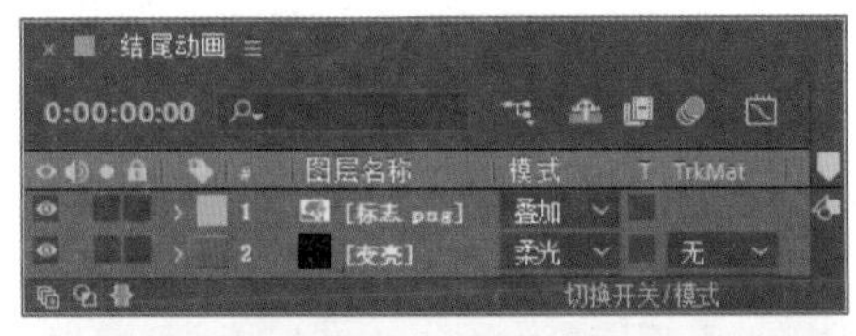

图 12.36 添加素材

25 在时间轴面板中，将时间调整到 0:00:02:15 的位置，选中“标志 .png”图层，按 T 键打开“不透明度”，将“不透明度”更改为 0%，单击“不透明度”左侧码表，在当前位置添加关键帧。

26 将时间调整到 0:00:05:00 的位置，将“不透明度”的值更改为 100%，系统将自动添加关键帧，如图 12.37 所示。

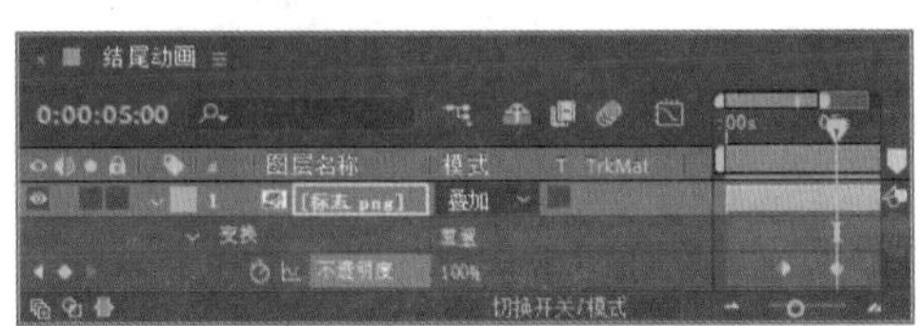

图 12.37 制作不透明度动画

12.1.3 制作总合成动画

1 执行菜单栏中的“合成”|“新建合成”命令，打开“合成设置”对话框，新建一个“合成名称”为“总合成”、“宽度”为 720、“高度”为 405、“帧速率”为 25、“持续时间”为 0:00:10:00 的合成，如图 12.38 所示。

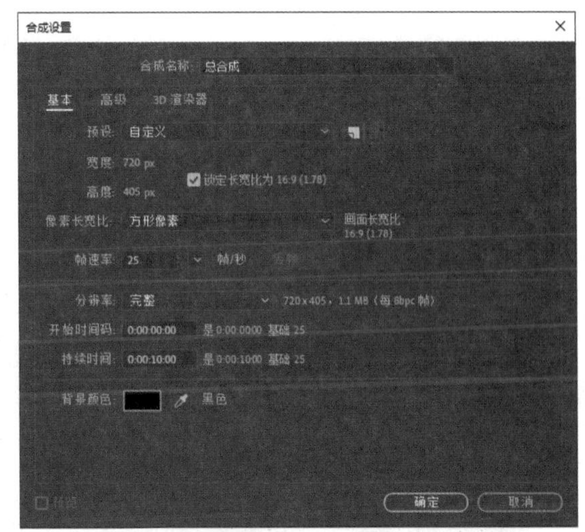

图 12.38 新建合成

2 在“项目”面板中同时选中“结尾动画”及“场景动画”合成，将其拖至时间轴面板，将“结尾动画”移至“场景动画”上方。

3 在时间轴面板中选中“结尾动画”图层，将时间调整到 00:00:05:00 的位置，按 [键设置动画入点，如图 12.39 所示。

图 12.39 设置动画入点

4 执行菜单栏中的“图层”|“新建”|“调整图层”命令，新建一个“调整图层 1”图层。

5 在“效果和预设”面板中展开“颜色校正”特效组，然后双击“曲线”特效。

6 在“效果控件”面板中修改“曲线”特效的参数，调整曲线，如图 12.40 所示。

7 这样就完成了最终整体效果的制作，按小键盘上的 0 键即可在合成窗口中预览动画。

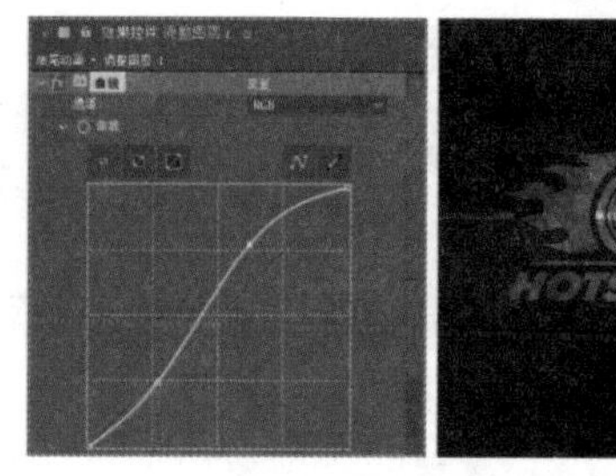

图 12.40 调整曲线

12.2 万圣节主题视频设计

特效解析

本例主要讲解万圣节主题视频设计。本例中的视频体现出浓郁的万圣节氛围，以南瓜脸为主视觉图像，通过添加各种特效完成整个视频设计，如图 12.41 所示。

图 12.41 动画流程画面

知识点

1. “分形杂色”特效
2. “摄像机镜头模糊”特效
3. “色调”特效

视频文件

操作步骤

12.2.1 制作乌云动画

1 执行菜单栏中的"合成"|"新建合成"命令，打开"合成设置"对话框，新建一个"合成名称"为"万圣节"、"宽度"为720、"高度"为405、"帧速率"为25、"持续时间"为0:00:10:00、"背景颜色"为黑色的合成，如图12.42所示。

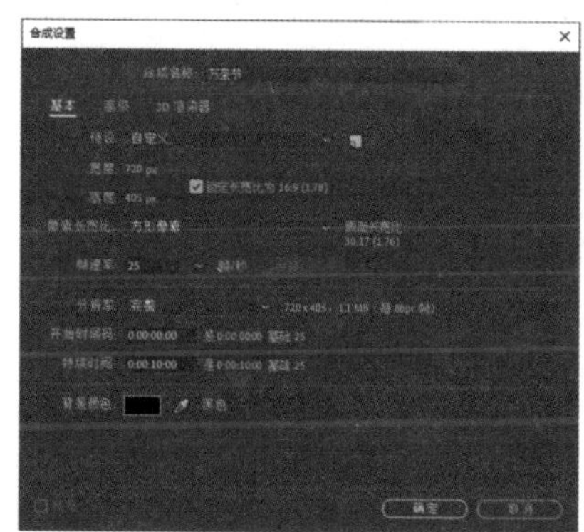

图12.42 新建合成

2 执行菜单栏中的"文件"|"导入"|"文件"命令，打开"导入文件"对话框，选择"工程文件\第12章\万圣节主题视频设计\南瓜脸.mov、乌云.jpg、月亮.mov"素材，单击"导入"按钮。

3 在"项目"面板中，选中"乌云.jpg"及"南瓜脸.mov"素材，将其拖至时间轴面板，将"南瓜脸.mov"图层移至上方并更改其图层模式为"屏幕"，如图12.43所示。

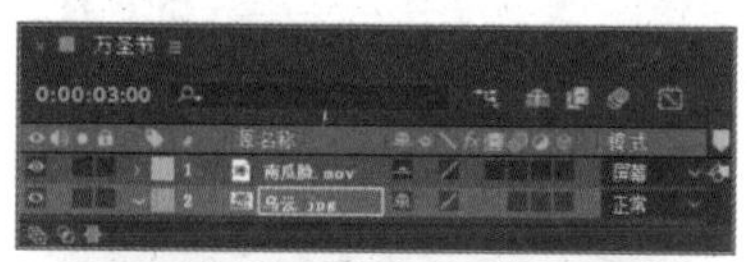

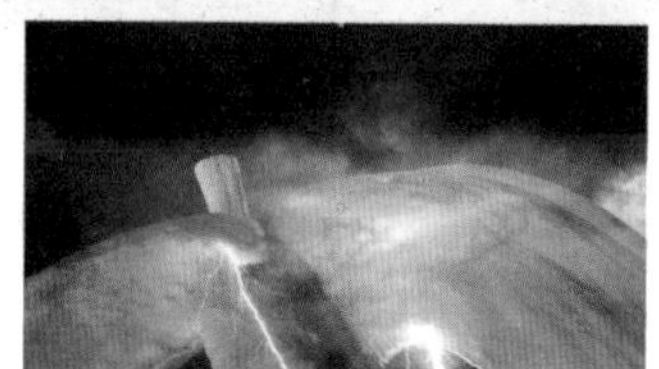

图12.43 添加素材图像

4 选中工具箱中的"钢笔工具"，在时间轴面板中，将时间调整到0:00:03:00的位置，选中"乌云.jpg"图层，在图像中绘制一个蒙版路径，如图12.44所示。

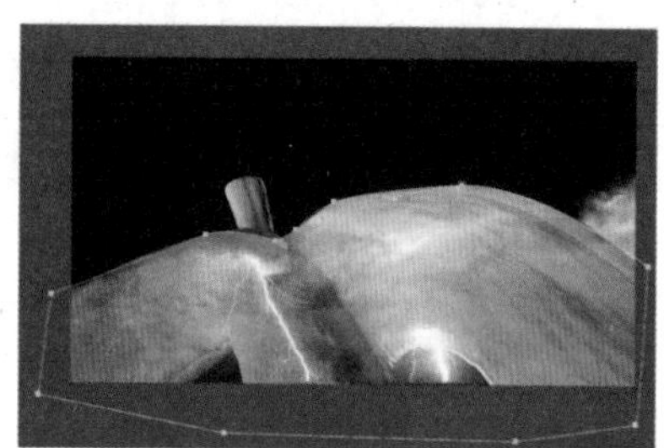

图12.44 绘制蒙版路径

5 在时间轴面板中展开"乌云.jpg"图层中的"蒙版1"选项，勾选其后方的"反转"复选框，按F键打开"蒙版羽化"，将数值更改为(30.0,30.0)，如图12.45所示。

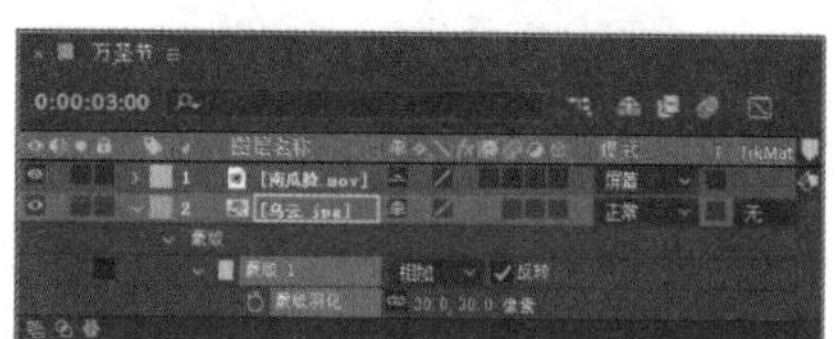

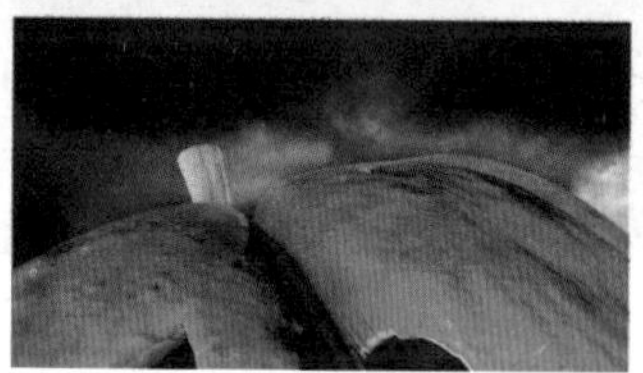

图12.45 添加蒙版羽化

6 在"项目"面板中选中"月亮.mov"素材，将其拖至时间轴面板并缩小，再将图层模式更改为"屏幕"，如图12.46所示。

7 执行菜单栏中的"图层"|"新建"|"调整图层"命令，新建一个"调整图层1"图层。

8 在时间轴面板中选中"调整图层1"图层，在"效果和预设"面板中展开"杂色和颗粒"特效组，然后双击"杂色"特效。

9 在"效果控件"面板中修改"杂色"特

效的参数，设置“杂色数量”为10.0%，取消勾选“使用杂色”复选框，如图12.47所示。

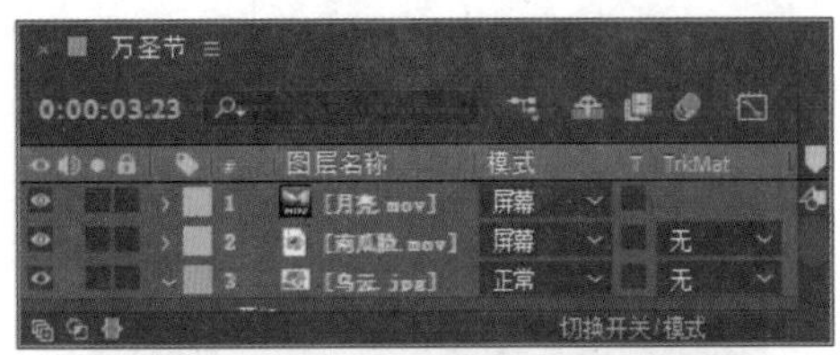

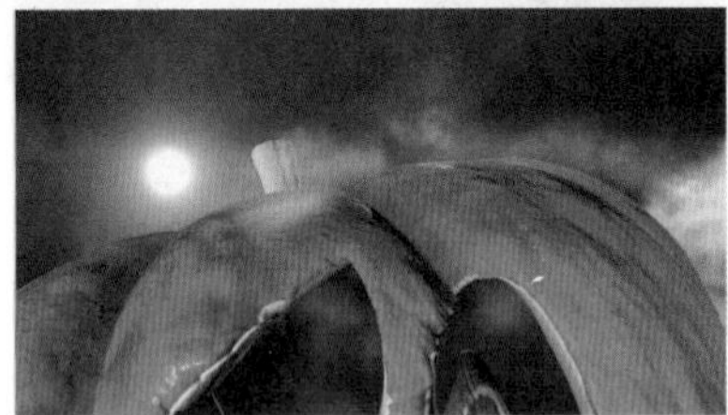

图12.46　添加素材图像

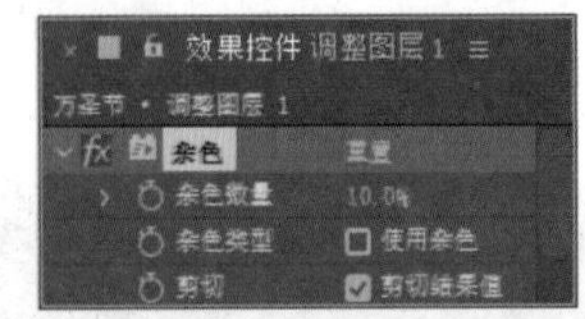

图12.47　添加杂色效果

12.2.2　为动画添加装饰效果

1 执行菜单栏中的“图层”|“新建”|“调整图层”命令，新建一个“调整图层2”图层。

2 在时间轴面板中选中“调整图层2”图层，在“效果和预设”面板中展开“杂色和颗粒”特效组，然后双击“分形杂色”特效。

3 在“效果控件”面板中修改“分形杂色”特效的参数，设置“分形类型”为“湍流平滑”，“对比度”为92.0，“亮度”为-60.0，如图12.48所示。

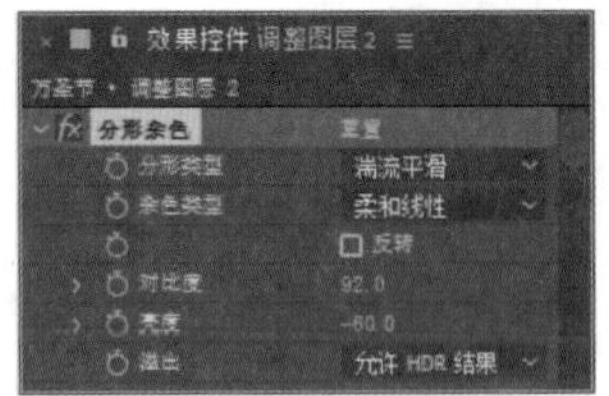

图12.48　设置分形杂色

4 展开“变换”选项组，取消勾选“统一缩放”复选框，将“缩放宽度”更改为4.0，将“缩放高度”更改为600.0，将“复杂度”更改为6.0，如图12.49所示。

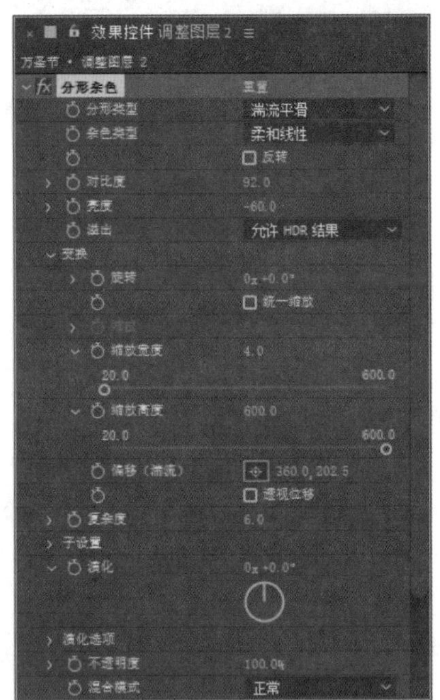

图12.49　设置“变换”选项组

5 按住Alt键单击“演化”左侧码表，输入time*20，为当前图层添加表达式，如图12.50所示。

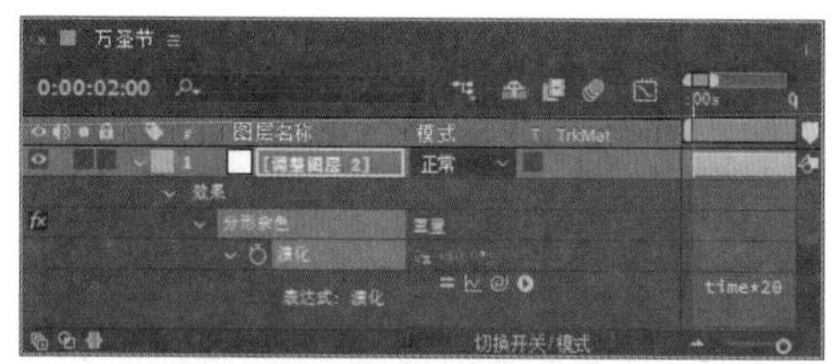

图 12.50 添加表达式

6 在时间轴面板中选中“调整图层 2”图层，将其图层模式更改为“相加”，如图 12.51 所示。

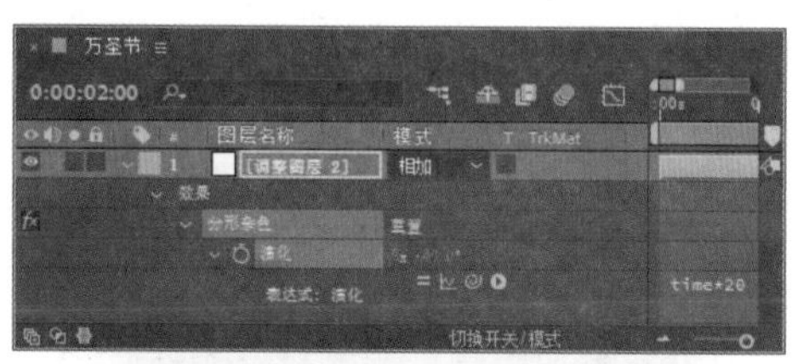

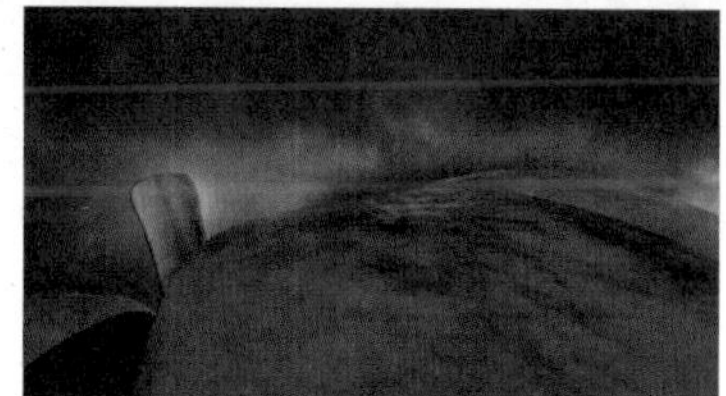

图 12.51 更改图层模式

12.2.3 对动画图像进行调色

1 执行菜单栏中的“图层”|“新建”|“调整图层”命令，新建一个“调整图层 3”图层。

2 在时间轴面板中选中“调整图层 3”图层，在“效果和预设”面板中展开“颜色校正”特效组，然后双击“曲线”特效。

3 在“效果控件”面板中修改“曲线”特效的参数，选择 RGB 通道，调整曲线，如图 12.52 所示。

4 在“效果控件”面板中修改“曲线”特效的参数，选择“绿色”通道，调整曲线，如图 12.53 所示。

5 在“效果控件”面板中修改“曲线”特效的参数，选择“蓝色”通道，调整曲线，如图 12.54 所示。

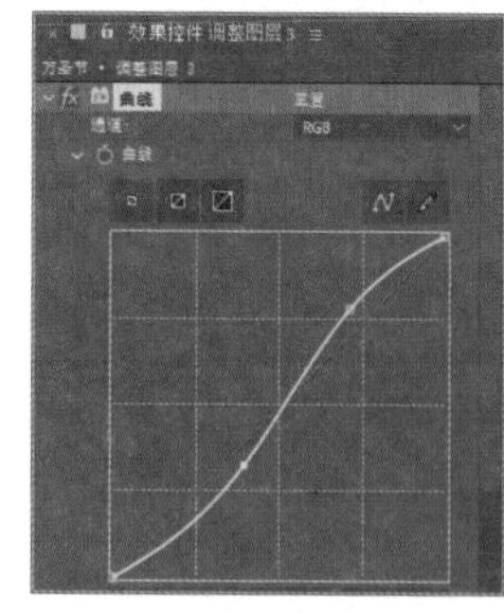

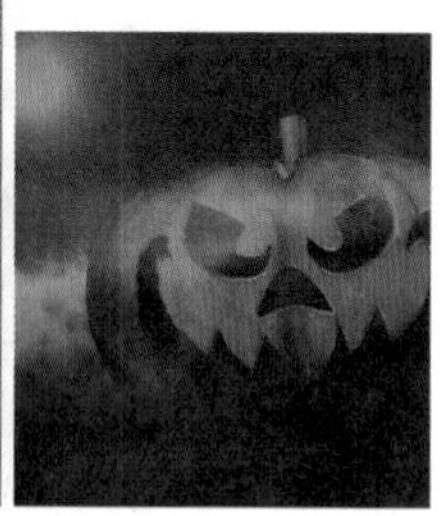

图 12.52 调整 RGB 通道曲线

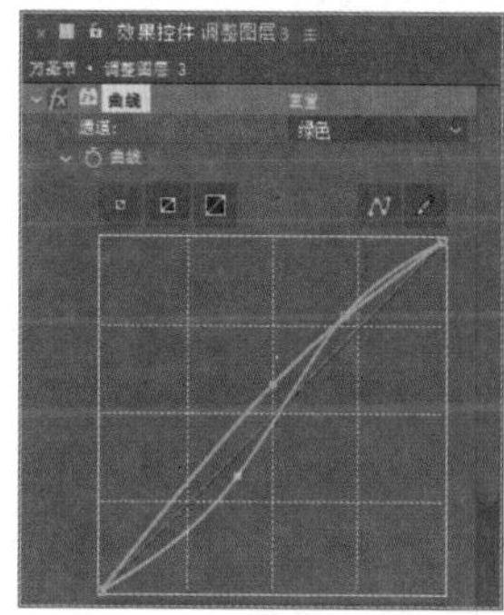

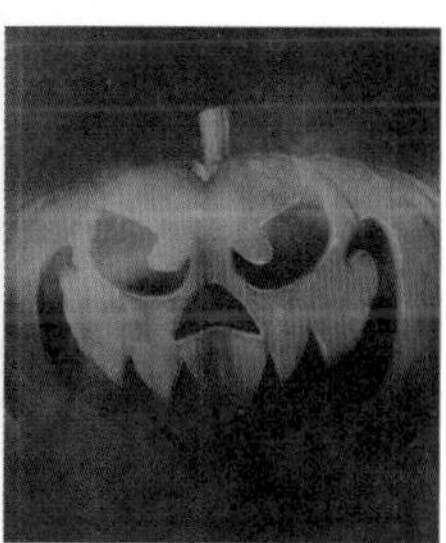

图 12.53 调整绿色通道曲线

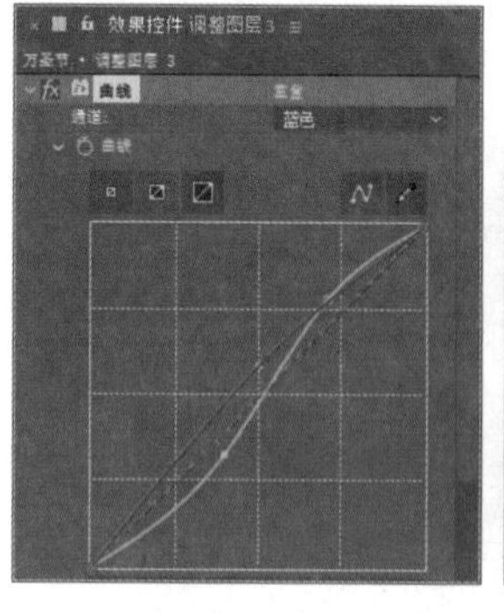

图 12.54 调整蓝色通道曲线

6 在“效果和预设”面板中展开“颜色校正”特效组，然后双击“色调”特效。

7 在“效果控件”面板中修改“色调”特效的参数，设置“将黑色映射到”为蓝色（R:0;G:44;B:78），“将白色映射到”为白色，如图 12.55 所示。

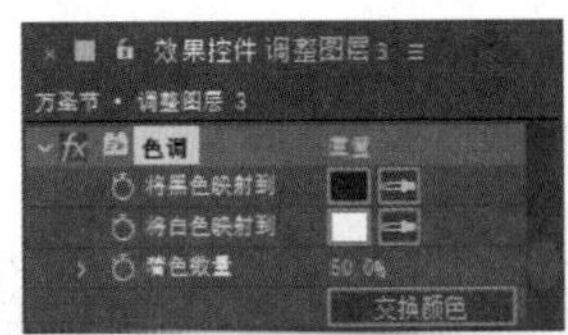

图 12.55 设置色调

8 执行菜单栏中的“图层”|“新建”|“调整图层”命令，新建一个“调整图层 4”图层，如图 12.56 所示。

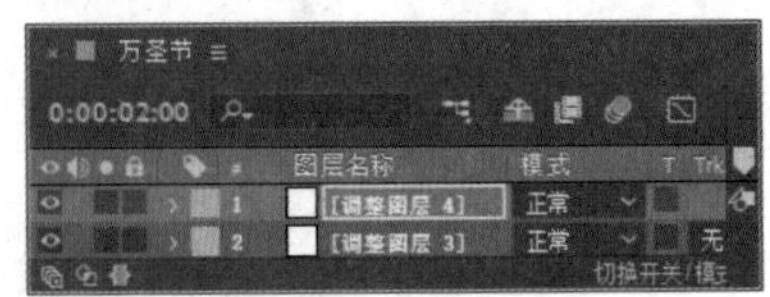

图 12.56 新建图层

9 在时间轴面板中将时间调整到 0:00:00:00 的位置，选中“调整图层 4”图层，在“效果和预设”面板中展开“模糊和锐化”特效组，然后双击“摄像机镜头模糊”特效。

10 在“效果控件”面板中修改“摄像机镜头模糊”特效的参数，设置“模糊半径”为 10.0，勾选“重复边缘像素”复选框，如图 12.57 所示。

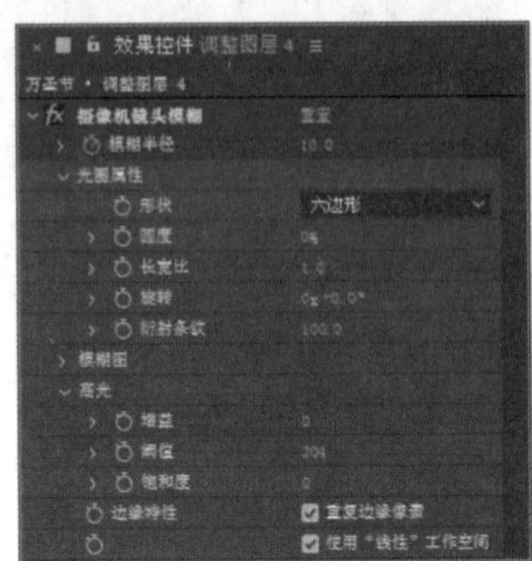

图 12.57 设置摄像机镜头模糊

11 在时间轴面板中将时间调整到 0:00:02:00 的位置，将“模糊半径”更改为 0.0，系统将自动添加关键帧，如图 12.58 所示。

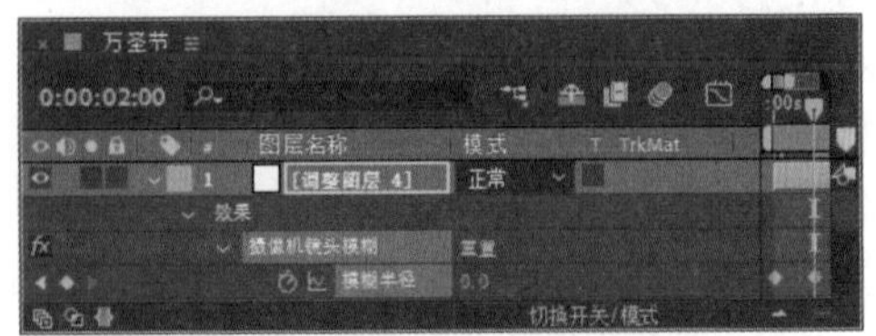

图 12.58 更改数值

12.2.4 制作总合成动画

1 执行菜单栏中的“合成”|“新建合成”命令，打开“合成设置”对话框，新建一个“合成名称”为“总合成动画”、“宽度”为 720、“高度”为 405、“帧速率”为 25、“持续时间”为 0:00:15:00、“背景颜色”为黑色的合成，如图 12.59 所示。

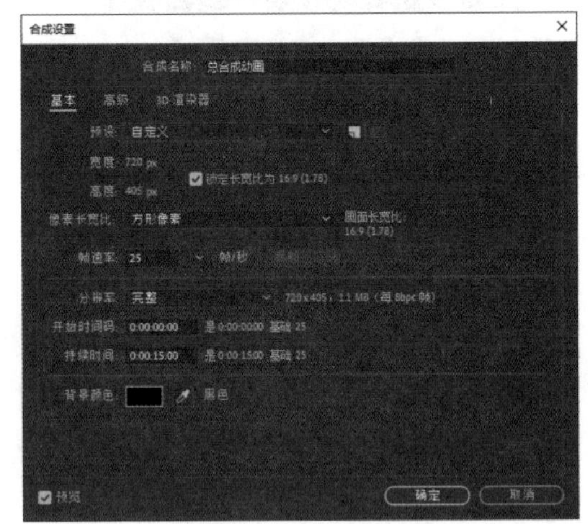

图 12.59 新建合成

2 在“项目”面板中选中“万圣节”合成，将其拖至时间轴面板中，如图 12.60 所示。

3 在时间轴面板中选中“万圣节”合成，执行菜单栏中的“图层”|“时间”|“在最后一帧上冻结”命令，如图 12.61 所示。

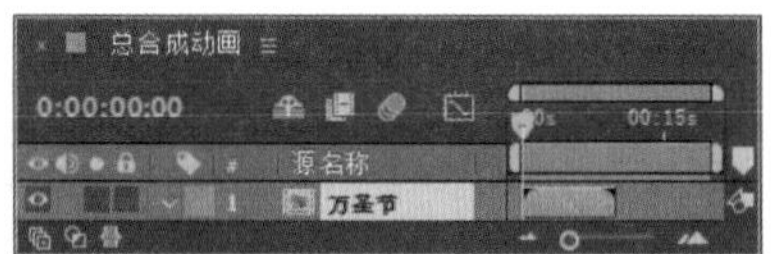
图 12.60　添加合成

图 12.61　在最后一帧上冻结

4 选择工具箱中的“横排文字工具”，在图像中添加文字，如图 12.62 所示。

图 12.62　添加文字

5 在时间轴面板中选中“文字”图层，将时间调整到0:00:10:00的位置，按R键打开“旋转”，单击“旋转”左侧码表，在当前位置添加关键帧，在视图中将文字向上移至图像之外的区域。

6 选择工具箱中的“向后平移锚点工具”，在视图中将文字中心点移至左侧中间位置，如图 12.63 所示。

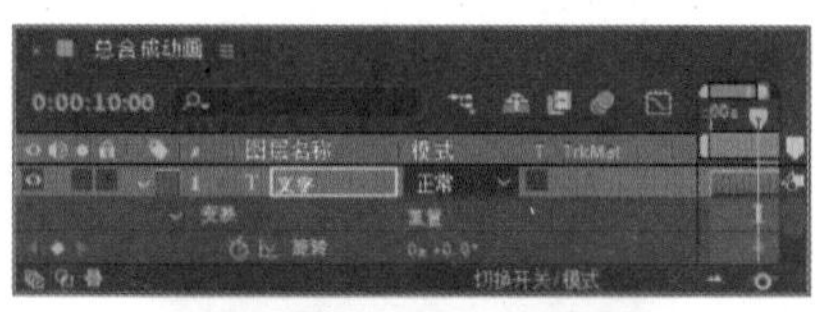

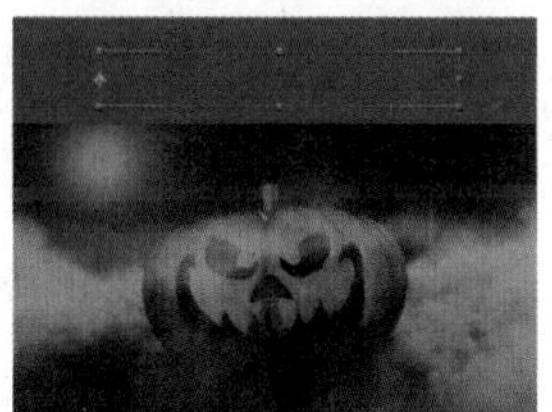
图 12.63　移动中心点

7 将时间调整到0:00:10:10的位置，将“旋转”数值更改为0x+25.0°，系统将自动添加关键帧，如图 12.64 所示。

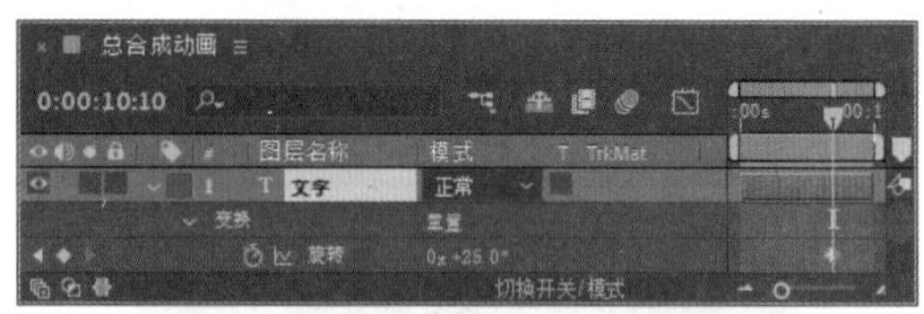

图 12.64　更改“旋转”数值 1

8 将时间调整到0:00:11:05的位置，将数值更改为0x-10.0°，系统将自动添加关键帧，如图 12.65 所示。

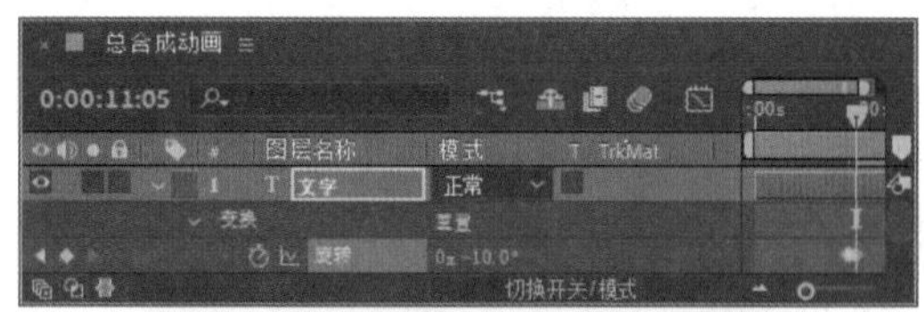

图 12.65　更改旋转数值 2

9 将时间调整到0:00:11:15的位置，将数值更改为0x+0.0°，系统将自动添加关键帧，如图 12.66 所示。

10 在时间轴面板中选中“文字”图层，将时间调整到0:00:10:00的位置，按P键打开“位置”，单击“位置”左侧码表，在当前位置添加关键帧，如图 12.67 所示。

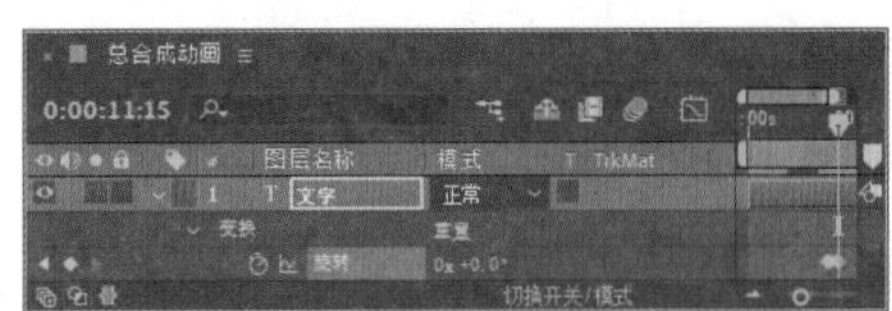

图 12.66　更改旋转数值 3

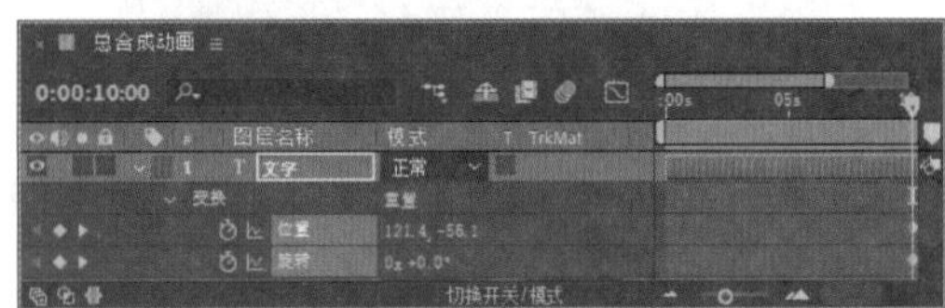

图 12.67　添加位置关键帧

11 将时间调整到 0:00:11:05 的位置，在图像中将文字向下拖动，系统将自动添加关键帧，如图 12.68 所示。

12 将时间调整到 0:00:11:15 的位置，在图像中再次将文字稍微向下拖动，系统将自动添加关键帧，如图 12.69 所示。

13 这样就完成了最终整体效果的制作，按小键盘上的 0 键即可在合成窗口中预览动画。

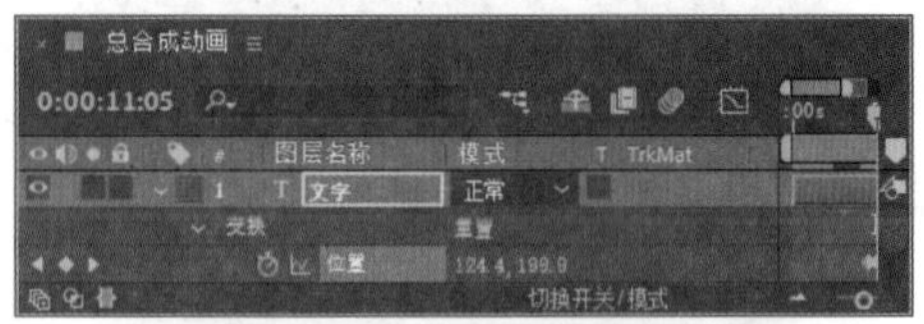

图 12.68　拖动文字 1

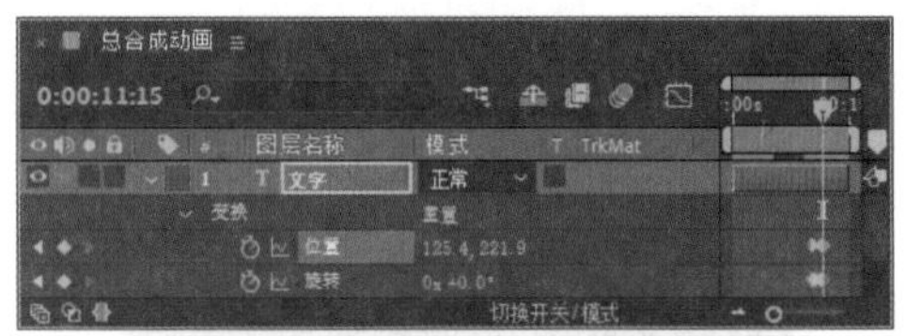

图 12.69　拖动文字 2

12.3　爆炸火焰视频设计

特效解析

本例主要讲解爆炸火焰视频设计。首先通过制作深色云层背景营造出昏暗的基调，再添加爆炸火焰效果完成整个视频设计，如图 12.70 所示。

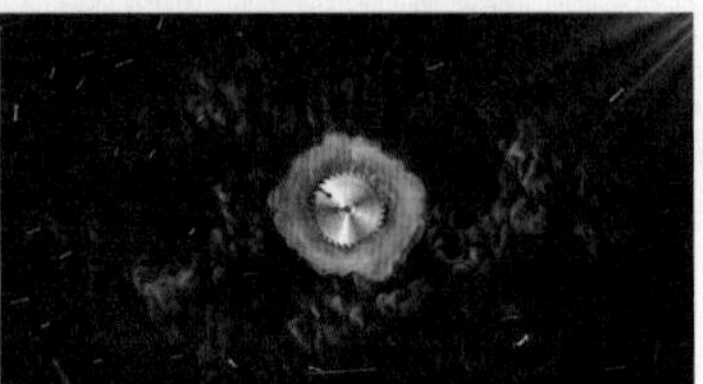

图 12.70　动画流程画面

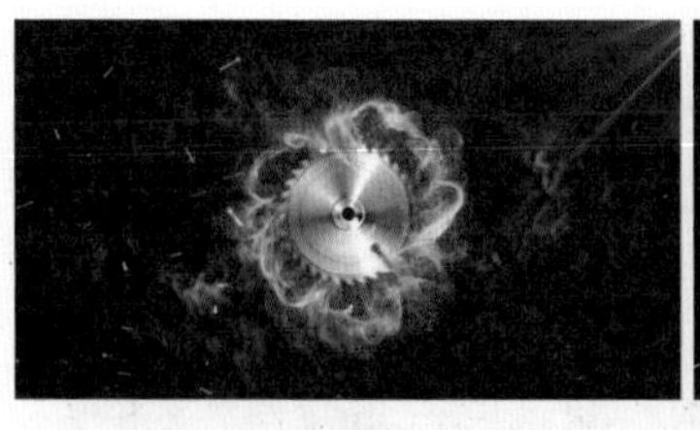 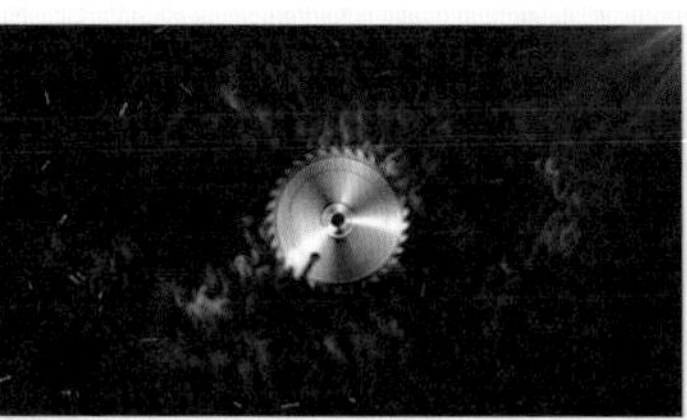 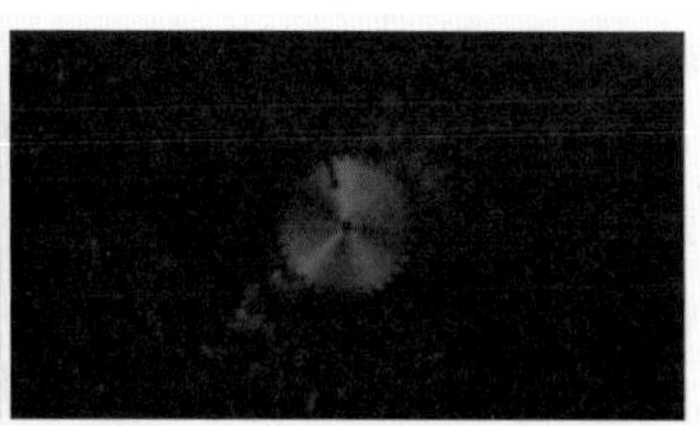

图 12.70 动画流程画面（续）

知识点

1. “分形杂色”特效
2. 蒙版
3. CC Vector Blur（CC 向量模糊）特效

视频文件

操作步骤

12.3.1 制作乌云动画

1 执行菜单栏中的“合成”|“新建合成”命令，打开“合成设置”对话框，新建一个“合成名称”为“云背景”、“宽度”为720、“高度”为405、“帧速率”为25、“持续时间”为0:00:10:00、“背景颜色”为黑色的合成，如图 12.71 所示。

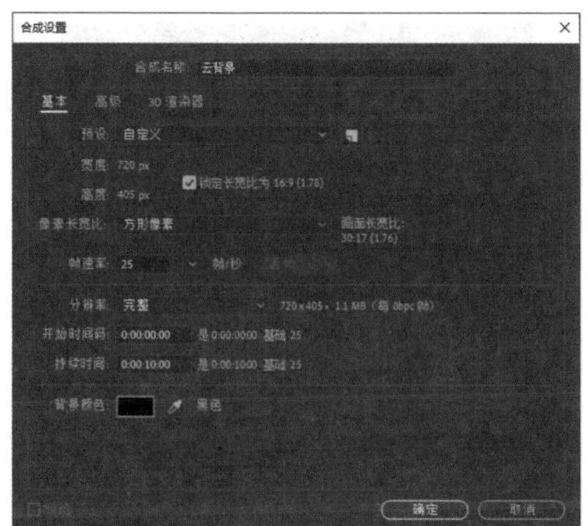

图 12.71 新建合成

2 执行菜单栏中的“文件”|“导入”|“文件”命令，打开“导入文件”对话框，选择“工程文件\第12章\爆炸火焰视频设计\标志.png、火焰.avi”素材，单击“导入”按钮，如图 12.72 所示。

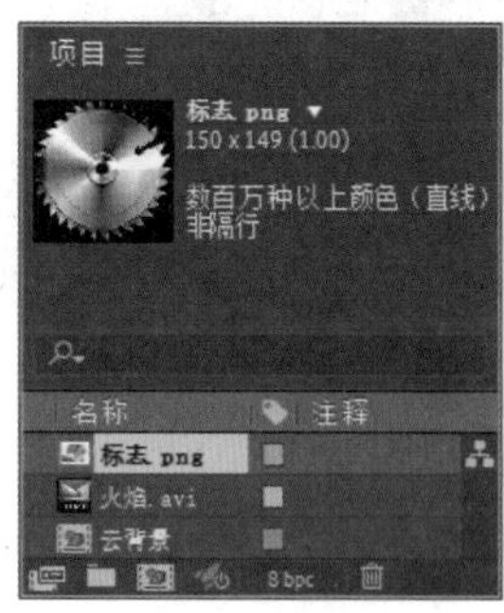

图 12.72 导入素材

3 执行菜单栏中的“图层”|“新建”|“纯色”命令，在弹出的对话框中将“名称”更改为“背景”，将“颜色”更改为黑色，完成后单击“确定”按钮，如图 12.73 所示。

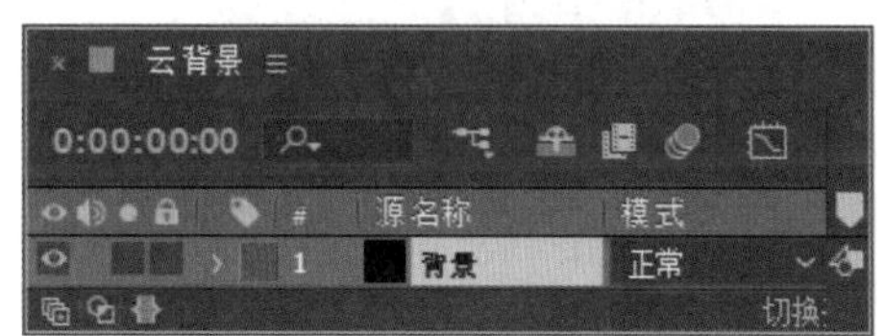

图 12.73 新建图层

4 在时间轴面板中选中“背景”图层，在“效果和预设”面板中展开“杂色和颗粒”特效组，然后双击“分形杂色”特效。

5 在“效果控件”面板中修改“分形杂色”特效的参数，设置“杂色类型”为“线性”，勾选“反转”复选框，将“对比度”设置为260.0，“亮度”为-50.0，“溢出”为“剪切”，展开“变换”选项组，将“旋转”设置为0x+55.0°，“复杂度”为8，如图12.74所示。

图 12.74 设置分形杂色

6 展开“子设置”选项组，将“子影响”更改为60.0，将“子缩放”更改为60.0，设置“演化”为0x+172.0°，“不透明度”为100.0%，如图12.75所示。

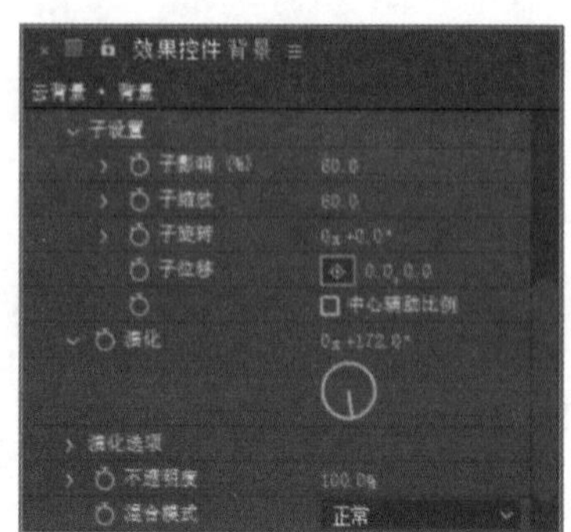

图 12.75 设置“子设置”选项组

图 12.75 设置“子设置”选项组（续）

7 在“效果和预设”面板中展开“模拟”特效组，然后双击CC Vector Blur（CC 向量模糊）特效。

8 在“效果控件”面板中修改CC Vector Blur（CC 向量模糊）特效的参数，设置Type（类型）为Direction Fading（直接阴影），Amount（数量）为50.0，Angle Offset（角度偏移）为0x+270.0°，Property（属性）为Lightness（亮度），Map Softness（贴图柔度）为50.0，如图12.76所示。

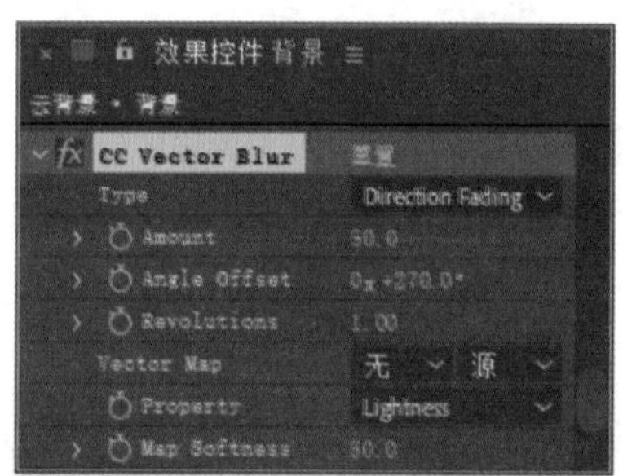

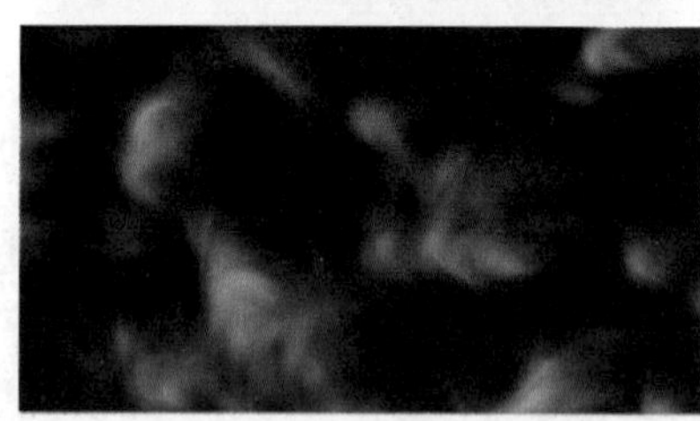

图 12.76 设置 CC Vector Blur（CC 向量模糊）特效

9 在时间轴面板中选中“背景”图层，将时间调整到0:00:00:00的位置。

10 在“效果控件”面板中选中“分形杂色”特效，展开“变换”选项组，单击“偏移（湍流）”左侧码表，在当前位置添加关键帧，将数值更改为（-55.0,415.0），如图12.77所示。

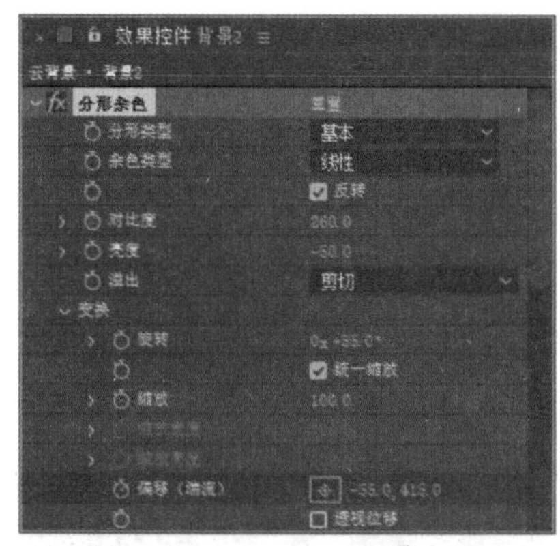

图 12.77 设置“变换”选项组

11 将时间调整到0:00:09:24的位置，将“偏移（湍流）”数值更改为（64.0,427.0），系统将自动添加关键帧，如图12.78所示。

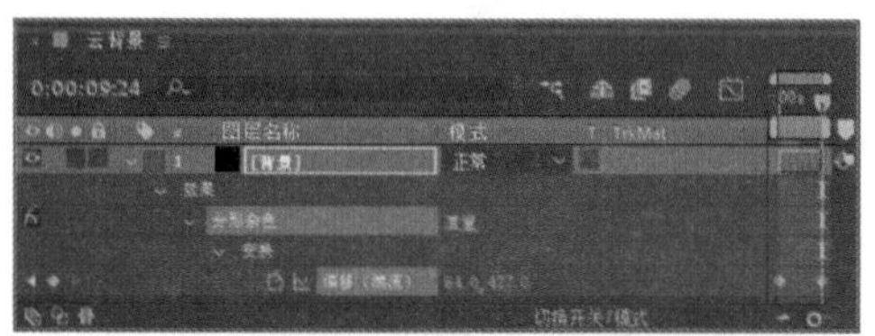

图 12.78 更改数值

12 将时间调整到0:00:00:00的位置，在“效果控件”面板中展开“演化”选项组，勾选“循环演化”复选框，按住Alt键单击“演化”左侧码表，输入time*10，为当前图层添加表达式，如图12.79所示。

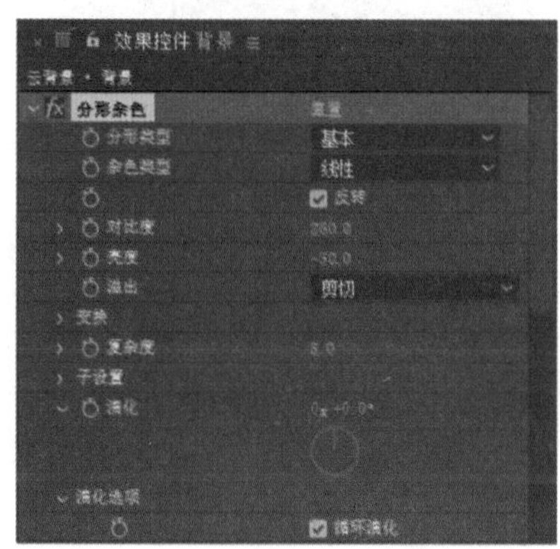

图 12.79 设置“演化”并添加表达式

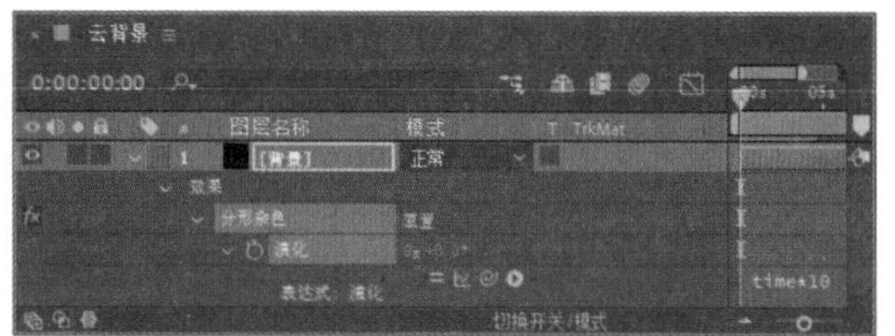

图 12.79 设置“演化”并添加表达式（续）

13 选中工具箱中的“椭圆工具”，选中“背景”图层，绘制一个椭圆蒙版，如图12.80所示。

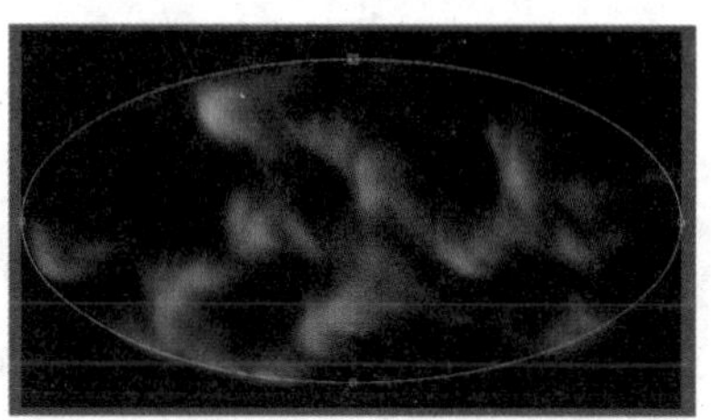

图 12.80 绘制蒙版

14 在时间轴面板中按F键打开“蒙版羽化”，将数值更改为（130.0,130.0），如图12.81所示。

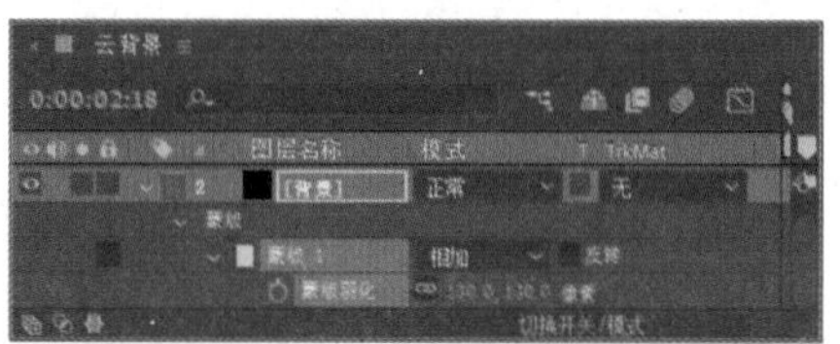

图 12.81 添加蒙版羽化

15 在时间轴面板中选中“背景”图层，按Ctrl+D组合键复制出一个“背景2”图层，如图12.82所示。

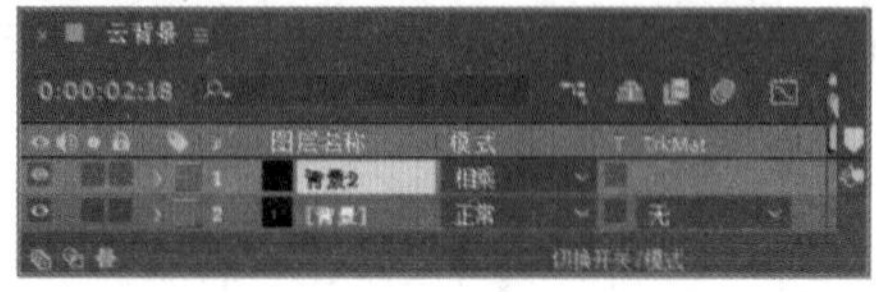

图 12.82 复制图层

16 选中“背景2”图层，在“效果控件”面板中单击CC Vector Blur（CC向量模糊）效果左侧的图标，将效果暂时隐藏。

17 选中“分形杂色”效果，将“杂色类型”

更改为“柔和线性”，取消勾选“反转”复选框，展开“变换”选项组，将“缩放”更改为10，如图12.83所示。

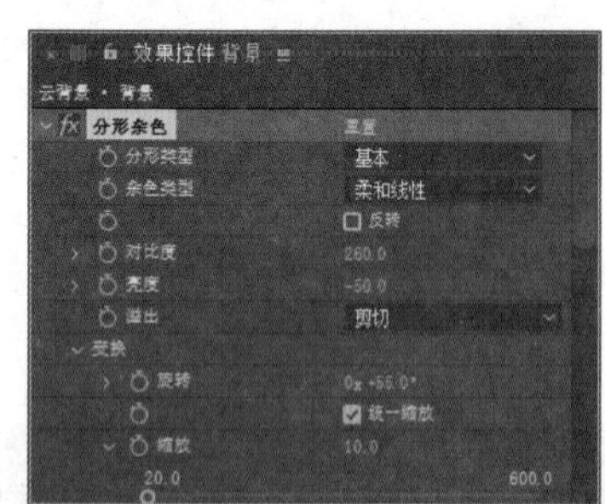

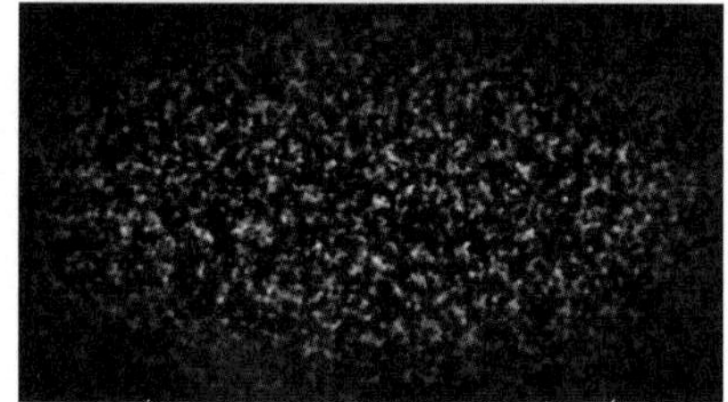

图12.83　设置分形杂色

18 单击CC Vector Blur（CC向量模糊）效果左侧的图标fx显示效果，设置Amount（数量）为20.0，Angle Offset（角度偏移）为0x+313.0°，Map Softness（贴图柔度）为10.0，如图12.84所示。

图12.84　设置CC Vector Blur（CC向量模糊）

19 在时间轴面板中选中“背景2”图层，在“效果和预设”面板中展开“扭曲”特效组，然后双击“湍流置换”特效。

20 在“效果控件”面板中修改“湍流置换”特效的参数，设置“数量”为20.0，“大小”为60.0，如图12.85所示。

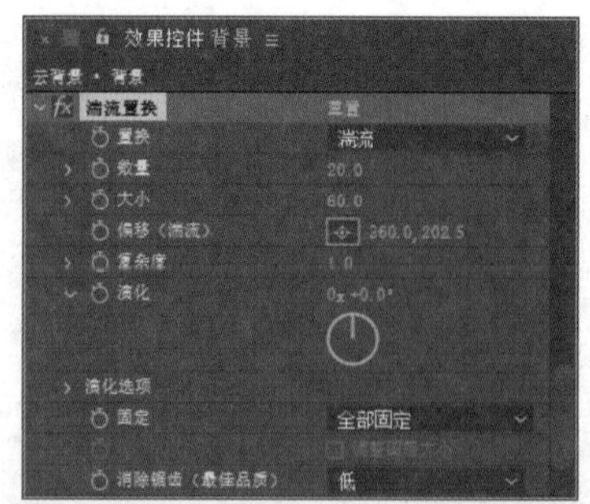

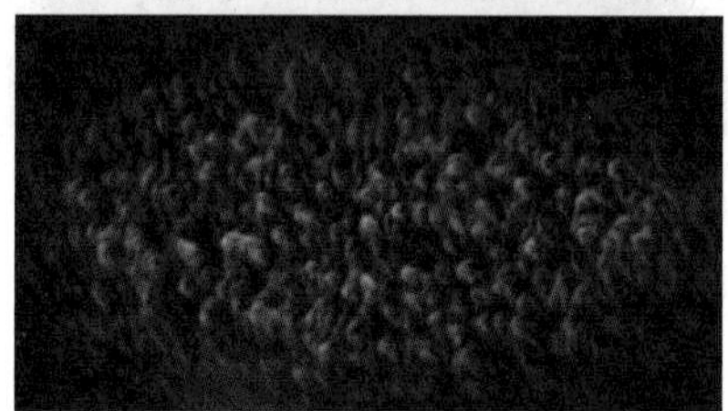

图12.85　设置湍流置换

21 将时间调整到0:00:09:24的位置，在“效果控件”面板中展开“湍流置换”中的“演化”选项组，勾选“循环演化”复选框，按住Alt键单击“演化”左侧码表，输入time*20，为当前图层添加表达式，如图12.86所示。

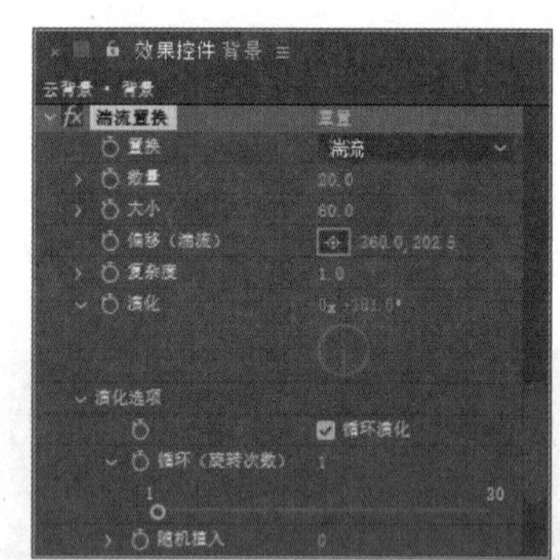

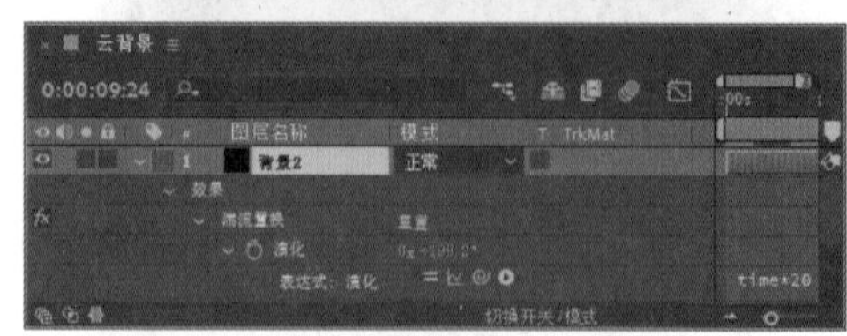

图12.86　调整参数并添加表达式

22 在时间轴面板中选中“背景2”图层，将其图层模式更改为“相乘”，如图12.87所示。

图 12.87 更改图层模式

23 在时间轴面板中选中“背景 2”图层，在“效果和预设”面板中展开“颜色校正”特效组，然后双击“曲线”特效。

24 在“效果控件”面板中修改“曲线”特效的参数，调整曲线，提升图像亮度，如图 12.88 所示。

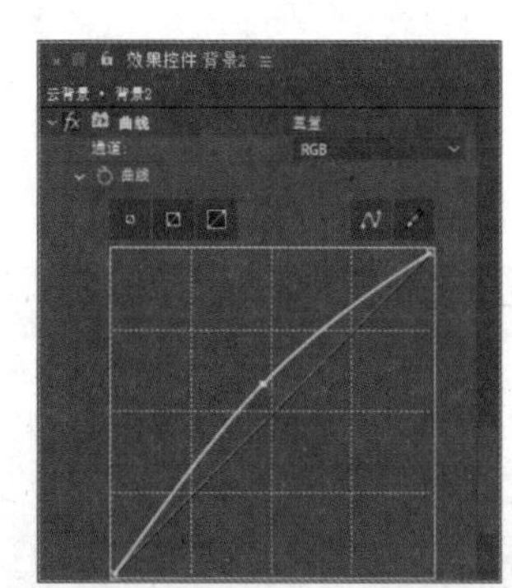

图 12.88 调整曲线

12.3.2 制作光线动画

1 执行菜单栏中的“合成”|“新建合成”命令，打开“合成设置”对话框，新建一个“合成名称”为“光线”、“宽度”为 720、“高度”为 405、“帧速率”为 25、“持续时间”为 0:00:10:00、“背景颜色”为黑色的合成，如图 12.89 所示。

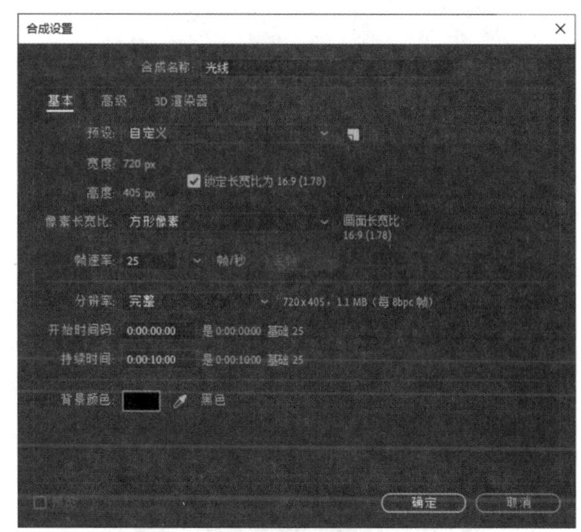

图 12.89 新建合成

2 执行菜单栏中的“图层”|“新建”|“纯色”命令，在弹出的对话框中将“名称”更改为“底色”，将“颜色”更改为黑色，完成后单击“确定”按钮，如图 12.90 所示。

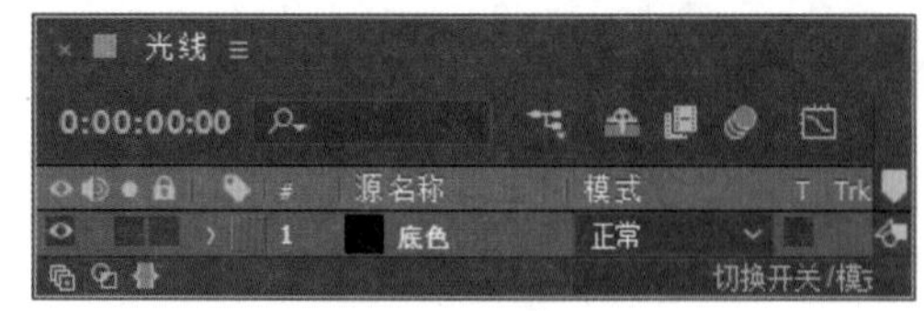

图 12.90 新建纯色层

3 在时间轴面板中选中“底色”图层，在“效果和预设”面板中展开“杂色和颗粒”特效组，然后双击“分形杂色”特效。

4 在“效果控件”面板中修改“分形杂色”特效的参数，设置“分形类型”为“脏污”，“杂色类型”为“柔和线性”，“对比度”为 440.0，“亮度”为 -30.0；展开“变换”选项组，设置“缩放”为 5.0，“复杂度”为 8.0，如图 12.91 所示。

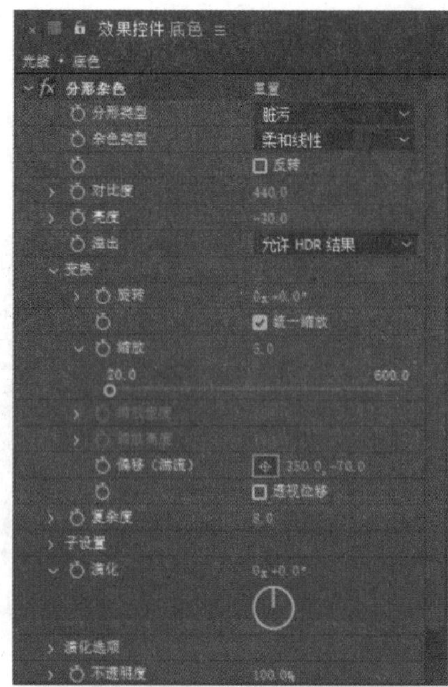

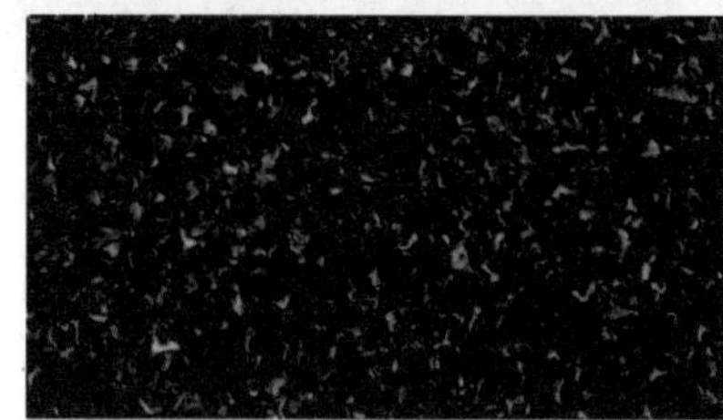

图 12.91　设置分形杂色

5 将时间调整到0:00:00:00的位置，在“效果控件”面板中展开“分形杂色”中的“演化”选项组，按住 Alt 键单击“演化”左侧码表，输入 time*40，为当前图层添加表达式，如图 12.92 所示。

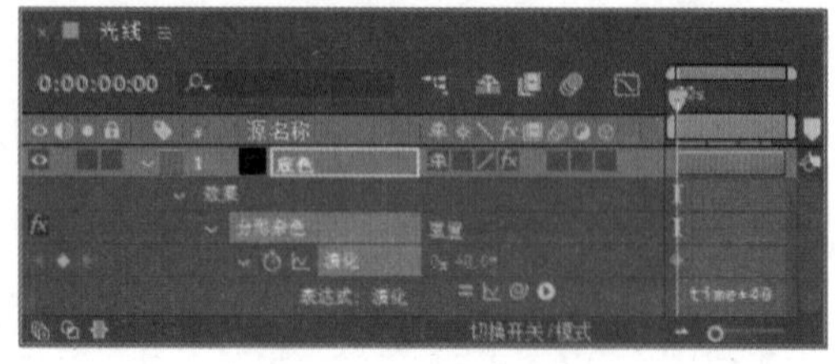

图 12.92　添加表达式

6 选中工具箱中的“椭圆工具”，选中“底色”图层，在图像右上角位置绘制一个圆形蒙版路径，如图 12.93 所示。

图 12.93　绘制蒙版

7 在时间轴面板中选中“底色”图层，在“效果和预设”面板中展开“模糊和锐化”特效组，然后双击 CC Radial Fast Blur（CC 快速放射模糊）特效。

8 在“效果控件”面板中，修改 CC Radial Fast Blur（CC 快速放射模糊）特效的参数，设置 Center（中心）为（765.0,0.0），Amount（数量）为 96.0，Zoom（镜头）为 Brightest（明亮），如图 12.94 所示。

图 12.94　设置 CC Radial Fast Blur（CC 快速放射模糊）

12.3.3　制作动画合成

1 执行菜单栏中的“合成”|“新建合成”命令，打开“合成设置”对话框，新建一个“合成名称”为“动画合成”、“宽度”为 720、“高度”为 405、“帧速率”为 25、“持续时间”为 00:00:10:00、“背景颜色”为黑色的合成，如图 12.95 所示。

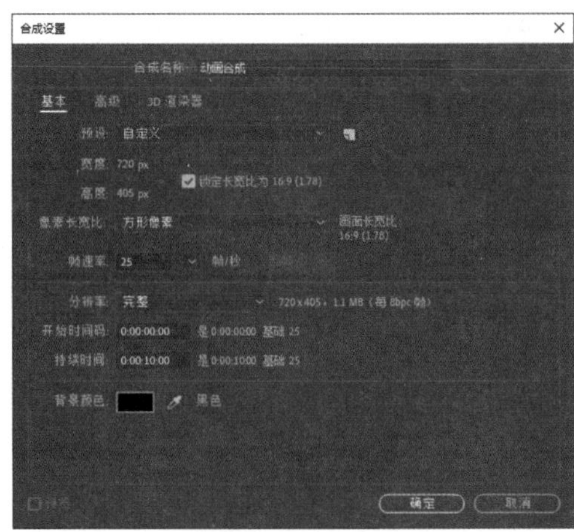

图 12.95 新建合成

2 在“项目”面板中选中“云背景”合成，将其拖至时间轴面板，如图 12.96 所示。

图 12.96 添加素材图像

3 选中“云背景”合成，选中工具箱中的“椭圆工具”，在图像中绘制一个椭圆蒙版路径，如图 12.97 所示。

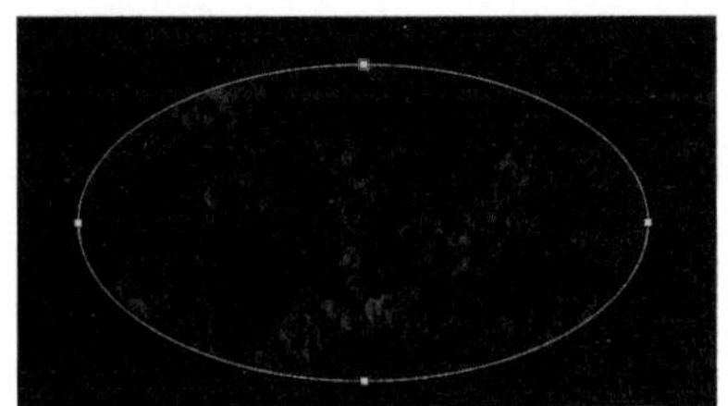

图 12.97 绘制蒙版路径

4 按 F 键打开“蒙版羽化”，将其数值更改为（120.0,120.0），如图 12.98 所示。

5 在时间轴面板中选中“云背景”图层，按 Ctrl+D 组合键复制出一个“云背景”图层，将复制生成的图层模式更改为“相加”，如图 12.99 所示。

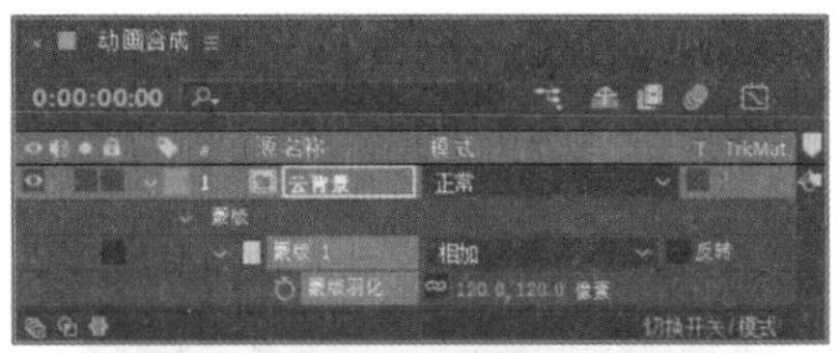

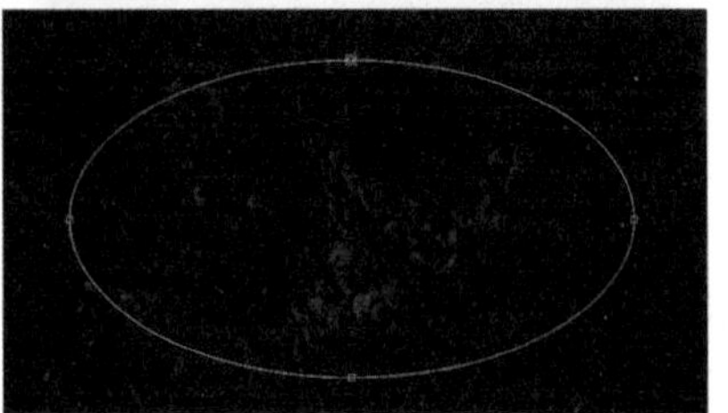

图 12.98 添加蒙版羽化

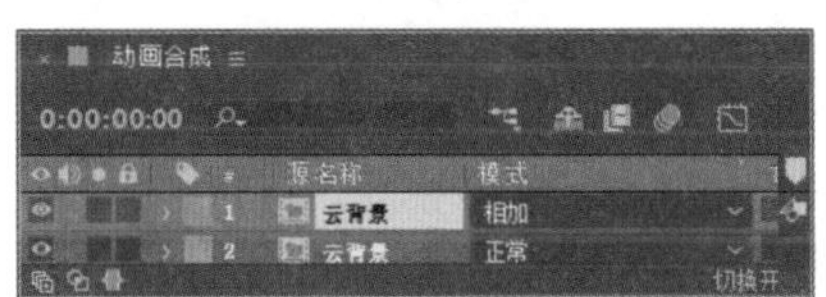

图 12.99 复制图层

6 在“项目”面板中选中“光线”合成，将其拖至时间轴面板，将其图层模式更改为“屏幕”，如图 12.100 所示。

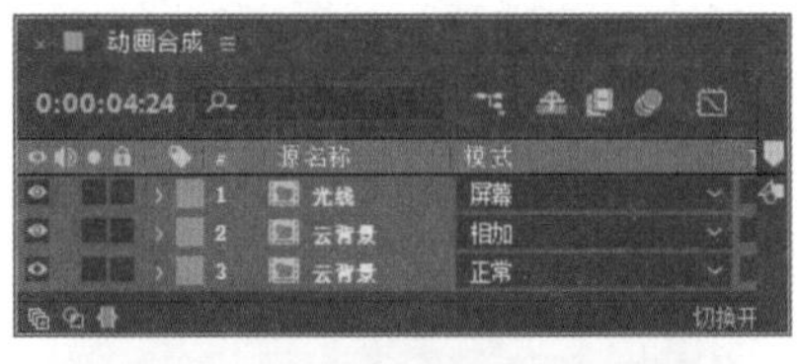

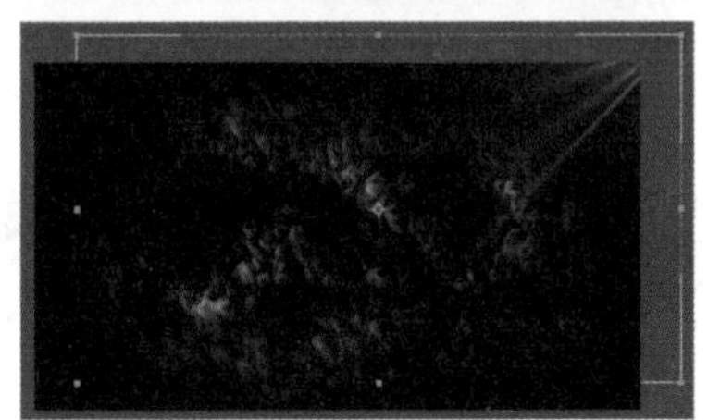

图 12.100 添加合成

12.3.4 添加粒子元素

1 执行菜单栏中的“图层”|“新建”|“纯

色”命令，在弹出的对话框中将“名称”更改为“粒子”，将“颜色”更改为黑色，完成后单击“确定”按钮，如图 12.101 所示。

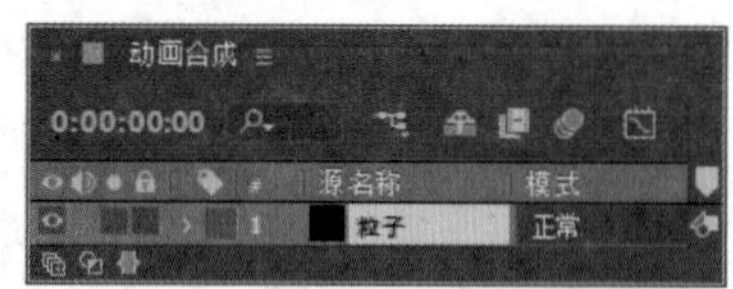

图 12.101　新建粒子图层

2 在时间线面板中选中“粒子”图层，在“效果和预设”面板中展开“模拟”特效组，然后双击 CC Particle World（CC 粒子世界）特效。

3 在“效果控件”面板中修改 CC Particle World（CC 粒子世界）特效的参数，将 Birth Rate（生长速率）更改为 0.5，将 Longevity (sec)（寿命）更改为 3.00，如图 12.102 所示。

图 12.102　设置参数

4 展开 Producer（生产者）选项组，设置 Position X（X 轴位置）为 -0.60，Position Y（Y 轴位置）为 0.36，Radius X（X 轴半径）为 1.000，Radius Y（Y 轴半径）为 0.400，Radius Z（Z 轴半径）为 1.000，如图 12.103 所示。

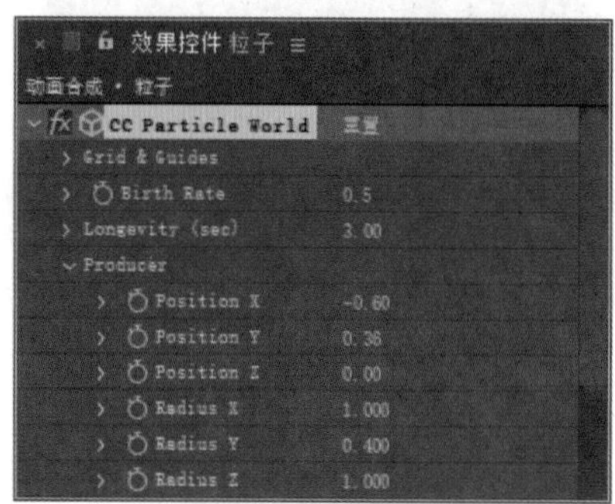

图 12.103　设置 Producer（生产者）参数

5 展开 Physics（物理学）选项组，将 Animation（动画）更改为 Twirl（扭曲），将 Gravity（重力）更改为 0.050，将 Extra（额外）更改为 1.20，将 Extra Angle（额外角度）更改为 0x+210.0°。

6 展开 Direction Axis（方向轴线）选项组，将 Axis X（X 轴）更改为 0.130。

7 展开 Gravity Vector（重力矢量）选项组，将 Gravity X（X 轴重力）更改为 0.130，将 Gravity Y（Y 轴重力）更改为 0.000，如图 12.104 所示。

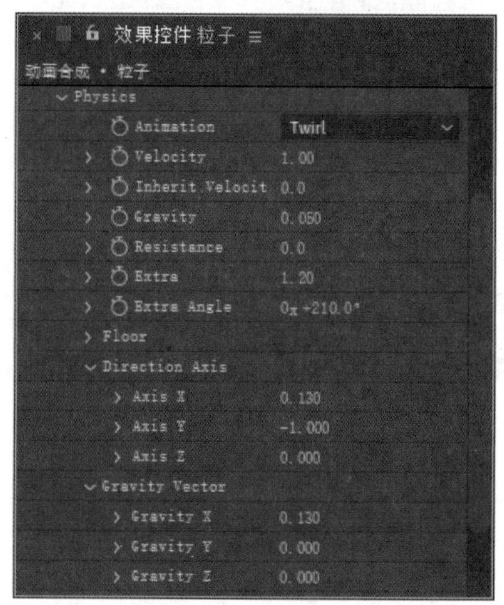

图 12.104　设置参数

8 展开 Particle（粒子）选项组，将 Particle Type（粒子类型）更改为 Faded Sphere（球形衰减），将 Birth Size（出生大小）更改为 0.120，将 Death Size（死亡大小）更改为 0，将 Size Variation（尺寸变化）更改为 50.0%，将 Max Opacity（最大不透明度）更改为 100.0%，如图 12.105 所示。

9 在“效果和预设”面板中展开“过时”特效组，然后双击“高斯模糊”特效。

10 在“效果控件”面板中修改“高斯模糊”特效的参数，设置“模糊度”为 2.0，如图 12.106 所示。

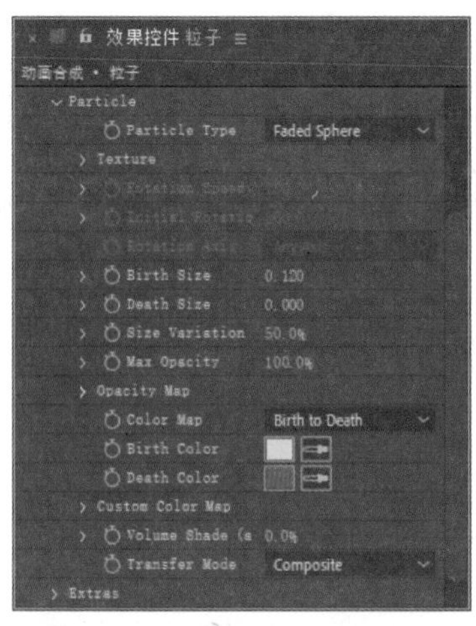

图 12.105 设置 Particle（粒子）选项

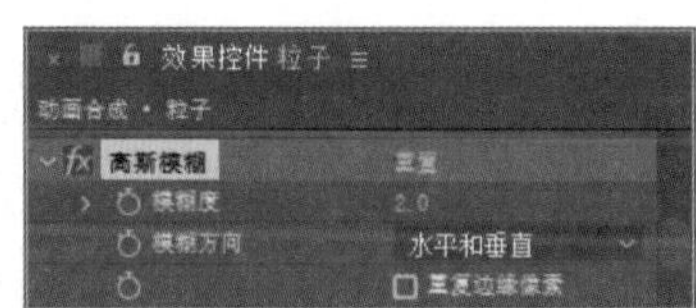

图 12.106 设置模糊度

11 在时间线面板中选中“粒子”图层，按 Ctrl+D 组合键将图层复制一份，将复制的粒子图层模式更改为“相加”，在“效果控件”面板中展开 Particle（粒子）选项组，将 Particle Type（粒子类型）更改为 Motion Polygon（运动多边形），如图 12.107 所示。

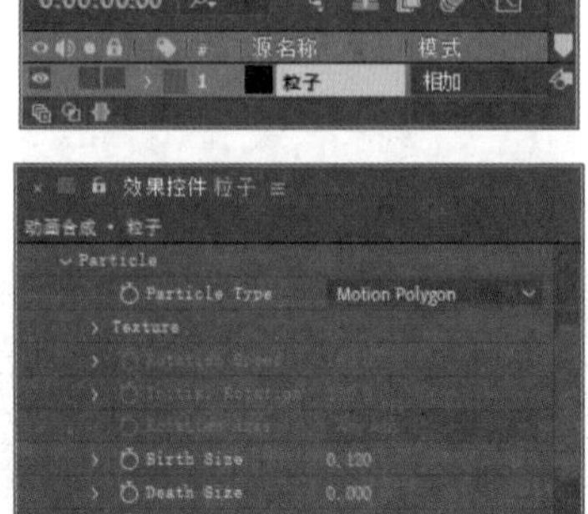

图 12.107 复制图层并设置参数

12.3.5 对图像进行调色

1 执行菜单栏中的“图层”|“新建”|“调整图层”命令，新建一个“调整图层 1”图层。

2 在时间轴面板中选中“调整图层 1”图层，在“效果和预设”面板中展开“颜色校正”特效组，然后双击“照片滤镜”特效。

3 在“效果控件”面板中修改“照片滤镜”特效的参数，设置“滤镜”为“冷色滤镜（80）”，将“密度”更改为 30.0%，如图 12.108 所示。

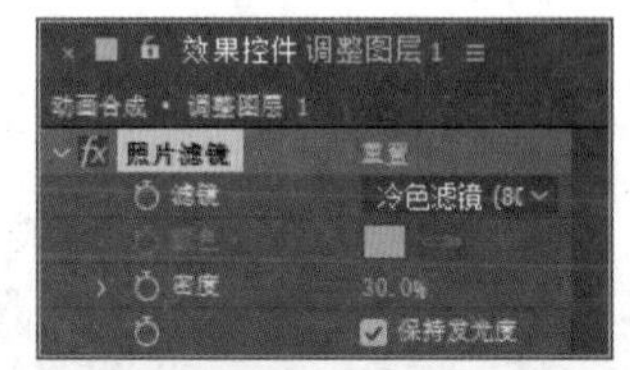

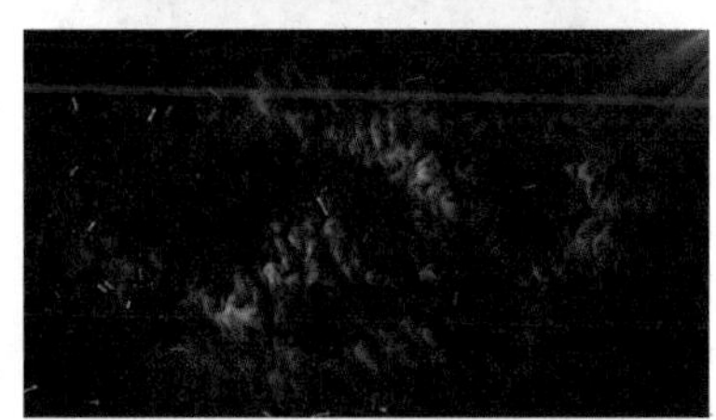

图 12.108 设置照片滤镜

4 在“效果和预设”面板中展开“颜色校正”特效组，然后双击“色阶”特效。

5 在“效果控件”面板中修改“色阶”特效的参数，设置“蓝色输入白色”为 217.0，如图 12.109 所示。

6 在“项目”面板中选中“火焰 .avi”及“标志 .png”素材，将其拖至时间轴面板。

7 在时间轴面板中选中“火焰 .avi”图层，将时间调整到 0:00:02:00 的位置，按 [键设置图层入点，再将其图层模式更改为“屏幕”，如图 12.110 所示。

8 在时间轴面板中选中“标志 .png”图层，将时间调整到 0:00:00:00 的位置，按 S 键打开“缩放”，单击“缩放”左侧码表，在当前位置添加关键帧，将数值更改为（0.0,0.0%），如图 12.111 所示。

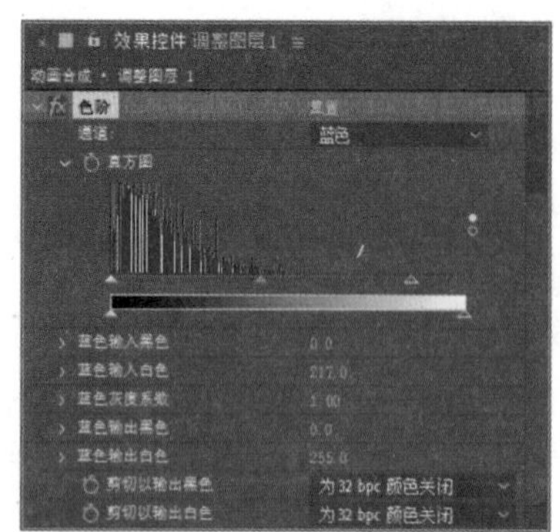

图 12.109　调整色阶

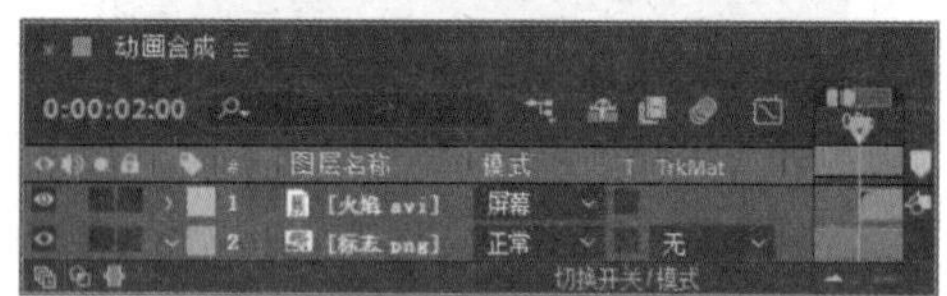

图 12.110　设置图层模式

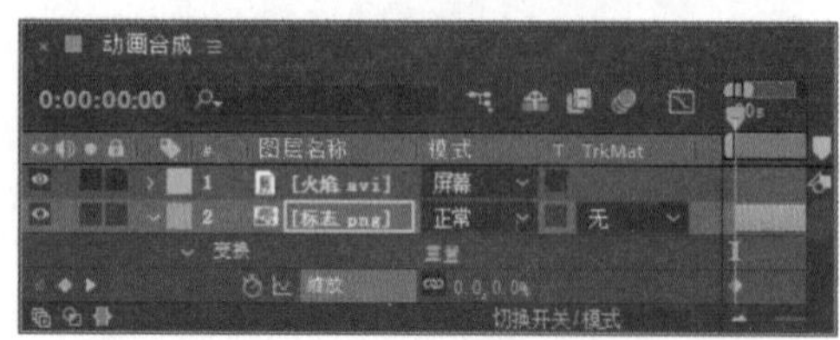

图 12.111　添加缩放关键帧

9 将时间调整到 0:00:02:00 的位置，单击“缩放”左侧图标，在当前位置添加一个延时帧；将时间调整到 0:00:03:00 的位置，将“缩放”更改为（100.0,100.0%），系统将自动添加关键帧，单击“运动模糊”图标，为当前动画添加运动模糊效果，如图 12.112 所示。

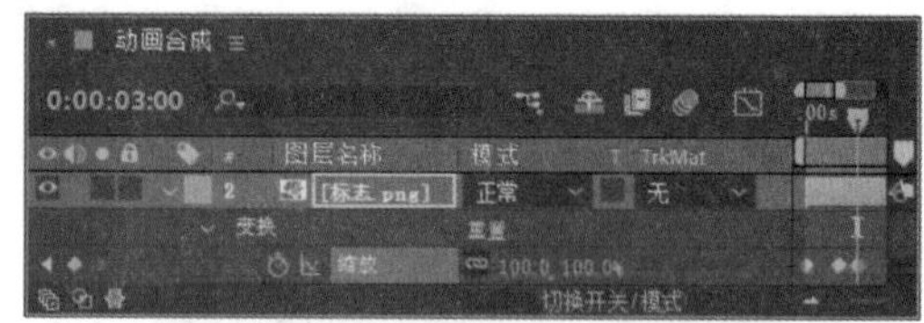

图 12.112　添加缩放及运动模糊效果

10 在时间轴面板中，选中“标志.png”图层，将时间调整到 0:00:02:00 的位置，按 R 键打开“旋转”，单击“旋转”左侧码表，在当前位置添加关键帧。

11 将时间调整到 0:00:09:24 的位置，将数值更改为 -5x+0.0°，系统将自动添加关键帧，如图 12.113 所示。

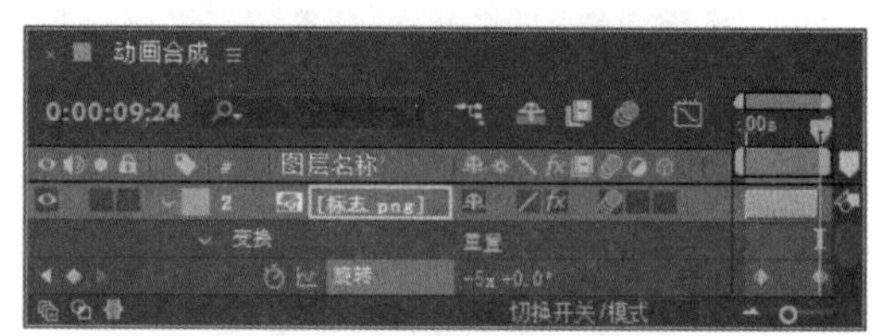

图 12.113　添加旋转效果

12 在时间轴面板中选中“调整图层”图层，在“效果控件”面板中选中“照片滤镜”效果，按 Ctrl+C 组合键对其进行复制，选中“标志.png”图层，在“效果控件”面板中按 Ctrl+V 组合键进行粘贴，如图 12.114 所示。

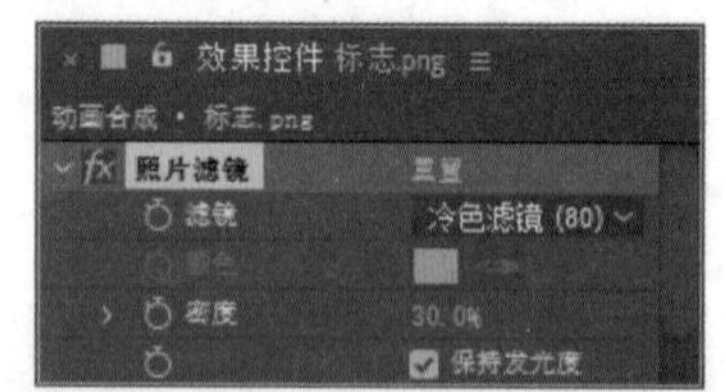

图 12.114　复制并粘贴效果

12.3.6 添加结尾和开头动画

1 执行菜单栏中的“图层”|“新建”|“纯色”命令，在弹出的对话框中将“名称”更改为“遮罩”，将“颜色”更改为黑色，完成后单击“确定”按钮，如图 12.115 所示。

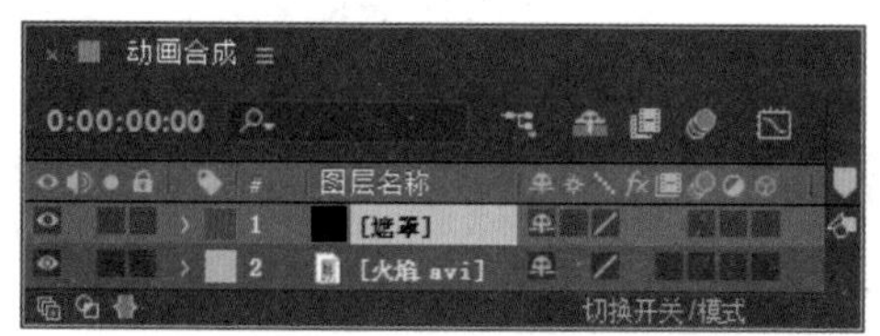

图 12.115 新建图层

2 在时间轴面板中将时间调整到 0:00:00:00 的位置，选中“遮罩”图层，按 T 键打开“不透明度”，单击“不透明度”左侧码表，在当前位置添加关键帧。

3 将时间调整到 0:00:02:00 的位置，将数值更改为 0%，系统将自动添加关键帧，如图 12.116 所示。

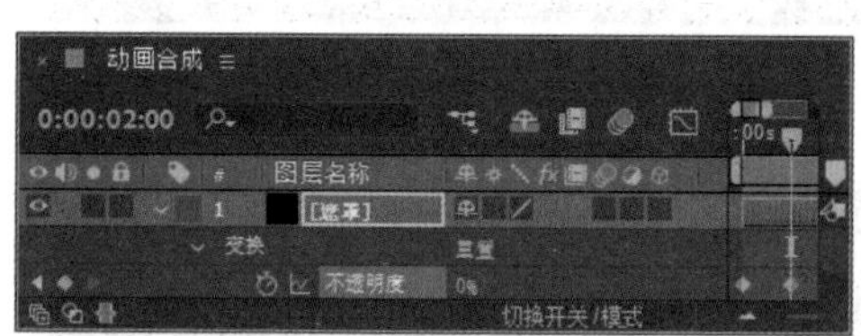

图 12.116 制作不透明度动画 1

4 将时间调整到 0:00:07:00 的位置，单击“不透明度”左侧图标，在当前位置添加一个延时帧，将时间调整到 0:00:09:24 的位置，将“不透明度”更改为 100%，系统将自动添加关键帧，如图 12.117 所示。

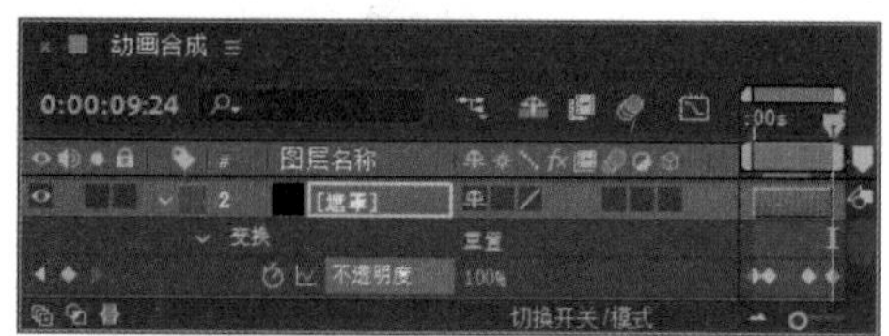

图 12.117 制作不透明度动画 2

5 执行菜单栏中的“图层”|“新建”|“调整图层”命令，新建一个“调整图层 2”，如图 12.118 所示。

图 12.118 新建调整图层

6 在时间轴面板中将时间调整到 0:00:00:00 的位置，选中“调整图层 2”图层，在“效果和预设”面板中展开“模糊和锐化”特效组，然后双击“摄像机镜头模糊”特效。

7 在“效果控件”面板中修改“摄像机镜头模糊”特效的参数，设置“模糊半径”为 5.0，“衍射条纹”为 200.0，“阈值”为 200，如图 12.119 所示。

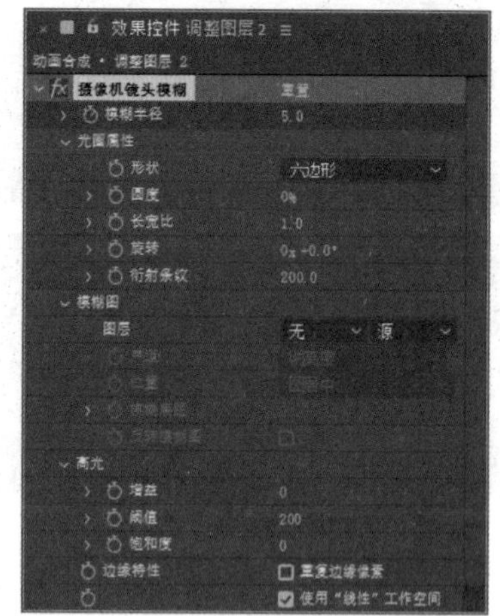

图 12.119 设置摄像机镜头模糊

8 将时间调整到 0:00:02:00 的位置，将“模糊半径”更改为 0.0，如图 12.120 所示。

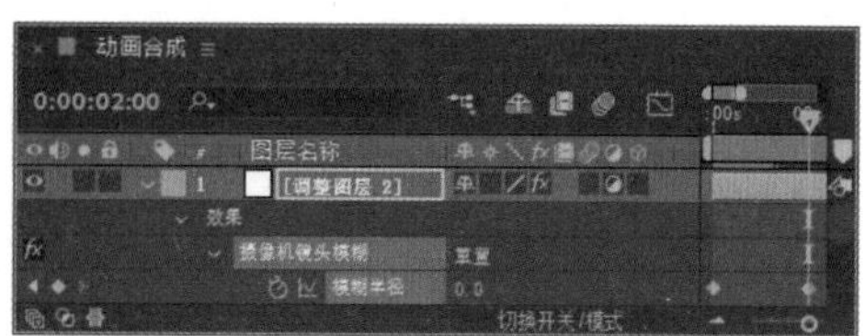

图 12.120 更改数值

9 将时间调整到0:00:07:00的位置，单击“模糊半径”左侧图标◇，在当前位置添加一个延时帧，将时间调整到0:00:09:24的位置，将“模糊半径”更改为5.0，系统将自动添加关键帧，制作出模糊动画效果，如图12.121所示。

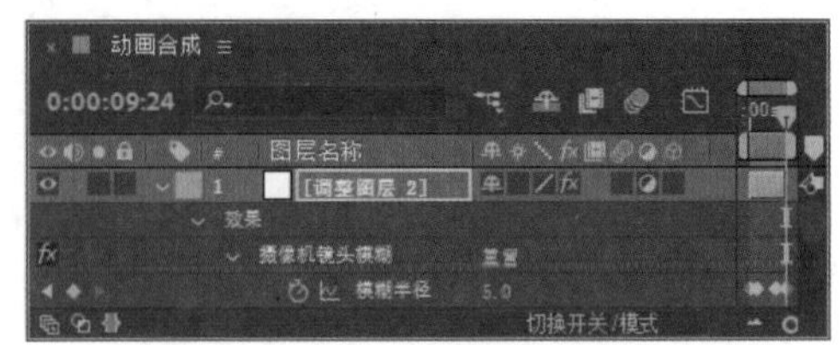

图 12.121 制作模糊动画

10 这样就完成了最终整体效果的制作，按小键盘上的0键即可在合成窗口中预览动画。

12.4 史诗级片头动画设计

特效解析

本例主要讲解史诗级片头动画的设计。本例选用了大气的史诗级氛围元素，通过添加效果控件制作出粒子及光效图像，整体动画效果非常大气、出色，如图12.122所示。

图 12.122 动画流程画面

知识点

1. “分形杂色”特效
2. “高斯模糊”特效
3. “梯度渐变”特效
4. “反转”特效
5. “碎片”特效
6. “曲线”特效

视频文件

操作步骤

12.4.1 制作开场背景动画

1 执行菜单栏中的“合成”|“新建合成”命令，打开“合成设置”对话框，设置“合成名称”为“开场”，“宽度”为720，“高度”为405，“帧速率”为25，并设置“持续时间”为00:00:10:00，“背景颜色”为黑色，完成后单击“确定”按钮，如图12.123所示。

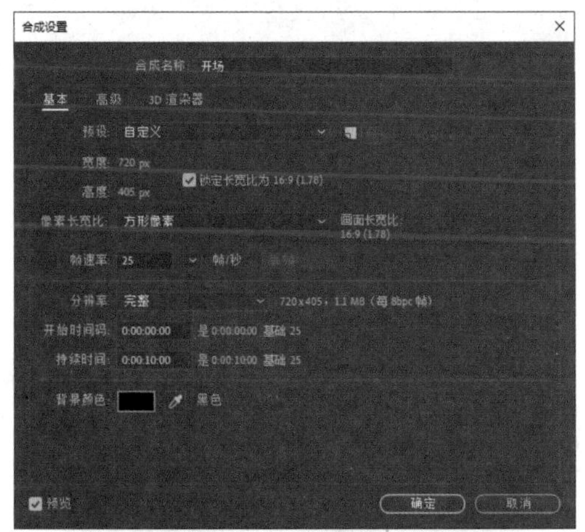

图 12.123 新建合成

2 执行菜单栏中的“文件”|“导入”|“文件”命令，打开“导入文件”对话框，选择“工程文件\第12章\史诗级片头动画设计\纹理.jpg、炫光.jpg”素材，单击“导入”按钮，如图12.124所示。

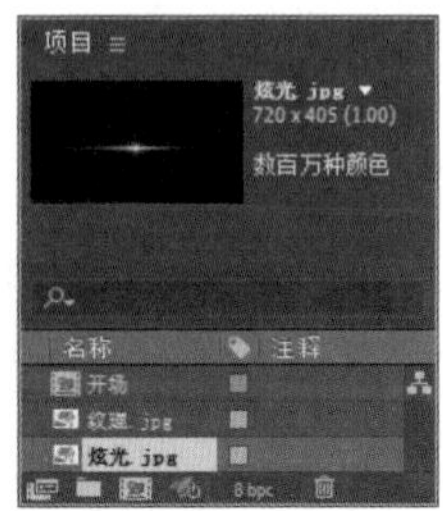

图 12.124 导入素材

3 执行菜单栏中的“图层”|“新建”|“纯色”命令，在弹出的对话框中将“名称”更改为“背景”，将“颜色”更改为黑色，完成后单击“确定”按钮，如图12.125所示。

图 12.125 新建纯色层

4 在时间轴面板中将时间调整到0:00:00:00的位置，选中“背景”图层，在“效果和预设”面板中展开“杂色和颗粒”特效组，然后双击“分形杂色”特效。

5 在“效果控件”面板中修改“分形杂色”特效的参数，设置“分形类型”为“小凸凹”，“杂色类型”为“样条”，“对比度”为86.0，“亮度”为-20.0，如图12.126所示。

6 展开“变换”，将“旋转”更改为0x+35.0°，将“缩放”更改为30.0，如图12.127所示。

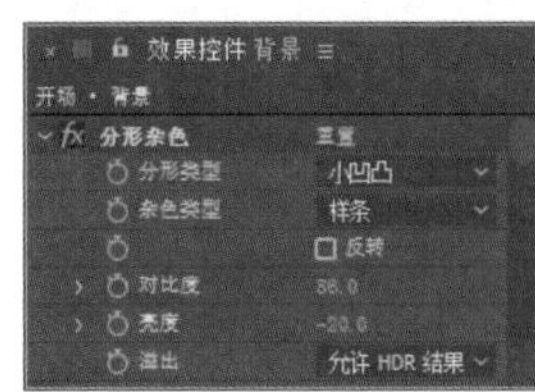

图 12.126 设置数值 图 12.127 设置变换

7 按住Alt键单击“演化”左侧码表，输入time*50，为当前图层添加表达式，如图12.128所示。

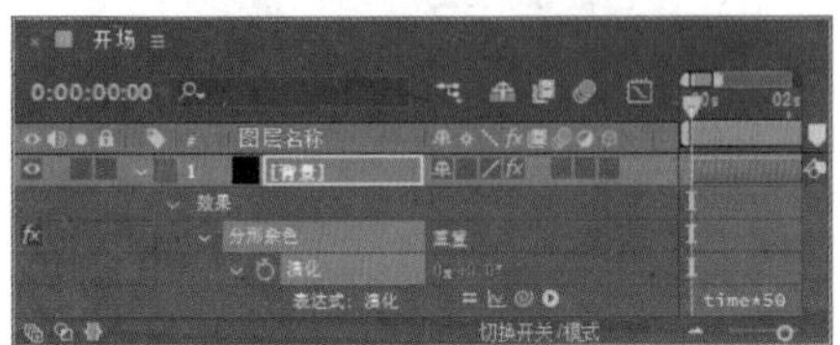

图 12.128 添加表达式

8 在时间轴面板中选中“背景”图层，在“效果和预设”面板中展开“过时”特效组，然后双击

“高斯模糊（旧版）”特效。

9 在“效果控件”面板中修改“高斯模糊（旧版）”特效的参数，设置“模糊度”为 8.0，如图 12.129 所示。

图 12.129 设置高斯模糊

10 选择工具箱中的“椭圆工具”，绘制一个椭圆路径，如图 12.130 所示。

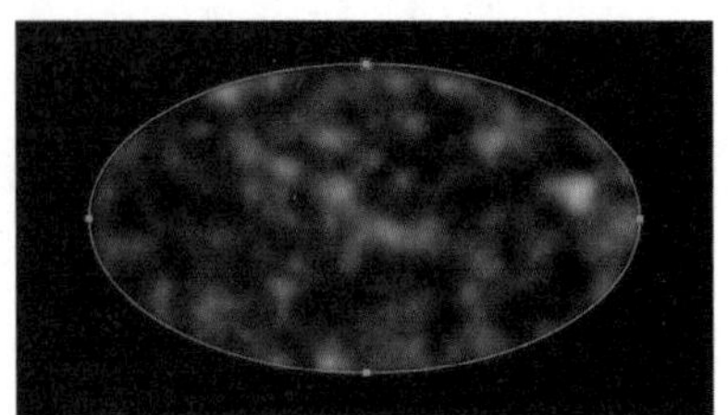

图 12.130 绘制路径

11 按 F 键在时间轴面板中打开“蒙版羽化”，将数值更改为（200.0,200.0），如图 12.131 所示。

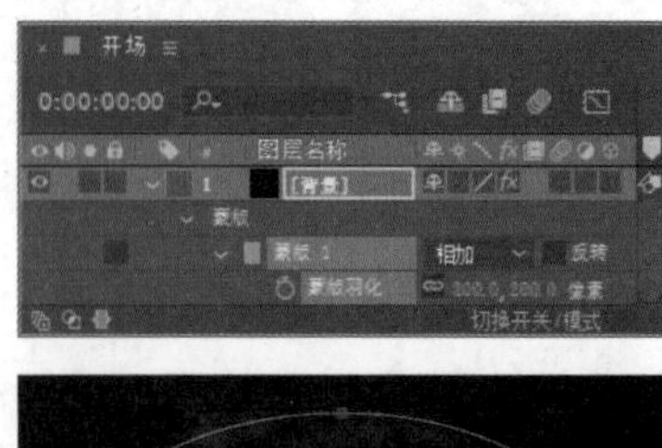

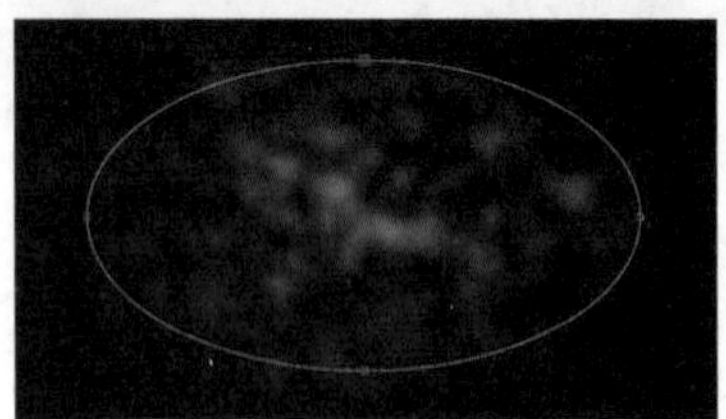

图 12.131 设置蒙版羽化

12.4.2 制作立体文字动画

1 执行菜单栏中的“合成”|“新建合成”命令，打开“合成设置”对话框，设置“合成名称”为“立体文字”，“宽度”为 720，“高度”为 405，“帧速率”为 25，并设置“持续时间”为 0:00:10:00，“背景颜色”为黑色，完成后单击“确定”按钮，如图 12.132 所示。

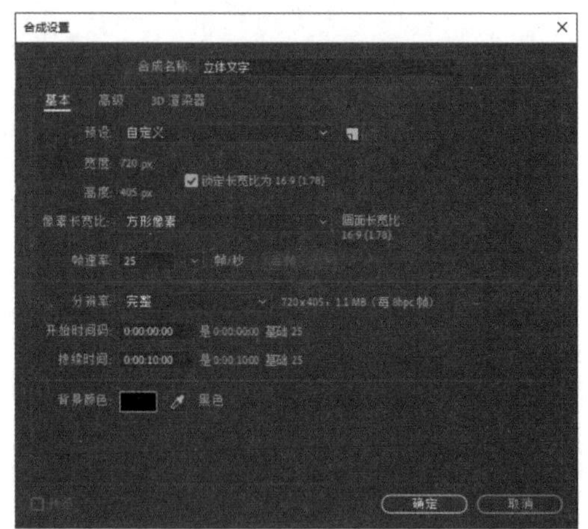

图 12.132 新建合成

2 选择工具箱中的“横排文字工具”，在图像中添加文字，如图 12.133 所示。

图 12.133 添加文字

3 在时间轴面板中选中“文字”图层，在“效果和预设”面板中展开“生成”特效组，然后双击“梯度渐变”特效。

4 在“效果控件”面板中修改“梯度渐变”特效的参数，设置“渐变起点”为（359.0,96.0），“起始颜色”为灰色（R:82;G:82;B:82），“渐变终点”为（360.0,289.0），“结束颜色”为白色，“渐变形状”为“线性渐变”，如图 12.134 所示。

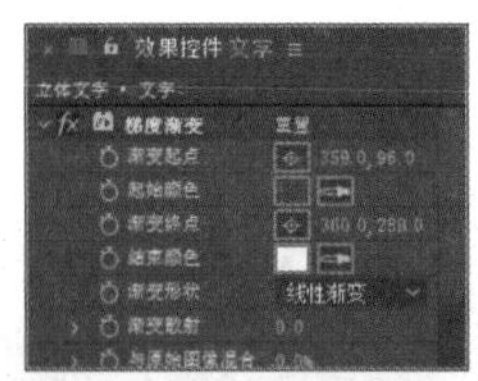

图 12.134 添加梯度渐变

5 在时间轴面板中，在文字图层上单击鼠标右键，从弹出的快捷菜单中选择“图层样式”|“斜面和浮雕”选项，将“大小”更改为2.0，如图 12.135 所示。

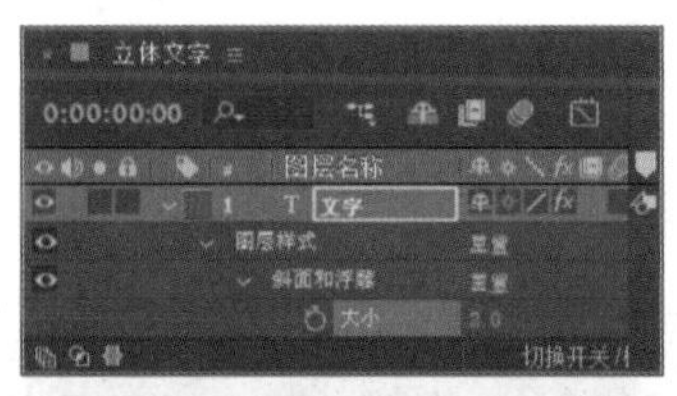

图 12.135 添加斜面和浮雕

6 在时间轴面板中，选中“文字”图层，按 Ctrl+D 组合键复制出一个“文字 2”图层，如图 12.136 所示。

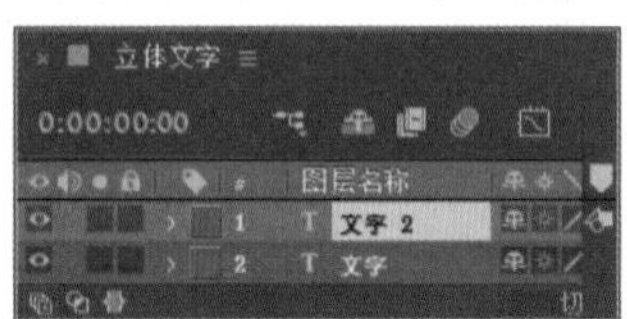

图 12.136 复制图层

7 在时间轴面板中选中“文字 2”图层，在“效果和预设”面板中展开“通道”特效组，然后双击“反转”特效，如图 12.137 所示。

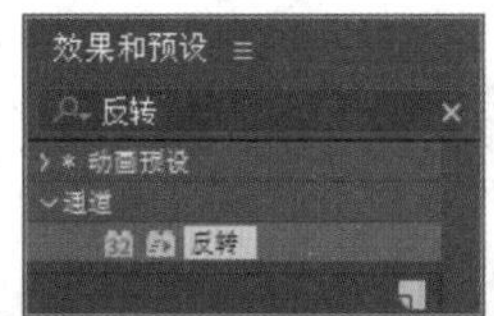

图 12.137 添加反转

8 执行菜单栏中的“图层”|“新建”|“调整图层”命令，新建一个“调整图层 1”图层。

9 在“效果和预设”面板中展开“颜色校正”特效组，然后双击“曲线”特效。

10 在“效果控件”面板中调整曲线，如图 12.138 所示。

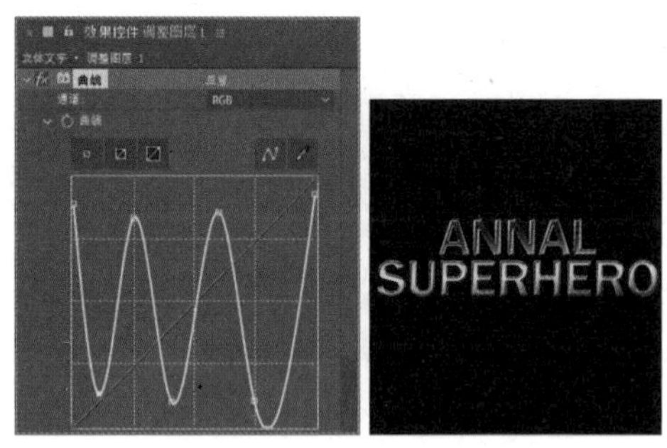

图 12.138 调整曲线

12.4.3 制作纹理文字

1 执行菜单栏中的“合成”|“新建合成”命令，打开“合成设置”对话框，设置“合成名称”为“纹理文字”，“宽度”为 720，“高度”为 405，“帧速率”为 25，并设置“持续时间”为 0:00:10:00，“背景颜色”为黑色，完成后单击“确定”按钮，如图 12.139 所示。

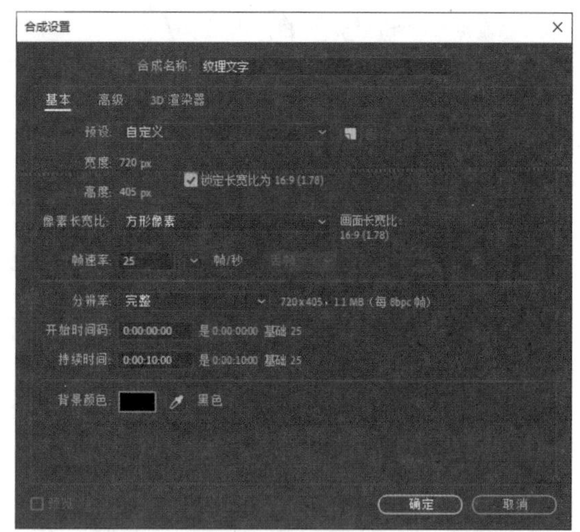

图 12.139　新建合成

2 在“项目”面板中，选中“立体文字”合成、“纹理.jpg”素材，将其拖至时间轴面板中。

3 在时间轴面板中，选中“立体文字”图层，按 Ctrl+D 组合键复制出一个“立体文字 2”图层，并将其移至“纹理.jpg”图层上方，如图 12.140 所示。

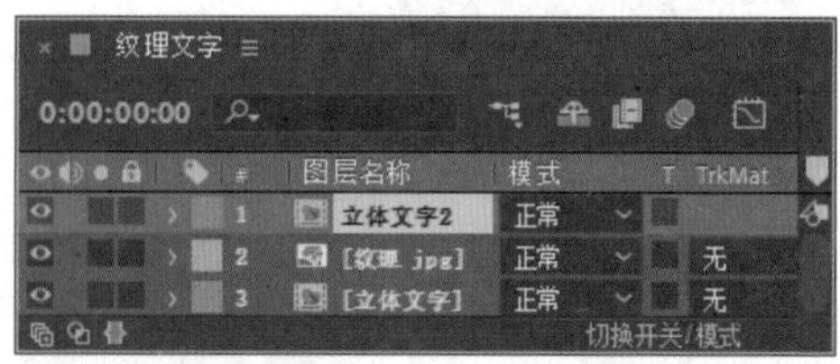

图 12.140　复制图层

4 在时间轴面板中设置“纹理.jpg”层的“轨道遮罩”为“Alpha 遮罩‘立体文字 2’”，如图 12.141 所示。

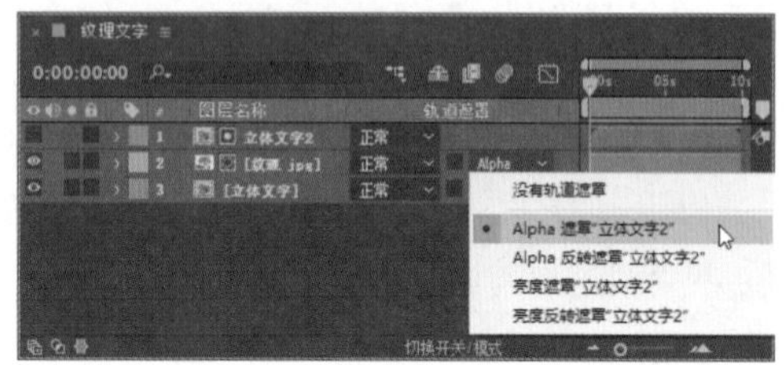

图 12.141　设置轨道遮罩

5 在时间轴面板中选中“纹理.jpg”图层，将其图层模式更改为“叠加”，如图 12.142 所示。

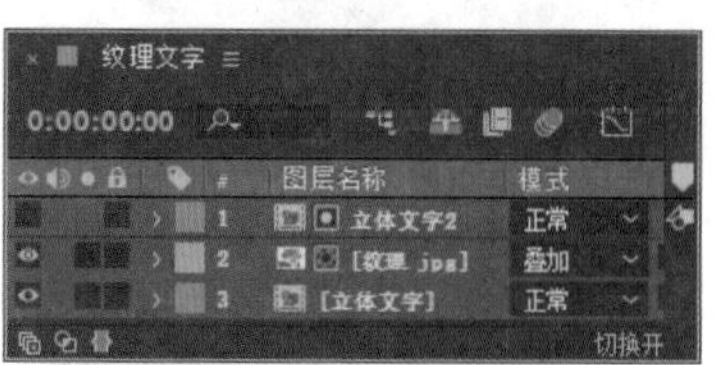

图 12.142　设置图层模式

12.4.4　制作破碎文字

1 执行菜单栏中的“合成”|“新建合成”命令，打开“合成设置”对话框，设置“合成名称”为“破碎文字”，“宽度”为 720，“高度”为 405，“帧速率”为 25，并设置“持续时间”为 0:00:05:00，“背景颜色”为黑色，完成后单击“确定”按钮，如图 12.143 所示。

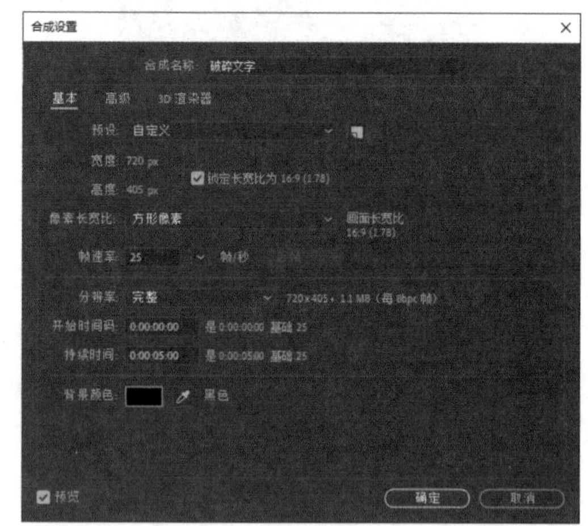

图 12.143　新建合成

2 在“项目”面板中选中“纹理文字”合成，将其拖至时间轴面板中。

3 在时间轴面板中选中“纹理文字”合成，在“效果和预设”面板中展开“模拟”特效组，然后双击“碎片”特效。

4 在“效果控件”面板中修改“碎片”特效的参数，设置“视图”为“已渲染”，“渲染”为“全部”。展开“形状”选项组，将“图案”更改为“自定义”，设置“自定义碎片图”为“2. 立体文字”，“凸出深度”为0.10，如图12.144所示。

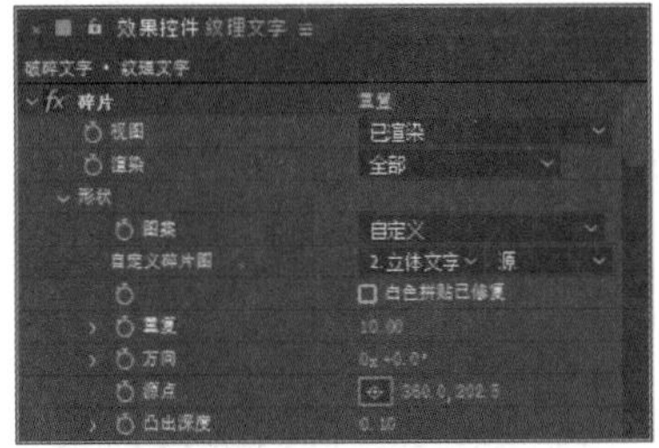

图 12.144 设置碎片参数

5 展开“作用1”选项组，将“深度”更改为0.10，将“半径”更改为0.40，将“强度”更改为0.50。

6 展开“作用2”选项组，将“深度”更改为0.10，将“半径”更改为0.00，将“强度”更改为1.00，如图12.145所示。

7 展开“物理学”选项组，将“粘度”更改为0.00，将“大规模方差”更改为0%，将“重力”更改为0.00，如图12.146所示。

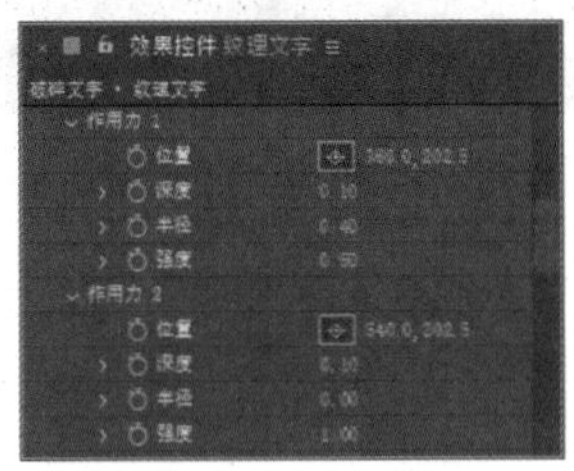

图 12.145 设置作用力

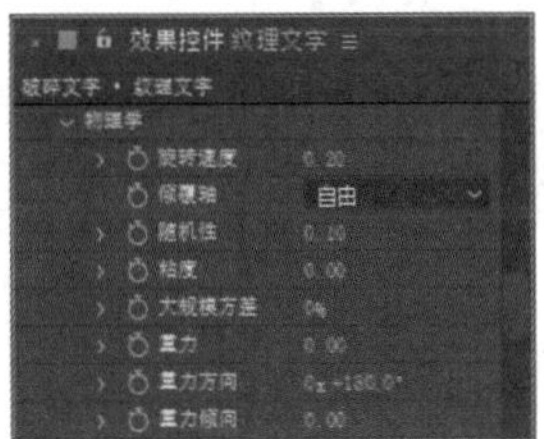

图 12.146 设置物理学

8 在“效果和预设”面板中展开“颜色校正”特效组，然后双击“照片滤镜”特效。

9 在“效果控件”面板中，修改“照片滤镜”特效的参数，设置“滤镜”为“暖色滤镜（85）”，“密度”为50.0%，如图12.147所示。

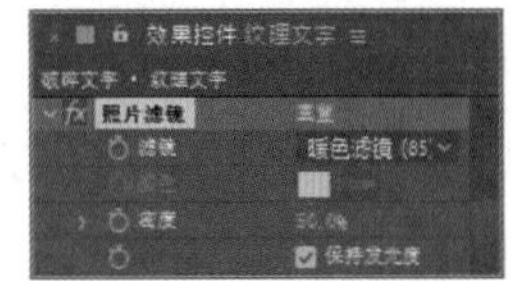

图 12.147 设置照片滤镜

10 将“立体文字”图层隐藏，如图12.148所示。

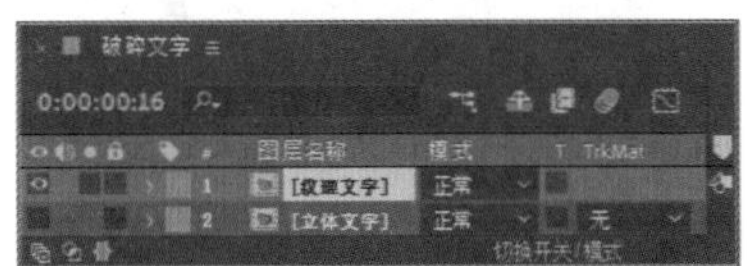

图 12.148 隐藏图层

11 选中“纹理文字”图层，按Ctrl+D组合键再复制一个“纹理文字”图层。

12 在“效果控件”面板中设置“滤镜”为“暖色滤镜（85）”，“密度”为100.0%，如图12.149所示。

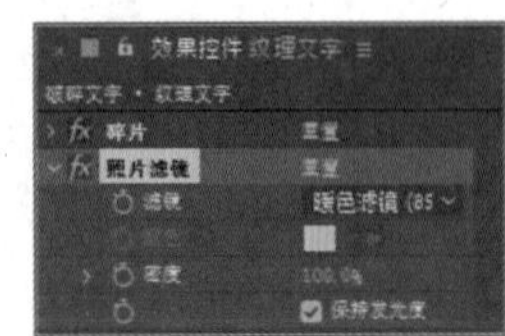

图 12.149 设置照片滤镜

13 在时间轴面板中选中上方“纹理文字”图层，将其图层模式更改为“相加”，如图 12.150 所示。

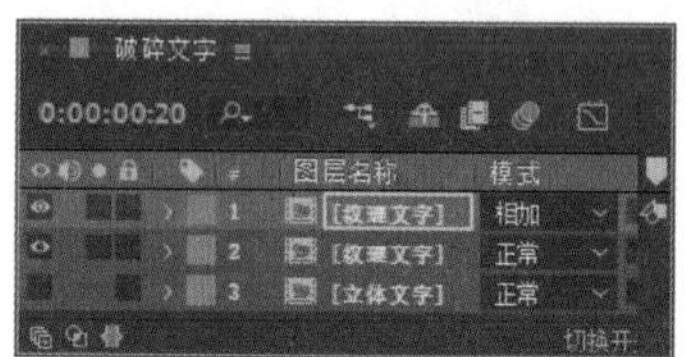

图 12.150 更改图层模式

14 在“效果和预设”面板中展开“风格化”特效组，然后双击“发光”特效。

15 在“效果控件”面板中修改“发光”特效的参数，设置“发光阈值”为 50.0%，“发光半径”为 50.0，“发光强度”为 1.0，如图 12.151 所示。

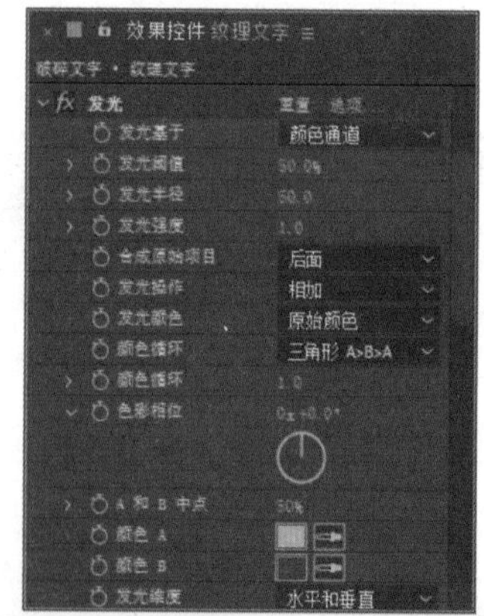

图 12.151 设置发光

16 在“效果和预设”面板中展开“模糊和锐化”特效组，然后双击“高斯模糊”特效。

17 在“效果控件”面板中修改“高斯模糊”特效的参数，设置“模糊度”为 20.0，如图 12.152 所示。

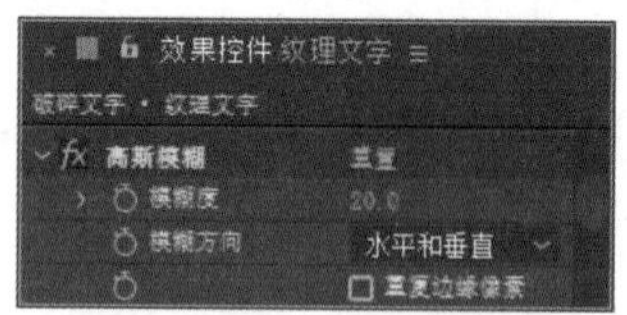

图 12.152 设置高斯模糊

18 在“效果和预设”面板中展开“颜色校正”特效组，然后双击“曲线”特效。

19 在“效果控件”面板中调整曲线，如图 12.153 所示。

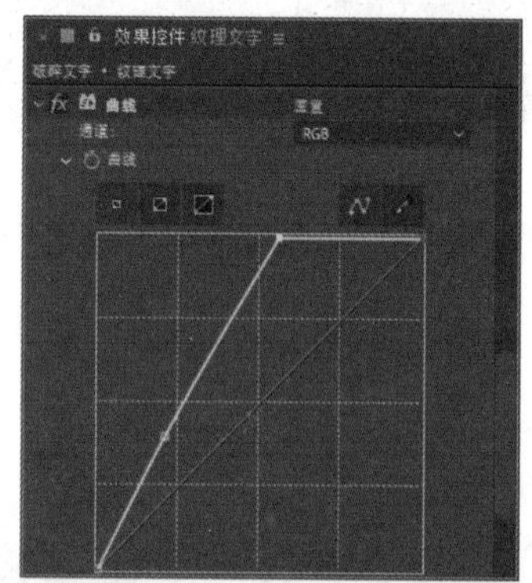

图 12.153 调整曲线

12.4.5 添加发光效果

1 在“项目”面板中选中“破碎文字”合成，将其拖至“开场”时间轴面板中，如图 12.154 所示。

图 12.154 添加合成图像

2 执行菜单栏中的“图层”|“新建”|“纯色”命令，在弹出的对话框中将“名称”更改为“发光”，将“颜色”更改为黑色，完成之后单击“确定”按钮。

3 在时间轴面板中选中“发光”图层，将其图层模式更改为“相加”，如图 12.155 所示。

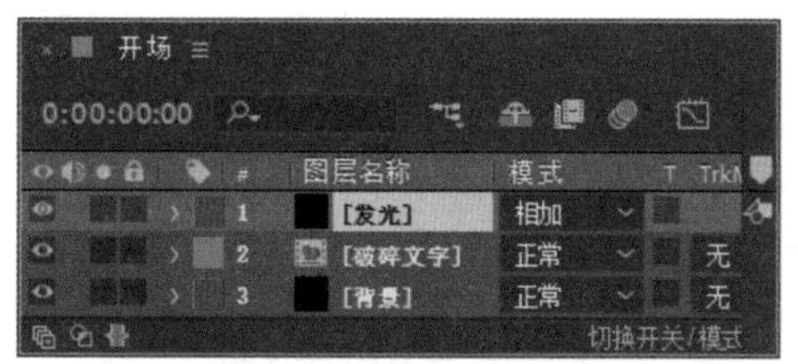

图 12.155 设置图层模式

4 在时间轴面板中选中“发光”图层，在“效果和预设”面板中展开“生成”特效组，然后双击“镜头光晕”特效。

5 在“效果控件”面板中修改“镜头光晕”特效的参数，设置“光晕中心”为（120.0,0.0），“镜头类型”为“105 毫米定焦”，如图 12.156 所示。

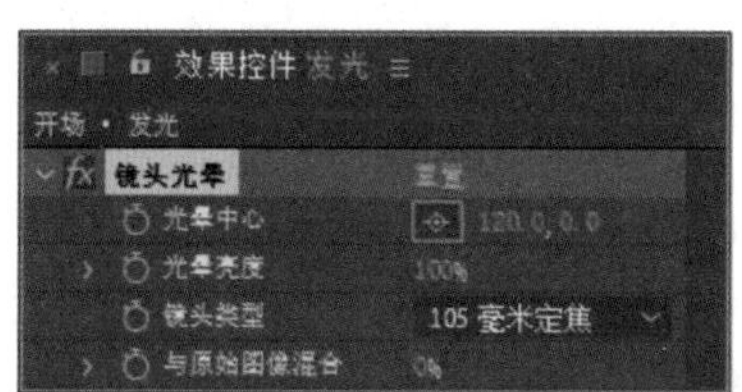

图 12.156 设置镜头光晕

6 在“效果和预设”面板中展开“颜色校正”特效组，然后双击“曲线”特效。

7 在“效果控件”面板中修改“曲线”特效的参数，在直方图中选择“通道”为红色，调整曲线，如图 12.157 所示。

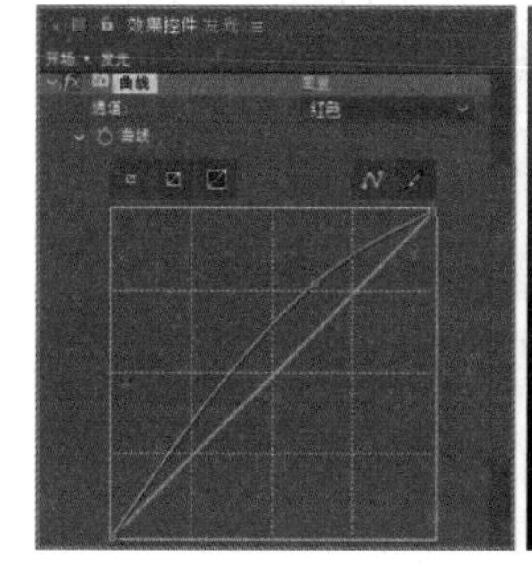

图 12.157 调整红色通道

8 以同样的方法分别选择“绿”“蓝”通道，调整曲线，如图 12.158 所示。

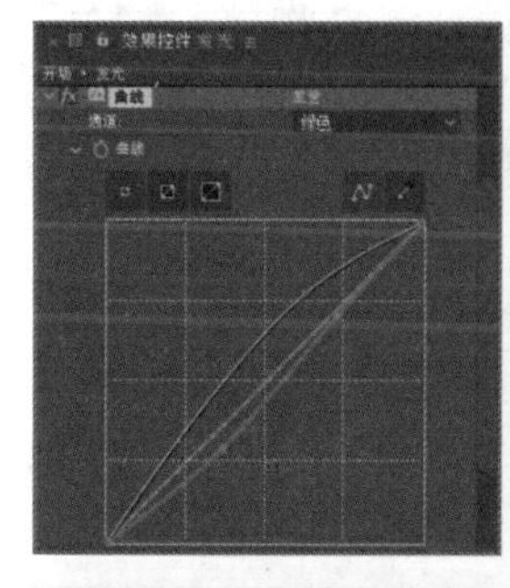

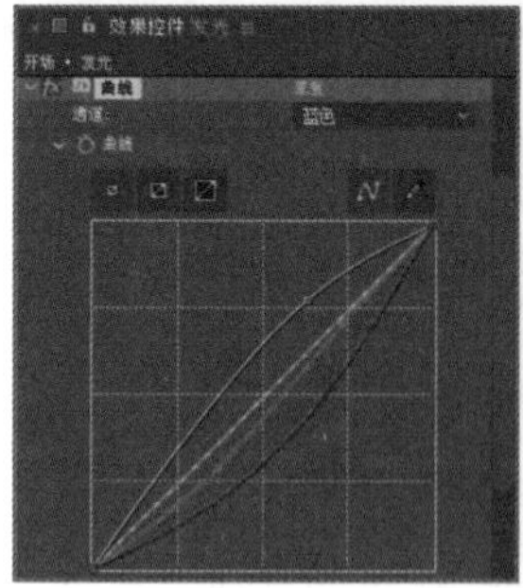

图 12.158 调整绿、蓝通道

9 在时间轴面板中将时间调整到 0:00:00:00 的位置，选中“发光”图层，在“效果和预设”面板中展开“过时”特效组，然后双击“高斯模糊（旧版）”特效。

10 在“效果控件”面板中，修改“高斯模糊（旧版）”特效的参数，单击“模糊度”左侧码表，在当前位置添加关键帧，并设置“模糊方向”为“水平”，如图 12.159 所示。

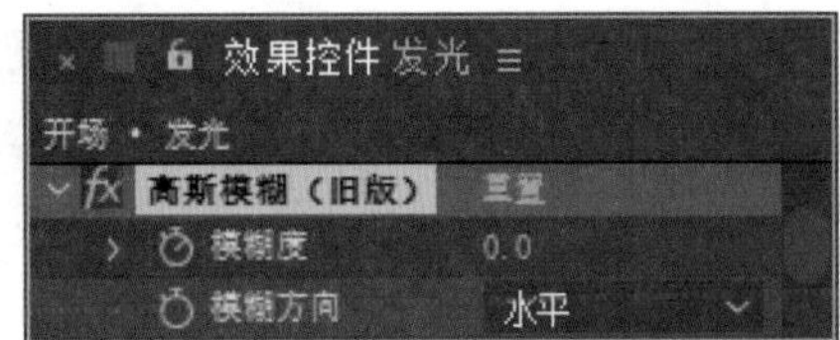

图 12.159　设置高斯模糊

11 在时间轴面板中将时间调整到 0:00:01:00 的位置，将“模糊度”更改为 20.0，系统将自动添加关键帧，如图 12.160 所示。

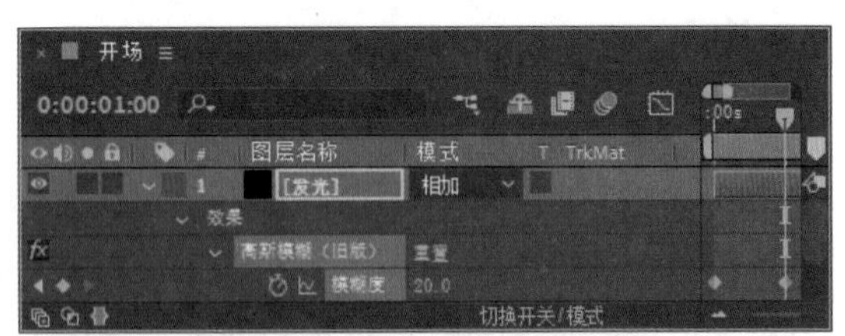

图 12.160　更改数值

12 在时间轴面板中将时间调整到 0:00:00:00 的位置，在“项目”面板中单击“镜头光晕”中“光晕亮度”左侧的码表，将数值更改为0%，在当前位置添加关键帧，如图 12.161 所示。

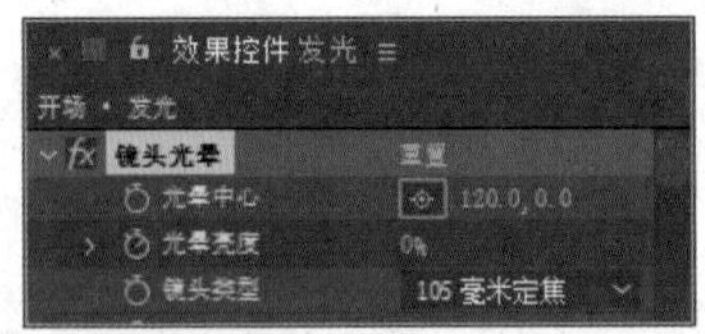

图 12.161　设置镜头光晕

13 在时间轴面板中将时间调整到 0:00:00:08 的位置，将“光晕亮度”更改为 135%，系统将自动添加关键帧。选中当前关键帧，执行菜单栏中的“动画”|“关键帧辅助”|“缓动”命令，如图 12.162 所示。

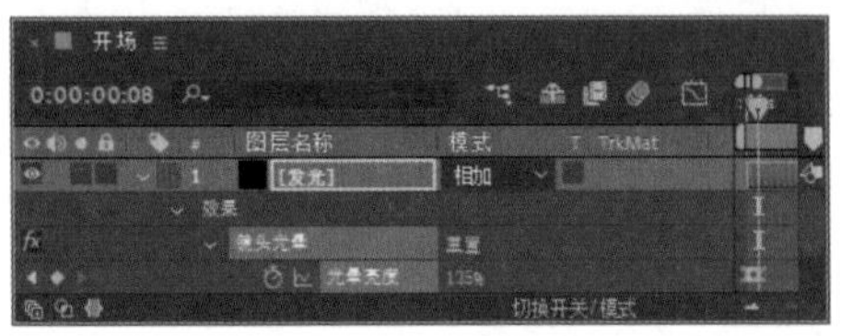

图 12.162　缓动动画

图 12.162　缓动动画（续）

技巧　按 F9 键可快速执行“缓动”命令。

14 将时间调整到 0:00:01:20 的位置，将“光晕亮度”更改为 0%，系统将自动添加关键帧，如图 12.163 所示。

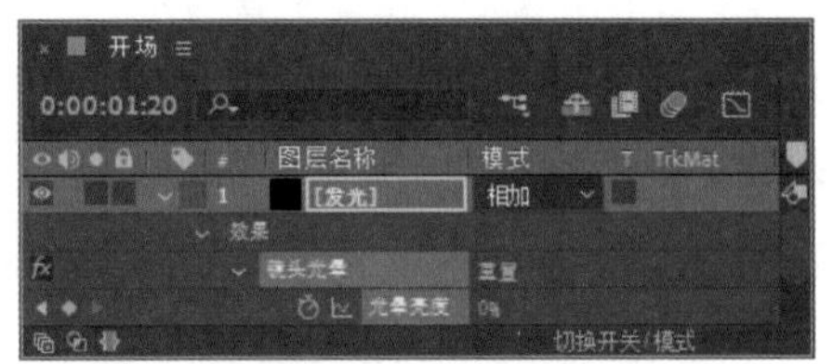

图 12.163　更改数值

12.4.6　制作粒子特效

1 执行菜单栏中的“图层”|“新建”|“纯色”命令，在弹出的对话框中将“名称”更改为“粒子”，将“颜色”更改为黑色，完成之后单击“确定”按钮。

2 在时间轴面板中选中“粒子”图层，在“效果和预设”面板中展开“模拟”特效组，然后双击 CC Particle World（CC 粒子世界）特效。

3 在“效果控件”面板中修改 CC Particle World（CC 粒子世界）特效的参数，将 Birth Rate（生长速率）更改为 0.5，将 Longevity (sec)（寿命）更改为 3.00。

4 展开 Producer（生产者）选项组，将 Position X（X 轴位置）更改为 -0.60，将 Position

Y（Y 轴位置）更改为 0.36，将 Radius X（X 轴半径）更改为 1.000，将 Radius Y（Y 轴半径）更改为 0.400，将 Radius Z（Z 轴半径）更改为 1.000，如图 12.164 所示。

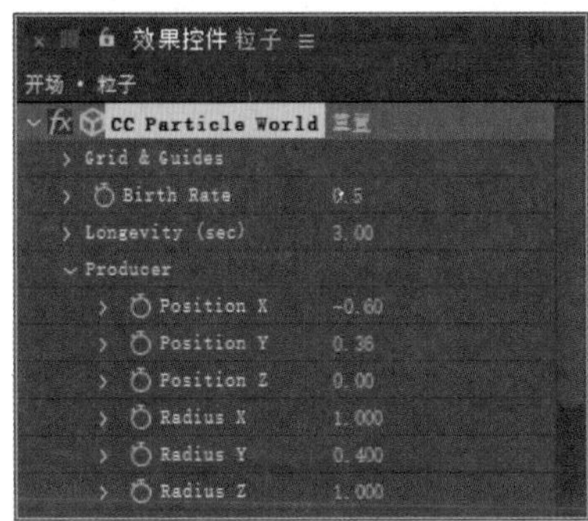

图 12.164　设置参数

5 展开 Physics（物理学）选项组，将 Animation（动画）更改为 Twirl（扭曲），将 Gravity（重力）更改为 0.050，将 Extra（额外）更改为 1.20，将 Extra Angle（额外角度）更改为 0x+210.0%。

6 展开 Direction Axis（方向轴线）选项组，将 Axis X（X 轴）更改为 0.130。

7 展开 Gravity Vector（重力矢量）选项组，将 Gravity X（X 轴重力）更改为 0.130，将 Gravity Y（Y 轴重力）更改为 0，如图 12.165 所示。

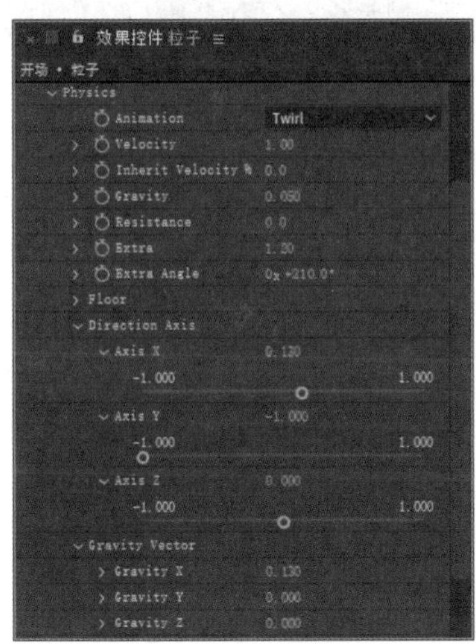

图 12.165　设置参数

8 展开 Particle（粒子）选项组，将 Particle Type（粒子类型）更改为 Faded Sphere（球形衰减），将 Birth Size（出生大小）更改为 0.120，将 Death Size（死亡大小）更改为 0.000，将 Size Variation（尺寸变化）更改为 50.0%，将 Max Opacity（最大不透明度）更改为 100.0%，如图 12.166 所示。

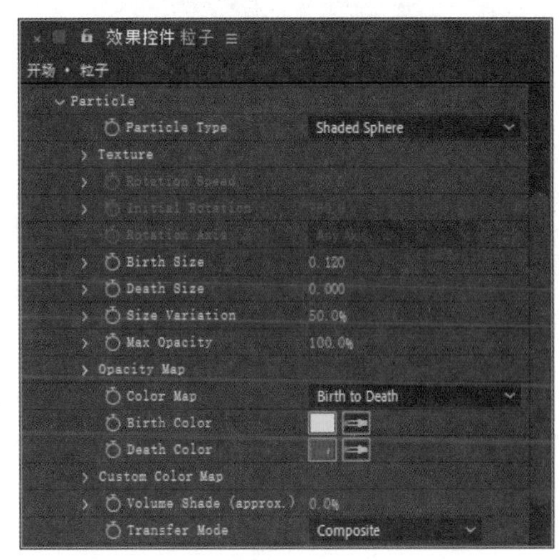

图 12.166　设置 Particle（粒子）选项

9 在“效果和预设”面板中展开“过时”特效组，然后双击“高斯模糊（旧版）”特效。

10 在“效果控件”面板中修改“高斯模糊（旧版）”特效的参数，设置“模糊度”为 2.0，如图 12.167 所示。

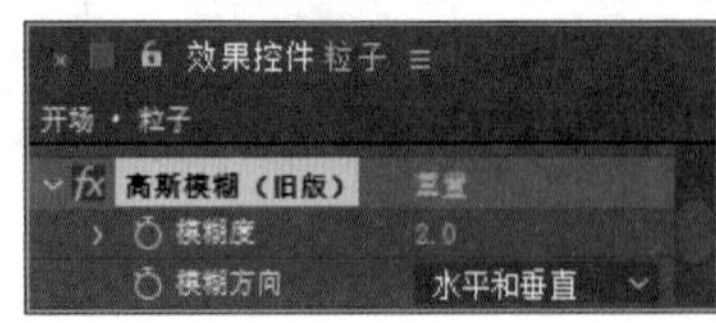

图 12.167　设置模糊度

11 在时间轴面板中选中“粒子”图层，按 Ctrl+D 组合键将图层复制一份，将复制的粒子图层模式更改为“相加”，在“效果控件”面板中展开 Particle（粒子）选项组，将 Particle Type（粒子类型）更改为 Motion Polygon（运动多边形），如图 12.168 所示。

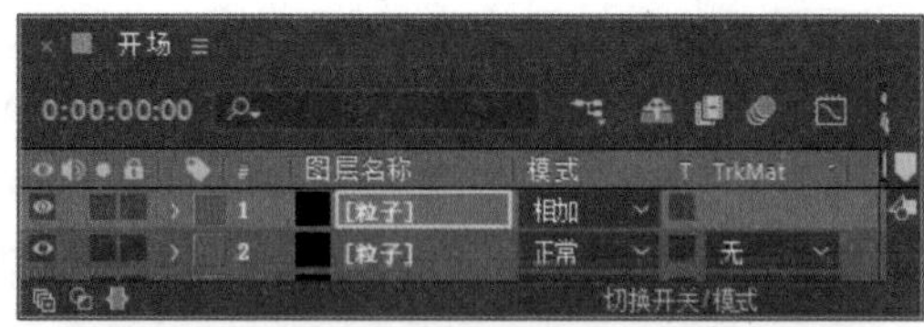

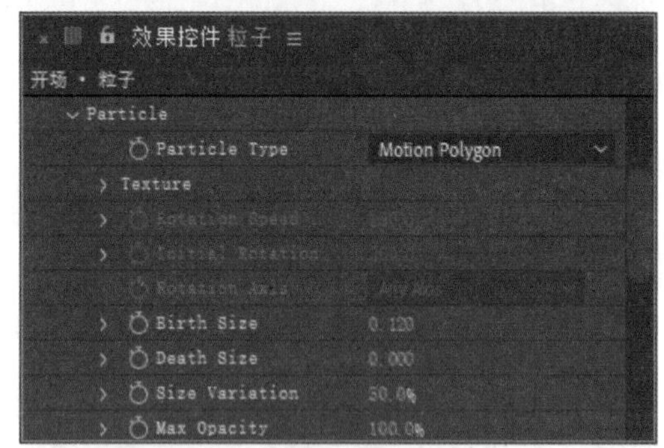

图 12.168 复制图层并设置参数

12.4.7 制作发光特效

1 执行菜单栏中的“图层”|“新建”|“纯色”命令，在弹出的对话框中将“名称”更改为“顶部发光”，将“颜色”更改为黑色，完成之后单击“确定”按钮。

2 在时间轴面板中选中“顶部发光”图层，将其图层模式更改为“相加”，如图 12.169 所示。

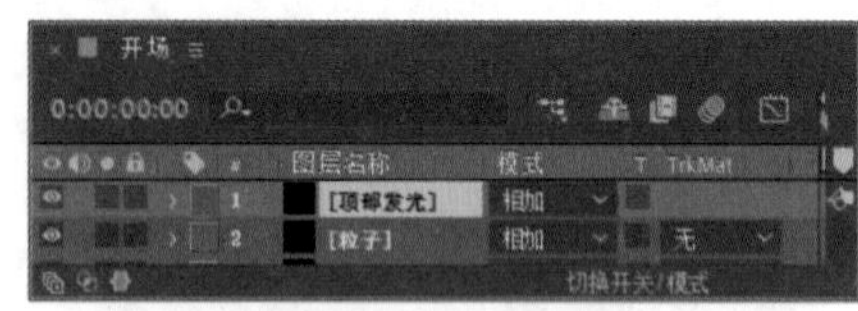

图 12.169 设置图层模式

3 在时间轴面板中选中“发光”图层，在“效果和预设”面板中展开“生成”特效组，然后双击“镜头光晕”特效。

4 在“效果控件”面板中修改“镜头光晕”特效的参数，设置“光晕中心”为（460.0,0.），“镜头类型”为“105 毫米定焦”，如图 12.170 所示。

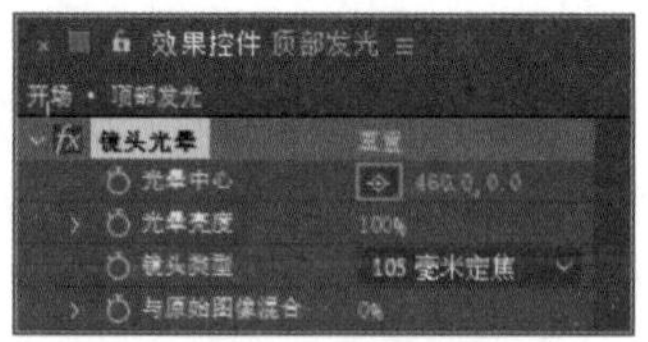

图 12.170 设置镜头光晕

5 在时间轴面板中选中“发光”图层，在“效果控件”面板中选中“曲线”，按 Ctrl+C 组合键对其进行复制，选中“顶部发光”图层，在“效果控件”面板中按 Ctrl+V 组合键进行粘贴，再适当对曲线进行编辑，如图 12.171 所示。

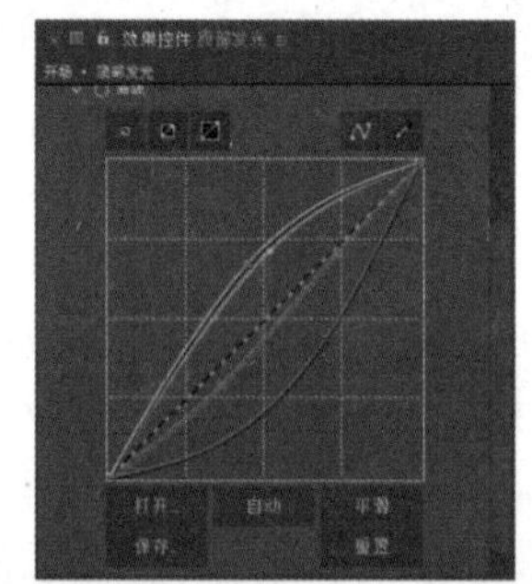

图 12.171 复制曲线并编辑

6 在“效果和预设”面板中展开“过时”特效组，然后双击“高斯模糊（旧版）”特效。

7 在“效果控件”面板中修改“高斯模糊（旧版）”特效的参数，设置“模糊度”为 30.0，如图 12.172 所示。

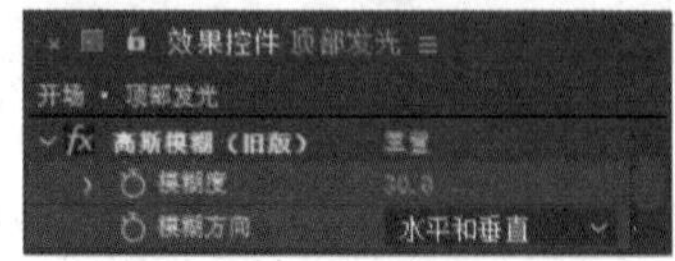

图 12.172 设置高斯模糊

8 在时间轴面板中选中“顶部发光”图层，将时间调整到0:00:00:00的位置，将“光晕亮度”更改为0%，并单击其左侧码表，在当前位置添加关键帧，如图12.173所示。

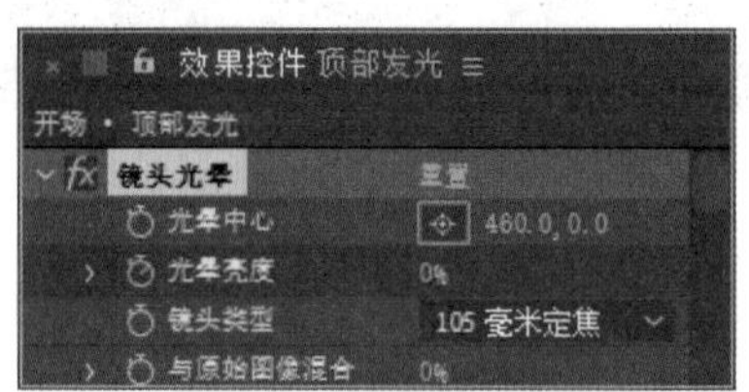

图12.173 设置镜头光晕

9 在时间轴面板中选中“顶部发光”图层，将时间调整到0:00:00:08的位置，将“光晕亮度”更改为100%，系统将自动添加关键帧，如图12.174所示。

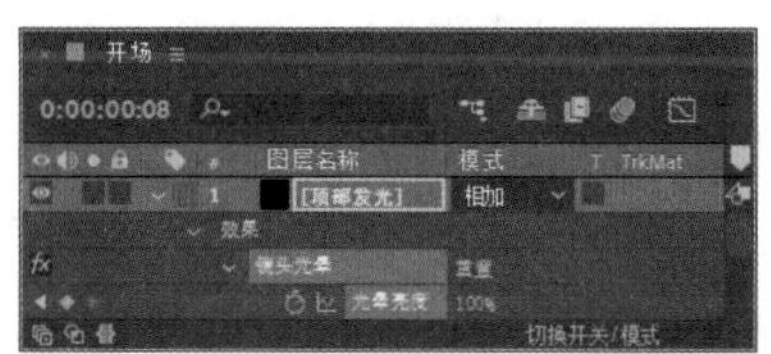

图12.174 更改数值

10 在时间轴面板中将时间调整到0:00:04:00的位置，选中“顶部发光”图层，单击“光晕亮度”左侧的“在当前时间添加或移除关键帧”，为其添加一个延时帧，将时间调整到0:00:05:00的位置，将“光晕亮度”更改为0%，系统将自动添加关键帧，如图12.175所示。

11 执行菜单栏中的“图层”|“新建”|“纯色”命令，在弹出的对话框中将名称更改为“遮罩”，单击“确定”按钮。

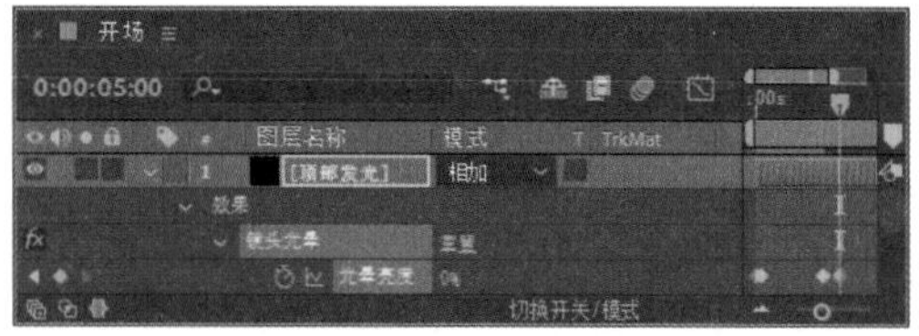

图12.175 更改数值

12 在时间轴面板中单击“遮罩”图层名称后方的“调整图层”按钮，显示效果，如图12.176所示。

图12.176 打开显示效果

13 在时间轴面板中将时间调整到0:00:00:00的位置，选中“遮罩”图层，在“效果和预设”面板中展开“模糊和锐化”特效组，然后双击“径向模糊”特效。

14 在“效果控件”面板中修改“径向模糊”特效的参数，设置“数量”为0.0，并单击其左侧码表，设置“类型”为“缩放”，“消除锯齿（最佳品质）”为“高”，如图12.177所示。

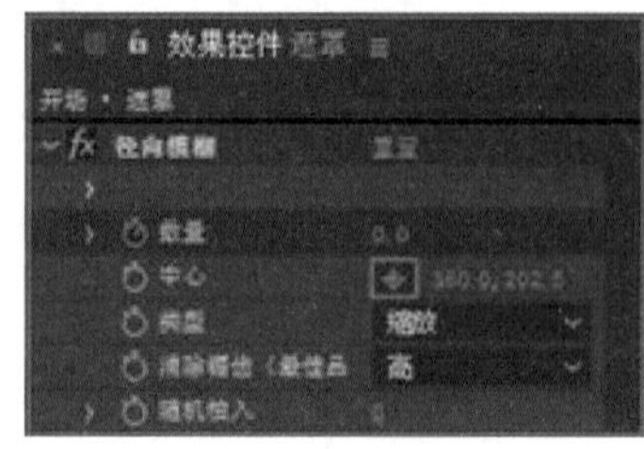

图12.177 设置径向模糊

15 在时间轴面板中将时间调整到0:00:00:05的位置，将“数量”更改为20.0；将时间调整到0:00:02:00的位置，将“数量”更改为0.0，系统将自动添加关键帧，如图12.178所示。

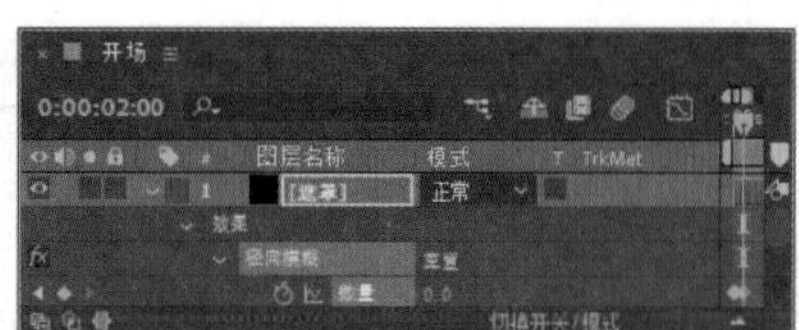

图 12.178 更改数值

16 在“项目”面板中选中“炫光.jpg”素材，将其拖至时间轴面板，将图层模式更改为“相加”，并移至“遮罩”下方，在图像中将其等比缩小，如图 12.179 所示。

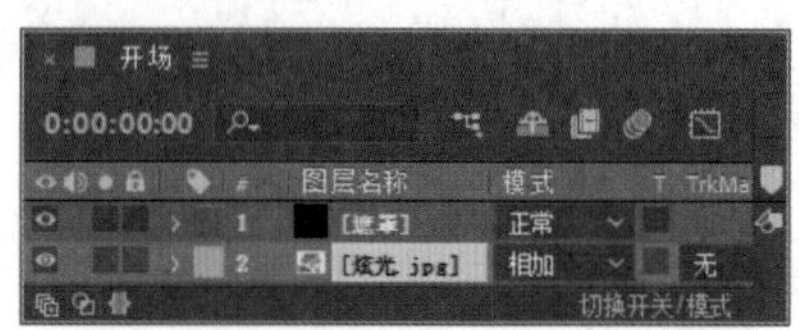

图 12.179 添加素材

17 在时间轴面板中选中“炫光.jpg”图层，将时间调整到 0:00:00:00 的位置，按 S 键打开“缩放”，单击“缩放”左侧码表，在当前位置添加关键帧，将数值更改为（0.0,0.0%）。

18 将时间调整到 0:00:00:08 的位置，将数值更改为（45.0,45.0%），系统将自动添加关键帧，如图 12.180 所示。

19 将时间调整到 0:00:01:00 的位置，单击缩放左侧的“在当前时间添加或移除关键帧”按钮，为其添加一个延时帧。

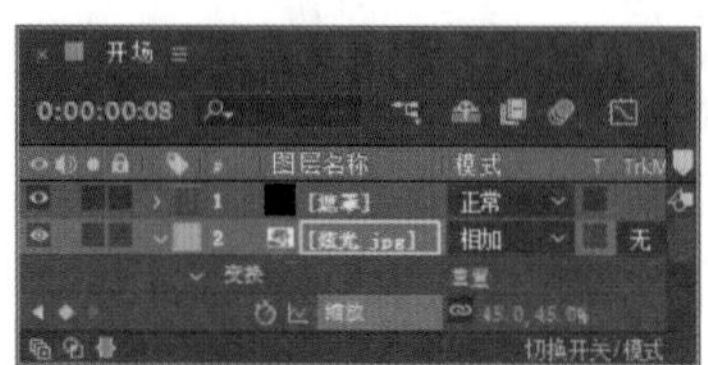

图 12.180 更改数值 1

图 12.180 更改数值 1（续）

20 将时间调整到 0:00:02:00 的位置，将“缩放”更改为（0.0,0.0%），系统将自动添加关键帧，如图 12.181 所示。

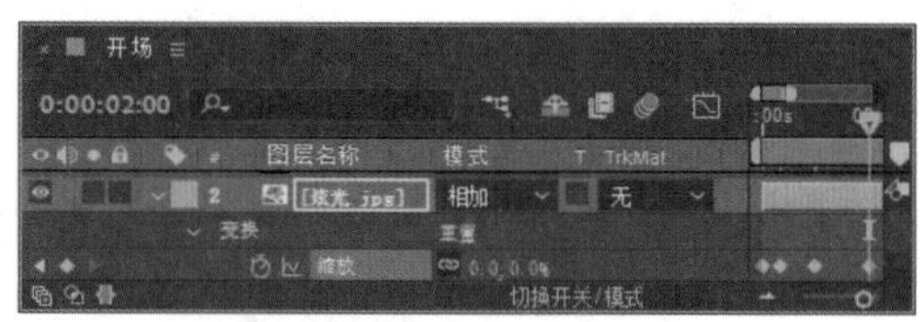

图 12.181 更改数值 2

21 执行菜单栏中的“图层”|“新建”|“调整图层”命令，将生成的图层名称更改为“调整色彩”，如图 12.182 所示。

22 在“效果和预设”面板中展开“颜色校正”特效组，然后双击“曲线”特效。

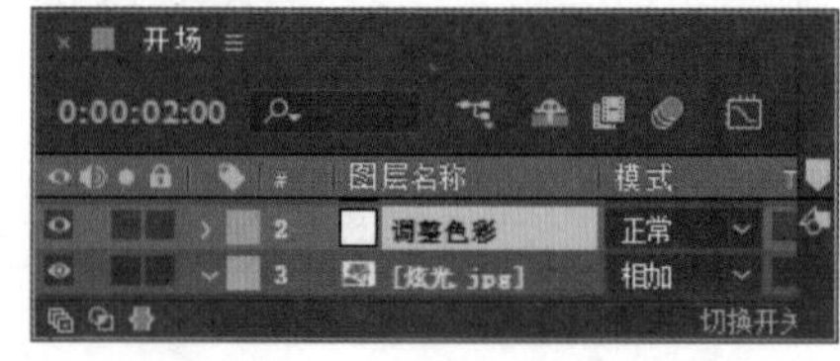

图 12.182 新建图层

23 在“效果控件”面板中修改“曲线”特效的参数，在直方图中调整曲线，增强图像对比度，如图 12.183 所示。

24 在“效果和预设”面板中展开“颜色校正”特效组，然后双击“照片滤镜”特效。

25 在“效果控件”面板中修改“照片滤镜”特效的参数，设置“滤镜”为“暖色滤镜（85）”，将“密度”更改为 80.0%，如图 12.184 所示。

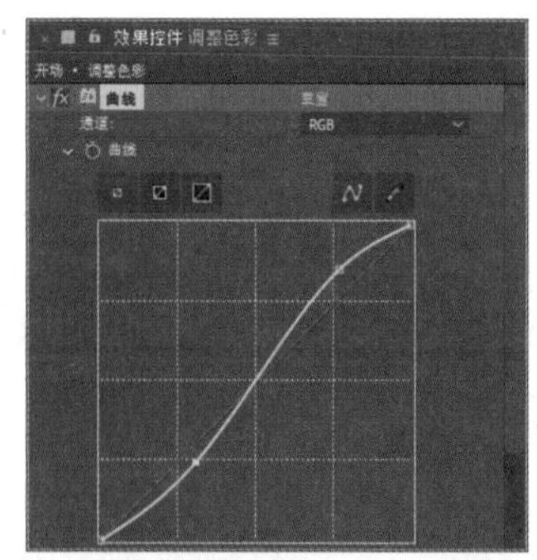

图 12.183　调整曲线

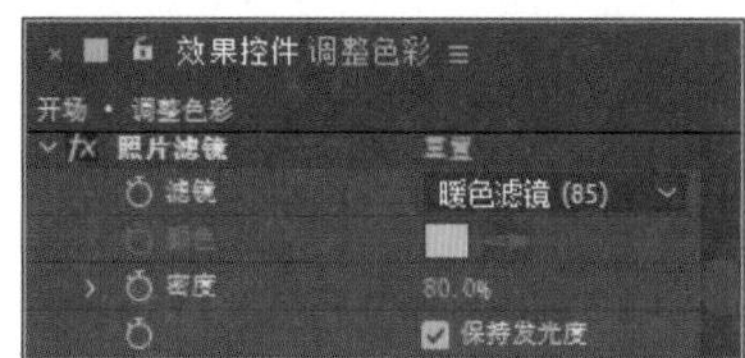

图 12.184　调整照片滤镜

26 在时间轴面板中将时间调整到 0:00:00:00 的位置，在“效果和预设”面板中展开“模糊和锐化”特效组，然后双击“锐化”特效。

27 在“效果控件”面板中修改“锐化”特效的参数，设置“锐化量”为 0，单击“锐化量”左侧码表，在当前位置添加关键帧，如图 12.185 所示。

图 12.185　设置锐化

28 将时间调整到 0:00:00:15 的位置，将“锐化量”更改为 20，系统将自动添加关键帧，如图 12.186 所示。

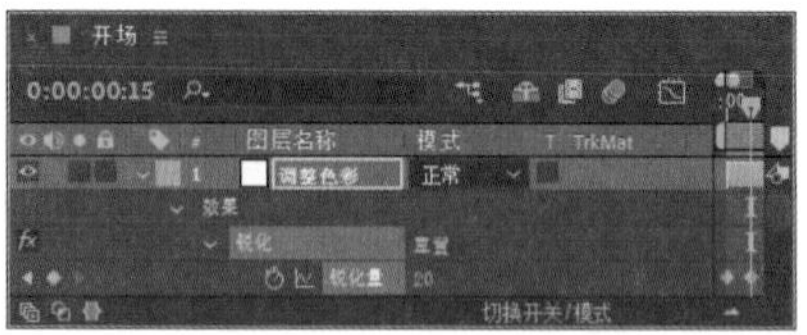

图 12.186　更改锐化量

29 执行菜单栏中的“图层”|“新建”|“纯色”命令，在弹出的对话框中将“名称”更改为“结尾”，将“颜色”更改为黑色，完成后单击“确定”按钮，如图 12.187 所示。

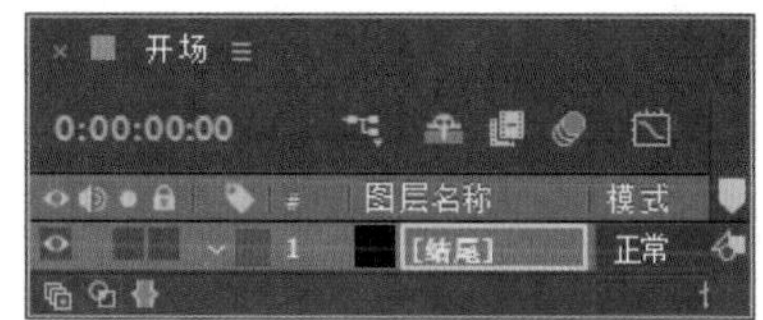

图 12.187　新建纯色图层

30 在时间轴面板中将时间调整到 0:00:05:00 的位置，选中“结尾”图层，按 T 键打开“不透明度”，将“不透明度”更改为 0，单击“不透明度”左侧码表，在当前位置添加关键帧。

31 将时间调整到 0:00:05:10 的位置，将数值更改为 100%，系统将自动添加关键帧，制作不透明度动画，如图 12.188 所示。

32 这样就完成了最终整体效果的制作，按小键盘上的 0 键即可在合成窗口中预览动画。

图 12.188　制作不透明度动画

课后练习

穿越水晶球镜头表现设计。

（制作过程可参考资源包中的“课后练习”文件夹。）